Arne Dahl

Null gleich eins

PIPER

Zu diesem Buch

Ein eisiger Frühling geht zu Ende. Berger und Bloms Polizeikontakt Desiré Rosenkvist kämpft sich nach einem fürchterlichen Angriff zurück ins Leben. Zur Schreibtischarbeit verbannt, stößt Deer, wie sie von ihren Freunden genannt wird, auf eine rätselhafte Verbindung: Jeweils am Fünften eines Monats birgt die Stockholmer Polizei eine Leiche an verschiedenen Stränden der Schärenküste. Doch war es wirklich ein und derselbe Mörder, der den ersten Leichnam mit achtzehn Messerstichen zurichtete, während er die anderen beiden Körper unversehrt ließ? Weil Deer bei ihrem Vorgesetzten auf taube Ohren stößt, wendet sie sich an Sam Berger und Molly Blom, die seit der Geburt ihrer Tochter Myrina eine kleine Privatdetektei betreiben. Die Ermittler nehmen sich der mysteriösen Fälle an und merken bald: Der Mörder hinterlässt ihnen Zeichen, als wollte er gefunden werden. Nur wenige Stunden bleiben ihnen bis zu seiner nächsten Tat…

Arne Dahl, geboren 1963 in Sollentuna, Schweden, zählt zu den weltweit erfolgreichsten Kriminalautoren. International vielfach ausgezeichnet, verkauften sich allein im deutschsprachigen Raum über zweieinhalb Millionen Bücher. Alle Bände seiner hochgelobten Krimireihe um das Ermittlerduo Berger & Blom standen monatelang auf der Spiegel-Bestsellerliste. »Null gleich eins« ist das furiose Finale dieser Reihe.

Kerstin Schöps ist Halbschwedin, hat in Dänemark gelebt und in Hamburg Klassische Archäologie und Geografie studiert. Nach einer Station im Verlag machte sie sich als Lektorin und Übersetzerin aus den skandinavischen Sprachen selbstständig. Neben Arne Dahl hat sie u. a. Jesper Juul und Johan Theorin ins Deutsche übertragen.

Arne Dahl

NULL GLEICH EINS

Kriminalroman

Aus dem Schwedischen
von Kerstin Schöps

PIPER

Mehr über unsere Autorinnen, Autoren und Bücher:
www.piper.de

Wenn Ihnen dieser Krimi gefallen hat, schreiben Sie uns unter Nennung des Titels »Null gleich eins« an *empfehlungen@piper.de*, und wir empfehlen Ihnen gerne vergleichbare Bücher.

Von Arne Dahl liegen im Piper Verlag vor:

A-Team:
Band 1: Misterioso
Band 2: Böses Blut
Band 3: Falsche Opfer
Band 4: Tiefer Schmerz
Band 5: Rosenrot
Band 6: Ungeschoren
Band 7: Totenmesse
Band 8: Dunkelziffer
Band 9: Opferzahl
Band 10: Bußestunde
Band 11: Der elfte Gast

Opcop-Gruppe:
Band 1: Gier
Band 2: Zorn
Band 3: Neid
Band 4: Hass

Berger & Blom:
Band 1: Sieben minus eins
Band 2: Sechs mal zwei
Band 3: Fünf plus drei
Band 4: Vier durch vier
Band 5: Null gleich eins

Ungekürzte Taschenbuchausgabe
ISBN 978-3-492-31990-4
Februar 2024

Titel der schwedischen Originalausgabe:
»Islossning«, Albert Bonniers Förlag, Stockholm 2021

erschienen im Verlagsprogramm Paperback
Umschlaggestaltung: zero-media.net, München
Umschlagabbildung: likman / depositphotos
Satz: Eberl & Koesel Studio, Kempten
Gesetzt aus der Stone Serif
Druck und Bindung: CPI books GmbH, Leck
Printed in the EU

1

Trotz der Augenbinde kann er alles sehen. Alles, was vor sich geht. Leise. Schweigend.

Die Vorbereitungen.

Es ist beängstigend still. In der Luft liegt der Duft der Sommernacht. Sonst hört man nichts. Keine Vögel, keine Mücken, keine Eulen, kein Laut. Die Natur ist vollkommen still. Nicht das leiseste Knirschen des Sandes unter den Stuhlbeinen. Unter keinem der vielen Stuhlbeine.

Er ist noch so jung. Er hat keine Vorstellung davon, was passieren wird. Hat nur erklärt bekommen, wie es ablaufen soll. Er weiß, dass alles zu seinem Besten geschieht.

Es wird sehr wehtun.

Aber es wird es wert sein.

Das haben sie ihm gesagt: Es wird es wert sein.

Er ist noch so klein, und macht sich schon Gedanken über Verrat. Was ist Verrat? Gibt es schlimmen und weniger schlimmen Verrat? Ist das hier der größtmögliche Verrat, den man sich vorstellen kann?

Trotz Augenbinde kann er den Strand sehen. Wo sie sich sonst mit Sand bewerfen, sich ins Wasser schubsen, Hände und Knie auf dem Meeresgrund aufschürfen, auf die seifig glatten Felsen unter Wasser klettern, um von dort hinunterzurutschen, sich den Hintern zu stoßen und unterzutauchen, auf der Jagd nach bunten Steinen.

Die Sommernacht ist ungewöhnlich still.

Bis er ein schwaches Brummen hört, kaum wahrnehmbar. Ist das ein Motor? Doch das Geräusch erstirbt gleich wieder.

Es ist schon dunkel. Glaubt er zumindest. Es müsste dunkel sein. Jetzt müssten die wenigen dunklen Stunden angebrochen sein, wenn die Sonne hinter dem Horizont für kurze Zeit ins Ungewisse abtaucht. Doch er weiß es nicht.

Er weiß tatsächlich gar nichts.

Aber in ihm rührt sich etwas. Er hat keine Kontrolle darüber. Genau genommen sind es zwei Dinge.

Das eine ist Angst. Entsetzen. Panik. Er weiß, dass es nur zu seinem Besten ist, aber er will nicht, dass es wehtut. Er will nicht auf die Schmerzen warten. Er hasst, was in den nächsten Minuten dieser Julinacht passieren wird.

Das zweite entsteht in diesem Augenblick. Es ist Wut. Die Wut über den Verrat. Obwohl er noch so klein ist, weiß er genau, dass ihn dieses Gefühl nie mehr verlassen wird.

Die Wut durchdringt seine Augenbinde, brennt Löcher hinein, durch die er alles sehen kann. Er sieht die Uferkante und das Wasser des stillen Sees dahinter, er sieht die flachen Felsen, die neugierig aus dem Wasser ragen, er sieht den Waldrand, dessen Silhouette sich wie ein Sägeblatt auf der anderen Uferseite erhebt.

Alles, was er nicht sehen kann, brennt die Wut für immer in seine Erinnerung.

Plötzlich hört er ein Knirschen. Im Sand. Sehr deutlich. Und es ist, als würde ihn jemand aus einer anderen Zeit bedrängen.

2

Samstag, 4. März

Ihr Bewusstsein wurde von einem Wurmloch verschlungen, und übrig blieb nichts als Schmerz.

Um diesem irren Schmerz zu entkommen, suchte sie nach dem richtigen Wort. Worte beruhigen. Worte *sollten* beruhigen. Worte *müssen* beruhigen.

Da sich die Hände dem Wortlosen nur langsam näherten, hatte sie eine Chance, den passenden Ausdruck zu finden. Sie versuchte, ihren Synapsen weitere Assoziationen abzuringen.

Gymnastik. Akrobatik zwischen zwei horizontalen Stangen. Aber man nennt sie nicht Stangen, oder? Und wie heißt die Disziplin?

Sie wusste genau, dass sie sich damit nur ablenken wollte. Dass dies ein Ausweichmanöver war. Damit der Schmerz sie nicht überrollen konnte und die eigentliche Bewegung unmöglich machte.

Frauengymnastik? Männergymnastik? All das fühlte sich männlich an. Was gab es für gymnastische Disziplinen für Männer? Bodenturnen, natürlich. Und dann Pferd, Ringe. Sprung? Gab es die Disziplin Sprung? Aber wie hieß das Gerät mit den Stangen? Barren?

Ja, genau. Barren. So hieß das. Es war der erste schmerzfreie Moment seit unzähligen Monaten, jetzt, da sie das Wort vor sich sah.

Holme.

Die Hände, die sie bis dahin gehalten hatten, ließen sie los, als sie die Holme gepackt hatte. Die beiden Stangen erstreckten sich in die Unendlichkeit.

Zwischen ihnen tauchte ein Gesicht auf, keinen halben Meter entfernt. Die Lippen der Frau bewegten sich, als würden sie ihr etwas zurufen, sie anfeuern. Aber sie hörte kein Wort, die Frau blieb stumm. In ihr war kein Raum für Laute. Der Schmerz hatte jeden Millimeter okkupiert.

Trotzdem machte sie den ersten Schritt. Ihren ersten eigenen Schritt. Sie hing auf den Holmen und kämpfte sich vorwärts. Der Schmerz wurde übermächtig, zu mächtig für ihren Körper. Es war, als würde er durch ihre Haut dringen und sie wie eine fauchende, zischende Aura umgeben. Trotzdem machte sie einen zweiten Schritt.

Und noch einen.

Sie starrte wie besessen auf das Gesicht vor ihr, und dieses Starren schien ein Loch in die Aura zu brennen und Geräusche hineinzulassen. Sie hörte ihr eigenes Gebrüll, das sich mit ihren Tränen mischte und der Frau entgegenschlug.

Die sprang auf sie zu und packte sie am Rumpf.

»Nicht aufgeben, Desiré, Sie haben die Hälfte schon geschafft.«

Irgendwie gelang es ihr, den weiß gekleideten Körper von sich zu stoßen.

»Nennen Sie mich nie wieder Desiré«, fauchte sie.

Dann machte sie den nächsten Schritt.

*

Molly Blom ließ ihren Blick über das kurze Straßenstück schweifen, das zu der kleinen Ansammlung von roten Holzhäuschen auf der Åsögatan führte. Der Stockholmer Winter war fast überstanden, es war ein kalter, ungemütlicher Samstag im März, und in wenigen Minuten würde sich ihr Lebenswille mehr als verdoppeln. Während sie das Haus in der Ploggatan auf Södermalm betrat, fragte sie sich verblüfft, wie es so hatte kommen können. Keinen einzigen Gedanken hatte sie früher an diese Art von Leben verschwendet – und jetzt bestand ihr Leben aus nichts anderem.

Was war aus ihren Träumen geworden?

Sie nahm zwei Stufen auf einmal, und während sie die Treppe hinauflief, tauchten vor ihrem inneren Auge Bilder einer verlorenen Welt auf: Crossfit, Selbstverteidigung für Frauen, Blut und Schweiß und Tränen. Mit der letzten Stufe verschwanden die Bilder, und an ihre Stelle trat die Realität des Treppenhauses, die grauer und kälter war. Gleich aber würde die Sonne aufgehen.

Sie klingelte an der Tür. Der Mann, der öffnete, hatte die Sonne wohl schon länger nicht mehr zu Gesicht bekommen. Vor allem sah er nicht ausgeschlafen aus. Das Kind hingegen, das vor seiner Brust in der Trage hing, schnarchte lautstark.

»Sie mag Wasser«, nuschelte der Mann.

»Das kann niemand verstehen, was du da sagst«, beschwerte sich Molly Blom.

Sam Berger streckte sich, es knackte ordentlich.

»Ich habe die ganze Nacht das Wasser laufen lassen. Es war die einzige Möglichkeit, sie zum Schlafen zu bringen. Verschwendung wäre da noch untertrieben.«

»Bei mir hat sie nie Probleme mit dem Einschlafen«, log Blom.

»Dann sollten wir vielleicht doch zusammenziehen?«, sagte Berger und pellte vorsichtig ihre knapp sechs Monate alte Tochter Myrina aus der Trage.

Blom nahm sie in den Arm und spürte augenblicklich, wie die Sonne aufging. In ihr wurde ein Licht angezündet, das alles überstrahlte.

»Hör auf, dich zu beschweren«, sagte sie mit sanfter Stimme. »Gib mir Zeit, um nachzudenken.«

»Am Anfang bist du für neun Monate spurlos verschwunden, um nachzudenken«, sagte Berger. »Jetzt hast du noch mal ewig Zeit gehabt. Das ist ganz schön viel Gedenke.«

Er stopfte die Trage in eine Tasche, die an dem Kinderwagen im Flur hing. Molly bettete das schlafende Kind vorsichtig in den Wagen. Berger legte seine Hand auf ihren Arm und sah ihr tief in die Augen.

»Wir haben ein Kind zusammen, Molly, es läuft doch super zwischen uns. Wir arbeiten praktisch jeden Tag zusammen. Warum kann das nicht mehr werden?«

Ausnahmsweise hielt sie seinem Blick stand.

»Du weißt genau, was passiert ist«, sagte sie.

Berger ließ ihren Arm los. Seufzte.

»Das hatte doch nichts mit uns zu tun. Wir sollten endlich anfangen …«

»Es war ein Zeichen«, erwiderte Blom. »Ich muss das erst verarbeiten. Gib mir mehr Zeit.«

»Die Schuldigen sind weg, Molly«, sagte Berger eindringlich und griff erneut nach ihrem Arm. »Nirgends eine Spur von ihnen.«

Wütend starrte Molly ihn an, schlug seinen Arm weg.

»Wir haben Deers abgesägtes Bein in unserem Bett gefunden, als wir vögeln wollten!«, schrie sie außer sich.

Das Echo ihrer Worte vermischte sich mit Myrinas Wimmern und folgte ihnen, als sie zum Aufzug rauschte.

Sam Berger sah ihnen lange nach.

*

Die Holme sind nicht mehr so unendlich lang wie zuvor. Obwohl das Flimmern in ihrem Gesichtsfeld sie verdrehte und verbog, waren sie höchstens noch einen Meter lang. Der Schmerz ließ sich nicht mehr in Worte fassen, er entzog sich ihr. Stach blind auf sie ein, er brüllte so laut, dass ihre Trommelfelle beinahe geplatzt wären, er roch nach Schwefel, schmeckte nach Wermut und versengte ihr von innen die Augenlider. Trotzdem schaffte sie noch einen nächsten Schritt.

Sie versuchte einen weiteren, aber es war, als würde man

auf zwei wunden Stumpen laufen, als würden blanke Nerven, Fleisch und Knochen direkt über den Boden scheuern und schaben.

Sie stürzte.

Sie war sich sicher, dass sie stürzen würde.

Stattdessen aber schwebte sie zwischen den Holmen.

Sofort waren die Hände da, hielten sie – sicher, fest – und hoben sie hoch, forderten sie auf, sich erneut festzuhalten. Durch die Tränen sah sie, dass sich der Mund der Frau bewegte. Wieder hörte sie nichts.

»Ich kann nicht mehr«, wimmerte sie. »Es tut so schrecklich weh.«

Die dunklen Augen sahen tief in ihre.

»Dann geben Sie doch auf, verdammt«, hörte sie eine Stimme sagen. »Und probieren Sie aus, ob es so besser wird.«

Das gab ihr neuen Antrieb. Was sie weitermachen ließ, war Wut, Hass. Das Gesicht mit dem höhnischen Grinsen war wie eine Fata Morgana: Sobald sie näherkam, wich es zurück und war von Neuem unerreichbar.

Aus dem Gesicht der Frau war das Gesicht eines Mannes geworden, mit markanten Zügen und einer Narbe in Form eines R auf der Wange. Das verlieh ihr Kraft. Er war das Ziel. Ihn wollte sie töten.

Sie kämpfte um jeden Millimeter. Wie ein Blitz schoss der Schmerz durch ihren Körper. Sie hatte das Ende der Holme fast erreicht, als die Frau wieder das Gesicht übernahm und sie anfeuerte.

»Nur noch einen Schritt. Kommen Sie, Deer, das schaffen Sie.«

3

Sonntag, 5. März

Die Dämmerung steigt auf und breitet ihr Licht über die schneebedeckten Felsen aus, die aus der Wasseroberfläche ragen, dazwischen vereinzelte Eisschollen. Die ersten Sonnenstrahlen spiegeln sich im Wasser, im Eis und fallen in unregelmäßigen Abständen durch das Panoramafenster in den dunklen Raum.

Wenn man den Zustand dieses Raumes bedenkt, hätte die Zeit längst alle Fenster zerbersten müssen. Aber sie sind noch intakt und halten die schlimmste Winterkälte zurück. Der Raum ist kalt und karg, versinkt im Staub. Es gibt kaum Mobiliar außer ein paar Hockern, die um einen länglichen Tisch herumstehen, darauf ein altes, aufgeschlagenes Notizbuch.

Draußen geht langsam die Sonne auf. Alles ist Ruhe. Alles ist Stille.

Bis die Tür aufgestoßen wird.

Der Mann, der in den Raum stolpert, ist noch ziemlich jung. Seine Kleidung ist schwarz, seine dunkelgraue Mütze hat er tief über die Ohren gezogen. Vor Kälte zitternd, wankt er zum elektrischen Heizkörper in der Mitte des Raumes und dreht ihn auf die höchste Stufe. Er geht auf und ab, schlägt sich die Arme um den Körper, um warm zu werden. Es spritzt.

Es spritzt Blut.

Der Mann *tropft* vor Blut.

Er wirft das Jagdmesser auf den Tisch und lässt sich auf einen der Hocker fallen. Das Licht ist noch zu schwach zum Lesen, aber schon stark genug, um die dunkelroten Flecken zu sehen, die sich auf dem blau-grün karierten Tischtuch ausbreiten – mit Abstand das Neueste in diesem Raum.

Der junge Mann würde sich gern nach hinten lehnen, sich von den nächtlichen, eiskalten Mühen erholen, aber die Hocker haben keine Lehne. Wahrscheinlich ist es auch besser, so schläft er nicht sofort ein. Er muss wach bleiben. Auf jeden Fall. Außerdem ist die Kälte so tief in seine Glieder gedrungen, dass er im Schlaf erfrieren würde.

Aber diese kurze Pause tut gut.

Es hat begonnen.

Er sieht, wie sich das Messer hebt. Als hätte er damit nichts zu tun. Als hätte es ein Eigenleben, sticht es immer und immer wieder zu. Nachdem das Gesicht bis zur Unkenntlichkeit entstellt ist, arbeitet sich das Messer weiter voran. Zur Brust, zum Rumpf, dann ein letztes Mal zurück ins Gesicht. Das ist kein Akt der Besinnungslosigkeit, er zählt bis achtzehn. Dann hört er auf.

Seltsam, denkt er, dass es tatsächlich möglich war, den ersten Schritt zu machen. Es gibt sehr wohl ein Ende, einen logischen Abschluss, nur der Anfang hatte ihn verunsichert. Aber das ist jetzt überstanden. Jetzt wird er das hier beenden, seinen ganz eigenen Schlussstrich ziehen.

Das zähflüssige Blut tropft vom Jagdmesser auf die Tischdecke und wird gierig von den Fasern aufgesogen.

Das kranke Blut.

Ekel.

Reglos sitzt er da und sieht, wie sein Spiegelbild im Fenster langsam verblasst. Als würde er mit zunehmender Helligkeit verschwinden, aufgehen in der Natur, verschmelzen mit der Küste, sich als Individuum verabschieden und zum Schicksal selbst werden. Kurz bevor er sich auflöst, sieht er sich als seine eigene Offenbarung: jung, gesund, kraftvoll – ein Mann, der ewig leben könnte.

Wie der Schein trügen kann.

Dann senkt er seinen Blick und blättert mit blutigen Händen in dem Notizbuch. Wahllos liest er die Aufzeichnungen, die mit pedantischer Handschrift gemacht wurden:

»Es muss ohne Betäubung erfolgen. Der Schnitt ist fein, nicht tief, sauber. Die Lederbänder halten, trotz der enormen Kraft in Armen und Beinen. Die Ohrstöpsel sind das Beste, was der Markt hergibt. Wenn ich das Skalpell weglege, ist kein einziger Schrei durchgedrungen …«

Der junge Mann hebt den Kopf. Die Dämmerung hat noch mehr Licht zugelassen. Er hört das Eis, das sich bewegt, die Eisschollen, die aneinanderreiben. Es ist ein göttliches Geräusch. Und beschreibt doch seinen Zustand.

Das Eisbrechen.

Er feiert, dass er genau vor einem Jahr das Notizbuch gefunden hat. Damals hat er den Entschluss gefasst. Er feiert es auf eine ziemlich außergewöhnliche Art und Weise.

Er hat das Buch schon lange nicht mehr aufgeschlagen, kann den Inhalt aber dennoch auswendig. Die nächsten Worte erfüllen alle Erwartungen und lassen ihn an Kontakte, Kosten und diese grenzenlose Hemmungslosigkeit denken:

»Die Hand in die Eingeweide gleiten zu lassen, entlang der präzisen Schnitte durch die Haut-, Muskel- und Bindegewebsschichten, hat etwas unvergleichlich Erbauliches. Als würde man ans Unterbewusste rühren und in dem herumwühlen, was die Menschlichkeit verbergen will. Um dann das vollendete Organ in den Händen zu halten. Das ist sublim. Denn es hat mindestens siebzig Jahre garantierte, untrügliche Lebenszeit vor sich …«

Er kann die Stimme förmlich hören, das Leiernde, die Betonung der einzelnen Worte. Aber er ist sie leid, und es gelingt ihm, sie zum Verstummen zu bringen.

Der junge Mann mustert seine Hand. Wartet geduldig. Sie

ist unerwartet regungslos. Als hätte die Tat sie beruhigt. Als hätte die Gewalt der Messerstiche die Irrwege seines Organismus blockiert.

Aber dann setzt es wieder ein. Es fängt wieder an. Das Zittern.

Zurück zum Bekannten. Das ist sein Leben.

Er lässt den Blick aus dem Fenster schweifen. Die Küste ist in blasses Winterlicht getaucht. Er sieht den Strand, die runden Felsen knapp über der Wasseroberfläche, den Wald auf der anderen Seite der Bucht. Dort ist es passiert.

Hier ist es passiert.

In der Fabrik.

Das Blut an seiner linken Hand ist noch nicht ganz getrocknet. Als das Zittern wieder einsetzt, fallen die letzten Tropfen auf den Tisch. Er zwingt die Hand, das Notizbuch zu berühren. Nur die rechten Seiten sind beschrieben, nur auf den linken hinterlässt er blutige Fingerabdrücke. Er blättert an den Anfang.

Zum Anfang von allem.

Zur Einleitung.

»Seit der Mensch sich aufgerichtet hat und auf zwei Beinen läuft, seit der Geburtsstunde des menschlichen Bewusstseins und des Abstraktionsvermögens träumen wir davon, das Leben verlängern zu können. Der Traum vom ewigen Leben hat in jede Religion, in jeden Mythos und jede Legende der Weltgeschichte Einzug gehalten. Mit der Säkularisierung ist er aus der diffusen Welt der Mythen aufgebrochen und hat auf seinem Weg das Paradies, die Hölle und das Fegefeuer hinter sich gelassen. Der Traum ist im Hier und Jetzt angekommen. In unserem Leben. Und es ist kein Traum mehr. Wir haben viel zu lange hingenommen, dass wir sterben müssen.«

Die prätentiöse Sprache lässt den jungen Mann erschaudern. Wenigstens ist die Stimme in seinem Kopf endlich verstummt.

Die linke Hand zittert unverändert. Als sie das Notizbuch zuschlägt, hinterlässt sie einen deutlichen Abdruck auf dem Umschlag.

Er greift nach dem Messer, packt es, drückt fest zu, als würde er das letzte Blut aus seinem Schaft pressen wollen. Nach einer Weile hört es auf zu zittern. Die Hand wird ruhig. Alles eine Frage des Willens.

Und er hat jetzt diese Willenskraft.

Er hat den Anfang gemacht.

Alles muss beseitigt werden.

Das Blatt muss bereinigt, muss wieder weiß werden.

Ohne aufzustehen, schiebt er den Hocker ans kurze Ende des Tisches. Hebt mit dem Messer die Ecke der Tischdecke an.

Trotz der Tischdecke ist die Glasplatte beschlagen, als würde sie etwas absondern. Behutsam wischt der junge Mann das Kondenswasser weg.

Und sieht in das Gesicht einer Frau.

Einer sehr schönen Frau.

4

Freitag, 5. Mai

Der Taxifahrer wandte sich an seinen Fahrgast und fragte: »Sind Sie sicher, dass wir hier richtig sind?«

Der Weg wurde immer schmaler, die Bäume streckten ihnen ihre zart sprießenden Zweige entgegen. Und der blasse Himmel kündigte die bevorstehende Abenddämmerung an.

Der Taxifahrer war sich unsicher, ob er diesen Fahrgast mit gutem Gewissen mitten im Nirgendwo absetzen konnte. Denn im Kofferraum befand sich ein Rollstuhl, den er dort hineingehievt hatte.

Aber die Frau mit dem braunen Pagenkopf neben ihm auf dem Beifahrersitz nickte. Ihr Blick war auf den verwunschenen Weg vor ihnen gerichtet. Sie hatte Krücken in der Hand und wirkte sehr konzentriert. Nicht beunruhigt, nur fokussiert.

Der Wald lichtete sich. Am Ende des Weges sah der Taxifahrer ein paar Fahrzeuge stehen. Dahinter war nichts als Wald. Kein Mensch weit und breit.

Er parkte neben den anderen Autos. Seine Kundin öffnete die Beifahrertür. Er ging um den Wagen herum, um ihr zu helfen. Aber sie scheuchte ihn mit einer Handbewegung weg und stand langsam, gestützt auf ihre Krücken, auf. Es sah nicht aus, als wären sie häufig in Benutzung.

Der Fahrer streckte ihr die Hand entgegen, um seine Hilfe anzubieten, aber sie schüttelte energisch den Kopf und machte sich auf den Weg in den Wald. Langsam und wankend folgte sie einem kleinen Pfad.

»Ich warte hier«, rief ihr der Taxifahrer hinterher. »Schließlich haben Sie Hin- und Rückfahrt gebucht. Aber wollen Sie wirklich ...?«

Die Frau verschwand hinter einem dicken Baumstamm, lehnte eine der Krücken gegen ihren Körper und wollte sich abstützen. Dabei berührte sie mit der Hand eine fast vollständig mit Moos bedeckte Anschlussdose, zuckte angeekelt zurück und packte ihre Krücke. Schwer atmend beugte sie sich nach vorn. Der Schmerz war ein Teil ihres Wesens geworden. So weit war sie bisher nur in der Reha gegangen – getrieben von einer Wut, die an Hass grenzte, und bei jedem Schritt von den Pflegern begleitet.

Aber sie brauchte das hier. Alles in ihr brauchte es.

Sie musste sich wieder als Polizistin fühlen.

Desiré Rosenkvist war zwar zur Kriminalhauptkommissarin befördert worden, aber ihre Aufgaben entsprachen denen einer Praktikantin. Sie war vor knapp einem Monat zurückgekehrt und hatte erfahren, dass sie vorerst im Innendienst arbeiten würde. Das bedeutete allerdings nicht, dass sie ihre Tage damit verbringen musste, Unterlagen zu sortieren.

Es war lange, sehr lange her, dass sie sich wie Deer gefühlt hatte. Nicht mehr, seit ihr beide Unterschenkel abgetrennt worden waren. Bei zwei Eingriffen innerhalb eines Tages.

Beide Unterschenkel konnten in gutem Zustand geborgen werden, und beide waren erfolgreich replantiert worden, wieder mit nur wenigen Stunden Abstand zwischen den Operationen. Aber es waren komplexe Eingriffe gewesen, nicht ohne Komplikationen.

Hinter ihr lag ein halbes Jahr des Schmerzes. Und des Kampfes, der Rückschläge, neuer Operationen, missglückter Aufenthalte in der Reha, Infektionen, Wutausbrüche, Schmerzmittel, die sie entweder so high machten, dass sie den Boden unter den Füßen verlor, oder überhaupt nicht wirkten. Sie hatte Tage, die sie schreiend verbrachte. *Ganze* Tage.

Sie war in eine Depression gerutscht und hatte sich innerlich schon auf ein Leben als Frührentnerin vorbereitet, als ihre Physiotherapeutin Farida sie eines Tages anbrüllte: »Dann geben Sie doch auf, verdammt. Und probieren Sie aus, ob es so besser wird.«

Das hatte sie unfassbar wütend gemacht, aber es trieb sie auch an. In diesem Moment war der Mann mit der außergewöhnlichen Narbe auf der Wange vor ihrem inneren Auge aufgetaucht. Und wenn sie ihn sah, schaffte sie immer noch ein paar Meter mehr.

Sie wollte ihn töten.

Und seit etwa einem Monat ging es ihr besser. *Auf Holz geklopft.* Das öde Trainingsprogramm in der Reha zeigte endlich Wirkung. Nach dieser langen Phase der Isolation, die sie fast menschenscheu hatte werden lassen, wagte sie sich wieder hinaus in die Welt, unter Leute. Sie übte mit Johnny Autofahren, ihrem Mann, dem es bei ihrem Umgang mit Gas und Bremse manchmal heiß und kalt wurde, obwohl er als Rettungssanitäter ein hart gesottener Profi war. Sie fuhr mit ihrem Rollstuhl in den ICA-Supermarkt im Zentrum von Skogås und verbrachte Zeit mit echten Frührentnern. Und erkannte so, dass sie nicht dazugehörte. Noch nicht.

Ein paar Wochen lang begnügte sie sich damit, alte Ermittlungsakten in ihrer kleinen, abgelegenen Ecke in der Nationalen Operativen Abteilung, kurz NOA, zu sortieren. Erst danach begann sie, sich auch mit aktuellen Fällen zu beschäftigen.

Und genau deshalb war sie hierhergefahren.

Deshalb packte sie ihre Krücken, drückte sich hoch, rutschte mit der linken Krücke weg und verlor die Schutzkappe aus Gummi. Sie biss die Zähne zusammen und kämpfte sich den unebenen Waldweg hinunter, während die Abenddämmerung unaufhaltsam näher kroch. Es war Anfang Mai, und sie lief Gefahr, sich in einem dunklen Wald zu verlaufen. Nur ihre Entschlossenheit und die Wut auf den Mann mit der Narbe trieben sie an, während die Zweige der Bäume ihr ins Gesicht schlugen. Der Mann mit der Narbe wies ihr in ihrem Inferno den Weg.

Langsam lichtete sich der Wald. Der unverkennbare Geruch von Meer strömte ihr entgegen. Und plötzlich offenbarte sich ihr ein ganz neuer Schauplatz.

Wasser. Die äußeren Schären. Ein blendendes Licht, das eine Art altertümlichen Opferplatz erleuchtete. Weiß gekleidete Druiden liefen mit kantigen, steifen Bewegungen über den schimmernden Sand.

Den Wald im Rücken, beobachtete sie das Geschehen in dem sanften, orangegelben Licht der untergehenden Sonne. Sie sah den Strand, die runden Felsen knapp über der Wasseroberfläche, den Wald auf der anderen Seite der Bucht.

Doch. Sie war richtig hier.

Erschöpft stützte sie sich auf den Krücken ab und ließ den Schmerz zu. Er war grauenvoll – gleichzeitig aber musste sie feststellen, dass sie seit einem Jahr nicht mehr so weit gelaufen war. So stand sie da, tief über die Krücken gebeugt, während der größte der Druiden auf sie zukam. Er war schon fast bei ihr, als er erkannte, wen er da vor sich hatte.

»Deer? Was zum Teufel machst du …?«

»Oh, wie ich es vermisst habe, von dir Deer genannt zu werden, Robin«, keuchte sie.

»Aber …«, stieß der Druide aus. »Bist du nicht …?«

»Doch«, antwortete Deer und hob mühsam den Kopf. »Ich habe Innendienst. Sitze am Schreibtisch. Und bin gar nicht hier.«

»Aber ich dachte, dass du …«

»Tot bist? Frührentnerin? Nein, Robin, so weit ist es noch nicht. Niemand kann mich von dir fernhalten. Erzähl mir, was ihr da gefunden habt.«

»Aber du siehst ganz …«

»Ich weiß, wie ich aussehe«, unterbrach ihn Deer mit tiefer, drohender Stimme. »Los, erzähl.«

Robin kam näher und bot ihr seinen Arm als Stütze an. Aber sie stieß ihn weg.

»Das ist ein Sandstrand, Deer«, sagte er ruhig. »Du kommst hier mit deinen Krücken nicht lang. Lass mich dir helfen.«

Erneut streckte Robin ihr seine Hand hin. Dieses Mal wurde er nicht weggestoßen. Es war das erste Mal, dass sie außerhalb der Reha fremde Hilfe annahm.

Ein Schritt nach dem nächsten, dachte sie bitter.

Der große Kriminaltechniker, einer der Topkräfte des Nationalen Zentrums für Forensik, begleitete sie auf dem Weg zum Tatort. Sie warf einen letzten Blick auf den glühenden Horizont, ehe die Dämmerung ganz über sie hereinbrach.

Vor ihnen lag die Leiche.

Sie wurde von einem Kranz aus Scheinwerfern beleuchtet und war umgeben von Weißgekleideten, die die unterschiedlichsten kriminaltechnischen Untersuchungen durchführten.

Das Opfer war ein Mann um die dreißig, mit einem unübersehbaren Schussloch in der Stirn. Deer konnte auf den ersten Blick keine weiteren Verletzungen feststellen. Er war blond, attraktiv, athletisch und trug Segelschuhe.

»Schuss aus nächster Nähe«, kommentierte Robin, ohne ihren Arm loszulassen. »Ein einziger Schuss, soweit wir das bisher beurteilen können.«

»Dieser Pulli da …«, sagte sie.

Robin zuckte mit den Schultern.

»Auf dem Ärmel steht die Marke. Nautica. Sonst haben wir keine weiteren Anhaltspunkte. Keine Fundstücke, keine Schuhabdrücke. Hier hat jemand sehr sorgfältig hinter sich aufgeräumt.«

»Ich erinnere mich an Nautica«, sagte Deer. »Die Snobs, die damals in den USA in den Segelclubs herumhingen, haben die Marke getragen. Gibt es die überhaupt noch?«

Robin schüttelte langsam den Kopf.

»Das kann nicht der Grund dafür sein, dass du hier vorbeikommst, Deer. Nicht wegen Nautica.«

»Nein«, gab sie zu. »Ich wollte es mit eigenen Augen sehen.«

»Was, die Leiche?«

Sie befreite sich aus seinem Griff, machte ein paar unbeholfene Schritte, aber ihre Krücken versanken im weichen Sand. Auf der anderen Seite der Bucht gingen in den ersten Häusern die Lichter an.

Robin kam ihr zu Hilfe und musste sein nicht ganz unerhebliches Körpergewicht aufbringen, um die Krücken aus dem Sand zu ziehen.

»Erzähl mir noch was über die Leiche«, bat ihn Deer.

Robin zuckte wieder mit den Schultern.

»Es gibt nicht viel zu sagen. Er wurde woanders erschossen, so viel steht fest, und dann hierhergebracht, wahrscheinlich mit einem Wagen. Es scheint kein *aufgesetzter Schuss* zu sein, wie die Rechtsmediziner sagen würden, es gibt keine ausgefransten Ränder am Einschussloch, aber der Schuss wurde aus nächster Nähe abgefeuert. Die Haut weist Schmauchspuren auf. Vermutlich Kaliber neun Millimeter, das Austrittsloch ist deutlich größer, was bedeutet, dass wir keine Kugel im Leichnam finden werden. Aber ich habe das Gefühl, dass dich diese Leiche gar nicht so furchtbar interessiert, Deer. Liege ich da richtig?«

Ihre Blicke begegneten sich, und Deer erkannte, wie sehr sie intelligente und aufmerksame Gesprächspartner vermisst hatte.

»Du hast recht, Robin. Was mich interessiert, ist die Aussicht.«

»Die Aussicht?«, rief Robin, als hätte er das Wort noch nie in seinem Leben gehört.

Deer zeigte auf den Strand, auf die runden Felsen knapp über der Wasseroberfläche und den Wald auf der anderen

Seite der Bucht. Doch da verlor sie den Halt und stürzte in den Sand.

Robin half ihr auf. Halb stützte er, halb trug er sie vom Strand. Er sah über ihre Schulter, wo der kleine Pfad in den mittlerweile schwarzen Wald führte.

Deer umklammerte wieder ihre Krücken. Hielt sich an ihnen fest.

»Das ist nicht das erste Mal, oder?«, fragte sie Robin, ohne den Blick von ihm zu wenden.

»Wie meinst du das?«

»Ich habe jetzt häufiger mit Menschen zu tun, die wirklich nicht verstehen, was ich meine«, sagte Deer und kämpfte gegen die Schmerzen in ihren Beinen. »Aber du, Robin, gehörst nicht dazu.«

Robin zog eine Grimasse und sah erneut über ihre Schulter.

»Rein kriminaltechnisch gibt es keine Verbindung«, erklärte er.

»Aber du weißt was. Du weißt irgendwas, Robin, oder?«

»Ich weiß nur das, was ich auch wissenschaftlich beweisen kann. Das ist alles.«

Als sich sein Blick ein drittes Mal auf etwas hinter ihr richtete, hatte Deer die Nase voll. Sie ließ sich auf ihre Krücken sinken.

»Ich habe begriffen, dass sich hinter mir etwas von Bedeutung abspielt. Aber das lassen wir jetzt mal für einen kurzen Moment außer Acht. Antworte nur mit Ja oder Nein, Robin. Ist das hier der erste Mord dieser Art oder nicht?«

Robin holte tief und hörbar Luft.

»Nein.«

»Nein?«

»Nach meinem Ermessen, ohne jeglichen Beweis und ganz inoffiziell, sage ich Nein. Nein, das hier ist nicht die erste Tat des Mörders.«

»Danke«, sagte Deer und wandte sich mühsam zum Gehen.

Am dunklen Waldrand stand ein Taxifahrer mit einer Taschenlampe und einem leeren Rollstuhl. Er wartete auf sie.

Deer schloss die Augen. Obwohl sie versuchte, die Tränen zu unterdrücken, fanden sie ihren Weg.

5

Mittwoch, 24. Mai

Die Bucht lag weit und still in der Sonne. Von oben hatte sie die Form eines gestrandeten Hais, der in den Felsen stecken geblieben war. Bisher hatten erst wenige Bootsbesitzer ihre Lieblinge zu Wasser gelassen, und der Steg ließ die Bucht von Weitem aussehen, als wäre der Körper des Hais mit Nägeln gespickt.

Es kam zu einer Beschleunigung, das Ziel befand sich nördlich vom Ausgangspunkt, wo die Bucht ziemlich abrupt endete. Dort lag ein Schloss, das herrschaftlich in der Maisonne glänzte. Dann folgte eine Runde über den nördlichen Abschnitt des Ostseearms Edsviken. Die Perspektive wechselte, verlor an Höhenmetern und kehrte zurück zur Westküste, vorbei an einer bunten Mischung von Villen, hinter denen eine große unbebaute Grünfläche auftauchte. Am Ende dieser Fläche, unten am Wasser stand ein kleines weißes Haus. Ein Steg führte weit auf den Edsviken hinaus.

Erst jetzt sah man eine Gestalt, ein Mann stand auf dem Steg und wurde immer größer und größer. Er hatte eine Fernbedienung in der Hand, ein Laptop balancierte todesmutig auf dem Geländer daneben. Kurz darauf nahm der Mann das gesamte Bild ein. Am Ende war nur noch seine enorme Hand zu sehen.

Sam Berger fing die kleine Drohne und nickte zufrieden. Endlich hatte er herausgefunden, wie er das Gerät steuern musste. Er legte die Fernbedienung und das spinnenartige Flugobjekt auf einen Tisch, nahm den Laptop vom Geländer und ging zurück in das frisch renovierte Bootshaus.

Molly Blom war wahrscheinlich in ihrem Zimmer, aber das war wegen der wilden Bewegungen in der Tür nicht zu erkennen.

Hüpfbewegungen.

Berger hatte die Hüpfschaukel eigenhändig angebracht und wusste deshalb, dass sie ordnungsgemäß in der Tür befestigt und sicher war. Trotzdem überkam ihn jedes Mal Panik, wenn seine Tochter die schwarzen Gummibänder bis aufs Äußerste dehnte. Er hockte sich vor den hüpfenden, nicht ganz ein Jahr alten Körper. Obwohl seine Tochter einen Heidenspaß hatte, behielt sie ihr Pokerface. Der ausdruckslose, fast gelangweilte Gesichtsausdruck änderte sich erst, als er in die Trickkiste griff und seine hässlichste Grimasse zeigte. Aber ihre Konzentration war geradezu olympisch, und seine Anstrengung wurde nur mit einem winzigen Lächeln belohnt. Vorsichtig streckte er seine Hand aus, um nicht Myrinas kleine Nase zu erwischen, die sich vor ihm auf und ab bewegte. Es wurde eine eher unbeholfene Berührung.

Dann schob er sich an dem hopsenden Winzling vorbei. Blom saß tatsächlich am Schreibtisch und hackte auf die Tasten ein.

»Ich habe es jetzt im Griff«, sagte Berger und zeigte nach draußen.

Blom sah hoch und schnitt eine Grimasse.

»Faulheit und Unzucht waren der Untergang des antiken Rom. Unsere Gesellschaft hingegen ist durch das Internet und die vielen Drohnen dem Untergang geweiht.«

»Wir brauchen die Drohne am Wochenende«, erwiderte Berger. »Bist du unserem zypriotischen Freund auf die Schliche gekommen?«

Blom wackelte mit dem Kopf.

»Wie man's nimmt«, sagte sie. »Es gibt auf jeden Fall keinen Grund zur Annahme, dass er rechtmäßige Geschäfte im Sinn hat. Panaiotis Skarparis hat ein ansehnliches Vorstrafenregister auf Zypern. Hauptsächlich Wirtschaftskriminalität. Aber auch Körperverletzung.«

»Was unter Umständen erklären könnte, warum die Ehefrau die Scheidung eingereicht hat ...«

Berger und Blom musterten einander schweigend.

»Wer hätte das gedacht«, sagte Berger.

»*Was* hätte wer gedacht?«

»Dass ausgerechnet die schwächste Säule unseres ohnehin schon fragilen Businesskonzepts die spannendsten Herausforderungen mit sich bringen würde.«

»Aber du hast doch bitte nicht erwartet, dass Versicherungsbetrug spannender sein würde?«

Berger zuckte mit den Schultern.

»Versicherungsbetrug sichert nach wie vor das Einkommen der Bootshaus Security AG. Ich bin davon ausgegangen, dass es diese klassischen *Privatdetektiv*-Nummern wie Untreue überhaupt nicht mehr gibt. Das hat doch bei Scheidungen keine Relevanz mehr.«

»Nicht in unserem Teil von Europa, das stimmt«, sagte Blom und wechselte zu einem anderen Tab in ihrem Browser. »Aber auf Zypern ist es ziemlich schwer, eine Scheidung zu erwirken. Als Frau musst du den Erzbischof davon überzeugen, dass die Ehe nicht mehr zu retten ist. Und wenn der Ehemann weder impotent noch gewalttätig war – oder eben untreu –, muss man mindestens fünf Jahre warten.«

»Wenn man keine Beweise vorlegen kann«, ergänzte Berger nickend.

»Die Buchung ist bestätigt«, sagte Blom und zeigte auf den Bildschirm. »Die Luxussuite im Sjösala Spa – ›Und der Himmel ist gleich nebenan‹.«

»Genau genommen befindet er sich direkt über dem Kopf. Wenn man die elektrischen Jalousien vom Dachfenster nicht zuzieht.«

»Das ist leider einer unserer Unsicherheitsfaktoren«, sagte Blom. »Ein zweiter ist die Manövertauglichkeit dieses Dingsdas. Die unmittelbar mit deinem Fluggeschick zusammenhängt.«

»Ich habe noch ein paar Tage Zeit, um an meiner Technik zu feilen.«

Sie schwiegen erneut, gingen in Gedanken den Einsatz durch.

»Und es gibt kein verstecktes Risiko, dass wir in etwas Größeres hineingeraten?«, fragte Berger. »Ein russisch-zypriotisches Syndikat, oder so? Ich habe irgendwie die Nase voll von der Mafia.«

Blom blähte ihre Wangen auf, dann ließ sie die Luft ganz langsam entweichen und schüttelte den Kopf.

»Nichts deutet darauf hin, dass Panaiotis Skarparis mehr ist als nur ein *shady businessman*. Er ist zwar so wohlhabend, dass seine Frau Manolina uns ein großzügiges Honorar zahlen kann, aber ich konnte keine direkten Mafiakontakte finden. Was natürlich nicht zwangsläufig heißt, dass es keine gibt ...«

»Und seine Frau selbst? Manolina Skarparis?«

Blom schüttelte den Kopf.

»Keine Vorstrafen. Keine Hinweise. Sie ist auf Facebook. Hausfrau aus Larnaka, sechsundvierzig, zwei halbwüchsige Kinder. Auf Facebook hat sie vor allem Fotos ihrer Kinder in den verschiedensten Aufzügen gepostet. Sie gibt alles, um ihren Alltag, ihre Existenz aufzuwerten, aber zwischen den Zeilen kann man deutlich Überdruss und Angst und Schrecken herauslesen. Das Ehepaar Skarparis ist auch auf ein paar Fotos zu sehen, und da springt kein Funke mehr über. Die beiden stehen so weit wie möglich auseinander.«

»Wenn Panaiotis zur Mafia gehören würde, gäbe es keine Fotos auf Facebook. Dann hätte seine Frau ganz bestimmt keinen Account da.«

Ihre Blicke begegneten sich erneut.

»Alles okay?«, fragte Blom und meinte auch sich selbst damit.

Er zuckte leicht mit den Schultern.

»Wir arbeiten in der Sicherheitsbranche«, sagte Berger. »Da gibt es immer ein Restrisiko. Aber in diesem Fall würde ich auch sagen, dass es minimal ist. Glauben wir Manolinas Version?«

Blom sah aus dem Fenster, den Hang hinauf. Über den Rasen schlängelte sich der Pfad, den sie gerade angelegt hatten, hinauf bis zum Zaun, der das Grundstück einfasste. Der Rasen war gesäumt von Pappeln, die sich in den Himmel streckten. Die Bäume bekamen Knospen, und die frischen Pappelblätter rauschten derart laut, dass man es auch im Bootshaus hören konnte.

»Ihre Geschichte ist glaubwürdig und stringent«, antwortete Blom, ohne ihren Blick abzuwenden. »Manolina Skarparis entdeckte eine SMS auf dem Handy ihres Mannes, die eine gewisse Helena geschrieben hat. Die Nachricht war auf Englisch, nüchtern gehalten, ohne verdächtige Smileys oder Emojis: ›Wie immer? Ein wunderbares Wochenende im Sjösala Spa?‹ Manolina hat ihre Schlüsse gezogen und eine Chance gesehen, ihrer schrecklichen Ehe zu entkommen und die Hälfte des Vermögens zu kassieren – und uns kontaktiert.«

»Und warum ausgerechnet uns?«

»Sie hat uns im Netz gefunden. Vermutlich, weil unsere Adresse in der Nähe vom Sjösala Spa liegt …?«

»Wie schön, dass wir uns durch unsere Verdienste auszeichnen«, brummte Berger schlecht gelaunt.

Blom hob seufzend die Hände.

»Außerdem findet sie den Buchstaben *å* so niedlich.«

»Ein weiterer, makelloser Beleg unserer einzigartigen Qualität.«

Myrina hüpfte unermüdlich weiter. Sie sahen zu ihr. Und auf einmal lief die Angst durch den Raum. Beide dachten an einen früheren Fall, bei dem ihre Tochter nur knapp einer Entführung entgangen war und eine Heldin für sie ihre Beine geopfert hatte.

»Wir können Myrina nicht bei uns haben, wenn wir im Bootshaus sind.«

Blom sah ihn lange an.

»Es gibt nach wie vor kein Wir.«

6

Freitag, 26. Mai

Deer saß am Ende des Flurs und starrte auf das frische Grün im Kronobergspark, als auf Höhe der Baumkronen ihre Nemesis auftauchte. Trotz des erheblichen Abstands wirkte sein Kopf breiter als hoch, und sowohl der ausladende Schnurrbart als auch die Koteletten glänzten in der Sonne.

Die Nemesis hieß Conny Landin, seines Zeichens Kriminalhauptkommissar und ihr Vorgesetzter seit ihrem ersten Arbeitstag bei der NOA. Am Anfang hatten seine Trägheit und Faulheit sie genervt – weil ein ständiges Hindernis bei der Arbeit –, aber nach der Katastrophe war alles nur noch schlimmer geworden. Seit ihrer Rückkehr behandelte er sie wie seine Praktikantin. Sie hatte schon Berge an Dokumenten sortiert.

Landin biss von einem Hotdog ab, während er langsam den Hang hinunterdackelte, der zum Polizeipräsidium führte.

Deer wusste nur wenig über ihn. Das meiste waren Gerüchte. Es hieß, er sei Ende fünfzig, einmal verheiratet gewesen, allerdings kinderlos, lebe seit seiner Geburt in Hökarängen südlich von Stockholm und verlasse den Ort seiner Kindheit grundsätzlich nie. Seine unerwartet großzügig bemessene Freizeit, berücksichtigt man seine Stellung als Hauptkommissar, widme er seinem Pitbull Terrier, der angeblich auf den Namen Noa hörte.

Aber das konnte natürlich alles nur Gerede sein.

Deer beobachtete die Gestalt, die eine Art Jeansanzug trug, und musste sofort an die Siebziger denken. Conny Landin sah aus wie der Fernsehserie *Life on Mars – Gefangen in den 70ern* entsprungen. Ein Reisender aus einer anderen Zeit, der nun auf der falschen Seite der Millenniumsgrenze umherzog. Wenn er allerdings denselben Idealen folgte, an die ein durchschnittlicher Bulle in den Siebzigern geglaubt hatte, dann verbarg er das gekonnt hinter seiner bürokratischen Feigheit, die ihn stets den Weg des geringsten Widerstands nehmen ließ.

Als Landin die Polhemsgatan erreichte, sah er sich um und steuerte auf einen Mülleimer zu, um die Reste seines Hotdogs zu entsorgen. Dann drehte er sich um und hielt sein Gesicht in die Sonne. Deer hatte das unangenehme Gefühl, dass er ihr direkt in die Augen sah, instinktiv wich sie zurück. Er wirkte angespannt, oder? Irgendetwas schien ihn zu beschäftigen, es war eine Anspannung, die sie noch nie zuvor an ihm gesehen hatte.

Als er schließlich seinen Weg fortsetzte, kehrte auch Deer an ihren Arbeitsplatz zurück, wo sie die Akten und Dokumente sortierte. Man hatte sie tatsächlich in die hinterste Ecke des Großraumbüros abgeschoben. Dort saß sie vor einem an ihre körperlichen Herausforderungen angepassten Schreibtisch, der sie mehr als deutlich an den äußersten Rand der Nationalen Operativen Abteilung verwies. Ein riesiges Bücherregal verdeckte sie – und damit auch ihre Sicht – zur Hälfte. Sie war nicht nur beruflich ausgestoßen worden, sondern auch räumlich. Geografisch gewissermaßen.

Manchmal rollte sie an ihrem ehemaligen Büro vorbei und sah hinein, wenn die Tür einen Spalt offen stand. Der Mann, der ihren Platz eingenommen hatte, war höchstens dreißig und sah aus, als würde er über ein bürokratisches Gemüt verfügen.

Außerdem hieß er Örjan.

Sie war sich durchaus bewusst, dass sie eine lange Auszeit genommen hatte, um ihren verwundeten Körper zu kitten, aber sie hatte das Gefühl, dass ihr Scharfblick nicht gelitten hatte. Dass sie Dinge durchschaute, wenn es ihr gelang, sich zu konzentrieren. Und sie sah eine Welt, die im Umbruch war. Eine Welt, in der die Bürokraten die Führung übernahmen. In der die eigentlichen Kompetenzen an den Rand gedrängt wurden, ganz gleich in welchen Bereichen, ob in der Pflege, in der Schule, bei der Polizei, im Journalismus, im Theater, im Kino oder in der Kunst. Überall übernahmen diejenigen, die der Macht den Vorzug gegenüber der Kreativität gaben.

Vielleicht irrte sie sich auch?

Deer rollte hinter ihren Schreibtisch und seufzte beim Anblick der Stapel, die sich darauf türmten. Das war ihr Tageswerk, das Sortieren alter Ermittlungsakten, damit diese digitalisiert werden konnten. Sie würde die analogen Unterlagen in Kürze nach genauer Vorgabe vernichten müssen, aber im Moment wollte sie sich damit nicht beschäftigen. Sie zog die Schreibtischschublade auf. Ihr Blick fiel auf das Foto darin, ein Porträt des Mannes mit der R-förmigen Narbe, das sie triggerte, sie antrieb. Aber der Trigger hatte in letzter Zeit nachgelassen, und sie hatte eine alternative Motivation gefunden.

Zu ihrer Rechten, an der Seite des Bücherregals, nur einen Meter entfernt, hing eine Karte von Stockholm. Ihre Kollegen konnten sie von ihren Plätzen aus nicht sehen. Und das war ihr sehr recht. Die Karte war etwas seltsam an dem Buchregal angebracht, stand ein paar Zentimeter vor, und am unteren Rand befand sich eine Schnur mit einer Schlaufe daran.

Sie lehnte sich vor, um das gesamte Großraumbüro überblicken zu können. Vereinzelt lief ein Kollege durch den Raum, ansonsten war es nur dünn besetzt.

Sie griff die Schlaufe und zog daran. Die Karte von Stockholm schnellte wie eine Rollgardine nach oben. Dahinter befand sich ihre gesamte Ermittlung in Miniaturform.

Da sie so nah davorsaß, konnte sie alles lesen. Die Angaben waren ohnehin nicht für eine zweite Person bestimmt. Auch die Fotos waren in der kleinstmöglichen Größe ausgedruckt. Es gab drei Überschriften: ›5. März‹, ›5. April‹ und ›5. Mai‹.

Unmittelbar unter den Überschriften klebten die *Ansichten.* Naturaufnahmen. Der Kriminaltechniker Robin hatte sie ihr höchstpersönlich vorbeigebracht, und sie sahen sich alle drei zum Verwechseln ähnlich. Ein Strandabschnitt, Felsen, die aus dem Wasser ragten, ein Waldrand auf der anderen Seite des Wassers.

Zugegeben, diese Landschaftsausschnitte waren nicht besonders aussagekräftig, Orte wie diese gab es im Großraum Stockholm Tausende. Besonders war das Datum. Und die Tatsache, dass alle drei Opfer bisher nicht identifiziert werden konnten.

Deer betrachtete die Fotos. Von den Fundplätzen – die sehr wahrscheinlich nicht die Tatorte waren – und den Obduktionen der Opfer. Der *Modus Operandi* unterschied sich grundlegend: mit zahlreichen Messerstichen erstochen, erwürgt, ein einziger Schuss in die Stirn. Letztere Aufnahme stammte von dem Fundort, den sie vor drei Wochen mit Robin besichtigt hatte. Nach diesem Ereignis und einer schrecklichen Strandwanderung hatte sie ihre Miniaturermittlung ins Leben gerufen.

Ein älterer Mann, eine junge Frau, ein junger Mann. Die drei Opfer verband nichts – außer der Tatsache, dass sie exakt im Abstand von einem Monat ermordet und an sehr ähnlichen Fundorten platziert worden waren.

Aber das hatte niemand vor ihr bemerkt.

Sie hörte ein lautes Räuspern und sah um die Ecke.

Conny Landin stützte sich auf ihren Schreibtisch. Es war zu spät, die Rollgardine wieder herunterzulassen. Allerdings hätte Landin sich weit über den Tisch lehnen und seinen Hals verdrehen müssen, um einen Blick auf ihre geheime Ermittlung zu erhaschen. Und dieses Ausmaß an Anstrengung war in Conny Landins Führungsstil einfach nicht vorgesehen.

»Hör mal, Desiré«, sagte er und strich sich über den Schnauzer, der sein breites, fleischiges Gesicht zierte.

»Ich höre, Conny«, erwiderte Deer.

»Ich habe deinen Bericht bekommen«, holte er umständlich aus. »Das ist der dritte in drei Wochen. Ich verstehe sehr gut, dass du dich langweilst und das Bedürfnis hast, in die aktive Polizeiarbeit zurückzukehren. Aber eine Verschwörungstheorie über einen Serienmörder ist leider vollkommen kontraproduktiv.«

»Ich behaupte lediglich, dass es Verbindungen zwischen den Morden gibt«, sagte Deer. »Du bist es, der von einem Serienmörder spricht.«

»Aber das ist doch die logische Konsequenz aus deiner Theorie, Desiré. Die Mordmethoden unterscheiden sich grundlegend, und es gibt keine Verbindung zwischen den Opfern. So verhält sich kein Serienmörder, und das weißt du auch. Außerdem haben wir gerade einen wirklich brutalen Mord auf dem Tisch. Örjan leitet die Ermittlungen und hat sich überreden lassen, dich als Assistentin mitzunehmen.«

Deers Blick wanderte automatisch den Flur hinunter zu ihrem ehemaligen Büro.

Örjan, der dreißigjährige Buchhalter.

»Meinst du den Axtmord in Tumba?«, fragte sie.

»Ganz genau. Das ist ein richtiger Fall«, rief Conny Landin begeistert. »Ein polizeilich bekannter Berufsverbrecher, Spuren, Anhaltspunkte, Verdächtige. Das sind die Fälle, die zu Ergebnissen führen.«

»Und was ist mit den drei Strandmorden?«

»Ich habe sie wieder den jeweiligen Dienststellen übergeben. Das waren nie Fälle für die NOA. Sie sind nur durch

Zufall bei uns gelandet. Außerdem haben sich alle drei Fälle als Sackgassen erwiesen. Keine einzige Spur weit und breit.«

»Ich bitte dich, Conny. Das liegt daran, dass da schlampig ermittelt wurde. Und vor allem von verschiedenen Ermittlern. Hast du die Fälle im Ernst an Norrtälje, Vällingby und so weiter übergeben? Dann werden die doch niemals aufgeklärt.«

Hauptkommissar Conny Landin richtete sich auf und wackelte mit dem Kopf. Dann strich er sich erneut über den imposanten Schnäuzer. Er schien nach Worten zu suchen.

»Es kann durchaus sein, dass du nicht verstanden hast, was ich eigentlich sagen wollte, Desiré. Da du nach wie vor angeschlagen bist, hatte ich meine Worte mit Bedacht gewählt.«

Angeschlagen! Deer hätte gern ihren eigenen Gesichtsausdruck gesehen.

»Und deshalb werde ich jetzt deutlicher«, fuhr Landin fort. »Ich *untersage* dir hiermit ausdrücklich, dich weiter mit diesen sogenannten ›Strandmorden‹ zu beschäftigen.«

Deer schnaubte und schüttelte den Kopf.

»Die einzige Frage lautet derzeit, ob du weiterhin alte Ermittlungsakten sortieren oder Teil von Örjans Team werden willst? Aber du musst dich zusammenreißen. Und ich benötige deine Antwort *jetzt.*«

Sie seufzte tief und nickte dann.

»Ich will, dass du es laut sagst«, forderte Landin mit einem kleinen, hämischen Lächeln im Mundwinkel.

»Ja«, gehorchte Deer mürrisch. »Ich unterstütze Örjan sehr gern bei seiner Ermittlung zum Axtmord an einem drogenabhängigen Alkoholiker. Eine richtig professionelle Ermittlung.«

»Genau so soll es klingen!«, sagte Landin und machte auf dem Absatz kehrt.

Während Deer ihm auf seinem Weg durch die unendlichen Weiten des Großraumbüros hinterhersah, fragte sie sich, ob er die Ironie ihrer Antwort herausgehört hatte. Wahrscheinlich nicht. Zwischentöne waren nichts für seinen Intellekt.

Sie widmete sich noch einmal ihren drei Überschriften.

›5. März‹, ›5. April‹ und ›5. Mai‹.

Sie schloss die Augen.

Als sie sie wieder öffnete, fühlte es sich an, als wären die drei Fälle in weite Ferne gerückt. Vielleicht hatte sie ihr Übereifer im Dienst davongerissen. Vielleicht hatte sie die Einsamkeit in der Reha etwas sonderbar werden lassen. Vielleicht war sie ein bisschen aus der Übung.

Sie ließ die Rollgardine wieder herunter und starrte auf die Karte von Stockholm. Intuitiv verweilte ihr Blick auf den Vororten im Norden.

Vielleicht gab es doch noch eine Möglichkeit.

7

Sonntag, 28. Mai

Obwohl der Wind aus nördlicher Richtung kam, war es warm genug, um auf dem Steg vor dem Bootshaus zu sitzen. Sie hatten beide einen eigenen Tisch, auf dem ein Gerät stand. Der Abstand zwischen ihnen fühlte sich unendlich groß an. Berger justierte einen Gegenstand, der aussah wie ein riesiger Krebs. Blom war in ihren Laptop versunken.

Es herrschte eine bedächtige Ruhe, die sowohl Zusammenarbeit als auch Waffenstillstand bedeuten konnte.

Ein Windstoß hob die Drohne in die Luft, aber Berger fing sie im Flug.

»Ich bin so weit«, sagte Blom.

Berger versuchte, die Drohne zu hypnotisieren, damit sie auf dem Tisch stehen blieb, dann ging er zu Blom hinüber. Sie startete den Film.

Zuerst sah man nur das Meer, das hinter einer Düne auftauchte, auf der ein Schwarm von Möwen am Ufer herumstolzierte. Die Köpfe der Vögel drehten sich alle zeitgleich um, sie entdeckten die Drohne, hoben wie ein einzelner Körper vom Boden ab und kamen auf sie zu.

»Schlechte Recherche«, sagte Berger.

»Ja, wir hätten die andere Seite der Düne nehmen sollen«, gab Blom zu.

Einige der Möwen wichen aus, als die Drohne auf sie

zukam, als würden sie das Objekt wiedererkennen, das mühelos durch die Wolken flog. Andere aber, jüngere Tiere vermutlich, kamen der Drohne so nah, dass sie sie berührten und das Kamerabild verwackelte. Dreimal passierte das, bis die Möwen das Interesse verloren und davonflogen.

»Dann schneide ich den Film, damit er erst *hier* anfängt«, sagte Blom.

Die Drohne erreichte das Herrenhaus und drosselte ihr Tempo. Mit minimaler Geschwindigkeit glitt sie über das gleichermaßen traditionsreiche wie ausladende Dach.

Der Rest des Films war in Zeitlupe gefilmt. Auf einmal wurde alles zweidimensional. Die Kamera änderte ihren Aufnahmewinkel, ein Dachziegel nach dem anderen erschien in monotoner Einförmigkeit im Bildausschnitt, bis plötzlich eine Kante auftauchte und die Tristesse durchbrach. Dann tauchte die Kamera ab, und das Bild wurde wieder dreidimensional.

Zu sehen war nicht irgendeine beliebige Dreidimensionalität. Unter dem Dachfenster – »Und der Himmel ist gleich nebenan« – befand sich eine Luxussuite. Deren Gäste die Jalousien nicht zugezogen hatten.

Direkt unter dem Fenster stand ein Bett, in dem ein etwas korpulenter Mann namens Panaiotis Skarparis lag. Und er war nicht allein. Ein goldblonder Haarschopf lag wie eine Sonnenblume aufgefächert auf den vom Licht geküssten Kopfkissen. Das war allem Anschein nach die schöne Helena, und was in diesem Bett geschah, war zweifellos etwas, das man früher als Beischlaf bezeichnet hätte.

Das Paar wechselte in einer einstudierten Choreografie die Stellung. Als Helena zu einer oralen Tätigkeit überging, zoomte die Kamera näher heran.

»Hervorragende Kameraführung«, sagte eine Stimme hinter ihnen.

In dieser Sekunde entfernte sich die Drohne wieder von dem großen Dachfenster, und Berger und Blom drehten sich erschrocken um. Die potenzielle Gefährlichkeit des Eindringlings wurde – eindeutig ein Vorurteil – dadurch gemindert, dass die Person im Rollstuhl saß.

*

Der Blick ihres Gastes schweifte über den Edsviken und blieb am Horizont hängen. Ziemlich lange.

Berger betrachtete sie von der anderen Seite des Tisches. Seine Deer war ganz die Alte – und doch nicht. Die Erfahrungen der jüngsten Vergangenheit standen ihr ins Gesicht geschrieben.

Er hatte sie, so oft es ging, im Krankenhaus besucht. Was nicht so häufig gewesen war, wie er gewollt hätte – schließlich war er Geschäftsführer eines Unternehmens und verantwortlich für ein Kleinkind. Aber häufig genug, um Zeuge ihres langsamen Genesungsprozesses zu werden. Und ihrer Schmerzen.

Und die waren nicht verschwunden. Die Schmerzen setzten sie zwar nicht mehr außer Gefecht, aber sie hatten deutliche Spuren hinterlassen.

»Wie ist es dir eigentlich gelungen, an den Überwachungskameras vorbeizukommen?«, fragte Berger und warf einen Blick zu Molly Blom, die noch immer vor ihrem Laptop hing.

Deer war gerade im Begriff, Bergers Frage zu beantworten, als Blom mit der flachen Hand auf den Tisch schlug und aufsah.

»Gebongt! Der Film belegt eindeutig die Untreue. Über jeden Zweifel erhaben! Manolina Skarparis hat die Datei gerade in Larnaka geöffnet. Das wird den Erzbischof *nicht* erfreuen. Das Honorar wird in den nächsten Tagen auf unserem Konto eingehen.«

Berger nickte und wandte sich mit aufforderndem Blick an Deer.

»Das mit den Kameras habe ich auf die harte Tour gelöst«, antwortete sie.

»Im Rollstuhl?«, fragte Berger staunend.

»Na ja, ihr wart ja so in euren Porno vertieft …«

Berger und Blom sahen einander kurz an.

»Warum bist du hier, Deer?«, fragte Blom.

»Ich muss unbedingt mit euch reden.«

Blom kam zu den beiden an den Tisch und setzte sich.

»Sam hat mir erzählt, dass du wieder angefangen hast zu arbeiten. Aber mehr nicht. Ich vermute, es ist gut, endlich wieder im Dienst zu sein?«

»Theoretisch schon«, murmelte Deer kaum hörbar.

»Mehr weiß ich selbst nicht«, sagte Berger. »Aber ich meine den schwachen Unterton einer Conny-Landin-Problematik zu vernehmen …?«

»Nur einen schwachen Unterton? Dann habe ich mich besser unter Kontrolle als gedacht.«

»Gut, ich höre etwas mehr als das«, gab Berger zu. »Also, was willst du von uns?«

Deer sah ihn lange an. Sehr lange. Schließlich wandte sie den Blick ab.

»Es gibt noch eine Möglichkeit. Aber ich weiß natürlich nicht …«

»Was weißt du nicht?«

»Ob ihr noch euren alten Biss habt.«

Der Blick, den Berger und Blom wechselten, war dieses Mal erheblich länger.

»Wie meinst du das?«, fragte Blom.

»Untreue Ehepartner«, sagte Deer und zog ihre Schultern hoch. »Videofilmchen von Kopulationen. Da seid ihr jetzt gelandet?«

»*Falls*«, Blom hob die Stimme. »*Falls* du gekommen sein solltest, weil du unsere Hilfe benötigst, solltest du dich vielleicht nicht so benehmen, als hättest *du* keinen Biss mehr.«

Die beiden Frauen musterten sich ein paar angespannte Sekunden lang.

»Touché!«, sagte Deer.

Dann drehte sie sich um und zerrte ihren Rucksack vom Griff des Rollstuhls. Nach kurzem Kampf holte sie eine Akte heraus, legte sie auf den Tisch und klopfte mit der flachen Hand darauf.

»Nur, falls ihr Zeit habt …«

Erneuter kurzer Blickwechsel zwischen Berger und Blom. Wobei er in ihren Augen eine deutliche Skepsis sah.

Berger war der festen Überzeugung, dass sie selbstverständlich Zeit für den Menschen hatten, der seine Beine für ihre Tochter geopfert hatte. Außerdem würde die zypriotische Zahlung sie eine Weile über Wasser halten.

Aber er wusste auch, dass Blom das nicht so sah. Sie wollte alles von ihrer Firma fernhalten, was auch nur im Entferntesten gefährlich werden konnte. Sie war zufrieden mit den anspruchslosen Versicherungsbetrügereien. Wann immer sie sich über die Zukunft Gedanken machte – diese unerträglichen, unendlichen Grübeleien, die meist mit einem Kurs in Selbstverteidigung endeten –, zog sie die allerharmlosesten Fälle vor. Jene, die keinen besonders großen Arbeitsaufwand bedeuteten.

Aber das war natürlich auch nur seine Perspektive.

»Und, um was geht es da?«, fragte Berger und legte eine Hand auf die Akte.

»Um einen Serienmörder«, sagte Deer, ohne zu blinzeln.

8

Sonntag, 28. Mai

Die Untiefen wirken in der Frühlingssonne größer als sonst. Ohne die Eisschicht sieht es aus, als würden sie weit aus dem Wasser ragen. Dasselbe gilt für das Spiegelbild in den Panoramascheiben. Auch das sieht größer aus. Der junge Mann hat einen anderen Körper bekommen. Er wächst.

Er wächst im Takt mit dem Auftrag. Und der Auftrag wächst in seinem Inneren, pumpt ihn förmlich auf, macht ihn größer. Dafür ist er geschaffen. Genau dafür.

Er mustert seine linke Hand. Wartet auf das Zittern.

Aber es setzt nicht ein. Es kommt immer seltener. Vielleicht ist er es endlich losgeworden. Weil er seine Berufung gefunden hat.

Er muss das tun. Es ist unausweichlich. Seit ein paar Monaten ist es wie eine Sucht geworden.

Es gibt so viele verschiedene Methoden. Das erste Mal war wie im Rausch. Die Messerstiche, mit denen er nicht aufhören konnte. Das blutige Messer. Sein Blick fällt auf den niedrigen Tisch, die Blutflecken sind mittlerweile Teil des Tischtuches, sind eins damit geworden. Das blau-grüne Karomuster ist nur noch als Schatten zu erkennen.

Nach den Messerstichen wurde alles anders. Schon beim zweiten Mal herrschte in ihm tiefe Ruhe. Die Erdrosselung, ein Mord aus reiner Barmherzigkeit. Und dann beim dritten Mal der eine kontrollierte Schuss in die Stirn. Einfache Morde.

Danach wurde es umso blutiger.

Während er sich langsam von dem verdreckten Panoramafenster abwandte, spürte er ein starkes Kribbeln in seinem Körper. Es war wieder Zeit. Bald war es Zeit für die nächste – Geburt.

So ist es. Das ist daraus geworden. Eine Geburt jeden Monat.

Eine Geburt aus dem Eis.

Aber der Weg bis zur Reinheit ist noch sehr lang.

Erst, wenn alles weg ist.

Wenn das Blatt wieder weiß ist.

Das alte Notizbuch liegt auf dem Tisch. Es ist ganz schmal, die Buchdeckel berühren sich. Denn die Seiten des Buches hängen an der Wand. Es hat ihn einen ganzen Tag gekostet, die Seiten vorsichtig herauszureißen und sie mit Reißzwecken an der Holzwand zu befestigten.

Ohne die Zeilen in der vertrauten, pedantischen Handschrift wirklich zu lesen, steht er vor der Wand. Ihn interessieren eher die wenigen Zeichnungen, die in dem Buch waren. Sie wurden mit derselben peniblen Handschrift angefertigt wie der Text. Er kann seinen Blick nicht von der ersten Zeichnung lösen, auch nicht, als der linke Monitor auf der anderen Seite des Panoramafensters aufflackert. Die Zeichnung zeigt ein zerstückeltes Neugeborenes.

Dann gelingt es ihm doch, und er geht zu dem Monitor, der gemeldet hat, dass ein Auto den Weg entlanggerollt kommt. Der Wagen hat zu diesem Zeitpunkt bereits einen Schlagbaum sowie mehrere Verbotsschilder passiert. Das ist nicht das erste Mal. Ihm ist trotzdem ein Rätsel, wie es den Neugierigen gelingt, an dem Schlagbaum vorbeizukommen. Das muss er unbedingt überprüfen.

Wenn die hier weg sind.

Normalerweise bleiben die Autos eine Weile unschlüssig in der Sackgasse stehen und wenden dann. Aber dieses hier parkt, und zwei Personen steigen aus. Der junge Mann nimmt eine Fernbedienung von der Wand und zoomt heran, um das Kennzeichen zu lesen. ZUG 326. Es ist ein alter grüner Saab, und seine Passagiere sind ein junges Paar, Teenager noch, vermutlich auf der Suche nach einem sonnenbeschienenen Felsen für den ersten Sex unter freiem Himmel in diesem Jahr.

Sie diskutieren eine Weile, dann entscheiden sie sich für den schmalen Weg, der direkt zum Haus führt. Ohne zu zögern, passieren sie ein Schild, auf dem steht »Zutritt strengstens verboten!« Sie werden immer größer im Monitor, nähern sich der Kamera. Das Mädchen ist dunkler, der Junge wesentlich heller. Er geht vor, treibt sie an, doch sie scheint zu zögern. Sie verlassen den Bildausschnitt im linken Monitor, und zeitgleich springt der rechte Monitor an. Das Bild stabilisiert sich.

Man sieht einen hohen Zaun von schräg oben, als wäre die Kamera auf einem der Pfosten angebracht. Der Zaun reicht bis hinunter zum Ufer und sogar noch ein Stück ins Wasser hinein. Das Paar wird langsamer. Der Junge geht vor, das Mädchen folgt ihm. Er ruft ihr etwas zu, zeigt auf etwas. Er nähert sich dem Zaun, zögert vor einem Schild, dessen Text man aus der Kameraperspektive nicht lesen kann.

Der junge Mann beobachtet das Paar. Er hat noch einen letzten Schutzwall, den effektivsten von allen. Das müsste reichen.

Trotzdem greift er nach dem Gewehr mit Zielfernrohr, das an der Wand neben dem Fenster lehnt. Seine Hände umklammern den Lauf. Er sieht, wie der Junge die Hand ausstreckt, um den Zaun zu berühren.

Kann der nicht lesen?

Sogar auf dem Monitor mit der mäßigen Bildauflösung kann er den Blitz deutlich sehen. Ein grelles Lichtschwert zischt durch den Arm des Jungen und löst sich wieder auf. Die Lautlosigkeit verstärkt das Surreale. Der Junge bleibt wie versteinert stehen, dann fällt er rücklings zu Boden. Das Mädchen kann ihn in letzter Sekunde auffangen.

Der junge Mann im Haus bleibt reglos am Fenster stehen, die Hand am Gewehr. Ohne eine Miene zu verziehen, verfolgt er das Geschehen am Monitor. Das Mädchen ist aufgesprungen, fuchtelt mit den Armen, tippt eine Nummer in ihr Handy ein, entscheidet sich dann anders, sinkt auf die Knie und kümmert sich um ihren Freund. Nach einer Weile kommt wieder Bewegung in ihn, sie hilft ihm auf, er steht vornübergebeugt. Übergibt sich. Dann kehren die beiden schwankend zum Auto zurück.

Er sieht sie kurz darauf im linken Monitor, wie sie ihren Weg zu dem alten grünen Saab fortsetzen. Sie steigt auf der Fahrerseite ein, er lässt sich auf den Rücksitz fallen, dann rasen sie mit hoher Geschwindigkeit davon.

Versunken bleibt der junge Mann noch eine Weile vor den Bildschirmen stehen, wartet, bis sie wieder dunkel werden. Er denkt nach.

Risikobewertung.

Das Handy des Mädchens ...

Hat sie jemanden angerufen? Oder das Telefonat vorher schon abgebrochen? Hat sie jemandem eine SMS geschickt?

Hatte das Paar irgendjemandem erzählt, wohin sie fahren wollten? Wahrscheinlich nicht, es war ein geheimes Treffen, vielleicht sogar ein verbotenes. Das Mädchen hatte dunklere Haut, eine Migrantin, womöglich waren weder seine noch ihre Eltern besonders liberal.

Vielleicht waren sie auch noch zu jung, um Sex zu haben, und hatten noch nicht einmal einen Führerschein?

Ein Grundstück mit einem elektrischen Zaun zu sichern ist nicht verboten – wenn die Spannung nicht zu hoch ist. Aber es gibt auf diesem Grundstück Dinge, die *auf keinen Fall* von irgendwelchen Schnüfflern entdeckt werden sollten.

Ob das Paar sich noch einmal hierherwagt? Mit einer ganzen Gang aus dem Vorort? Werden sie den Vorfall bei der Polizei melden? Ihrer großen, gefährlichen Familie davon erzählen?

Das alles sind nur Spekulationen.

Der junge Mann steht nach wie vor reglos am Fenster und denkt nach.

Ein alter grüner Saab.

ZUG 326.

Er hängt die Fernbedienung zurück an ihren Platz und lehnt das Scharfschützengewehr gegen die Wand direkt darunter. Dann schlendert er auf die andere Seite des Panoramafensters. Die Sonne scheint unbeirrt weiter. Der Tag hat schon etwas Sommerliches. Vielleicht liegt das am Klimawandel.

Der Eingriff in die Natur ist nicht folgenlos.

Er lässt seinen Blick über die Wand mit den Buchseiten schweifen. Und bleibt erneut an der bizarren Zeichnung mit dem zerstückelten Neugeborenen hängen. Das Baby wurde auf Höhe des Nabels halbiert. Sonst ist nicht viel zu erkennen. Auch für den jungen Mann nicht.

Mit großem Ekel liest er den ersten Textblock.

»Wir haben viel zu lange hingenommen, dass wir sterben müssen. Ich habe Verständnis für die archaischen Lösungsversuche. Menschenopfer. Jemand muss sterben, damit ein anderer leben kann. Auch in unserer heutigen Zeit muss man wichtiges Leben gegen unwichtiges abwägen; das geschieht andauernd. Einige müssen geopfert werden, damit andere leben können. Nur so können wir …«

Der junge Mann muss seine Lektüre abbrechen. Die leiernde, prätentiöse und selbstsichere Stimme hallt in seinem Kopf, obwohl es sie nicht mehr gibt. Er muss sie aus dem unbelehrbaren Klangkörper seines Schädels löschen. Ein für alle Mal.

Er tritt an den niedrigen Tisch mit dem blau-grün karierten Tuch und hebt eine Ecke hoch. Die Glasplatte ist beschlagen, aber er kann das Gesicht des bärtigen Mannes darunter sehen.

Es sieht aus, als würde er schlafen.

9

Sonntag, 28. Mai

Sie sahen ihr hinterher. Ihnen war schleierhaft, wie es ihr gelungen war, mit dem Rollstuhl den Kiesweg hinaufzukommen. Die Strecke zum wartenden Taxi bewältigte sie langsam, es schien schmerzhaft und mühsam.

»Sie wird das schaffen«, sagte Berger.

»Die Hoffnung stirbt zuletzt«, erwiderte Blom.

»Warum sagst du so was?«, rief Berger aufgebracht.

Blom zuckte mit den Schultern.

»Die Unterschenkel wurden ihr abgetrennt. Da muss vieles an seinen Platz zurück.«

Berger seufzte und stellte sich vor das Whiteboard in Bloms Zimmer. Es hing nicht viel daran. Auf dem Schreibtisch lag die aufgeschlagene Akte, die Deer mitgebracht hatte.

»Diese Fotos sind ja winzig«, beschwerte sich Berger und trat nah an das Board heran.

»Die ganze Ermittlung ist ehrlich gesagt miniaturenhaft«, sagte Blom neben ihm.

Er konnte ihre Skepsis deutlich hören.

»Was für ein Datum haben wir heute?«, fragte Berger. »Den achtundzwanzigsten Mai? Dann haben wir also noch eine Woche Zeit ...«

»Wenn wir dem hier Glauben schenken«, sagte Blom und zeigte auf die drei Überschriften: ›5. März‹, ›5. April‹ und ›5. Mai‹.

»Drei Morde«, seufzte Berger. »Drei Opfer ohne Identität. Drei Fundorte im Großraum Stockholm mit – laut Deer – sehr ähnlichem Setting.«

Blom zeigte nacheinander auf die kleinen Fotos.

»Unbebautes Ufer, ein paar Felsen, die aus dem Wasser ragen, ein Waldrand auf der anderen Seite.«

Berger verzog das Gesicht zu einer Grimasse.

»Es gibt ein nicht geringes Risiko, dass wir hier nur Deers Fantasie folgen. Ich kann auf den ersten Blick keine Zusammenhänge erkennen.«

»Lass uns die Fälle einzeln durchgehen«, warf Blom ein. »Vielleicht können wir die Sache danach tatsächlich ad acta legen.«

Berger seufzte. Blom holte tief Luft.

»Erster Fall. Fünfter März: Das Opfer ist ein älterer Mann, achtzehn Messerstiche in Rumpf, Brust und Gesicht. Gefunden am Vormittag des fünften März von einer Frau, die mit ihrem Hund spazieren geht. Fundort ist der Norden der Insel Färingsö im Mälaren. Der Tod ist laut Rechtsmedizin in der Nacht zum Fünften in der Zeit zwischen zwei und sechs Uhr morgens eingetreten. Keine Fingerabdrücke im Register. Keine Identifizierung über DNA-Abgleich oder Zahnstatus. Magnus Olsson war der leitende Ermittler bei der NOA, der Fall ist wieder an die lokale Dienststelle in Vällingby übergeben worden.«

»Wunderbar«, stöhnte Berger. »Gut. Zweiter Fall. Fünfter April: Das Opfer ist eine Frau um die dreißig, erdrosselt, aller Wahrscheinlichkeit nach mit einem Seil. Eine Gruppe von Jugendlichen findet die Tote gegen vier Uhr morgens an einem kleinen Strandabschnitt im Norden der Insel Björkö bei Norrtälje. Der Tod dürfte in der Nacht zum fünften zwischen Mitternacht und drei Uhr morgens eingetreten sein. Auch hier kein Match über Fingerabdrücke, DNA-Abgleich oder Zahnstatus. Die Ermittlung wurde anfänglich von Inga-Britt Stensson von der NOA geleitet und ist ebenfalls an die lokale zuständige Dienststelle übergeben worden.«

»So, und dann der dritte Fall«, übernahm Molly Blom. »Fünfter Mai: Das Opfer ist ein Mann in den Dreißigern, der mit einem Kopfschuss getötet wurde. Er wurde von Wanderern auf Mörkö in der Gemeinde Södertälje gefunden, allerdings erst gegen zwei Uhr nachmittags. Zu diesem Fundort ist Deer mit dem Taxi gefahren und hat ihn sich angesehen. Der Tod ist irgendwann zwischen ein und fünf Uhr morgens eingetreten. Auch hier gibt es keinen Treffer in irgendeiner Datenbank, weder Fingerabdrücke, Zahnstatus noch DNA. Dieser Fall blieb nur sehr kurz bei der NOA und wurde schneller als die anderen beiden an die zuständige Dienststelle von Södertälje überstellt.«

»Okay«, sagte Berger. »Ich fasse zusammen: Alle Morde wurden jeweils kurz nach Mitternacht des fünften März, April und Mai begangen. Es wurde keine der Mordwaffen gefunden. Dass die Opfer erkennungsdienstlich nicht erfasst sind, ist erst einmal nicht weiter auffällig. Das heißt nur, dass sie keine Verbrechen begangen haben. Was hingegen merkwürdig ist, sind der fehlende Zahnstatus sowie die Tatsache, dass es keine einzige Vermisstenanzeige gibt. Bis dahin hat die NOA also einen soliden Job gemacht. Drei Tote, die niemand vermisst.«

»Wir wissen aber auch, dass die Sache mit dem Zahnstatus nicht so einfach ist«, warf Blom ein. »Da wird viel geschlampt. Und es gibt nur selten welche, die man wirklich verwenden kann.«

»Aber bei drei Opfern?«, sagte Berger. »Bei allen dreien?«

»Kommt vor«, sagte Blom mit einem weiteren Schulterzucken. Sie inspizierte die Umgebungsaufnahmen noch einmal eingehender.

»Das Setting sieht wirklich drei Mal sehr ähnlich aus.«

»Die Opfer wurden an die Fundorte *verfrachtet*«, sagte Berger, vertieft in ein Gutachten der Kriminaltechnik. »Vielleicht muss ich das mit Deer und ihrer Fantasie wieder zurücknehmen. Aber wenn es sich hier nicht um einen Zufall handelt, muss das alles sehr detailliert geplant worden sein.«

»Lass uns mal einen Augenblick bei diesem Ansatz bleiben«, schlug Blom vor. »Wir machen einen kleinen Test, eine Art Rollenspiel mit verschiedenen Hypothesen. Wenn die drei Morde zusammengehören und geplant wurden, wer sind dann die Opfer? Zufällig ausgewählte, rechtschaffene Bürger, die auf regelmäßige Zahnarztbesuche verzichten?«

»Und einsam sind?«, ergänzte Berger. »So einsam, dass sie niemand vermisst, niemand eine Anzeige erstattet? Auf diesem Weg stellt der Täter sicher, dass es keine Verbindung zwischen den Opfern gibt – und letztlich keine Hinweise auf ihn. Damit kann er bis in alle Ewigkeit fortfahren.«

»Er? Wir haben doch am eigenen Leibe erfahren, dass Frauen sehr wohl auch Mörderinnen sein können.«

»Schon richtig, aber statistisch gesehen ist der Täter nach wie vor ein Mann.«

»Müsste er die Opfer dann nicht *kennen*?«, fragte Blom. »Woher weiß man sonst, ob jemand einsam ist und von niemandem vermisst wird?«

»Vielleicht liegt deshalb immer ein Monat zwischen den Morden? Weil er seine Opfer erst kennenlernen muss?«

»Wobei es sich um *exakt* einen Monat handelt ... Hat der *Fünfte eines Monats* eine besondere Bedeutung für den Mörder?«

Berger setzte sich auf die Kante des Schreibtischs und musterte Blom mit einer Mischung aus Skepsis und Staunen, dann wandte er sich erneut dem Whiteboard zu.

»Wenn das so ist, dann haben wir tatsächlich nur eine Woche Zeit«, sagte er. »Gibt es sonst etwas Bemerkenswertes in den Ermittlungsunterlagen? Einen Anhaltspunkt, den Deer vielleicht übersehen hat?«

»Wohl kaum, die Ausbeute ist insgesamt ziemlich mager«, sagte Blom und zeigte auf das Board.

»Nichts, was hervorsticht?«

»Ich lese gerade Deers Aufzeichnungen und Notizen durch. Was steht hier ganz unten auf der rechten Seite?«

»Das sieht aus wie *a.a.p.*«, sagte Berger mit zusammengekniffenen Augen. »Das sagt mir nichts.«

»Sie hat sich an einem Pullover festgebissen«, sagte Blom und richtete sich auf.

»Einem Pullover?«

»Ja, vom dritten Opfer«, nickte Blom und zeigte auf den betreffenden Fundort. »Ein Pullover der Marke Nautica mit einem großen Schriftzug über den gesamten Arm. Das scheint eine alte Marke zu sein, die es heute nicht mehr zu kaufen gibt.«

»Wie alt?«

»Aus den Neunzigern, laut Deer. Damals war die besonders hip bei – wie hat sie das formuliert? – Seglersnobs in den USA.«

»Was soll das bedeuten? Die Hälfte meiner Klamotten ist aus den Neunzigern.«

»Ich weiß!«, rief Blom mit einem vielsagenden Blick. »Und ich verstehe, was du sagen willst. Das dritte Opfer hatte eine Vorliebe für alte Klamotten: Vintage Style. Aber ich weiß auch, was Deer damit meint. Dass er seit den späten Neunzigern festgehalten wurde.«

»Du meinst entführt?«

Blom zuckte mit den Schultern.

»Lass uns mit den Hypothesen weitermachen«, schlug sie vor. »Ich *tue so*, als würde ich Folgendes glauben: Vielleicht vermisst sie deshalb niemand. Weil sie entführt wurden. Nicht, weil sie einsam waren.«

»Findest du, dass diese Theorie plausibel klingt?«, fragte Berger. »Wie alt war dieser Mann denn, als er verschwunden ist? So um die dreizehn? Hat der Entführer ihn seit seiner Pubertät gefangen gehalten? Haben wir es hier mit einer Natascha Kampusch zu tun? Oder einem noch schlimmeren

Fall? Kampusch wurde acht Jahre lang von Wolfgang Přiklopil in einem Keller gefangen gehalten. Hier wären es knapp zwanzig Jahre. Ein bisschen an den Haaren herbeigezogen, findest du nicht? Wegen eines Pullovers …«

»Das ist ein Rollenspiel, sonst nichts, vergessen?«

Berger machte eine nachgiebige Geste.

»Haben die beiden anderen auch alte Sachen getragen?«

»Laut Aufzeichnungen haben die Kriminaltechniker die Kleidungsstücke auf brauchbare Spuren wie Fasern, DNA und Fingerabdrücke untersucht, aber eine eingehendere Untersuchung oder Beschreibung wurde nicht vorgenommen.«

»Und was sagt dir deine weibliche Intuition?«

Blom sah Berger irritiert an, vertiefte sich dann aber in die winzigen Fotos von den Kleidungsstücken der Opfer.

»Meine nicht geschlechtsspezifische Einschätzung der Kleidung sagt mir, dass die Frau Gebrauchskleidung trägt, die sich auf den ersten Blick nicht genau datieren lässt – Jeans, weißes T-Shirt –, und der ältere Mann sehr elegant, aber lässig gekleidet ist. Ein moderner Schlafanzug, der maßgeschneidert aussieht. Es würde mich wundern, wenn der aus den Neunzigern stammt.«

»Und da ist sie dahin, die Theorie«, sagte Berger. »Was denkst du über den älteren Mann – und natürlich auch die anderen beiden. Wer sind sie?«

»Sein Gesicht ist ziemlich schlimm zugerichtet«, sagte Blom und zeigte auf eines der Fotos. »Aber man kann trotzdem erkennen, dass er so um die siebzig ist. Allerdings hat er sich für das Alter wirklich gut gehalten.«

»Trainiert?«

»Ja, das auch. Aber ich meine Maniküre, Pediküre, leicht gebräunte, sehr gepflegte Haut. Vielleicht ist da auch ein bisschen plastische Chirurgie im Spiel.«

»Gibt es eine forensische Altersdiagnostik?«, fragte Berger.

»Keine forensiche«, antwortete Blom und las das Kleingedruckte. »Nur eine allgemeine Altersbestimmung seitens der Rechtsmedizin. Das Alter des Mannes wird mit einer Spanne von fünfundsechzig bis fünfundsiebzig angegeben. Ich würde von den Fotos her eher für das Erstere als das Letztere stimmen.«

Berger seufzte erneut.

»Wir haben hier also etwas so Ungewöhnliches wie einen nicht alkoholisierten, etwa fünfundsechzigjährigen Mann aus der Oberschicht. Und was ist mit der Frau?«

»Die Rechtsmedizin schätzt sie um die dreißig. Ich kann nicht sagen, wo sie herkommt, welcher gesellschaftlichen Schicht sie angehört hat. Aber sieh du sie dir an.«

»Was?«

»Du sollst sie mit deinem heterosexuellen, männlichen Blick ansehen. Es ist eine schöne Frau, oder?«

»Sie ist tot.«

»Sei nicht albern. Du hast haufenweise Tote gesehen. Du kannst sehr wohl beurteilen, wie sie ausgesehen hat, als sie noch am Leben war.«

»In diesem Fall drehe ich den Spieß einfach um. Unser drittes Opfer ist doch ein richtiger Adonis?«

Schweigender Blickwechsel.

»Nein, du hast recht, sie waren nicht allein.«

»Man kann gleichzeitig schön und einsam sein.«

»Aber selten ist es schon …«

Blom lief durch ihr Arbeitszimmer, blieb dann am Fenster stehen und starrte auf den frühsommerlichen Rasen.

»Was haben wir? Drei schöne Menschen, die auf drei sehr unterschiedliche Methoden ermordet wurden, und zwar immer exakt am Fünften eines Monats, und dann an sehr ähnlichen Fundorten platziert wurden. Von Norrtälje im Norden bis Södertälje im Süden. Das ist wirklich keine gute Grundlage. Wie wollen wir von hier aus weitermachen?«

Berger streckte sich. Es knackte besorgniserregend.

»Wir benötigen detaillierte Karten von Björkö, Färingsö und Mörkö. Vermerk: Es handelt sich jeweils um Inseln. Vielleicht können wir so eine Route einkreisen. Eventuell können wir auf Aufnahmen der Überwachungskameras zurückgreifen. Ich kann mal bei unseren lieben Freunden von der Verkehrspolizei anrufen.«

»Obwohl Björkö genau genommen keine Insel ist«, widersprach Blom. »Zumindest seit ein paar hundert Jahren. Vergiss die Landhebung nicht. Trotzdem wäre es schön, Samir mit an Bord zu haben. Aber glaubst du nicht, dass er sich weigert?«

»Absolut. Er wird sich weigern und sehr neugierig sein. Was können wir noch tun?«

»Robin«, sagte Blom. »Deer hat gesagt, dass er eine Verbindung gesehen hat, mit der er hinterm Berg gehalten hat. Wir müssen versuchen, ihn ein bisschen unter Druck zu setzen. Damit wir einen ordentlichen forensischen und rechtsmedizinischen Überblick bekommen.«

Berger drehte den Stift auf der Schreibtischplatte.

»Ich weiß nicht, ob es besonders Erfolg versprechend ist, mit den lokalen Dienststellen zu sprechen – oder mit Deers Kollegen bei der NOA. Aber vielleicht kann sie an die Unterlagen der drei Voruntersuchungen rankommen und überprüfen, ob dabei etwas übersehen wurde.«

»Wollen wir sie wirklich diesem Risiko aussetzen?«

»Ich befürchte, das ist notwendig. Diese Ermittlungen scheint in der NOA niemand ernst genommen zu haben. Zumindest, nachdem es keine neuen Hinweise mehr gab. Und die Kollegen in Norrtälje, Vällingby und Södertälje haben die Unterlagen gerade erst bekommen. Die können noch gar nichts zu den Ermittlungen sagen. Die können wir später kontaktieren. Inoffiziell.«

Blom setzte ihre Runde durch den Raum fort. Dann gab ihr Rechner ein Geräusch von sich, sie lehnte sich über den Tisch und griff nach der Maus.

»Das Honorar aus Zypern ist in Echtzeit überwiesen worden«, sagte sie. »Das könnte ein schöner Anreiz sein, diese Art der Arbeit noch eine Weile fortzusetzen, wenn das nicht so vollkommen krank wäre.«

»Wenigstens können wir uns jetzt das Rollenspiel leisten«, erwiderte Berger. »Also, was haben wir sonst noch?«

»Die Geografie. Wir müssen davon ausgehen, dass ein weiterer Mord passieren wird, und zwar in der Nacht zum fünften Juni. In einer Woche. Die Frage ist folglich, *wo*. Können wir aus der Konstellation Färingsö-Björkö-Mörkö irgendetwas ablesen? Gibt es eine Symmetrie? Nicht nur in der Zeit, sondern auch im Raum?«

»Sehr gut«, sagte Berger. »Ein weiterer Aspekt. Haben wir sonst noch etwas übersehen?«

»Eine Sache vielleicht.« Blom nahm die Fotos vom Whiteboard und ordnete sie neu an. Am Ende hingen dort drei Leichen an drei unterschiedlichen Sandstränden nebeneinander, die sich an drei unterschiedlichen Orten im Großraum Stockholm befanden. Nachdenklich blieb sie davor stehen.

»Was fällt dir als Erstes auf?«

Berger trat näher heran. Er versuchte, die winzigen Fotos mit einem frischen Blick zu betrachten.

»Die sehen ziemlich, ich weiß nicht … gepflegt aus.«

Blom nickte zustimmend.

»Drei Leichen, drei sehr unterschiedliche Tathergänge. Dem einen wurden Gesicht und Rumpf mit Messerstichen entstellt. Die beiden anderen wurden fast elegant ermordet. Trotzdem verbindet sie etwas. Ist das nicht ein Zeichen von – Ehrfurcht?«

»Ehrfurcht?«

»Ja. Ich gebe dir recht, sie sehen sehr gepflegt aus. Aber ich finde, sie wirken in erster Linie umsorgt und *wertgeschätzt*. Verstehst du, was ich damit sagen will, Sam?«

Er strengte sich an, sie zu verstehen. Er strengte sich wirklich sehr an. Und dann meinte er zu begreifen.

»Du meinst, er kümmert sich um sie, nachdem er sie umgebracht hat?«

»So in der Richtung. Er legt sie zurecht, ist achtsam, nur leider zu spät. Natürlich wollte er sie umbringen, aber vor allem wollte er sich um sie kümmern, auf sie achtgeben. Zumindest auf die beiden letzten Opfer.«

Bergers Blick sprang zwischen Blom und den Fotos hin und her. Sie hatte etwas entdeckt, das ihm vollkommen verborgen geblieben war. Hatte das etwas zu bedeuten? Vor allem vor dem Hintergrund, dass sie von Anfang an so skeptisch gewesen war?

»Sind wir nach wie vor im Rollenspiel?«, fragte er.

»Vielleicht, vielleicht auch nicht«, sagte sie und streckte sich. »Außerdem haben wir Deers Nautica-Pullover nicht weiter verfolgt ...«

»Wie meinst du das?«

Blom vertiefte sich in das Foto von dem jüngsten Opfer, runzelte die Augenbrauen.

»Findest du, dass er aussieht wie jemand, der einen zwanzig Jahre alten Pullover tragen würde?«

»Meinst du das dritte Opfer? Den Segler?«

»Ja«, erwiderte Blom. »Stell dir vor, dass er Teenager war, als er verschwand und das Hippste anhatte, was er damals besaß. Jemand hat ihn entführt und ihn festgehalten. Dasselbe kann auch mit den anderen passiert sein. In unserem hypothetischen Szenario haben wir es mit einem mittlerweile älteren Entführer zu tun, der keine Lust mehr auf seine Opfer hat. Deshalb entsorgt er eins nach dem anderen. Das ist etwas weit hergeholt, aber vielleicht wäre es eine gute Idee, bei den Vermisstenanzeigen etwas weiter in die Vergangenheit zu gehen.«

»Sind die überhaupt schon digitalisiert worden?«

»Lass uns nachsehen. Wir suchen nach Teenagern, die in den Neunzigern verschwunden sind. Und eventuell noch nach einem etwa Fünfzigjährigen.«

Berger umarmte sie zärtlich und sah ihr in die Augen.

»Glauben wir dieser Geschichte also?«, fragte er.

Blom löste sich aus seinen Armen.

»Wir glauben Deer. Und wir wissen, dass sie Antworten braucht. Aber vor allem lieben wir Rollenspiele.«

Berger hatte bis zu diesem Tag noch nie auch nur einen Gedanken daran verschwendet, ob ihm Rollenspiele gefallen könnten.

»Gibt es einen Mörder oder nicht?«, fragte er. »Ich brauche eine klare Ansage. Ja oder Nein? Null oder eins?«

»Aber dann ist es ja kein Rollenspiel mehr«, antwortete Blom.

10

Montag, 29. Mai

Ihr neuer Chef, der dreißigjährige Örjan Bruun, hatte sich bei der Fallbesprechung an diesem Vormittag von seiner autoritären Seite gezeigt. Während er seine Macht durch Einsatz ausgewogener Herrschaftstechniken demonstrierte, ging Deer im Kopf den Fall durch.

Am Ende der Besprechung hatte sie die Aufgabe zugewiesen bekommen, der Kriminalhauptkommissarin Inga-Britt Stensson dabei zu assistieren, ein paar Drogensüchtige aufzuspüren, die vermutlich Zeugen der Tat geworden waren. Danach war sie wortlos aus dem Konferenzraum gerollt.

Jetzt saß sie in ihrer kleinen Ecke der Welt und widmete sich dem Fall.

Die Sachlage war eindeutig. Der Tote war ein polizeilich bekannter Berufsverbrecher, der in einer fremden Wohnung in Storvreten, Tumba, mit einer Axt ermordet wurde. Er hatte sich in den üblichen Drogenkreisen bewegt, ansonsten gab es keine Hinweise, außer seine Junkiefreunde, die den Mord gesehen hatten. Zwei saßen bereits in Untersuchungshaft – ohne verwertbare Angaben gemacht zu haben –, die beiden anderen waren noch nicht gefunden worden.

Lange betrachtete sie die Fotos vom Tatort und von der Obduktion. Das Bemerkenswerte war nicht einmal, dass die Axt noch im Schädel des Toten steckte, als dieser auf der Bahre in der Rechtsmedizin lag.

Das Bemerkenswerte war, dass die Axt nagelneu war.

Da drang etwas in ihr Bewusstsein, das sich weit abgeschirmt hatte. Es war eine Stimme. Eine männliche Stimme, die sich betont auffällig räusperte. Sie hob den Kopf.

Und starrte direkt in Örjan Bruuns dunkle Augen.

Sein Gesichtsausdruck war jetzt ganz anders als noch in der Fallbesprechung. Bevor sie beschloss, nicht weiter darauf einzugehen, registrierte sie immerhin, dass er offenbar bemüht war, es mit einer etwas verbindlicheren Mimik zu versuchen. Aber sie hatte keine Energie, um den Grund für sein Verhalten zu erforschen.

»Warum ist die neu?«, fragte sie stattdessen.

»Was ist neu?«, erwiderte er und lächelte gequält.

»Die Axt. Er wurde in einem richtigen Drecksloch ermordet. Da stand wohl kaum eine nagelneue Axt herum. Und ich nehme mal an, dass keiner der vier Verdächtigen das nötige Kleingeld hatte oder überhaupt auf die Idee kommen würde, eine neue Axt zu kaufen, nur um sie ihrem Junkiekumpel in den Kopf zu jagen.«

Örjan Bruun richtete sich auf und sah über seine Schulter.

»Haben Sie schon damit angefangen, nach den beiden Gesuchten zu fahnden, Desiré?«

»Noch nicht«, antwortete Deer.

»Sehr gut«, sagte Örjan.

»Sehr gut?«

Örjan räusperte sich erneut und sah auf einmal viel jünger aus als seine angeblichen dreißig Jahre.

»Es gibt eine Direktive, in welche Richtung die Ermittlungen gehen sollen«, sagte ihr Vorgesetzter.

»Unvoreingenommen, wie bei allen Ermittlungen?«

»Eher inoffiziell«, erwiderte der junge Kommissar und musterte sie.

Sie versuchte, seinen Blick zu deuten. Der war zwar wesentlich interessierter als bei der Besprechung, aber trotzdem nicht zu lesen. Er wollte etwas von ihr und machte entsprechende Andeutungen.

Aber sie brauchte Klartext.

»Darf ich Sie so verstehen, dass Sie mich auffordern, selbstständig zu denken?«, fragte sie mit gesenkter Stimme.

Örjan verzog das Gesicht und sah auf einmal wesentlich älter aus als die vermeintlichen dreißig.

»Unsere Direktive ist relativ hermetisch«, flüsterte er. »Ich benötige eine, sagen wir, unvoreingenommene Perspektive.«

»Ihnen ist aber klar, dass ich Schreibtischdienst habe?«

»Aber Sie sind doch nicht an den Schreibtisch gekettet, oder?«

Deer sah ihn zum ersten Mal richtig an. Sie hatte Örjan bisher als die etwas feigere Version von Conny Landins sagenumwobenem Kampfhund Noa wahrgenommen. Eher ein Schoßhund also.

Wurde sie gerade Zeugin einer unerwarteten Schoßhundrebellion? Oder sollte sie einen Dienstfehler begehen, damit man ein für alle Mal die nervige Kollegin im Rollstuhl ausmustern konnte?

Sie musste äußerst vorsichtig vorgehen. Aber es war das Risiko wert, um wenigstens wieder als richtige Polizistin zu arbeiten.

»Sie berichten direkt und ausschließlich an mich«, sagte Örjan Bruun leise.

»Und was ist mit Conny Landin?«

Örjan rümpfte vieldeutig die Nase und wiederholte seine Ansage.

»Sie berichten direkt und ausschließlich an mich.«

Sie sah ihm schweigend nach. Sein Gang hatte jetzt eine andere Spannkraft, oder nicht?

*

Es dauerte nicht lange, und sie saß erneut in einem Taxi des polizeilichen Fahrdiensts. Sie vertiefte sich sofort in die Akte.

Das Mordopfer hieß Stefan Lundberg, und an seiner Karriere als Krimineller war seine ehemalige Mitgliedschaft bei den Hells Angels das Interessanteste. Vor allem eine »ehemalige« Mitgliedschaft war äußerst ungewöhnlich. Die Ermittlungen hatten keine gute Erklärung für diesen Umstand ergeben, aber da er nach dem vermutlichen Ausscheiden noch eine ganze Weile gelebt hatte, war er wahrscheinlich aus der Gemeinschaft ausgeschlossen worden. Deer wusste, dass es verschiedene Gründe und Wege gab, von den Hells Angels verstoßen zu werden. Aber alle hatten damit zu tun, dass die Betroffenen gegen die beinharten internen Regeln verstoßen hatten. Im schlimmsten Fall wurde man vogelfrei, *out*, und das war gleichbedeutend mit einem Todesurteil. Im mildesten Fall wurde man als *frozen* deklariert und musste seine Jacke abgeben, bis man seine Probleme – Schulden oder Drogen – gelöst hatte. Wenn einem das nicht gelang, flog man raus. In Anbetracht dessen, wie Stefan Lundberg seine Karriere fortsetzte, schien Letzteres die wahrscheinlichere Erklärung zu sein. Er kam nicht von den Drogen weg, und das war selbst für die harten Jungs zu viel.

Ansonsten: Achtundfünfzig Jahre alt, eine überdurchschnittlich hohe Anzahl an Gewaltdelikten, mehrere Aufenthalte in Entzugskliniken, fünf ausgiebige Gefängnisaufenthalte, keine Frau, keine Kinder. Stefan Lundberg war seit früher Kindheit extrem gewaltbereit gewesen – er hatte zwei Runden in einer geschlossenen Jugendpsychiatrie gedreht. Die Hells Angels nahmen ihn zunächst als *Hangaround* auf, beförderten ihn ein paar Jahre später zum *Prospect*, und mit vierundzwanzig bekam er den Status eines vollwertigen Mitglieds. Auf einem Foto, auf dem er um die dreißig war, trug er ein T-Shirt, auf dem *Filthy Few* stand. Soweit Deer wusste, wies das darauf hin, dass er im Auftrag des Motorradclubs einen Mord begangen hatte. Während seiner Zeit als Mitglied verbüßte er zweimal eine Haftstrafe wegen schwerer Körperverletzung und Totschlag. Wann genau er von den

Hells Angels verstoßen worden war, konnte nicht ermittelt werden, aber in der Zeit nach seinem Abschied hatten die Drogendelikte erheblich zugenommen.

Deer hatte Routine darin, Strafregister zu lesen; sie waren voller Informationen. Was war dieser Lundberg für ein Mensch gewesen?

Diese Frage war ungewöhnlich einfach zu beantworten.

Er war ein mieses Schwein gewesen.

Heute war Montag, der neunundzwanzigste Mai. In der Nacht zum Mittwoch, dem vierundzwanzigsten Mai, hatte ein betrunkener Nachbar von Lundberg den Aufzug verpasst und stattdessen die Treppe des »Millionenprogramms« in Storvreten genommen – so der Name der Wohnsiedlung aus den frühen Siebzigerjahren. Die Tür zu der Wohnung, die berüchtigt war für permanente Lärmbelästigung und sich schräg unter der des Nachbarn befand, stand offen. Er hatte seinen Kopf durch den Türspalt gesteckt und Stefan Lundberg in seinem unordentlichen Wohnzimmer liegen sehen. Mit einer Axt im Schädel.

Das Taxi hatte Storvreten erreicht und suchte sich zwischen den vielen weißen Hochhäusern seinen Weg zu der richtigen Adresse.

»Die weiße Stadt«, murmelte der Taxifahrer ironisch.

»Es steht in der Buchungsanfrage, dass Sie auf mich warten, richtig?«, fragte Deer, obwohl sie genau wusste, dass es so war.

Der Fahrer schüttelte sich, ließ sich aber überreden, im Wagen sitzen zu bleiben, während Deer sich auf ihren Krücken zum Fahrstuhl kämpfte.

Die Wohnungstür war nicht zu übersehen, es hingen noch Reste des Absperrbandes davor. Deer zückte ihren Dietrich und öffnete sie. Kein Nachbar weit und breit.

Die Wohnung als Müllhalde zu bezeichnen wäre die Untertreibung des Jahres gewesen. Die Szene wirkte fast wie inszeniert. Kartons mit Diebesgut; überall auf dem Boden verteilte Flaschen und Bierdosen, zerschlagen und zertreten; Erbrochenes auf dem Sofa, das nur halbherzig mit Tüchern abgedeckt war – und dann der große getrocknete Blutfleck auf einem Boden, der früher vielleicht einmal Parkett gewesen war.

Deer konnte zwar erkennen, dass die Kriminaltechniker ihr Bestes gegeben hatten, aber der Fleck war noch da. Langsam ließ sie sich zu Boden sinken. Blitze schossen ihr durch beide Beine. Dann landete sie auf den Knien und legte ihre Krücken weg.

Sie untersuchte den getrockneten Blutfleck mit dem Blick einer Kriminaltechnikerin. Tropfen, Umriss des Kopfes, Fallrichtung, Schlagrichtung. Alle Einzelheiten, die auch die Kollegen schon untersucht hatten. Die Dinge mit eigenen Augen zu sehen war jedoch nie verkehrt.

Sie griff nach ihren Krücken und stemmte sich mühsam wieder in den Stand. Dann fand sie eine relativ saubere Fensterbank in der richtigen Höhe, setzte sich dorthin und holte die Akte aus ihrem Rucksack.

Die Tat schien tatsächlich so stattgefunden zu haben, wie sie es sich erschlossen hatte. Es war nachts gewesen. Allem Anschein nach hatte Stefan Lundberg auf dem Sofa gesessen, war aufgestanden und seinem Mörder begegnet. Es musste alles wahnsinnig schnell gegangen sein – es gab keine Abwehrspuren an Händen oder Armen –, und die Tat musste mit einem hohen Maß an Präzision ausgeführt worden sein. Auf der fabrikneuen Axt wurden keine Fingerabdrücke gefunden und nur Lundbergs DNA.

Stefan Lundberg und seine vier anwesenden Kumpel – von den vieren gab es reichlich DNA in der Wohnung, sonst aber von niemandem – hatten also zusammen auf dem Sofa gesessen und Drogen konsumiert. Dann plötzlich hatte sich einer der Kumpel in einem Anfall von unglaublicher Professionalität Einweghandschuhe übergezogen, sich seine fabrikneue Axt geschnappt und seinem Kumpel mit großer

Kraft und Präzision den Schädel gespalten, ohne dass dieser auch nur einen Finger zu seiner Verteidigung hob.

Zumindest war das die offizielle Version. Die Örjan jetzt offensichtlich anzweifelte.

Was hatte Deer für eine Alternative anzubieten?

Es gab nur eine Möglichkeit: Ein unbekannter Täter hatte sich auf bislang unbekannte Art und Weise Zutritt verschafft. Stefan Lundberg war aufgestanden, ohne misstrauisch zu werden, der Angreifer schwang mit Handschuhen bekleidet seine nagelneue Axt und traf perfekt, dann entfernte er sich sofort, bevor die unter massivem Drogeneinfluss stehenden Freunde begriffen, was geschehen war, und ihrerseits die Flucht ergriffen. Vermutlich hatte sich der eine oder andere sogar noch von ihm verabschiedet, ohne die Axt in seinem Kopf zu bemerken.

Wie auch immer, sie waren eindeutig Zeugen der Tat geworden und somit die einzige Möglichkeit, eine Aussage über den tatsächlichen Täter zu bekommen. Sie waren wichtig und sollten deshalb in einem ordentlichen Verhör befragt werden.

Aber das war nicht Deers eigentliche Aufgabe. Sie musste etwas Eigenes finden, das sie eventuell an Örjan weitergeben konnte. Schlimmstenfalls an ihn weitergeben *musste*. Denn ehrlich gesagt, traute sie ihm nicht über den Weg.

Aber er hatte ihr eine Tür in die Freiheit geöffnet, und sie hatte nicht vor, diese wieder zuzuschlagen. Sie musste etwas finden. Sie horchte in ihr Inneres. Suchte. Da war doch etwas …

Ein Wort. *Fremde*. Das war in ihr hängen geblieben.

Sie blätterte hektisch in der Akte. Was war *fremd*? Wo hatte sie das Wort schon gesehen oder gehört?

Am Ende fand sie den Eintrag. »Der Tote ist ein polizeilich bekannter Berufsverbrecher, der in einer fremden Wohnung in Storvreten, Tumba, mit einer Axt ermordet wurde.« Die Zeile klang, als hätte ein Praktikant vom *Aftonbladet* sie im Halbschlaf geschrieben.

Weshalb war die Wohnung *fremd*?

Es war eine Mietwohnung, und obwohl Stefan Lundbergs Name unten in kindlicher Handschrift auf dem Briefkasten geschrieben stand, konnte sie den Unterlagen entnehmen, dass keiner der fünf Männer hier als Mieter geführt wurde. Aber wer dann?

Sie fand den Hinweis in einem winzigen Vermerk, ähnlich einer Fußnote. Die Wohnung wurde von der kommunalen Immobilienfirma Tumbabyggen vermietet. Der Hauptmieter war eine Firma namens Abbadon AG. Sonst gab es keine Informationen über dieses Unternehmen.

Sie musste unbedingt mit den zwei Männern in Untersuchungshaft sprechen, bevor die wieder in ihrer ganz eigenen Welt versanken. Aber das hatte noch Zeit. Zunächst galt es, nach jedem noch so kleinen Strohhalm zu greifen.

Was oder wer war die Abbadon AG?

Und was hatte es auf sich mit dieser *fremden* Wohnung?

11

Dienstag, 30. Mai

Das Rechtsmedizinische Institut und das Nationale Zentrum für Forensik arbeiteten oftmals Hand in Hand, was das bevorstehende Treffen weniger zufällig machte, als es den Anschein hatte. Da es Molly Blom immer schwergefallen war, diese beiden Einrichtungen in ihren Zuständigkeitsbereichen voneinander zu unterscheiden, hatte sie eine einfache Definition übernommen. Die Grenze zwischen dem RMI und dem NZF bildete die Haut. Die menschliche Haut.

Unter der Haut: das RMI. Über der Haut: das NZF.

Sie hatte Robin angerufen, und zu ihrer Überraschung war er ans Telefon gegangen. Die Hintergrundgeräusche deuteten darauf hin, dass er auf der Autobahn war. Er klang gestresst, teilte ihr aber mit, dass er am Nachmittag in Stockholm einen Termin im RMI habe und danach eine halbe Stunde abzweigen könne, bevor er seinen Zug nach Linköping nehmen müsse. Dort müsse er sich nämlich um »einen ganz besonderen Autounfall mit Todesfolge« kümmern, der sich bei Västjädra außerhalb von Västerås ereignet habe.

Ehe Robin wieder auflegen konnte, hatte Blom ihm ihr Anliegen unterbreitet – obwohl sie wusste, wie ungern die Einmischung von Privatpersonen ganz allgemein gesehen wurde. Sie spielte die eine Karte, die sie hatte. Deer. Sie wusste, dass Deer sein wunder Punkt war. Ohne zu viel preiszugeben, ließ sie ihn selbst den Zusammenhang herstellen. Robin, ein Berg von einem Mann, stöhnte ergeben auf.

»Einverstanden, ich werde Rocklund mitbringen.«

Das allerdings war ein vollkommen unerwarteter Bonus. Die Rechtsmedizinerin Rocklund hatte sämtliche Gutachten verfasst und bescheinigt, Robin hatte lediglich die forensischen Befunde zu verantworten. Ob die beiden sich besprochen und dabei eventuell weitere Details entdeckt hatten? Die sowohl von der NOA als auch von dem nutzlosen Conny Landin ignoriert worden waren?

Obwohl Molly Blom dem Fall ohnehin skeptisch gegenüberstand, hatte sie den todesnahen Konferenzraum im RMI in der Mitte von Stockholm nicht ohne Hoffnung betreten. Daran konnten auch die zehn Minuten Wartezeit nichts ändern.

Dann eilte die Rechtsmedizinerin Angelica Rocklund im Arztkittel in den Raum und sah sie fassungslos an.

»Ich dachte, jemand von der Polizei würde kommen«, rief sie.

Die elegante Frau um die fünfzig nahm in gehörigem Abstand zu Blom Platz, ohne sie eines weiteren Blickes zu würdigen. Blom erkannte, dass sie nichts Angemessenes auf ihre Äußerung erwidern konnte, und beschloss, sich schweigend ihren Aufzeichnungen zu widmen. Ohne sie zu lesen.

Die Minuten, die verstrichen, bis Robin endlich auftauchte, zogen sich so unendlich in die Länge, dass Blom ernsthaft zu zweifeln begann, ob es überhaupt so etwas wie ein subjektives Zeitverständnis gab. Die Zeit verging doch jetzt *ganz objektiv* langsamer als vorher, oder nicht? Als hätte ein enormes kosmisches Phänomen die vierte Dimension verschoben.

»Warum sitzt ihr so weit auseinander?«, fragte Robin, als er mit donnernder Stimme das Zimmer betrat. Er breitete die Arme aus. »Kommt näher zu mir, meine Lieben.«

Als würde von seinem großer Körper eine starke Anziehungskraft ausgehen, rückten die beiden Frauen gegen ihren Willen zusammen, und am Ende bildeten sie mit Robin eine akzeptable Dreieinigkeit.

Angelica Rocklund schüttelte den Kopf.

»Du hast gesagt, dass uns eine Polizistin sprechen will, Robin. Dass es einen neuen Ansatz gäbe. Und jetzt sitzt hier eine Privatdetektivin. In unserem Institut.«

Robin nickte bedächtig.

»Mir geht es wie dir, Angelica. Ich wünschte mir auch, dass die Welt noch so wäre wie die, in der ich aufgewachsen und ausgebildet worden bin. Ich wünschte, es wäre immer leicht, richtig von falsch zu unterscheiden. Aber das war auch früher nicht einfach – nur war viel mehr vorgegeben. Heute ist man gezwungen, selbst zu denken, selbstverständlich ohne dabei auf die wissenschaftliche Stringenz zu verzichten.«

»Das mag alles sein, aber sie ist und bleibt eine Privatdetektivin, die sich im Herzen des Rechtsmedizinischen Instituts aufhält. Und du weißt genau, wie wir es hier mit der Schweigepflicht halten, Robin.«

»Angelica, erinnere dich bitte daran, wie empört wir über den Umgang der Polizei mit diesen Fällen gewesen sind. Und übrigens bin ich, anders als du, der Polizeibehörde unterstellt.«

Rocklund presste ihre Lippen aufeinander, rümpfte die Nase und verschränkte die Arme vor ihrer Brust.

»Und da tauchte diese Polizistin auf, die dasselbe bemerkt hat wie wir«, fuhr Robin fort.

Molly Blom räusperte sich, um zu signalisieren, dass sie noch anwesend war.

»Ich bin die Erste, die eingesteht, dass man als Sicherheitsberater mitunter eigentümliche Auftraggeber hat. Und zudem die eigene Agenda nicht immer klar ist. Deshalb wollte ich eigentlich nie wieder etwas mit dieser Welt zu tun haben. Ich habe früher beim Nachrichtendienst gearbeitet und erinnere mich ebenfalls an die Normen einer verschwundenen Welt. Aber dieser Fall ist relativ einfach. Eine Polizistin wird massiv übergangen, weil sie eine funktionelle Einschränkung hat. Sie ist im Dienst schwer verletzt worden und wird jetzt von ihren Vorgesetzten gegängelt und benötigt deshalb externe Unterstützung.«

»Aber damit verletzen wir die Regeln des Rechtsstaats«, protestierte Angelica Rocklund. »Die in sich schlüssigen Befehlsketten werden doch aufgehoben, wenn eine Polizistin, die sich ungerecht behandelt fühlt, Privatdetektiv spielt. Und das hat auch nichts mit Loyalität zu tun. Wir sind eine Einrichtung des schwedischen Staates, und wir können nicht abschätzen, was Sie für einen Virus in unser System einschleppen.«

Blom stockte. Alles, was sie noch hätte sagen wollen, blieb ihr im Hals stecken. Denn eigentlich hatte Rocklund ja recht. Zum Glück eilte Robin ihr zu Hilfe.

»Auf der anderen Seite ist die Grundlage unserer Tätigkeit noch immer unser eigenes Urteilsvermögen. Das Urteilsvermögen von scharfsinnigen und gut ausgebildeten Menschen. Gehen wir denn wirklich davon aus, dass die Bootshaus Security AG im Auftrag von fremden Mächten handelt? Und wenn dem so sein sollte, wie viel könnten wir dann von unserem Wissen preisgeben?«

Rocklund bewegte abwägend den Kopf.

»Gibt es einen Vertrag?«, fragte sie schließlich. »Damit ich den Auftraggeber sehen kann?«

»Es gibt eine mündliche Vereinbarung«, erwiderte Blom.

Rocklund verzog das Gesicht zu einer Grimasse.

»Das reicht mir nicht«.«

Blom holte tief Luft.

»Meine persönliche Geschichte würde an dieser Stelle zu weit führen – und soweit ich weiß, muss Robin seinen Zug erwischen –, aber ich habe das Gefühl, dass er für mich bürgen kann. Und für die Bootshaus Security AG.«

»Ja«, sagte Robin laut und deutlich. Dann schwieg er wieder.

Blom und Rocklund sahen einander an. Zwei starke, kluge Frauen. Etwas im Raum veränderte sich.

»Was wollen Sie?«, fragte Angelica Rocklund.

»Drei Leichen an drei Strandabschnitten, ähnliche Umgebung, jeweils ermordet in der Nacht zum Fünften eines Monats und dann an den Fundort verbracht. Keines der Opfer ist identifiziert. Warum?«

»Fang du an, Robin«, sagte Rocklund und senkte den Blick.

Robin räusperte sich.

»Es gibt in der Tat nichts *Konkretes*. Die Opfer unterscheiden sich, die Mordmethoden auch, es gibt keine anderen Anzeichen von Gewalteinwirkung außer der Todesursache, keinen sexuellen Missbrauch, nichts, was typischerweise auf einen Serienmörder schließen ließe, keine Trophäen, nichts dergleichen. Auch keine Hinweise auf Bandenkriminalität oder die Unterwelt. Nur die Tatsache, dass die Spuren an den drei Fundorten – in allen drei Fällen handelt es sich um einen Sandstrand – so sorgfältig beseitigt wurden, dass es ein hinreichender Anhaltspunkt war, um die Ermittlungen bei der NOA zu behalten und diese drei Fälle miteinander in Verbindung zu bringen. Und da haben wir noch nicht über das Datum gesprochen.«

»Können alle drei Fundorte mit dem Auto erreicht werden?«, fragte Blom.

»Grundsätzlich ja. Wobei die Leichen das letzte Stückchen aufgrund der Beschaffenheit des Bodens *getragen* werden mussten. Hundert bis zweihundert Meter ungefähr.«

»Wenn es sich um einen Einzeltäter handelt, muss er also ziemlich stark sein?«

»Ein Mann im besten Alter, wenn du mich fragst«, sagte Robin. »Es gibt keine Hinweise auf einen zweiten Täter, allerdings auch keine Hinweise, die dagegensprechen. Auch keine verwertbaren Reifenspuren. Und wegen der Überwachungskameras in der weiteren Umgebung der Fundorte müsstest du dich mit der Polizei in Verbindung setzen. In unmittelbarer Nähe gibt es auf jeden Fall keine.«

»Ihr habt auch keine Anhaltspunkte, *wo* die Opfer ermordet wurden? Sie müssen ja irgendwo in einen Wagen verfrachtet worden sein?«

»Leider kaum«, sagte Robin ruhig. »Allerdings waren die Leichen nicht klinisch rein. Ein paar Pollen, ein bisschen Erde, du kannst die detaillierte Liste bekommen, wenn du willst. Meine Schlussfolgerung steht im Protokoll, das du offenbar gelesen hast. Nichts deutet auf einen identifizierbaren Tatort hin, es gibt keine Spuren aus einem Kofferraum oder dergleichen. Oder von einem Boot meinetwegen, obwohl es in meinen Augen das unwahrscheinlichste Transportmittel ist. Drei unterschiedliche Boote aus drei unterschiedlichen Häfen? Wohl kaum.«

»Und auch keine Hinweise auf die Identität der Toten?«

»Keine Treffer, weder beim Zahnstatus oder bei der DNA oder den Fingerabdrücken.«

»Habt ihr daran gedacht, dass die drei aus dem Ausland stammen könnten?«

»Das ist Aufgabe der ermittelnden Beamten«, sagte Robin und zuckte mit den Schultern. »Ich vermute, dass sie innerhalb der EU Erkundigungen eingeholt haben.«

»Und ihr habt keinen Hinweis darauf gefunden, dass sie entführt worden sind?«

Robin und Angelica Rocklund sahen sich an.

»Entführt?«, wiederholte Robin zurückhaltend.

Blom spürte die Energie zwischen den beiden Rechtsmedizinern. Da war was. Sie schwieg und wartete geduldig.

»Wir haben die Möglichkeit erörtert«, sagte Robin schließlich.

»Obwohl es reine Spekulation ist«, warf Rocklund ohne großen Nachdruck ein.

Robin räusperte sich erneut.

»Es wäre zumindest eine Erklärung dafür, dass wir die drei nicht identifizieren können. Und es würde auch den alten Nautica-Pullover erklären. Es könnte sich um Entführungsopfer aus dem Ausland handeln. Aber dieser Gedanke hat absurde Konsequenzen.«

»Du meinst, dass eine Gruppe von entführten Ausländern seit den Neunzigern gefangen gehalten wurde? Ja, das stimmt.« Blom nickte. »Zu der Kleidung stand sonst nichts weiter in deinem Bericht.«

»Nein«, sagte Robin. »Und ich bezweifle, dass es sich lohnen würde, da weiter zu suchen. Sie werden wohl kaum als Teenager entführt worden sein.«

»Könntest du nicht einfach trotzdem nachsehen?«

»Als hätte ich Unmengen von Zeit. Außerdem wäre dafür ein Antrag auf eine eingehendere Untersuchung seitens der zuständigen lokalen Dienststelle erforderlich.«

Molly Blom durchbohrte Robin mit ihrem Blick. Aber er blieb ungerührt. Dann wandte sie sich an die Rechtsmedizinerin Rocklund.

»Und warum haben *Sie* die Möglichkeit einer Entführung erörtert?«

»Ich muss betonen, dass es sich nur um sehr vage Indizien handelt. Auch ich habe keine eingehende Untersuchung diesbezüglich vorgenommen, sondern lediglich Standardobduktionen«, sagte Rocklund. »Aber ich habe ein paar Rötungen und diffuse Narbenbildungen bei allen drei Opfern festgestellt. Und dann ist da noch die Sache mit der DNA.«

»Dass es keine Ergebnisse gab, richtig?«, sagte Blom. »Aber was davon spricht für eine Entführung?«

»Das ist leider ebenfalls sehr vage«, entgegnete Rocklund und verzog das Gesicht.

»Aber du bist diejenige mit der größten Routine und Erfahrung, Angelica«, bestärkte sie Robin. Er sah auf sein Handy. »Du kannst so etwas erkennen. Und ich muss in fünf Minuten los.«

»Die drei sahen ungesund aus«, sagte Rocklund.

»Ungesund?«, wiederholte Blom.

»Sie waren tot und damit per Definition nicht mehr gesund, aber sie sind noch nicht lange tot gewesen. Nein, sie sahen aus, als wären sie lange Zeit nicht am Tageslicht gewesen.«

»Und Sie sind also der Ansicht, dass auch die Rötungen und die Narben damit zusammenhängen?«

»Möglicherweise.«

»Gilt das für alle drei?«

»Nicht für den älteren Mann«, sagte Rocklund. »Im Gegenteil. Für sein Alter war er in ungewöhnlich gutem Zustand. Abgesehen von den acht Messerstichen im Gesicht natürlich. Allerdings war es auch *seine* DNA, zu der wir uneindeutige Befunde erhalten haben.«

»Was bedeutet ›uneindeutige Befunde‹?«

»Die Engländer haben einen besseren Ausdruck dafür: *inconclusive*.«

»Im Gutachten stand lediglich, dass es keinen Treffer gab?«

»Den gab es auch nicht. Zuerst habe ich angenommen, dass die Probe kontaminiert worden ist, und habe eine neue geschickt. Mit demselben Ergebnis. Dann habe ich mir erlaubt, mein Budget ein wenig zu strapazieren und die Probe zu den wirklichen Stars nach Großbritannien zu schicken.«

»Nach Großbritannien? Und, was haben die gesagt?«

»Die Antwort ist noch nicht da. Das dauert lange.«

Da erhob sich Robin, was ein mittleres Beben erzeugte.

»Wir bleiben dran. Bis bald«, sagte er und stürmte aus der Tür.

Blom und Rocklund blieben wie gelähmt am Tisch sitzen. Dann stand Rocklund auf.

»Ich hatte noch nie mit einer Privatdetektivin zu tun.«

Blom lachte.

»Und, war es ein traumatisches Erlebnis?«

Angelica Rocklund lächelte. Zum ersten Mal.

»Nein. Ich werde meine Aufzeichnungen erneut durchsehen und die lokalen Dienststellen auffordern, eine eingehendere Untersuchung zu beantragen. Die drei Leichen liegen ja noch bei uns in der Kühlung.«

Mit diesen Worten verließ sie den Raum.

12

Dienstag, 30. Mai

Berger sah aus dem Fenster in den verwahrlosten Innenhof des Polizeipräsidiums und spürte zum ersten Mal keine Sehnsucht. Vielleicht waren die Entzugserscheinungen endlich überwunden, vielleicht war er in seine neue Rolle als Sicherheitsberater hineingewachsen.

Und seiner Rolle als Polizist entwachsen.

Nach den überwältigenden Wochen im Zusammenhang mit der sogenannten *Freiheit* war das Leben in ruhigere Bahnen gelenkt worden. Ein kleines Wesen namens Myrina hatte eine warme Decke der Ruhe über sein zuvor rastloses Leben gebreitet. Und er hatte Molly, sie arbeiteten immerhin zusammen, hatten einige Fälle von Versicherungsbetrug gelöst und funktionierten gut als Team, wie eine geölte Maschine.

Aber es gab nach wie vor kein Wir.

Sam hatte Molly versprochen, dass die Firma sich unauffällig verhielt und sie keine Aufträge annahmen, die irgendein Risiko mit sich brachten. Sie teilten sich das Sorgerecht und die Betreuung ihres knapp einjährigen Kindes. Und in den vergangenen Monaten, seit den schrecklichen Ereignissen rund um die *Freiheit*, hatte er dieses Versprechen auch gehalten. Blom hatte den Kontakt zu Zypern hergestellt, sie hatte den Fall Skarparis unbedingt annehmen wollen. Vielleicht hatte sie nun allerdings eine neue Richtung eingeschlagen, und ihr Widerstand gegen Deers Ermittlung war nur noch Fassade.

Berger wurde aus seinen Gedanken gerissen, als der uniformierte Beamte das Büro betrat. Er warf seine Mütze auf den Garderobenhaken, kam auf Berger zu und umarmte ihn innig.

Der stand wie angewurzelt in den Armen des anderen. Nach kurzem Zögern erst erwiderte er die herzliche Begrüßung.

»Wie geht es dir, du alter Schnüffler?«, fragte Samir und ließ sich auf seinen speziell angefertigten, ergonomischen Bürostuhl fallen.

»Du scheinst ja viel Zeit in diesem Stuhl zu verbringen«, sagte Berger, schnappte sich den bedeutend weniger ergonomischen Besucherstuhl und setzte sich neben seinen ehemaligen Kollegen. Auf dessen Monitor war das Foto eines ausgebrannten Autowracks zu sehen.

»Wenn ich nicht selbst fahre«, antwortete Samir ruhig, »dann sitze ich hier und koordiniere meine wunderbaren Kollegen von der Verkehrspolizei.«

Er zeigte auf den Bildschirm.

»Das ist ein etwas besonderer Fall.«

Der Wagen war vollkommen ausgebrannt, außerdem war er offenbar frontal gegen eine Felswand geprallt. Berger wusste nicht, ob er jemals ein so demoliertes Autowrack gesehen hatte. Dabei hatte er den größten Teil seiner Zeit als Polizeianwärter bei der Verkehrspolizei verbracht.

Er lehnte sich vor. Das Einzige, was man noch erkennen konnte, war das Kennzeichen. ZUG 326.

»Inwiefern ein besonderer Fall?«

»Der Unfall ist heute Morgen passiert. Der Fahrer ist mit Höchstgeschwindigkeit gegen einen Brückenpfeiler auf der E18 außerhalb von Västerås geprallt. In Västjädra. Totales *Chaos*. Als wir uns endlich dem Wrack nähern konnten, saßen zwei schwarze Skelette im Wagen. Zwei Personen, komplett verkohlt, angeschnallt. Aber im Vergleich zu unserem Abenteuer – man fasst es nicht, das ist jetzt ein knappes Jahr her – ist das hier ein Spaziergang.«

»Ein was?«

»Hat dich jemand kommen sehen?«

Berger schaltete sofort. Und schüttelte den Kopf.

»Was willst du?«, kam Samir gleich zur Sache.

»Es geht um einen anderen … ebenfalls besonderen Fall«, sagte Berger. »Drei Leichen, auf drei Inseln, genau ein Monat Abstand zwischen den Taten, alles Fälle von der NOA, ihr wurdet bestimmt wegen der Aufnahmen der Überwachungskameras kontaktiert.«

»Drei Leichen auf drei Inseln?«, wiederholte Samir mit gerunzelter Stirn. »Da klingelt ehrlich gesagt nichts bei mir …«

»Es handelt sich um drei Einzelfälle, die von der NOA nie in Zusammenhang gebracht wurden. Ich habe die Fallnummern hier.«

Er legte Samir einen Zettel hin.

Der ihn auf dem Schreibtisch hin und her schob, ohne ihn sich anzusehen. Sein Blick ruhte auf Berger.

»Aber warum bist *du* hier?«, fragte er schließlich.

Berger seufzte.

»Weil die Person, die eine Verbindung zwischen diesen drei Fällen sehen konnte, ihre Beine bei ›unserem Abenteuer‹ verloren hat. Du warst mit ihr im Aufzug aus dem Höllenkeller.«

»Deer?«, rief Samir. »Ist sie wieder zurück?«

»Wir könnten alle etwas besser darin sein, Kontakt zu halten«, erwiderte Berger.

Samir nickte langsam, nahm den Zettel in die Hand und tippte die Nummern ein. Es öffneten sich drei Fenster, die er auf dem Bildschirm so anordnete, dass sie das Foto vom Autowrack verdeckten.

»Doch, jetzt erinnere ich mich. Aber ich habe keine Verbindung zwischen den Fällen gesehen. Wir haben die Daten der Radarfallen auf Björkö, Färingsö und Mörkö ausgewertet. Es ging um ein bestimmtes Zeitfenster von ein paar Stunden, später Abend bis in die frühen Morgenstunden. Eine Standardanfrage, nichts Besonderes. Ich habe ein paar Kollegen drangesetzt, die die Kennzeichen notieren sollten.«

»Hast du die Auswertungen hier?«

Samir nickte und tippte auf den Bildschirm.

»Könntest du die Anfragen verknüpfen und abgleichen?«, fragte Berger. »Das wurde bisher nämlich nicht getan.«

»Ich habe die Ergebnisse an drei unterschiedliche Ermittler bei der NOA geschickt. Vielleicht haben sie die später abgeglichen?«

»Das glaube ich nicht. Mach es bitte jetzt.«

Samir legte eine Suchmaske an, dann warf er seinem ehemaligen Chef einen Blick von der Seite zu.

»Was geht hier gerade ab? Ist Deer davon überzeugt, einem Serienmörder auf der Spur zu sein, und hat der Bootshaus Security AG einen Auftrag erteilt? Ist das überhaupt legal? Kann sie sich das leisten?«

»Sagen wir, es handelt sich um eine *Pro-bono-Tätigkeit*«, erklärte Berger. »Oder um *ewige Dankbarkeit,* das kannst du dir aussuchen.«

Samir lächelte. Der Computer gab ein Geräusch von sich.

»Nix«, sagte Samir. »Kein Treffer.«

»Das bedeutet, in den Nächten vom fünften März, fünften April und fünften Mai ist kein Fahrzeug auf zwei oder mehreren Straßen auf den Inseln Björkö, Färingsö und Mörkö oder auf den Zufahrten registriert worden?«

»Wie? Immer am fünften eines Monats?«

»Ja, und es besteht das Risiko, dass am fünften Juni ein weiterer Mord passieren wird. Wenn wir bis dahin den Mörder nicht aufspüren können, dann gelingt es uns vielleicht wenigstens, den nächsten Fundort zu bestimmen. Die sind sich nämlich auffallend ähnlich.«

»Das klingt interessant. Aber ich kann dir nicht helfen.«

»Vielleicht ja doch, Samir. Wie ist der Radius der Suche eingegrenzt worden?«

Samir seufzte und lehnte sich schwer in seinem Superbürostuhl zurück.

»Es gibt mittlerweile eine Vielzahl von Kameras. Auch die klassischen Radarfallen gibt es in den verschiedensten Modellen. Darüber hinaus verfügen wir über Verkehrsüberwachungskameras, die ununterbrochen aufzeichnen. Aber wir verwenden auch die Aufnahmen aus ausgewählten privaten Überwachungskameras. In diesem Fall haben wir eine Kombination aus allen aktiven Kameras für den Bereich eingesetzt, den uns die NOA angegeben hat.«

»Was hältst du davon, diesen Bereich etwas auszuweiten? Alternative Routen miteinzubeziehen? Mehr von euren ausgewählten privaten Überwachungskameras? Und vor allem den Zeitraum in beide Richtungen zu erweitern?«

»In wessen offiziellem Auftrag?«

Die beiden ehemaligen Kollegen sahen sich lange an.

»Wenn wir davon ausgehen müssen, dass im Großraum Stockholm gerade eine Mordserie stattfindet, dann ist es doch die Pflicht eines jeden Polizisten, sie zu stoppen. Wir kennen die Opfer nicht, wir wissen nicht, warum sie ermordet wurden, wir ahnen nur die Konturen von etwas Größerem, einen Zusammenhang. Aber wir müssen die Wahrheit aufdecken. Wenn es Polizeikräfte gibt, die das verhindern wollen, dann müssen wir anderen, wo auch immer wir sind, die Wahrheit finden.«

»Polizeikräfte? Im Ernst jetzt?«

»Es könnte sich schlicht um Inkompetenz in Conny Landins Team bei der NOA handeln, aber es könnte auch etwas anderes dahinter …«

»Da gehe ich nicht mit, Sam. Ich bin Polizist, du bist *keiner* mehr. Wenn du diesen Verdacht hast, musst du damit zur Internen gehen.«

»Ich meine damit nur das Übliche: Wenn man sich stur an die Regeln hält, löst man keine Fälle.«

»*Wo ein Wille ist, ist auch ein Weg?* Meinst du das, Sam?«

»Ganz genau das meine ich. Erweitere einfach nur den Suchradius und das Zeitfenster ein bisschen. Wir haben etwas übersehen. Das müssen wir herausbekommen. Wir, die wir an Deer glauben. Und daran, um jeden Preis die Wahrheit zu finden. Und so vielleicht sogar ein Menschenleben zu retten in der Nacht zum fünften Juni. In einer Woche.«

Samir verzog das Gesicht und schloss die Fenster auf seinem Bildschirm wieder.

»Das muss ich in meiner Freizeit machen«, sagte er. »Könnte länger dauern. Und ich habe kleine Kinder, genau wie du.«

»Meine Dankbarkeit ist dir sicher«, sagte Berger. Sein Blick blieb wieder an dem Autowrack auf Samirs Computer hängen. Er zeigte auf den Bildschirm.

»Jetzt kannst du dich wieder deinem besonderen Fall widmen.«

Samir lachte.

»Der ist so besonders, weil er nicht mehr unser Fall ist.«

»Warum nicht?«, fragte Berger, nur mäßig interessiert, und stand auf.

»In dem ausgebrannten Auto haben die Kriminaltechniker zwei Kugeln gefunden.«

»Kugeln?«

»Scharfschützenmunition mit Blei- und Stahlkernen«, sagte Samir. »Das Letzte, was ich noch mitbekommen habe, bevor sie uns den Fall entzogen haben, war das Kaliber: 7,62.«

»Dann war es kein Unfall?«, fragte Berger.

»Nun ja, von einem Scharfschützen erschossen zu werden, könnte man schon als Unfall bezeichnen …«

»Und wer hat den Fall übernommen?«

Samir lachte erneut.

»Die NOA«, sagte er. »Conny Landin.«

13

Donnerstag, 1. Juni

Berger saß in der Morgensonne auf dem Steg des Bootshauses und blätterte in alten Ermittlungsakten. Es war Juni geworden. Auf den ersten Blick hätte es ein idyllischer Sommermorgen sein können. Die Sonnenstrahlen wurden von der fast spiegelglatten Wasseroberfläche des Edsviken reflektiert, an den Stegen, die weit ins Wasser ragten, lagen Boote vertäut, in einem Ruderboot saß ein Angler, und das goldgelbe Schloss badete in der Sonne. Aber es war noch viel zu kalt für einen Sommermorgen.

Berger zog die Jacke enger um den Körper und klickte sich durch die Dateien auf seinem Laptop. Nach eingehender Suche hatte er festgestellt, dass die Vermisstenanzeigen aus den Neunzigerjahren doch digitalisiert worden waren und er nach zwei verschwundenen Kindern, einem Jungen und einem Mädchen sowie einem Mann um die fünfzig suchen konnte. Noch hatte er nicht alles durchgearbeitet, aber bisher hatte sich kein Treffer ergeben.

Dasselbe galt für Samirs erweiterten Suchradius. In den betreffenden Nächten war kein Wagen ausgemacht worden, der entweder zu einem der Fundorte oder davon weggefahren war. Zwar konnten die Kameras nicht alles abdecken, aber wenn jeweils derselbe Wagen benutzt worden sein sollte – und noch nicht einmal das konnte man mit Sicherheit sagen –, so war dieser nicht von zwei Kameras in dem besagten Zeitraum in den jeweiligen Teilen des Großraums Stockholm aufgenommen worden.

Genau genommen hätte die Stimmung draußen auf dem Steg beim Bootshaus ziemlich gedrückt sein müssen. Vor allem, weil sich auch Robin und Angelica Rocklund noch nicht gemeldet hatten. Aber Berger und Blom war es gelungen, das Interesse bei einigen der Beamten zu wecken, die gerade die Fälle von der NOA an ihre lokalen Dienststellen überstellt bekommen hatten. Sie würden in Kürze die erneute Aufnahme und Erweiterung der Ermittlungen in den Fällen beantragen.

Außerdem hatte Molly gestern Abend so hoffnungsvoll ausgesehen, als sie das Bootshaus verlassen hatten. Er wurde immer besser darin, ihre Stimmungen zu lesen. Sie waren gleichzeitig aufgebrochen und hatten sich in ihre umweltfreundlichen Dienstwagen gesetzt. Und bevor Molly losfuhr, um Myrina auf Östermalm bei der Oma abzuholen, hatte er ein kleines Lächeln auf ihrem Gesicht gesehen. Er kannte dieses Lächeln, das sie nur zuließ, wenn sie dachte, dass er es nicht sah.

Und dieses Lächeln war Hoffnung.

Molly war wieder in ihre richtige Wohnung in der Stenbocksgatan auf Östermalm gezogen und hatte ihr Winterquartier in der Eolsgatan verrammelt und verriegelt. Nach den Ereignissen im Spätsommer des vergangenen Jahres fühlte sie sich dort nicht mehr wohl und überlegte, es zu verkaufen. Sam war in seine Mietwohnung in der Ploggatan zurückgekehrt. Ihn hatte überrascht, dass er dort allein wohnen konnte, ohne sich jeden Abend volllaufen zu lassen. Im Grunde war er ja gar nicht allein. Nicht wirklich.

Sam und Molly hatten damals gerade wieder zueinandergefunden – als sie aber ihre Nähe wirklich noch einmal zulassen wollten, war die Hölle über sie hereingebrochen. Molly hatte recht, es gab keinen Weg zurück. Es gab nach wie vor kein Wir. Trotzdem machten sie weiter, arbeiteten zusammen, hatten ein Kind zusammen. Es gab Leben. Es gab großen Frust. Und es gab – trotz allem – Hoffnung.

Er war schon früh zur Arbeit gefahren, sie war erst vor Kurzem gekommen und hatte sich, nach einer flüchtigen Begrüßung, in ihr Zimmer zurückgezogen. Jetzt war es an der Zeit herauszufinden, ob er sich gestern geirrt hatte. Oder ob der Funken Hoffnung sein Versprechen eingelöst hatte.

Berger stellte seinen Laptop beiseite und schlich ins Bootshaus. Die Tür zu Bloms Zimmer war offen, sie lief durch den Raum und telefonierte, aber er konnte nicht hören, was sie sagte. Berger beobachtete sie, ließ sich von ihrer Energie verzaubern. Dann legte sie auf, trat ans Whiteboard und kam mit drei Zetteln zurück. Berger hörte die Magnete zu Boden fallen. Sie breitete die Papiere auf ihrem Schreibtisch aus und lächelte.

So wie sie lächelte, wenn niemand sie sah.

Er beschloss, sich bemerkbar zu machen, und stampfte extra laut auf, bevor er ihr Zimmer betrat. Sie sah auf, und ihr Lächeln veränderte sich sofort.

»Wir machen einen kleinen Ausflug«, sagte sie.

*

Als sie an der riesigen IKEA-Filiale in Skärholmen vorbeikamen, sah Molly endlich von ihren Unterlagen auf und wandte sich an den Fahrer.

»Das war Deer«, sagte sie.

»Vorhin am Telefon?«, fragte Berger.

Blom nickte.

»Ich hatte sie gestern Abend angerufen, sie war noch bei der Arbeit und mit dem Axtmord beschäftigt.«

»Ach ja, die Axt im Schädel. Nur halbherzig vom *Aftonbladet* gepixelt, wie üblich. Aber das hat doch nichts mit unserem Fall zu tun?«

»Überhaupt nicht. Aber ich hatte sie ja gebeten nachzusehen, ob sie noch an die Voruntersuchungen von den drei

Strandmorden kommt. Und das ist sie, obwohl die Fälle an die lokalen Dienststellen übergeben wurden.«

Berger nickte. Üblicherweise wurde sehr nachlässig mit den Materialien umgegangen, die nicht als berichtswürdig betrachtet wurden.

»Dabei ist mir aufgefallen, dass niemand die Leute auf der anderen Seite befragt hat.«

»Das hört sich auch per Definition ziemlich schwer an«, sagte Berger und überholte einen riesigen Sattelschlepper auf der linken Spur, die durch die ewigen Bauarbeiten unangenehm schmal war. Der Schlepper gab unheilverkündende Laute von sich, als sie vorbeifuhren. Wie ein Gesang aus dem Jenseits.

»Ich meine auf der anderen Seite des Wassers«, ergänzte Blom, als sie sich wieder gefangen hatte. »Ich habe Deer gefragt, ob sie noch einmal in den Voruntersuchungen nachsehen könnte. Sie muss die ganze Nacht drangesessen haben. Und vorhin hat sie mir geantwortet. Einer der drei Ermittler bei der NOA – beim letzten Fall, Olle Sjöblom – hat sich die Mühe gemacht und ist auf die gegenüberliegende Seite gefahren. Eine Zeugin hatte angegeben, den leisen Motor eines Bootes gehört zu haben.

»Einen leisen?«

»Ja, so einen elektrischen Außenbordmotor, den man für Schlauchboote verwendet.«

*

Berger sah über das Wasser. Man konnte den Sandstrand auf der anderen Seite gut sehen, obwohl er ein paar hundert Meter entfernt war. Dort war Deer also auf Krücken durch den weichen Sand gestolpert, während Robin sie gestützt hatte.

Mörkö.

Es sah nach wie vor aus wie ein Sommertag.

Er schob seine Hände in die Jackentaschen und starrte auf

den felsigen Strand zu seinen Füßen. Dann hielt er sein Gesicht in die scharfe, aber noch schwache Sonne. Hinter ihm hörte er Stimmen.

Er drehte sich um. Blom kam über den Holzsteg auf ihn zu, der durch das Naturreservat Yttereneby führte. Neben ihr ging eine athletische Frau um die fünfzig, die auf die kleine Bucht zeigte.

»Hier muss es gewesen sein.«

»Das ist Ulla Millrud«, sagte Blom zu Berger. »Und das ist mein Kollege Sam Berger.«

Berger grüßte sie mit einem kurzen Nicken.

»Könnten Sie mir bitte erzählen, was genau Sie gehört haben?«, fragte Blom.

»Ich wohne dort oben, etwa hundert Meter von hier. Es war so gegen zwei Uhr, in der Nacht zum fünften Mai. Ich habe das sehr leise, aber deutliche Geräusch eines Bootsmotors gehört. Er wurde gestartet, dann verstummte das Geräusch.«

»Und woher wissen Sie, dass es ein Bootsmotor war?«

»Wir haben auch so einen.«

»Tatsächlich?«

»Ja, wir haben ein Nådendal, das drüben bei Skanssundet liegt. Und wir haben immer unser Schlauchboot von der Marke Broberg dabei. Es ist ganz praktisch, wenn man einen kleinen elektrischen Außenbordmotor dafür hat, in unserem Fall ist es ein Torqeedo.«

Blom nervte diese Angeberei, und die Tatsache, dass Berger in sein Handy vertieft war, machte die Sache nicht besser. Aber statt sich ihrer Wut hinzugeben, blieb sie professionell.

»Und so ein Motor ist also sehr leise?«

»Sehr leise.« Ulla Millrud nickte.

»Und trotzdem haben Sie ihn gehört?«

»Hier draußen ist es so still, vor allem um zwei Uhr nachts. Da hört man jeden Mucks.«

»Und woher wissen Sie, dass es zwei Uhr war?«

»Weil ich auf die Toilette musste und auf die Uhr geguckt habe, als ich aufgestanden bin. Ganz genau weiß ich es nicht mehr. Es kann auch Viertel nach zwei gewesen sein.«

»Haben Sie auch ein Auto gehört?«

»Ein Auto? Nein, das kann ich nicht sagen …«

»Ich meine, so kurz davor? Zwanzig Minuten davor?«

»Da habe ich noch tief und fest geschlafen. Und das hätte ich wahrscheinlich ohnehin nicht gehört. Der Parkplatz ist ein Stück weiter weg. Sie werden da geparkt haben, vermute ich.«

Blom nickte.

»Haben Sie den Motor auch ein zweites Mal gehört? Eine Stunde später etwa?«

»Sie meinen, ob ich gehört habe, wie das Boot zurückgekommen ist? Nein, ich bin sofort wieder eingeschlafen. Dazu kann ich leider nichts sagen.«

Blom nickte erneut. Es gab keine weiteren Fragen. Sie sah zu Berger, der auf sie zukam, ohne den Blick von seinem Handy zu nehmen.

»Ulla, Sie haben mit einem Polizeibeamten über das Geräusch gesprochen, richtig? Wann war das?«

»Ein paar Tage später. Vielleicht so am siebten …? Aber ich kann mich nicht mehr erinnern, wie er hieß.«

»Hat er eine Uniform getragen?«

»Nein«, sagte Ulla Millrud.

Berger hielt ihr sein Handy hin.

»Dann wird das Kriminalkommissar Olle Sjöblom gewesen sein. Sah er so aus?«

Auf dem Foto war ein robuster Mann mit Glatze und durchdringendem Blick zu sehen. Millrud schüttelte den Kopf.

»Nein, der war das nicht. Er war eher …«

»War es dieser hier?«, unterbrach sie Berger und strich mit dem Finger über sein Display.

Der Mann auf dem Foto hatte ein sehr breites Gesicht, das ein gigantischer Schnäuzer zierte.

»Ja, genau«, sagte Ulla Millrud. »Der war das.«

Berger hielt Blom das Handy hin.

Auf dem Foto war Hauptkommissar Conny Landin zu sehen.

*

Die beiden standen auf dem ziemlich abgelegenen Parkplatz. Noch zwei weitere Autos hatten dort geparkt, wahrscheinlich Wanderer.

»Es ist zwei Uhr nachts«, sagte Berger. »Er ist mit seiner dritten Leiche auf diesen Parkplatz gefahren, wahrscheinlich hat er sie in einen Leichensack gesteckt. Mittlerweile ist er schon routiniert und hat die Gegend ausgekundschaftet. Er weiß, dass es etwa dreihundert Meter bis zum Wasser sind. Und trotzdem hat er sich für diesen Ort entschieden und wird nicht nur die Leiche, sondern auch ein Schlauchboot mit Motor hinunterschleppen. Er wird das Boot wohl kaum aufgeblasen durch den Wald tragen, also muss er auch eine Pumpe dabeihaben. Die aller Wahrscheinlichkeit nach keine manuelle, sondern eine elektrische ist. Insgesamt also ziemlich viel Gepäck. Es muss doch einen einfacheren Weg geben, die Leiche an diesem Strand zu deponieren?«

»Einfacher vielleicht, aber nicht so sicher«, wandte Blom ein. »Es war ein ungewöhnlicher Zufall, dass Ulla Millrud nicht nur das einzige Haus in der Gegend bewohnt, sondern ausgerechnet um zwei Uhr morgens auch auf die Toilette musste.«

Berger nickte.

»Aber wenn er so gut organisiert ist«, sagte er, »wie er es zu sein scheint, dann wird er eine Risikoanalyse durchgeführt haben. Und in meinen Augen ist es viel riskanter, eine Leiche im Boot zu transportieren, als mit dem Auto zu fahren.«

»Nicht unbedingt«, widersprach Blom und blieb an ihrem

Dienstwagen stehen. »Der Motor ist nahezu lautlos, und niemand kann einen nachts sehen. Außerdem vergrößert er die Distanz zum Fundort und führt die Polizei an der Nase herum, weil sie an den falschen Stellen die Aufnahmen der Überwachungskameras überprüft. Dadurch gewinnt er die Zeit, die er braucht.«

»Sind wir noch im Rollenspiel?«, fragte Berger, bevor er in den Wagen stieg. »*Tun* wir nur so, als würden wir das alles glauben?«

Blom stieg auf der Beifahrerseite ein und warf ihm einen strengen Blick zu. Sagte aber nichts.

»Wir sollten uns die drei Gebiete noch einmal genauer ansehen und Samirs Suche korrigieren. Er wird sich riesig freuen«, fuhr Berger fort.

»Aber das ist wichtig für uns«, sagte Blom, schnallte sich an und wechselte das Thema. »Eigentlich hätte die Forensik sich die Stelle ansehen müssen. Dafür ist es jetzt wahrscheinlich zu spät. Wie bist du eigentlich auf die Idee mit Conny Landin gekommen?«

Berger verließ den engen Parkplatz und bog in den noch engeren Waldweg ein.

»Samir hat mir von einem anderen Fall erzählt. Es ging um einen Autounfall, bei dem es sich aber um ein Tötungsdelikt handelte. Fahrer und Beifahrerin sind erschossen worden. Und Conny Landin kam einfach daher und hat den Fall an sich gerissen. Das war Intuition.«

»Zwei Tage, nachdem die dritte Leiche hier auf Mörkö gefunden wurde, fährt also Conny Landin hierher und befragt die Zeugin. Er erkennt, wie wir, dass es sich um ein Schlauchboot handelt, und sorgt dann dafür, dass Olle Sjöblom diese Aussage im Ordner der Voruntersuchung versenkt. Das klingt alles sehr nach dem Versuch einer Verdunklung.«

Berger hatte eine größere Straße erreicht und ließ die Reifen quietschen.

»Keiner der Ermittler der beiden ersten Fälle ist auf die Idee gekommen, über den Sund zu fahren und nach Zeugen zu suchen«, sagte er. »Keiner hat an die Option Schlauchboot gedacht – oder an die Möglichkeit, dass jemand auf der anderen Seite des Wassers etwas gesehen haben könnte. Der Erste, der so gedacht hat, war Landin – er ist auch der Einzige, der alle drei Morde im Blick hatte. Für die anderen Ermittler handelte es sich um separate Einzelfälle. Warum befragte er Ulla Millrud? Die hätte er doch ignorieren können. Wollte er unbedingt schneller sein als Deer? Weil sie die Fährte aufgenommen hatte? Geht es hier also nur um Prestige? Er wollte nicht zulassen, dass sie recht hat. Allerdings hätte er auch nicht lediglich so tun können, als hätte er Millrud befragt. Das wäre ein grober Dienstfehler gewesen. Also entscheidet er sich dafür, die Angaben in den Voruntersuchungen zu vergraben, bevor er die Ermittlungen an die lokalen Dienststellen übergibt. Klingt das plausibel?«

Blom schüttelte den Kopf. Neben ihnen tauchte die Autobahn auf.

»Psychologisch betrachtet bin ich bei dir, ja. Er ist ein amoralischer Machtmensch, der sich von einer Frau, die obendrein im Rollstuhl sitzt, provoziert fühlt. Ich kann mir sehr gut vorstellen, dass er die Ermittlungen lieber im Sande verlaufen lässt, als ihr die Lorbeeren zu gönnen. Aber praktisch, in der Umsetzung, ich weiß nicht. Ist das nicht ein bisschen weit hergeholt? Würde er wirklich ein so großes, persönliches Risiko eingehen, nur um Deer eins auszuwischen?«

»Sie ist von Tag eins eine Bedrohung für ihn gewesen«, warf Berger ein und zuckte mit den Schultern. »Aber ich habe das Gefühl, dass hinter der Inkompetenz und dem Machthunger noch etwas viel Schlimmeres stecken könnte.«

»Ich ahne, worauf du hinauswillst«, sagte Blom, als sie bei der Auffahrt Järna auf die E4 fuhren.

»Mir kommt noch ein Gedanke«, fuhr sie fort. »Es ist

nachvollziehbar, dass der Mörder im März und April mit dem Schlauchboot nachts durch die Gegend fährt. Da ist es noch dunkel und zu kalt, als dass eventuelle Zeugen draußen unterwegs wären. Vermutlich gilt das auch noch für Anfang Mai. Aber …«

»Aber jetzt haben wir Juni«, übernahm Berger. »Der helle Monat. Mitsommer.«

»Er wird zwar immer geschickter und routinierter«, sagte Blom. »Aber er geht auch immer größere Risiken ein.«

Schweigend saßen sie im Auto und ließen den Gedanken eine Weile auf sich wirken. Dann drückte Berger das Gaspedal durch.

»Das ist alles bloß hypothetisch, richtig?«

14

Freitag, 2. Juni

Filip war gerade siebzehn geworden. Jede Nacht, kurz nach Mitternacht, schlich er sich in die Garage. Das war viel besser, als zu schlafen.

Und es war einfacher, seit seine Mutter verreist war. Sie hatte einen leichteren Schlaf als sein Vater.

Filip wusste, dass es kalt war in der Garage, deshalb hatte er sich einen dicken Kapuzenpullover übergezogen. Dazu trug er seine Boxershorts und Flip-Flops, wegen des eiskalten Betonfußbodens. Im schwachen Licht, das durch die Fenster fiel, hockte er sich neben die Harley-Davidson seines Vaters und strich über den silbernen Benzintank. Ein halbes Jahr noch.

Es würde das längste halbe Jahr seines Lebens werden.

Ein halbes Jahr noch, bis er den Führerschein für Leichtkrafträder machen durfte, um dann an seinem zwanzigsten Geburtstag den richtigen Führerschein zu machen. Den für Motorräder. Das war der einzige, der wirklich zählte.

Seit seinem achten Lebensjahr fuhr er Mofas, am Anfang kleine, leichte, die im Takt seines Alters dann mitwuchsen. Seit seinem vierzehnten Geburtstag fuhr er auch die schweren Maschinen, aber nur auf ihrem Grundstück, weil dort nicht die gängigen Gesetze und Regeln galten.

Filip wollte auf die richtigen Straßen und den Wind der Freiheit im Gesicht spüren. In den Süden, durch Europa. Er wollte das erleben, was sein Vater und die Freunde seines Vaters erlebt hatten, die ganze Gang. Er wollte an einem Strand in Spanien wild campen, durch den Triumphbogen in Paris fahren und die Serpentinen in den Alpen hochjagen.

Sein Vater war ein richtiger Langweiler geworden. Ihm ging es nur noch ums Geschäft. Ab und zu zog er sich seine Weste an und setzte sich den Helm auf den Kopf, aber die Begeisterung war wie weggeblasen. Als würde er eine schwere Last auf den Schultern tragen.

Filip schaltete seine Handytaschenlampe ein und sah dabei, dass es schon halb drei war. Das war seine Zeit. Im Licht der Lampe funkelte der silberne Körper des Motorrads. Filip strich sanft über den Sattel.

Man konnte nicht sehen, dass die Maschine schon zwanzig Jahre alt war. Die Harley-Davidson FLSTF Fat Boy war ein echter Klassiker, Filip verbrachte die Nachmittage in der Garage damit, sie zu putzen und in Schuss zu halten. Aber wenn er sich nachts hinunterschlich, dann nur, um sie sich anzusehen, ihre Schönheit zu genießen, sie zu streicheln und sich wohlzufühlen. Das war definitiv besser als Schlaf.

Filip hoffte so sehr, dass ihm sein Vater das Motorrad schenken würde. Vor allem, weil er selbst offensichtlich das Interesse daran verloren hatte. Vielleicht hatte er Glück. Er war ein Einzelkind, vielleicht würde ihm sein Vater das Motorrad wirklich zu seinem Zwanzigsten schenken. Obwohl dieser Tag so weit in der Zukunft lag, dass er sich das nicht vorstellen konnte. Wie es war, zwanzig zu sein.

Die Zwanzigjährigen, die er kannte, wirkten so viel älter und erfahrener als er. Die strahlten etwas Dreistes, Reifes aus.

Er ließ seine Hand in einer fast sinnlichen Berührung über den Zylinder gleiten. Er hatte eine *Beziehung* zu diesem Motorrad. Die FLSTF Fat Boy war alles andere als fett, eher das Gegenteil, muskulös und definiert. Kein Schwung im

Körper saß an der falschen Stelle, keine Schraube, kein Zahnrad, kein Kettenrad, keine Bremsscheibe.

Das war perfekte Harmonie.

Er war so in diese vollendete Schönheit versunken, dass er nicht sofort hörte, als der leise Motor des elektrischen Garagentors ansprang. Er merkte es erst, als Mondlicht durch den Spalt ins Innere drang. Dann entdeckte er einen Schatten auf der anderen Seite des Autos, das neben dem Motorrad stand.

Es dauerte einen Moment, bis er begriff, dass es sein Vater war, der rückwärts die Garage betrat. Im Schlafanzug. Seine Haare waren zerzaust, als wäre er eben gerade aufgewacht. Filip sah nur seinen Rücken. Hinter ihm tauchte eine Gestalt auf, nicht viel mehr als eine Silhouette, die zur Hälfte vom Auto verdeckt wurde. Sie trug eine Mütze, mehr konnte Filip nicht erkennen. Er hörte auch keine Stimmen, wenn dann flüsterten sie. Sein Vater wich förmlich vor dem anderen zurück.

Filip hielt die Luft an, blieb reglos hinter dem Motorrad sitzen. Erstarrte. Die Zeit auch. Sie wurde zu Eis.

Da drehte sich sein Vater um, sah ihn hinter der Fat Boy kauern. Als hätte er gewusst, dass er dort war. Er schwitzte, obwohl es ziemlich kalt war. Er lächelte und legte einen Finger auf die Lippen.

Als würde er *Pst!* sagen.

Dann drehte sich sein Vater zu dem anderen um, der nur ein Schatten war. Und ging auf ihn zu.

Filip hörte ein dumpfes Geräusch. Gedämpft zwar, aber unverkennbar ein Schlag. Dann fiel sein Vater rücklings zu Boden. Sein Kopf schlug auf dem Betonboden auf.

In seinem Kopf steckte eine Axt.

Filip presste sich die Hände auf den Mund. Er starrte die Gestalt an, die sich für einen kurzen Moment in der Garage umsah, sich dann eine Tasche über die Schulter warf und losrannte.

Im Licht der Straßenlaterne vor der Auffahrt stand ein Mädchen mit ihrem Hund an der Leine. Sie schrie laut auf und tippte auf ihrem Handy herum. Der Mann mit der Mütze und der Umhängetasche bog um die nächste Ecke und verschwand.

Erst jetzt ließ Filip seine Hände sinken und brüllte sich die Seele aus dem Leib.

15

Freitag, 2. Juni

Es war fast drei Uhr morgens, als ihr Telefon klingelte. Da sie sowieso nicht schlief, war Deer schon nach wenigen Sekunden am Apparat. Als sie die Nummer auf dem Display sah, rappelte sie sich auf und lief die paar Schritte in den Flur, ohne sich nach ihrem selig schnarchenden Mann Johnny umzusehen. Erstaunt schaute sie an sich herunter, wie sie da im Nachthemd und ohne Krücken stand. War sie wirklich aus dem Bett *gesprungen*? Es vergingen ein paar weitere Sekunden, die sie sich erstaunt am Türrahmen des Badezimmers abstützte, bevor sie eintrat und sich auf die Toilette fallen ließ.

»Kommissarin Rosenkvist am Apparat«, meldete sie sich so präsent und seriös wie möglich.

»Ich habe hier drei Nummern vor mir liegen«, sagte eine barsche Frauenstimme am anderen Ende der Leitung. »Sie sind die Erste, die überhaupt ans Telefon geht.«

»Ja?«, sagte Deer abwartend. Angespannt.

»Wir haben einen Axtmord in Eskilstuna. Zwei Zeugen. Sollen die zur NOA?«

Deer zählte eins und eins zusammen und war bemüht, die richtigen Worte zu finden.

»Ja, das sollen Sie. Geben Sie mir bitte ein paar Details?«

»Das muss ich zuerst mit unserer Dienststelle abklären«, sagte die ruppige Stimme.

»Warten Sie.« Deer schaltete sofort. »Erst die Details. Wo steckte die Axt?«

»Im Kopf.«

»War es eine neue Axt?«

»Wie bitte?«

»Wer ist das Opfer?«

»Ein Rutger Brännlid«, antwortete die Kollegin. »Die Zeugen sind sein Sohn und ein Mädchen aus der Nachbarschaft, das mit seinem Hund spazieren war.«

Immer diese Mädchen mit Hund, dachte Deer. Aber die wirklich wichtigen Teile ihres Gehirns waren mit etwas anderem beschäftigt.

Brännlid, ein eher ungewöhnlicher Name.

»Haben Sie die Sache an die große Glocke gehängt?«, fragte sie.

»Ich verstehe Ihre Frage nicht?«, pöbelte die Frauenstimme.

»Ich kann deutlicher werden«, sagte Deer und war sehr um Gleichmut bemüht. »Haben Sie den Rest des lokalen Charters der Hells Angels benachrichtigt?«

*

Es war ziemlich still in den Räumen der NOA. Nur ein paar wachhabende Beamte waren vor Ort. Sie hatten die Besucher in die Abteilung begleitet und in Absprache mit Rosenkvist weder Conny Landin noch Örjan Bruun Bescheid gegeben. Die beiden benötigten schließlich dringend ihren »Schönheitsschlaf«.

Die Polizeibeamtin aus Eskilstuna, die vor dem Verhörraum wartete, war in Begleitung eines Mannes, der ihr eindeutig untergeordnet war. Sie selbst sah ganz anders aus, als Deer angenommen hatte, sie war deutlich kleiner, als ihre Stimme es hatte erwarten lassen. Die Kollegin aus dem Westen ihrerseits war nicht auf eine Kriminalkommissarin im Rollstuhl vorbereitet gewesen. Alle Barschheit schien ihr im Hals stecken zu bleiben.

»Ich bin heute Nacht schon genug gelaufen«, sagte Deer statt einer Begrüßung.

Die Frau vor ihr wirkte nicht wie jemand, der auf den Mund gefallen war, aber sie bekam keinen Ton heraus.

»Wo ist der Sohn des Opfers?«, fragte Deer deshalb.

Die Polizistin zeigte, nach wie vor wortlos, auf die Tür zum Verhörraum.

»Hat er schon jemanden angerufen?«, fragte Deer. »Was haben Sie Ihrer Dienststelle in Eskilstuna gemeldet?«

Endlich gab sich die Kollegin einen Ruck.

»Dass wir, wie mit Ihnen besprochen, die Zeugen unmittelbar zur Befragung nach Stockholm zur NOA gebracht haben. Ich habe Filips Handy überprüft. Er hat versucht, seine Mutter zu erreichen, aber sie hält sich in Finnland bei ihren Eltern auf und ist nicht rangegangen.«

»Sonst keine anderen Telefonate?«

Die Beamtin schüttelte den Kopf. Deer nickte.

»Vielen Dank. Gut mitgedacht. Wie heißen Sie?«

»Louise«, antwortete die Kollegin, die zurück zu ihrer natürlichen Autorität gefunden hatte. »Louise Jonsson. Allerdings haben wir die Dienststelle in Österbotten benachrichtigt. Die sind auf dem Weg zur Mutter.«

»Dann, liebe Louise Jonsson, haben wir noch ein bisschen Zeit, bis hier ein Anwalt auftaucht und dem Sohn verbietet, mit uns zu sprechen.«

»Aber …« Jonsson zögerte.

»Ja?«, fragte Deer und sah sie herausfordernd an.

»Filip ist minderjährig.«

»Ich habe auch nicht vor, ihn zu verhören«, sagte Deer. »Ich habe nur ein paar Fragen. Übernehmen Sie das Mädchen mit Hund?«

»Ich?«, rief Louise Jonsson aufgeregt. »Aber, ich bin doch gar nicht … befugt?«

»Hiermit sind Sie es.«

*

Als Deer den Verhörraum betrat, in dem der Junge saß, wusste sie schon, dass das Hundemädchen ihre Zeugenaussage über kurz oder lang zurückziehen würde. Trotzdem war es wichtig, ihre Aussage unvoreingenommen aufzunehmen.

Und das hier war sogar noch wichtiger, dachte sie, als sie die Aufnahmefunktion ihres Handys aktivierte. Hier saß der Sohn des soeben ermordeten Chefbuchhalters eines Hells Angels Charters, der ein wichtiges Glied in der sichtbaren Maschinerie der Organisation gewesen war. Und dieser Sohn war Zeuge der Tat. Die praktisch identisch war mit der Tat, deren Voruntersuchung Deer hinterfragt hatte.

Der Mord hatte eine unmittelbare Verbindung zu den Hells Angels. Hier musste sie definitiv schnell Nägel mit Köpfen machen.

Filip Brännlid sah wesentlich jünger aus als siebzehn. Er wirkte vollkommen verstört, und es bestand kein Zweifel daran, dass eine ganz andere Einrichtung sich seiner zuerst hätte annehmen müssen. Deer hatte selbst Kinder, und es fiel ihr nicht besonders schwer, sich in seine Situation hineinzuversetzen. Er tat ihr von Herzen leid. Trotzdem entschied sie sich für diesen Weg – es gab keinen anderen. Sie würde den jugendpsychiatrischen Dienst sofort anrufen, wenn sie mit der Befragung fertig war. Was das für Konsequenzen für sie und ihre Karriere haben konnte, spielte keine Rolle.

»Filip«, sagte sie und setzte sich vorsichtig auf die andere Seite des Tisches. Der Junge zitterte. »Was du erlebt hast, ist das Schlimmste, was es gibt. Es tut mir furchtbar leid.«

Filip schniefte und hob sein verheultes Gesicht.

»Wo ist Johan?«, fragte er.

»Er ist auf dem Weg, Filip«, sagte Deer, ohne zu wissen, wer dieser Johan war. »Aber jetzt müssen wir den Mann, der das getan hat, so schnell wie möglich finden. Kannst du mir erzählen, was du gesehen hast?«

Der Siebzehnjährige sah sie aus rot geweinten Augen an, und Deer setzte ihren mütterlichsten Gesichtsausdruck auf.

»Wir versuchen gerade, deine Mutter zu erreichen. Aber das ist nicht so einfach. Sie scheint ihr Handy ausgeschaltet zu haben.«

»Oma und Opa haben kein Telefon.«

»Du warst also in der Garage, als es passiert ist, Filip?«

Er nickte stumm, die Tränen liefen ihm über die Wangen.

»Gehört sie jetzt mir?«, fragte er.

»Wer denn?«

»Die Fat Boy, gehört sie jetzt mir?«

In Gedanken ging Deer die Fotos durch, die ihr Louise Jonsson aus der Garage in Eskilstuna geschickt hatte. Sie versuchte, sich an jedes Detail zu erinnern, und bemühte sich, nicht zu lange bei dem Bild des Mannes mit der Axt im Kopf zu verweilen. Schließlich landete sie bei einer plausiblen Erklärung.

»Das Motorrad?«, versuchte sie ihr Glück. »Ja, das gehört jetzt dir. Hast du dich oft nachts in die Garage geschlichen und daran herumgeschraubt?«

»Nicht geschraubt«, sagte Filip. »Das darf ich nicht.«

»Bewundern darfst du die Maschine aber schon, oder? Und davon träumen. Da stört dich dein Vater nicht dabei, was?«

»Er schläft wie ein Stein.«

»Aber in dieser Nacht hat er nicht wie ein Stein geschlafen. Kannst du mir erzählen, was passiert ist?«

»Ich glaube nicht, dass er wusste …«

»Was denn wusste?«

»Dass ich nachts in der Garage bin. Er kam auf mich zu, als er mich hinter der Maschine sah und … ich weiß nicht … er hat den Finger an den Mund gelegt … dass ich still sein soll.«

»Still sein?«

»Das war ich ja auch. Ich war still. Deshalb. Papa hat mir das Leben gerettet. Und dann …«

»Ja, Filip, was war dann?«

Der Junge starrte vor sich hin. Die Tränen nahmen kein Ende. Deer wartete.

»Jetzt verstehe ich das erst«, sagte Filip mit leiser Stimme.

»Was verstehst du?«

»Papa ist auf den Mann zugegangen, damit er nicht auf die Fat Boy fällt.«

»Dann wusste dein Vater, was passieren würde?«

»Er hat mir das Leben gerettet«, sagte Filip mit weit aufgerissenen Augen.

Deer musste die Gelegenheit nutzen, da die Aufmerksamkeit des Jungen gerade auf das Unfassbare gerichtet war.

»Hast du den Mörder gesehen, Filip?«

Er schüttelte den Kopf.

»Er war … er war nur ein Schatten. Er hatte eine Mütze auf.«

»Was für eine Mütze?«

»Eine ganz normale, graue, die man sich über die Ohren ziehen kann.«

»Wenn du die Farbe gesehen hast, konntest du dann nicht auch das Gesicht erkennen?«

»Ich habe einen Scheiß gesehen! Hören Sie auf.«

Deer hielt den Atem an. Einerseits wusste sie, dass die Uhr tickte, andererseits durfte sie die Kooperationsbereitschaft des Jungen jetzt nicht verlieren.

»Verzeih mir, Filip«, sagte sie und strich über seine Hand.

Er ließ es geschehen. Die Tränen liefen unaufhaltsam. Es sah aus, als hätte er sich ganz seinem Schmerz ergeben.

»Können wir noch mal an den Anfang zurück? Du hast gehört, wie das Garagentor aufging …«

»Papa ist rückwärts reingekommen …«

»Sie waren also draußen und sind dann erst reingekommen? Von der Auffahrt?«

»Ja.«

»Kannst du dir das erklären, warum dein Vater nachts um halb drei draußen war?«

»Nein. Und er hatte seinen Schlafanzug an …«

»Wie öffnet man das Garagentor?«

»Mit dem Handy«, sagte Filip. »Ferngesteuert.«

Deer nickte. Man hatte nur Filips Handy gefunden. Sie versuchte, sich zu konzentrieren. Dann hörte sie einen Knall, von einer schweren Tür, die ins Schloss fiel.

Der Sand rann immer schneller durch das Stundenglas.

»Als das Garagentor aufging, sind die beiden also um das Auto herumgegangen«, sagte sie. »Dein Vater hatte dir die ganze Zeit den Rücken zugewandt. Dann drehte er sich um und gab dir ein Zeichen, leise zu sein. Anschließend ging er auf den Mann zu. Stimmt das so weit?«

»Ja.« Filip zitterte.

»Aber du hast den anderen Mann nicht genauer gesehen?«, hakte Deer noch einmal nach. Sie hörte jetzt Schritte im Flur. Und Stimmen, Männerstimmen. Wütende.

Filip schien unberührt davon.

Es hatte etwas ungemein Befreiendes, wenn man wusste, dass die eigene Karriere ohnehin den Bach runtergegangen war.

»Er war größer als Papa«, sagte Filip. »Ich habe seine Mütze noch hinter Papa gesehen. Und er hatte eine Tasche dabei. Als Papa mir das Zeichen gab, hatte er sie gerade auf den Boden gestellt und sich nach unten gebeugt.«

Um die Axt aus der Tasche zu holen, dachte Deer. Die nagelneue Axt.

Die Schritte und Stimmen wurden lauter, sie hatte vielleicht noch die Gelegenheit für eine letzte Frage, bevor alles vorbei war. Aber sie musste sie gar nicht stellen.

»Da war noch etwas anderes …«, sagte Filip.

Deers Blick ruhte auf der Tür des Verhörraums, die jeden Augenblick aufgehen würde.

»Versuch, dich zu erinnern, Filip. Das ist sehr wichtig.«

»Ja«, sagte er und nickte, als würde er eine flüchtige Erinnerung einfangen. »Das war es.«

Die Tür wurde mit voller Wucht aufgestoßen. Ein breiter Mann in Nadelstreifenanzug stand im Raum und brüllte Deer an.

»Mein Name ist Johan Gyllencreutz, ich bin Filip Brännlids Anwalt. Und dieses illegale Verhör ist hiermit sofort zu beenden.«

Wie in einem Kanon setzte eine zweite Stimme ein, die von Conny Landin.

»Was zum Teufel haben Sie sich dabei gedacht, Desiré?«

Einen Moment lang überlegte Deer, Örjan Bruun anzurufen, immerhin hatte er ihre Zügel gelockert. Aber ihr Instinkt hielt sie davon ab. Deer griff Filips Hände und sah ihm tief in die Augen.

»Du kannst dich sehr wohl erinnern, Filip. Du hast ein hervorragendes Erinnerungsvermögen.«

»Es war was mit seiner Hand«, sagte Filip, während sich die schwere Hand des Anwalts auf seine Schulter legte.

Filip wurde vom Tisch weggezerrt und nach draußen geschoben. »Die Hand des Mörders hat gezittert«, sagte er, ohne den Blick von Deer zu nehmen.

II

16

Da hört er ein Knirschen im Sand. Sehr deutlich.

Er hört auf zu atmen.

Dann passiert nichts weiter. Eine ganze Minute lang hält er die Luft an, aber das Knirschen bleibt aus. Er spürt, wie sich sein Puls etwas beruhigt.

Wenn jemand aus einer anderen Zeit gekommen ist, dann verhält er sich jetzt absolut still.

Er ist sich sicher, dass die Stunde angebrochen ist, zu der die Sonne hinter dem Horizont für kurze Zeit ins Ungewisse abtaucht.

Was zu Beginn nur Angst und Schrecken war, vermischt sich nun mit seiner Wut. Er ist so wütend wie noch nie zuvor in seinem Leben. Noch nicht einmal auf seine Brüder ist er so wütend gewesen.

Es gelingt ihm, sich zusammenzureißen, während die anderen fertig gemacht werden. Während die letzten Dinge erledigt werden. Wobei das beeindruckend lautlos vonstattengeht.

Alles wurde sehr gut vorbereitet. Das wurde ihm oft gesagt. Wie alles immer noch besser gemacht werden kann. Damit ist er groß geworden, darauf wurde er vorbereitet – auf diesen Augenblick, der ihm jetzt bevorsteht, auf den er wartet.

Mit Angst und Schrecken wartet.

Er spürt den Sand unter seinen Fußsohlen. Es sind noch Eindrücke vom Tag darin gespeichert. Fast vergessene Wärme, die nach oben steigt und sich in seinem kleinen Körper ausbreitet.

Dorthin, wo sie am dringendsten benötigt wird.

Wieder hört er das Knirschen des Sandes unter dem Stuhlbein. Er wartet, doch es bricht abermals ab. Stattdessen taucht der Strand in ein noch tieferes Schweigen. Vielleicht ist es jetzt Nacht, die dunkelsten Stunden. Es ist immerhin der fünfte Juli, die Nacht ist nicht besonders lang.

Dann hört er das leise, ganz leise Brummen. Ein Motorengeräusch. Es taucht auf und verschwindet wieder. Als käme es von weit her. Vom Wasser.

Für einen kurzen Augenblick meint er das Wesen aus einer anderen Zeit zu spüren. Er meint zu fühlen, wie es durch ihn hindurchsieht, seine jetzigen und zukünftigen Gedanken liest. Und für einen noch viel kürzeren Augenblick sieht er direkt in die Hölle.

Sein Körper scheint sich und sein System selbst zu regulieren. Er kann die alte Stimme wieder hören, die sein kurzes Leben beherrscht und bestimmt.

Er weiß, dass alles nur zu seinem Besten geschieht. Was auch geschehen mag, wie sehr es auch wehtun wird.

Es wird es wert sein.

Er wird ein anderer werden.

17

Freitag, 2. Juni

Der junge Mann läuft durch die Straßen, wie ein ganz gewöhnlicher junger Mann. Aber die Welt sieht so anders aus. Er ist ein anderer geworden.

Denn er hat die Macht über Leben und Tod. Er ist gewachsen. Erst jetzt erkennt er, wie groß er tatsächlich ist. Als wäre er sein ganzes Leben lang gebückt gegangen. Als wären seine wahren Dimensionen erst jetzt erweckt worden.

Vor allem die Jahre in der Sekte hat er zusammengekauert verbracht. So viel Holz, das gehackt werden musste …

Es ist ein schöner Frühsommertag, die Sonne scheint. Er geht über den Fridhemsplan. Der Platz ist voller Menschen. Überfüllt.

Der junge Mann will ihnen nichts Böses. Das ist nicht sein Ziel. Im Gegenteil. Aber er sieht ihre Zerbrechlichkeit. Wie einfach es sein würde. Wie fragil alle sind.

Er steht mit seiner Tasche über der Schulter im Gewühl. Sie kommen von allen Seiten. Das Menschliche. Alle, die jetzt leben, haben alles andere überlebt. Und ihre Vorfahren haben unfassbare Schwierigkeiten überwunden, sind erwachsen geworden, konnten sich fortpflanzen, haben dafür gesorgt, dass ihre Kinder überleben. Jeder Einzelne von uns hat diese Dinge hinter sich. Wir sind alle Sieger.

Aber das ewige Leben hat keiner von uns bekommen. Kein Einziger.

Er schon gar nicht.

Er steht am östlichen Ende des Drottingholmsvägens und sieht, wie ein Streifenwagen die Garage des Polizeipräsidiums verlässt. Ihn selbst führt sein Weg den Hang hinauf zum Kronobergspark, er läuft die verzweigten Pfade hinauf und findet die Parkbank. Aber sie ist besetzt. Eine Frau sitzt dort. Sie ist jung, sie wird nicht lange bleiben. Es wäre etwas anderes, wenn dort ein Rentner gesessen hätte.

Auch die Zeitwahrnehmung altert bei den Menschen …

Eilig biegt er ab, es gibt so viele Wege, die er nehmen kann. Er hat gelernt zu improvisieren.

Während er eine Runde hinunter zur Parkgatan dreht, hört er wieder die Stimme in seinem Inneren. Die Stimme, die er nicht für immer auslöschen konnte. Vielleicht auch gar nicht wollte. Zumindest jetzt noch nicht. Er hat erneut die Aufzeichnungen an den Wänden gelesen, er kann das gesamte sezierte Notizbuch auswendig.

Er muss sich die Worte einverleiben, sie verarbeiten und verstehen, damit er sie auslöschen kann.

»Menschenopfer. Jemand muss sterben, damit ein anderer leben kann. Auch in unserer heutigen Zeit muss man wichtiges Leben gegen unwichtiges abwägen; das geschieht andauernd. Einige müssen geopfert werden, damit andere leben können. Wir sind zu viele auf dieser Erde. Die Erdoberfläche wird von uns Menschen eingenommen, während andere Arten verschwinden. Es gibt Wege, älter zu werden, ohne unter den Gebrechen des Alters zu leiden. Es ist keine Frage von Quantität – wer will schon einhundertzwanzig Jahre alt werden, wenn er die letzten vierzig damit beschäftigt ist, die eigenen Schmerzen behandeln zu lassen? Es geht um Qualität. Wir können uns erneuern. Wir können uns sukzessive erneuern. Alles in uns ist austauschbar.«

Der Weg führt wieder den Hügel hinauf. Jetzt ist die Parkbank leer.

Der junge Mann setzt sich. Er denkt an die Karte. Es sind

nur noch ein paar Tage. Struktur, Hinweise, falsche Fährten. Färingsö. Björkö. Mörkö. Es folgt der nächste, logische Schritt.

Er hat die Zeitungen studiert, vor allem die lokale Presse. Soweit er das beurteilen kann, hat kein Journalist bisher die drei Fälle miteinander in Verbindung gebracht. Und die Polizei schon gar nicht. Es passiert so viel anderes in der Welt, die Morde sind im Schatten der Medien gelandet. So, wie er vermutet hat. Die Taten werden als Akte dreier Einzeltäter betrachtet.

Obwohl es für ihn keine Rolle spielt.

Er sieht sich um, dann streift er sich ein Paar fast unsichtbarer Einweghandschuhe über, die er aus seiner Jackentasche zieht. Er nimmt einen USB-Stick, schiebt ihn in ein kleines durchsichtiges Röhrchen, verschließt es mit einem blauen Deckel und steckt es in die Hosentasche.

Der junge Mann streift sich die Handschuhe wieder ab und verstaut sie in der anderen Jackentasche. Sein Blick wandert durch die grünen Zweige den Hügel hinunter und bleibt an dem großen Gebäude hängen.

Die Fassade des Polizeipräsidiums an der Polhemsgatan hat auf brutale, bürokratische Art und Weise etwas Mächtiges. Es ist ein kupferbrauner, quasi metallischer Gebäudekörper. Er fragt sich, ob es vielleicht doch jemandem darin gelungen ist, seine Hinweise zu finden und die Verbindungen herzustellen. Ob ihm jemand auf der Spur ist.

Aber auch das spielt keine Rolle.

Deshalb ist er nicht hergekommen.

Ihn interessiert nur ein Fenster.

Der junge Mann konzentriert sich auf das Fenster, kann Bewegungen dahinter erahnen.

Deine Zeit wird kommen, sagt er sich.

Da senkt sich die Dunkelheit über ihn. Der Sandstrand. Dieser Augenblick. Der Hass. Er ist klein. Er sitzt auf diesem Stuhl, am Strand, mit einer Augenbinde. Bald kommt der Schmerz.

Sein Kiefer verkrampft sich. Er stößt die Erinnerung beiseite. Die Sonne scheint wieder. Aber sie wärmt ihn nicht.

Wieder wandert sein Blick zu diesem einen Fenster. Jede Faser seines Körpers ist gespannt. Er sieht auf seine linke Hand.

Ein kurzes Zittern.

Mehr nicht.

18

Freitag, 2. Juni

Aus unerklärlichen Gründen waren sie beide im selben Raum gelandet.

Berger hatte sukzessive seine Sachen in ihr Zimmer verfrachtet, und am Ende stand auch sein Rechner auf der anderen Seite des Tisches. Die Kommunikation wurde dadurch erheblich erleichtert. Was nicht galt, wenn sie Besuch bekamen.

So wie jetzt gerade.

Sonderbarerweise ermöglichte Molly Blom der machohafte Bullentalk auf der anderen Seite ihres Schreibtischs, sich ganz auf ihre Gedanken zu konzentrieren. Das Gerede wurde zu einer gedämpften Musik im Hintergrund, die den übrigen Geräuschmüll verschluckte. So kam es, dass die Ermittlungen und Gedanken der letzten Tage wie Puzzlestücke an ihren Platz fielen. Zumindest bekam sie eine Ahnung davon, dass sie auf dem richtigen Weg war. Am Ende sah sie ein schmales Stück fruchtbarer Erde, auf der sie die Samen ihrer Gedanken säen konnte, damit sie wuchsen.

Auch sie begriff langsam, dass das Rollenspiel tatsächlich ein Spiel war. Vielleicht würde sie sich jetzt davon verabschieden können. Um sich voll und ganz auf den Fall zu konzentrieren.

Robin hatte sie mit den Aufnahmen von den Fundorten versorgt, parallel dazu hatte sie im Netz sowohl nach alten als auch neuen Bildern der jeweiligen Strandabschnitte gesucht. Vielleicht hatten sie doch ein Detail übersehen. Bisher jedoch konnten sie noch nichts Bemerkenswertes entdecken.

Das Wichtigste war, dass ihre Ergebnisse unzweifelhaft darauf hindeuteten, dass es den einen Mörder tatsächlich gab. Zumindest hingen die Fälle miteinander zusammen. Immerhin hatte sie einen Großteil ihrer Berufstätigkeit mit dem Erstellen von Täterprofilen verbracht.

Wenn es den einen Mörder gab, dann war er nicht nur ein sehr fürsorglicher Mensch, sondern hatte zudem einen ausgeprägten Sinn für Ordnung, Symmetrie, Wiederholungen und Präzision. Wenn er jeweils am Fünften eines Monats tötete und die Leichen an zwar ähnlichen, aber weit voneinander entfernten Orten ablegte, musste das nicht eine Bedeutung haben? Müsste es nicht möglich sein, anhand der drei vorherigen Fundorte auf den nächsten, vierten zu schließen? Die Zeitsymmetrie müsste ihre Entsprechung in einer räumlichen Symmetrie haben.

Auf ihrem Bildschirm befand sich eine Karte von Stockholm, die von Norrtälje bis Södertälje reichte. Auf dieser Karte blinkten drei Punkte. Färingsö. Björkö. Mörkö. Wenn es ein mathematisches Muster hinter der Anordnung dieser drei Punkte gab, dann musste der vierte Fundort auf dieser Karte zu finden sein. Drei Punkte – wo befand sich der vierte?

Etwas unbeholfen zeichnete sie mit der Maus Geraden in die Karte ein, die alle drei Punkte auf verschiedene, geometrische Weisen miteinander verbanden. Einige der Geraden führten zur Küste, andere nicht – sie speicherte die vielversprechendsten. In Kombination mit anderen Informationen konnten diese geometrischen Symmetrien sie vielleicht einer Lösung näherbringen.

Und weitere Informationen waren im Anmarsch – ob verwertbar oder nicht, würde sich noch herausstellen.

Sie hob den Kopf und beobachtete die beiden Männer auf der anderen Seite des Schreibtischs. Als befände sie sich mitten in der Schaltzentrale der Stockholmer Polizei. In der Gesellschaft der wahren Bullen dieser Stadt, dort, wo Molly Blom sich nie wirklich aufgehalten hatte. Sie war als *Undercoveragentin* direkt in die verrückte Welt des Geheimdienstes eingestiegen.

Das hier war etwas vollkommen anderes. Zwei richtige zottelige Bullen aus zwei verschiedenen Generationen, der eine der ehemalige Chef des anderen.

Sam und Samir. Auf der Jagd nach der Wahrheit.

Plötzlich wurde der Ton wieder eingeschaltet. Ihre eigene kleine Blase zerplatzte, und sie hörte zwei Männerstimmen.

»Oben bei Norrtälje sieht es auch nicht anders aus«, sagte Samir und zeigte auf Bergers Bildschirm. »Ob man mit dem Wagen zum Fundort auf Björkö fährt oder auf die gegenüberliegende Seite der Bucht, macht keinen Unterschied. Man muss dieselbe Landstraße nehmen. Und was die Kameras betrifft, spielt es auch keine Rolle, auf welcher Seite sich der Wagen befindet.«

Berger nickte.

»In Södertälje allerdings verhält es sich ganz anders. Die Wege auf die Insel oder zur gegenüberliegenden Bucht sind nicht identisch. Nach euren Erkenntnissen deutet ja alles darauf hin, dass der Mörder gar nicht mit dem Wagen auf Mörkö war, sondern auf den Parkplatz des Naturreservats Yttereneby gefahren ist. Dorthin ist er entweder über die Abfahrt 141 bei Järna, also auf der E4 von Norden oder Süden gekommen. Oder über die Autobahn 57, Richtung Järna, Gnesta, Flen.«

»Wir haben für den fünften Mai eine ziemlich exakte Zeitangabe«, sagte Berger. »Unser Mörder hat die Leiche mit einem Wagen an die Bucht gebracht und ist dafür bei der Ausfahrt 141 abgefahren. Um etwa Viertel nach zwei hat Ulla Millrud den Elektromotor gehört, was ungefähr eine

Stunde später gewesen sein muss. Wieder aufgebrochen ist er vielleicht so gegen drei, halb vier.«

»Leider ändert das nichts am Ergebnis«, sagte Samir und schüttelte den Kopf. »Wir haben bei der Ausfahrt keine Radarfalle, und auf der E4 wurden in der besagten Zeitspanne keine Fahrzeuge aufgenommen, weder auf dem Hin- noch auf dem Rückweg. Dasselbe gilt für die Autobahn 57.«

Blom rollte mit ihrem Stuhl auf die andere Tischseite und setzte sich neben die beiden. Interessiert studierte sie Samirs Karte auf dem großen Monitor.

»Und was den ersten Fundort betrifft«, fuhr Samir fort, ohne Notiz von ihr zu nehmen, »das ist Binnengewässer, kein Meer. Der See Mälaren. Färingsö gehört zur Gemeinde Ekerö. Auf der anderen Seite der Bucht landen wir in einer anderen Gemeinde, Järfälla, beim Sandviks Gård. Er muss von dort mit dem Schlauchboot übergesetzt haben. Was wir bisher nicht bedacht haben, ist, dass hinter dem unbebauten Strandstück eine Straße in den Ort führt und man von dort problemlos die andere große Straße erreichen kann, die E18 nach Stockholm.«

»Okay«, sagte Berger aufgeräumt, »was haben wir da?«

»Auch nichts«, antwortete Samir.

»Vielen Dank, sehr erhellend«, brummte Berger.

»Ich habe hier was, aber das ist mit einem großen Fragezeichen versehen. Ihr müsst selbst entscheiden, ob man es verwenden kann. Mein Ausgangspunkt war die nächste Kamera, nördlich von der Abfahrt 141. Dort sind Hunderte Autos im fraglichen Zeitabschnitt vorbeigefahren. In beide Richtungen. Aber wir haben keinen Wagen gefunden, der sowohl hin- als auch zurückgefahren ist.«

Blom lehnte sich vor, als wollte sie ihre Perspektive auf das Gespräch ändern.

»Samir, du bist zu uns gekommen, nach Feierabend, und das, obwohl du kleine Kinder hast. Natürlich hast du etwas Verwertbares gefunden.«

Samir sah sie lange an, als würde er seine Worte erst mit Bedacht wählen müssen.

»Da wir keinen Treffer bei den Kennzeichen hatten, habe ich die Suche auf Automarken ausgeweitet. Und da kam etwas heraus.«

»Nämlich?«

»In Järfälla sind in der Nacht zum fünften März unzählige Wagen vorbeigekommen, zudem hatten wir keinen eindeutigen Zeitrahmen. Aber dann habe ich die Fahrzeuge, die von der Kamera auf der E18 aufgezeichnet wurden, mit den Fahrzeugen von der Nacht zum fünften Mai auf der E4 nördlich von Mörkö abgeglichen. Und dabei habe ich eine Reihe von Wagen derselben Marke und derselben Farbe entdeckt. Allen voran zwei alte weiße Volvo V70 mit unterschiedlichen Kennzeichen, beide als gestohlen gemeldet. Könnte es sich hier um ein und dasselbe Fahrzeug handeln? Was sagen die Herrschaften?«

Berger und Blom lehnten sich gleichzeitig vor und studierten die Fotos auf dem Bildschirm. Nachtaufnahmen von zwei weißen Volvo V70. Auf dem schärferen der beiden Fotos konnte man eine kleine Delle neben dem linken Scheinwerfer ausmachen, und soweit sie das beurteilen konnten, war diese Delle auch auf dem anderen Foto zu erkennen. Aber die Fahrer der Wagen hatten sich in den Sitz zurückgelehnt und waren nicht mehr als eine dunkle Silhouette.

»Das ist eindeutig dasselbe Auto«, stellte Berger fest.

»Das kann natürlich Zufall sein«, sagte Samir und hob die Hände. »Es könnte zum Beispiel eine professionelle Einbrecherbande sein, die durchs Land zieht und ständig andere Kennzeichen verwendet. Aber die Uhrzeiten passen, oder? Im März kam er gegen fünf Uhr einundzwanzig von Barkarby im Süden, nachdem er seine erste Leiche abgelegt hatte. Und im Mai ist er mit seiner dritten Leiche im Gepäck von Norden in Richtung Mörkö gefahren und hat gegen ein Uhr zweiundvierzig die Abfahrt 141 in Järna erreicht.«

Blom rieb sich die Stirn.

»Hat sich der Fahrer absichtlich nach hinten gelehnt?«

Samir nickte langsam und zustimmend.

»Das habe ich schon oft gesehen. Die schlimmsten Verkehrssünder haben eine Technik entwickelt, sich so hinzusetzen, dass man sie nicht auf dem Foto sehen kann. Dann behaupten sie einfach, ein Freund hätte den Wagen ausgeliehen.«

»Aber wir haben es nicht mit einem Verkehrssünder zu tun«, sagte Blom. »Dieser Mann hat alles unter Kontrolle. Er weiß genau, wo die Kameras angebracht sind. Er bemüht sich ja, sie zu umgehen.«

Samir nickte noch immer.

Molly Blom sah ihn von der Seite an.

»Du hättest die Routen dieser beiden Fahrzeuge in den jeweiligen Nächten zurückverfolgen müssen. In beide Richtungen.«

Samir blinzelte, beherrschte sich.

»Ich hatte keine Zeit, mich außerhalb des vorgegebenen Suchradius zu bewegen. Es war schon genug Arbeit, an diesen Treffer mit den beiden weißen Volvos zu kommen. Die Suche auf *alle* weißen Volvos im Großraum Stockholm auszuweiten, mehrere Monate zu berücksichtigen und dann noch auf Dellen in der Karosserie zu achten, würde die Arbeit von mehreren Beamten in Vollzeit erfordern und deutlich länger dauern als die drei Tage, die ihr noch habt. Es würde auf jeden Fall mehr Zeit in Anspruch nehmen, als *ich* zur Verfügung habe.«

Berger und Blom sahen einander an.

Das eine war, dass der nächste Fundort extrem schwer zu bestimmen sein würde. Außerdem war der Fundort sekundär. Das eigentliche Ziel war es, den *Tatort* zu finden – und damit den nächsten Mord zu verhindern. Aber das erforderte Ressourcen, auf die sie schon sehr lange nicht mehr zugreifen konnten.

Und sie hatten in der Tat nur noch drei Tage Zeit.

Nachdem sie diese gravierende Erkenntnis verarbeitet hatte, wandte sich Blom an Samir.

»Wenn wir das nächste Opfer retten wollen, müssen wir herausbekommen, von wo der Volvo gekommen ist. Und wohin er wollte. Unser Mann ist sehr, sehr vorsichtig. Er mordet in bekannter Umgebung. Er hat seine Opfer bei sich *zu Hause*. Also, volle Konzentration auf diese beiden Kennzeichen in Järfälla in der Nacht vom fünften März und in Järna in der Nacht vom fünften Mai. Auf dem Weg *vom* Fundort auf Färingsö – also auf dem *Nachhauseweg* – und auf dem Weg *nach* Mörkö – also auf dem Weg *von zu Hause* weg. In beiden Fällen könnten wir Rückschlüsse darauf ziehen, von wo er kam und wohin er wollte. Am Ausgangspunkt und am Endpunkt dieser Routen werden wir einen Tatort finden, an dem wahrscheinlich auch der Mörder lebt.«

»Ich werde mein Bestes geben«, stöhnte Samir. Er senkte den Kopf. »Ich liebe Deer genauso sehr wie ihr, und wenn ihr Leben auf dem Spiel stünde, wie letztes Mal, würde ich dafür Tag und Nacht opfern. Aber wir haben es vermutlich mit einer ihrer wilden Ideen zu tun, einer Überkompensation nach ihrer Rückkehr in den Job. Und ich bin ehrlich gesagt nicht bereit, meine Karriere und meine Familie für eine fixe Idee zu opfern. Klingt das zu hart?«

»Das klingt logisch und nachvollziehbar«, sagte Berger und zuckte mit den Schultern. »Auf der anderen Seite musst du ihr nicht für immer dankbar sein, dass sie das Leben deines Kindes gerettet hat.«

»Allerdings stimmt das so nicht«, warf Blom ein.

»Was stimmt nicht?«, seufzte Samir.

»Nicht Deers fixe Idee steht auf dem Spiel, sondern das Leben eines Menschen. Eines Unbekannten. Und ich persönlich möchte auch das Leben eines Unbekannten retten.«

19

Samstag, 3. Juni

Es war ein Albtraum.

Nur weil Deer das wusste und den Traum sofort wiedererkannte, konnte sie diesen Zustand ertragen.

Wie im Nebel. Sie ist high, bis obenhin mit Morphium vollgepumpt. Sie liegt im Krankenhaus, dämmert immer wieder weg, das vertraute Gesicht vor ihr verschwimmt. Ihr rechtes Bein ist in einem Gestell fixiert. Der Verband unterhalb des Knies ist klobig. Das Letzte, was sie hört, bevor sie wieder abtaucht, ist eine Stimme, die unverkennbar Sam Berger gehört.

»Was für ein Glück, dass du Linksfüßerin bist.«

Dann versinkt sie in einer riesigen, sich drehenden Dunkelheit. Grelle Blitze beim kurzen Auftauchen ins Bewusstsein. Jemand in einem blauen Mantel greift nach ihrem Tropf. Ein anderer, in einem dunklen Anzug mit grüner Krawatte, steht am Fuß des Bettes und hat eine sonderbare Maschine in den Händen. Sie hört ein schrilles, brummendes Geräusch. Dann folgt eine noch absolutere Dunkelheit. Später weiß sie nicht mehr, ob sie wirklich gesehen hat, wie ihr linkes Bein aus dem Zimmer getragen wird oder wie Bergers leichenblasses Gesicht neben ihrem Bett auftaucht – aber in ihrem Traum kann sie es sehen. Dann wird sie von einem Schmerz geweckt, der alles andere überstrahlt.

Deer wachte auf und war – was für ein Klischee – schweißgebadet. So war es immer, wenn sie diesen Traum hatte. Sie verhielt sich wie immer, sie verscheuchte den Albtraum mit

Licht, dem Licht ihrer rationalen Gedanken. Als sie nach der Katastrophe aufwachte, sagte ein ihr unbekannter Polizeibeamter, dass er es sich nicht erklären könne, wie die Täter – die ihr den linken Unterschenkel abgesägt hatten – die wachhabenden Beamten hatten umgehen können. Kurz darauf war auch Berger wieder an ihrem Bett und erzählte ihr, wie Blom und er ihr Bein in ihrem Bett gefunden hatten und sofort ins Krankenhaus gefahren waren. Innerhalb von nur einer Stunde hatte man dort ein Operationsteam zusammengestellt und ihr das Bein wieder angenäht.

Dann kam Conny Landin, ihr Chef bei der NOA, der versprach, alles in seiner Macht Stehende zu tun, um den Täter zu finden. Die Amputation war von einem Profi, einem Chirurgen, durchgeführt worden. Auch Kent Döös von der Säpo kam für ein vertrauliches Gespräch, vor der Zimmertür Wachen in Anzügen. Ihre Schmerzen waren einfach übermächtig, sie erinnerte sich nur an Bruchstücke, es ging um eine neue Generation der Mafia, die deutliche Zeichen setzen wollte.

Sie fragte Sam bei seinem nächsten Besuch, ob sie das alles nur geträumt hatte. Er schüttelte den Kopf und zeigte ihr ein Standfoto aus der Filmaufnahme eines Verhörs. Darauf war ein Mann mit markanten Gesichtszügen, hohen Wangenknochen und einer R-förmigen Narbe auf der Wange zu sehen. Berger fragte sie, ob sie wach genug sei und verstehen könne, was er sagte. Sie tat so, als ob. Allem Anschein nach handelte es sich tatsächlich um eine neue Generation von Mafia, in diesem Fall die Organisation *Njord,* die Blom und er zu zerschlagen versuchten. Sie hatten Deer als Geisel genommen. Der alte Boss hatte ihr das rechte Bein abgetrennt, der neue das linke. Der alte Boss war tot, der neue verschwunden.

Sie starrte das Foto so lange an, bis sich das Gesicht in ihr Gehirn gebrannt hatte. Es wurde ihre treibende Kraft in der Reha. Ihr Wegweiser durchs Inferno. Und Deer bekam auch einen Namen.

Radoslav Blok.

Die folgenden Monate konzentrierte sie sich auf ihre Heilung. Sie rappelte sich wieder auf, fand zu ihrer alten Kraft zurück, kehrte in den aktiven Dienst zurück, entdeckte etwas, das niemand vor ihr gesehen hatte, wurde *suspendiert.*

Erst jetzt war sie wirklich wach. Und hörte das Schnarchen ihres Mannes Johnny neben sich. Fühlte sich sofort geborgen und heimisch. Wenigstens das.

Suspendiert.

Das klang wie ein Wort aus einem amerikanischen Polizeifilm. Aber für sie war es real. Sie hatten ihr die Dienstwaffe abgenommen. Und ihren Dienstausweis. Conny Landin hatte ihr nicht einmal in die Augen sehen können, nachdem ihr »illegales« Verhör des siebzehnjährigen Filip Brännlid abgebrochen worden war. Er hatte nur das Wort ausgesprochen. *Suspendiert.*

Deer starrte an die Decke. Die Schmerzen in ihren Beinen waren immer da, wie ein ununterbrochenes Summen, bei allem, was sie tat. Sie blinzelte, bis sie so wach war, dass sie aufstehen konnte, was bedeutete, dass sie auf die Schmerzen vorbereitet war. Sie setzte sich auf, zog sich den Morgenmantel an, nahm ihren Rechner und die Krücken und humpelte leise in den Flur. Ihr Blick fiel auf die Tür am Ende des Flurs, der zweite Hauseingang. Da sah sie im Augenwinkel eine Gestalt am Wohnzimmerfenster. Sie erstarrte. Bis zur vollkommenen Bewegungslosigkeit.

Ein paar entsetzlich lange Sekunden verstrichen. Die Gestalt stand reglos da, wie ein Geist. Die Gardinen bewegten sich im Mondlicht.

Dann drehte sich die Gestalt zu ihr um. Mit offenen, starrenden Augen. Ohne zu sehen.

Erst jetzt konnte sie sich aus ihrer Lähmung befreien. Die Ratio hatte sich eingeschaltet. Es war Lykke, ihre Tochter. Sie hatte wieder begonnen zu schlafwandeln.

Deer gelang es, auf Krücken und mit dem Rechner unterm

Arm, zu ihr zu laufen und ihre Tochter sanft in die richtige Richtung zu schieben. Endlich lag Lykke wieder im Bett, aber mit weit aufgerissenen, irren Augen. Wie zur Anklage.

Deer blieb in der Tür stehen, bis sich ihr Herzrasen wieder gelegt hatte, die Augen ihrer Tochter sich schlossen und sie in einen normalen Schlaf sank. Als sie ihre gleichmäßigen Atemzüge hörte, nahm sie ihre Krücken und machte sich auf den Weg zu einer anderen Tür.

Die in die Garage führte. Sie spürte die Kälte des Betonbodens unter den nackten Füßen, was sie freute; die Nerven in ihren Beinen funktionierten. Sie schaltete das Licht an, ging an dem Wagen vorbei und öffnete eine nächste Tür, die in eine weitere Garage führte, welche allerdings zu einem Arbeitszimmer umfunktioniert worden war. Seit einem Jahr hatte sie es nicht mehr betreten.

Als sie die Tür aufmachte, wirbelten Staubflusen auf und legten sich auf alles, was sich in dem kargen, fensterlosen Raum befand. An den Wänden und auf dem Whiteboard hingen müde die Fragmente längst vergessener Fälle. In dem indirekten Licht, das aus der Garage hineinfiel, sah sie das ganze Ausmaß der Verwahrlosung. Der Boden war übersät mit Papieren, der Staub auf dem Drucker hatte ein Eigenleben entwickelt, und der Schreibtisch war so unordentlich, dass es an Verantwortungslosigkeit grenzte.

Es fühlte sich an, als wäre sie zu Besuch in ihrem alten Leben. Ihrem zweibeinigen Leben.

Von den beiden Alternativen, in heillose Nostalgie zu versinken oder von einer Putzneurose gepackt zu werden, wählte sie – keine von beiden. Sie schaltete das Licht an, schloss die Tür hinter sich, ließ den Laptop auf den Schreibtisch fallen und sich selbst auf den Stuhl davor. Während sich die Staubwolke langsam senkte, klappte sie den Laptop auf und starrte in Radoslav Bloks Augen. Dann spielte sie die Aufzeichnung des Verhörs ab, tonlos.

Bei diesem Film handelte es sich um Material, das nicht in

ihre Hände hätten gelangen dürfen. Es hatte die höchste Geheimhaltungsstufe bei der Säpo bekommen, nachdem Blok im Anschluss an dieses Verhör aus dem Gewahrsam der Säpo hatte befreit werden und fliehen können. Sam Berger hatte ihr den Film besorgt. Er hatte das Verhör geleitet und saß auf der einen Seite des Tisches, Blok auf der anderen. Wie immer beobachtete sie sehr genau das Gesicht des Mannes, der für ihre Verstümmelung verantwortlich war.

Aus lauter Routine führte sie noch einmal die internationale Suche nach Radoslav Blok durch, was sie schon seit Monaten tat. Es gab jedoch nichts Neues, weder in Europa noch sonst irgendwo.

Allerdings schenkte sie der Suche nicht ihre volle Aufmerksamkeit. Zum ersten Mal, seit der zweite Akt ihres Lebens begonnen hatte, forderte etwas anderes ihre Konzentration. Sie öffnete den Ordner über den Axtmord, den sie – nicht ganz regelkonform – kopiert hatte.

Zwei ziemlich abschreckende Visagen tauchten auf dem Bildschirm auf. Stefan Lundberg und Rutger Brännlid. Beide hatte eine Verbindung zu den Hells Angels. Und beide starben innerhalb von einer Woche durch eine Axt im Schädel.

Der eine war von der Organisation verstoßen worden, der andere hatte dort Karriere gemacht. Beide wurden mit nagelneuen Äxten erschlagen. Warum?

Zwischen den Männern gab es in der Gegenwart keine nachweisbare Verbindung. Aber vielleicht in der Vergangenheit? Kannten sich der Junkie und der Finanzvorstand aus früheren Zeiten? Bevor Lundberg ausgeschlossen wurde? Im Strafregister gab es keine Anhaltspunkte, aber diese Geschichte musste mit der Vergangenheit zu tun haben. Einfach nur um offene Schulden konnte es da nicht gegangen sein, deshalb wären sie nicht umgebracht worden. Rache?

Deer war suspendiert. Ihr Zugang zum internen Netzwerk der Polizei war gesperrt worden. Wahrscheinlich würde es ihr gelingen, den alten Anschluss ihres Arbeitszimmers wieder zu aktivieren, inklusive des verschlüsselten Handys, aber bis dahin würde sie sich mit dem normalen Internetzugang begnügen müssen.

Die Frage war, ob sie mit Örjan Kontakt aufnehmen sollte. Er hatte sie ja sehenden Auges in die Suspendierung rennen lassen – und sich seither nicht mehr bei ihr gemeldet.

Lieber nicht, sie wusste nicht genau, wie sie ihn einschätzen sollte. Stattdessen las sie sich in Ruhe noch einmal alles zu diesem Fall durch. Lundberg und Brännlid hatten sich jeweils für einen der natürlichen Wege in die Unterwelt entschieden: Der eine führte über den gesellschaftlichen Abstieg, der andere über die Finanzwelt.

Deer streckte sich. Sie musste noch einmal von vorn anfangen. Bei null. Handelte es sich um denselben Täter? Ja, eindeutig. Alles, was bei dem ersten Mord zufällig und unüberlegt gewirkt hatte, bekam mit dem zweiten eine tiefere Bedeutung. Was sich am Anfang wie eine Strafarbeit und eine ehrlose Versetzung angefühlt hatte, entwickelte sich zu einem richtig spannenden Fall. Er hatte sie zwar ihren Job gekostet, aber wenigstens hatte sie – jetzt in der Suspendierung – eine Beschäftigung.

Wer war der Täter? Er war einfach in die Junkiebude im Storvreten gestiefelt und hatte vor vier Zeugen eine Axt in Stefan Lundbergs Kopf gerammt. Er hatte die Zeugen verschont, und dasselbe galt auch für das Hundemädchen bei dem Mord an Rutger Brännlid in Eskilstuna. Was wiederum die Äußerung seines Sohnes, dass sein Vater ihm das Leben gerettet habe, fraglich machte. Deer hatte nicht vor – und würde auch keine Gelegenheit dazu bekommen –, an Filips Überzeugung zu rütteln, aber es schien, als wäre der Täter sehr zielstrebig bei dem, was er tat. Nur warum?

Deer hatte noch ein paar neue Zeugenaussagen kopieren und auf einem USB-Stick in ihrem Schuh verstecken können, bevor die Wachen kamen und sie aus dem Polizeipräsidium eskortierten. Die Aussage des siebzehnjährigen Filip hatte sie für sich behalten, da sie nicht »juristisch einwandfrei« zustande gekommen war. Filip hatte erklärt, dass der Täter größer war als sein Vater, also über eins achtzig. Er hatte eine Mütze getragen und eine Tasche über der Schulter. Und eine seiner Hände hatte gezittert, unklar welche.

Auch die Befragung von Ebba Granlund durch Louise Jonsson hatte sie mitgenommen, obwohl diese wahrscheinlich wenig später durch das Verhör eines *befugten* Beamten wiederholt worden war. Ebba war neunzehn Jahre alt und wohnte ein paar Straßen weiter. Sie war mit ihrem Hund spazieren gegangen und hatte auf dem Grundstück der Brännlids die offene Garagentür gesehen. Außerdem meinte auch sie, eine Axt gesehen zu haben, die durch die Luft schwang. Dann hatte sie ein dumpfes Geräusch gehört, als wäre jemand zu Boden gefallen. Sekunden später kam ein schwarz gekleideter Mann mit einer Mütze auf dem Kopf und einer Tasche über der Schulter aus der Garage und lief die Straße hinunter. Da hatte Ebba selbst laut geschrien und einen zweiten Schrei aus der Garage gehört. Sie hatte sofort ihren Vater angerufen, der die Polizei alarmierte.

Louise Jonsson war zwar keine routinierte Vernehmungsleiterin, aber sie hatte ihr Bestes gegeben. Deer las das Protokoll der Befragung.

LJ: Haben Sie gesehen, wohin der Mann gerannt ist?
EG: Die Straße runter.
LJ: Wohnen Sie in die Richtung?
EG: Ich wohne so zehn Häuser weiter.
LJ: Haben Sie ein Auto gehört?
EG: Ich weiß nicht. Nein …
LJ: Sie wissen es nicht?
EG: Ich habe keine Ahnung. Ich habe geschrien und meinen Vater angerufen. Dann bin ich in die Garage gegangen … Boah, das war so eklig …

LJ: Versuchen Sie bitte zu vergessen, was Sie gesehen haben. Versuchen Sie sich zu erinnern, was Sie gehört haben.
EG: Vielleicht habe ich doch eine Art Motor gehört …
LJ: Aus welcher Richtung, Ebba?
Das Verhör wurde durch die NOA abgebrochen.

Deer dankte Louise Jonsson insgeheim. Sie musste so schnell wie möglich mit Ebba Granlunds Vater sprechen.

Zurück zum Junkiequartier. Zwei der vier Kumpels waren noch auf freiem Fuß, einer der beiden Inhaftierten war nach wie vor nicht ansprechbar, aber den vierten, Ola Grums, hatte die Hauptkommissarin Inga-Britt Stensson von der NOA verhört. Deer spulte das anfängliche Geplänkel vor und schaltete ein, als das eigentliche Verhör begann.

IBS: Sie haben ihn also gesehen?
OG: Das ging ja gar nicht anders.
IBS: Aber Sie haben wiederholt gesagt, Sie hätten nichts gesehen.
OG: Wir waren doch alle dicht.
IBS: Aber jetzt können Sie sich an etwas erinnern, Ola?
OG: Die Axt saß bumsfest in seinem Kopf. Wir sind da so schnell wie möglich raus. Aber Jussi hat nichts gerafft, der ist zu Steffe hin und hat noch Tschüss gesagt.
IBS: Erzählen Sie mir bitte, woran Sie sich erinnern. Von Anfang an, bitte.
OG: Der Typ kam rein, holte die Axt aus seiner Tasche und haute sie ihm in den Schädel, bevor wir was machen konnten. Der ist weggerannt, bevor Steffe zu Boden ging. Steffe stand da eine ganze Weile mit der Axt im Kopf. Sein Gehirn war wohl schon außer Betrieb.
IBS: Und wie sah dieser »Typ« aus?
OG: Echt jetzt? Ich habe fast nichts gesehen. Ziemlich groß, schwarze Klamotten, eine Mütze. Aber ich war so was von high und lag quer auf dem Sofa.

IBS: Aber Stefan ist aufgestanden, als er reinkam? Er hat offenbar schneller reagiert als Sie und die anderen?

OG: Wenn Sie das sagen …

IBS: Können Sie sich erklären, warum er schneller war?

OG: Manno, keine Ahnung, das war ja seine Wohnung. Vielleicht hatte er einen Anfall von – wie heißt das? – Pflichtbewusstsein, oder so?

IBS: Aber es war doch gar nicht seine Wohnung. Der Mieter ist eine Firma namens Abbadon AG, die allerdings in keinem Firmenverzeichnis auftaucht.

OG: Steffe hat immer gesagt, es ist seine …

IBS: Und in einem Anfall von Pflichtbewusstsein ist er also aufgesprungen, als ein fremder Mann in seine Wohnung kam?

OG: Ja, so in etwa. Vielleicht hat der auch was gesagt …

IBS: Steffe hat etwas gesagt?

OG: Ja, was ganz Komisches. Warte mal … Nein, ich kann mich nicht erinnern.

IBS: Doch, Ola, Sie können.

OG: »Wer von denen bist du?«

IBS: Wie bitte?

OG: Ja, das hat Steffe gesagt. »Wer von denen bist du?«

Deer spürte die Falte auf ihrer Stirn. Die Kollegin Inga-Britt Stensson war in ihren Augen immer die beamtenhafteste von allen gewesen. Aber diese Befragung hatte sie richtig gut hinbekommen. Ohne viel Gewese war es ihr gelungen, dem etwas schwerfälligen Ola Grums bei der Suche nach seinen zerfressenen Erinnerungen zu helfen. Außerdem hatte Deer so erfahren, dass die NOA mit der mysteriösen Firma Abbadon AG auch nicht viel weitergekommen war als sie. Es war eine nicht existente Aktiengesellschaft, die den Mietvertrag für die Wohnung unterschrieben hatte, die Stefan Lundberg offenbar als seine eigene ausgab.

Während die Sommernacht leuchtete, was Deer nicht sehen konnte, nahm in ihr langsam ein Plan Form an.

Im Moment deutete nichts darauf hin, dass Rutger Brännlid aus Eskilstuna seinen Mörder gekannt hatte, aber Stefan Lundberg hatte ihn definitiv erkannt, es wirkte sogar fast so, als hätte er ihn erwartet. Allerdings hatte Brännlid im Schlafanzug das Haus verlassen, um dort seinem Mörder zu begegnen, ehe er in seine Garage gedrängt wurde. So verhielt man sich nur bei Leuten, die man kannte. Wenn Ebba Granlunds Vater sich zum Zeitpunkt der Tat nur zehn Häuser entfernt aufgehalten hatte, könnte er unter Umständen gehört haben, ob in der Nähe ein Auto gestartet worden war.

Was Deer allerdings nicht mehr aus dem Kopf ging, war dieser eine Satz.

Wer von denen bist du?

20

Sonntag, 4. Juni

Der Sommer war förmlich explodiert, aber niemand im Bootshaus hatte es bemerkt. Was daran lag, dass den ganzen Tag niemand vor die Tür gegangen war oder auch nur aus dem Fenster gesehen hatte. Dasselbe galt für den vorherigen Tag.

Der Samstag hatte nur aus Berechnungen und Fehleinschätzungen bestanden. Samir war ein hektischer Arbeitstag dazwischengekommen, und ihre eigene Suche nach einem neuen Ansatz war gescheitert. Blom war es wenigstens gelungen, ein wenig Struktur in ihre topografischen Symmetrien zu bekommen, aber im Großen und Ganzen traten sie auf der Stelle. Erst jetzt ergab sich endlich etwas Neues.

Berger hatte eine große Karte vom Bezirk Stockholm organisiert und ans Whiteboard gehängt. Darauf waren zwei Routen eingetragen, die von zwei beziehungsweise drei Punkten ausgingen. Diese Punkte entsprachen den Orten, an denen die Radarfallen in der Nacht zum fünften März sowie zum fünften Mai den weißen Volvo registriert hatten. Berger zeichnete einen dritten Punkt auf der nördlichsten der beiden Routen ein und verschob diesen ein paar Dezimeter auf der Karte.

»Das hat gedauert«, sagte er, »aber Samir ist es gelungen, die Routen dieser Fahrzeuge in der ersten und in der dritten Nacht zu rekonstruieren. Die rote Strecke: Mord drei. Auf der E4 aus südlicher Richtung von Södertälje nach Mörkö sowie zwei weitere Ergebnisse in derselben Nacht nördlich davon. Und hier die blaue Strecke: Mord eins. Auf der E18 nach Süden in Richtung Barkarby, mit einem früheren Treffer nördlich und einem neuen hier, im Süden, bei Norrtull. Das passt alles nicht richtig zusammen.«

»Vor allem nützt es uns gerade nichts«, sagte Blom. »Wir haben nur noch heute, dann ist es zu spät.«

»Samir gibt sein Bestes.« Berger ging in die Defensive. »Es ist unerwartet kompliziert, die …«

»Wir müssen eine andere Methode finden«, unterbrach ihn Blom und starrte an die Zimmerdecke, wo in einer Ecke Spinnweben hingen. Plötzlich schnappte sich die bis dahin unsichtbare Spinne eine Fliege und war sofort wieder verschwunden. Es ging alles so schnell, dass Blom sich fragte, ob sie sich alles nur eingebildet hatte.

Sie jagten einen Mann, der aus unerklärlichen Gründen an jedem Fünften eines Monats einen nicht identifizierbaren Menschen ermordete und die Leichen an Stränden ablegte, die alle ähnliche Parameter erfüllten. Er tötete sie an einem anderen Ort – aller Wahrscheinlichkeit nach an immer demselben – und transportierte sie dann in einem Wagen und einem Schlauchboot an den jeweiligen Fundort. Es sprach einiges dafür, dass er immer denselben Wagen verwendete und lediglich die Kennzeichen austauschte. Leider wurde es immer unwahrscheinlicher, diesen Wagen zu finden.

Sie brauchten eine andere Methode. Blom hatte das Gefühl, etwas übersehen zu haben. So wie sie die Spinne nicht gleich gesehen hatte.

Es dauerte einen Moment, als würde sie zunächst im Wasser auf der Stelle treten, bevor sie mit den ersten Schwimmzügen vorankam.

Die Fotos. Die Aufnahmen der Kriminaltechniker vor Ort. Und die älteren Fotos von den Fundorten, die sie aus dem

Internet zusammengetragen hatte. Sie hatte die Bilder schon ein paarmal miteinander verglichen, ohne Ergebnis. Auf der anderen Seite bestand immer das Risiko, etwas zu übersehen. Lieber einmal zu viel als zu wenig.

Sie öffnete die Datei und klickte auf die entsprechenden Fotos. Die von Färingsö eigneten sich am besten, es gab ein paar ziemlich gute Bilder von dem Strandstreifen, aus unterschiedlichen Winkeln und Jahren. Blom öffnete Robins Aufnahmen desselben Küstenabschnitts, allerdings war auf diesen noch das erste, von Messerstichen übersäte Opfer zu sehen. Ein weiteres Mal schaute sie sich das Material an, jetzt jedoch mit neuer Sorgfalt. Zwei der Fotos waren aus einer ähnlichen Perspektive aufgenommen worden, in einem Abstand von etwa anderthalb Jahren.

Sie ordnete die Bilder nebeneinander auf dem Desktop an und konzentrierte sich. Die Aufnahme war vom Ufer aus gemacht worden und zeigte den Waldrand. Es war ein Foto aus dem Herbst und eins vom Winter. Die Ausschnitte waren nicht identisch, man konnte sehen, dass einige der Büsche gewachsen waren. Die Baumstämme waren nahezu deckungsgleich – mit einer kleinen Ausnahme. In zweieinhalb Metern Höhe etwa entdeckte Blom etwas an einem der Bäume. Es sah aus wie ein Nistkasten für Vögel. Auf dem älteren Foto war er nicht zu sehen.

In dem forensischen Gutachten, das Robin ihr geschickt hatte, stand nichts über diesen Nistkasten. Aber er hing da. Und er sah neu aus.

Diese Beobachtung war an und für sich nicht weiter bemerkenswert – die Tierfreunde von Färingsö hätten anderthalb Jahre Zeit gehabt, einen Nistkasten anzubringen. *So what?*

Bisher gab es keine eindeutigen Anzeichen dafür, dass der Mörder mit ihnen kommunizieren wollte. Aber die Tatsache, dass die Muster seines Vorgehens immer sichtbarer zutage traten, machte es auch immer wahrscheinlicher, dass er gesehen und bewundert werden *wollte*. Allerdings stellte er dafür die Bedingungen …

»Wir machen einen kleinen Ausflug«, sagte sie.

»Habe ich den Satz nicht schon einmal gehört?«, fragte Berger und hob unwillig den Blick von seiner Karte.

*

Es war Sonntagnachmittag, der Verkehr war gemäßigt, ohne den üblichen Riesenstau vom Brommaplan nach Ekerö. Als sie Richtung Färingsö abbogen, wurde es sogar noch ruhiger auf den Straßen. Sie fuhren mit GPS, das sie in den Norden der zweitgrößten Binneninsel Schwedens lotste. Nachdem sie einige geografische Herausforderungen gemeistert hatten, fanden sie einen Parkplatz und kämpften sich durch ein Waldstück, das der Mörder mit großer Sicherheit niemals betreten hatte, da er seine Leiche vermutlich von der anderen Landseite aus, vom Sandviks Gård in Järfälla, mit dem Schlauchboot übers Wasser transportiert hatte. Blom lief vor bis zum Strand, dann drehte sie sich um und sah zurück zum Wald, durch den sie gerade gestolpert waren.

Sie nickte und lief erneut los, Berger folgte ihr. Vor einem der Bäume blieb sie stehen und legte den Kopf in den Nacken. Auch Berger sah den unscheinbaren Nistkasten. Er war zu weit oben angebracht, als dass er ihn hätte berühren können.

»Das ist doch nur ein Brutkasten«, sagte er und zuckte mit den Schultern.

»Ja«, sagte Blom. »Aber er wurde im vergangenen Jahr aufgehängt und nicht von den Kriminaltechnikern untersucht. Außerdem sieht er ziemlich neu aus.«

Während Blom sich ein paar Einweghandschuhe überstreifte, ging Berger in die Hocke. Es dauerte eine Zehntelsekunde, bevor Blom schaltete und sich auf seine Schultern schwang. Es knackte besorgniserregend, als Berger aufstand.

Blom konnte nicht in den Kasten hineinsehen, ihr gelang

es aber, ihn von seiner Aufhängung zu lösen. Berger ging wieder in die Knie, und Blom sprang von ihrem Fahrstuhl ab. Vorsichtig löste sie den Deckel des Kastens. Sie starrte auf die Überreste in der Holzkiste, die aus Eierschalenresten und Vogelkot bestanden. Aber ganz unten lag noch etwas anderes ...

Blom nahm ein kleines Plastikröhrchen mit einem blauen Deckel heraus. Das Röhrchen war zu verschmutzt, um seinen Inhalt sehen zu können. Sie schraubte den Deckel ab und ließ den Gegenstand in ihre Hand fallen.

Es war ein USB-Stick.

Das war ein Moment der Schöpfung. Der Mörder materialisierte sich, bekam einen Körper, wurde wirklich.

Null oder eins?, hatte die Frage gelautet. Jetzt hatten sie endlich eine Antwort bekommen, die nicht Teil eines Rollenspiels war. Deer hatte es sich *nicht* eingebildet.

Null ist gleich eins.

»Ich glaube es nicht«, sagte Berger.

»Es ist nicht ganz unmöglich, dass er selbst den Nistkasten angebracht hat. Wie groß müsste er sein, um dort heranzukommen?«

Berger sah am Baumstamm hoch.

»Mindestens eins fünfundneunzig, würde ich schätzen.«

Blom nickte und holte ihren Laptop aus dem Rucksack. Sie setzte sich auf einen der Felsen und steckte den USB-Stick in den Port.

Sie fanden nur eine einzige Datei, ein Video. Berger und Blom sahen sich an. Dann drückte Blom auf Play.

Es war eine Autofahrt. Kein Ton, keine Details aus dem Autoinneren, keine Spiegelungen in der Windschutzscheibe. Man sah nur eine Straße. Der Film bestand aus einer Serie von jeweils fünfsekündigen Clips.

»War das da eben ein Straßenschild?« Berger zeigte auf den Bildschirm.

Blom wedelte seine Frage weg und ließ den Film weiterlaufen. Der Wagen bog von der größeren Straße auf einen kleinen Waldweg ab. Im nächsten Clip stand der Wagen am Straßenrand geparkt. Die Kamera fuhr durch ein Waldstück und erreichte einen Strand mit flachen Felsen, die aus dem Wasser ragten, und einem Waldrand auf der anderen Seite. Damit endete der Film.

»Das hat uns bisher gefehlt«, sagte Blom. »Die Kommunikation.«

»Aber was will er uns damit sagen?«, fragte Berger. »Wo wurde der Film aufgenommen? Nicht hier auf Färingsö, oder? Obwohl die Gegend im Film ähnlich aussieht …«

»Nein, das sieht nicht aus wie hier. Außerdem würde das auch keinen Sinn machen. Nein, er will uns etwas anderes mitteilen.«

»Kannst du noch mal zurück zu diesem Straßenschild?«, bat Berger.

Blom fand die Stelle. Das Schild glitt vorbei, ein winziges Fragment in einem der Clips. Sie benötigte ein paar Versuche, bis sie den Film an der entscheidenden Stelle anhalten konnte, bevor das Schild wieder verschwand. Jetzt war es lesbar.

Bagghus stand darauf. Eine schnelle Google-Abfrage ergab, dass es nur ein einziges Bagghus in Schweden gab, und das lag auf Väddö, an der Straße, die in Richtung Süden nach Börkö führte. Nördlich von Norrtälje.

»Jetzt wissen wir auch, was er uns mitteilen will«, sagte Berger.

»Er sagt uns, wo wir die nächste Leiche finden werden«, nickte Blom.

Sie saßen eine Weile schweigend am Wasser, mussten die neue Erkenntnis verarbeiten.

»Mutig«, sagte Berger dann. »Oder übermütig. Einen Monat vorher informiert er die Polizei, wo die nächste Leiche zu finden sein wird. Wenn die Kriminaltechniker den Brutkasten beschlagnahmt hätten, wäre sein Risiko, entdeckt zu werden, um ein Vielfaches gestiegen.«

»Das zeigt ihn in einem ganz neuen Licht«, sagte Blom. »Er ist viel waghalsiger, als wir gedacht haben. Und ganz schön überheblich, weil er davon ausgeht, dass die Forensiker einen so unscheinbaren Nistkasten nicht weiter beachten würden.«

Wie von einem kalten Windhauch schauderten sie beide gleichzeitig.

»Okay«, sagte Berger. »Gibt es einen Anhaltspunkt für den nächsten Mord? Für den nächsten Fundort? *Für heute Nacht?*«

»Ja, vielleicht wenn wir von hier, von Färingsö aus, einen Zeitsprung von zwei Monaten machen. Nach Mörkö.«

»Wir müssen da hin«, sagte Berger.

»Und zwar sofort«, erwiderte Blom.

Der Mörder war auf dem Weg, Gestalt anzunehmen.

Null ist gleich eins.

21

Sonntag, 4. Juni

Der junge Mann steht vor dem Panoramafenster. Er ist schwarz gekleidet, hat die Hände auf dem Rücken verschränkt, sein Blick wandert in die Ferne. Er hat keine Augen für die schier unendliche Dämmerung, welche die Bucht in ein tiefes Orange taucht. Er ist mit seinen Gedanken woanders.

In der Vergangenheit. In ferner Vergangenheit. Ein schwedischer Sommerabend, auf dem Weg in die Nacht. Ein Tag auf dem Weg zum Fünften des Monats. Er ist noch ein Kind. Es wurde ihm alles erklärt. Es wird sehr wehtun. Aber es wird es wert sein.

Er glaubte nicht daran, keine Sekunde lang.

Er sieht sich auf einem der Plastikstühle sitzen, dort unten am Strand, und fragt sich, ob die Felsen, die aus dem Wasser ragen, damals auch kleiner waren? Schreitet die Landhebung tatsächlich so schnell voran?

Er kehrt zurück aus der Vergangenheit. Wird zurückkatapultiert. Er darf dort nicht verweilen, das geht nicht. Er schüttelt sich, holt die Gegenwart zurück und sieht, dass es schon dämmert.

Die Dämmerung im Juni bricht erst spät herein. Es ist schon bald der Fünfte.

Alles ist vorbereitet.

Alles ist vollzogen.

Alles, außer der Handlung selbst. Alles außer … dem Ort.

Eine Weile steht er am Fenster und saugt das Licht der Dämmerung in sich ein. Sieht, wie der Tag zur Ruhe kommt. So wie er auch. Endlich.

Wenn alles erledigt ist.

Wenn die Ordnung wiederhergestellt ist.

Wenn die Vergangenheit nicht mehr verrottet riecht.

Wenn das Papier wieder weiß ist.

Dann wird er zur Ruhe kommen.

Erst dann.

Der junge Mann dreht sich zu den Seiten um, die an der Wand hängen. Das Licht ist fast zu schwach, um die Zeilen lesen zu können. Aber er braucht kein Licht. Die aufdringliche, überhebliche Stimme erklingt in seinem Kopf. Die unverrückbare Überzeugung von der eigenen Überlegenheit umhüllt ihn, ihm dreht sich der Magen um. Er liest die Aufzeichnungen, er kann sie auswendig, folgt den Zeilen an der Wand.

»Es ist keine Frage von Quantität – wer will schon einhundertzwanzig Jahre alt werden, wenn er die letzten vierzig damit beschäftigt ist, die eigenen Schmerzen behandeln zu lassen? Es geht um Qualität. Wir können uns erneuern. Wir können uns sukzessive erneuern. Alles in uns ist austauschbar. Wir stehen am Anfang einer grandiosen Entwicklung, einer postevolutionären Evolution. Die Natur ist nicht mehr unsere Grundlage, sie gehört der Vergangenheit an; wir müssen die Natur überwinden, um voranzukommen. Die Menschheit hat es weit gebracht – unglaublich weit, bedenkt man unseren Anfang als jämmerliche Kreaturen in der Savanne –, aber die Natur schränkt uns nach wie vor ein. Wir haben den Höhepunkt erreicht, und doch sind wir nach wie vor gezwungen zu sterben. Wir tun es wider besseres Wissen. Wir sterben wider besseres Wissen. Es gibt so viele Wege, die uns offenstehen. Wenn wir mit achtzig sterben, wie bisher, dann beruht das lediglich auf Unkenntnis – dann hat man es vielleicht nicht verdient, länger zu leben.«

Der junge Mann hat keine Lust mehr. Wie so oft. Es ermüdet ihn, und er kehrt dennoch zurück. Immer und immer wieder. Das ist sein Alltag. Aber nicht heute. Nicht heute Nacht. Heute Nacht hat er etwas anderes vor. Heute Nacht ist *die Nacht*, die vorletzte der fünf Nächte, und es wird immer schwieriger und schwieriger. Es *soll* schwieriger und schwieriger werden. Die Herausforderung soll größer und größer werden und das Risiko höher und höher.

Und trotzdem. Heute Nacht ist es anders.

Er hat eine Fährte gelegt, will Widerstand, aber niemand scheint anzubeißen. Es gibt keine Hinweise darauf, dass die Polizei ihm auf den Fersen ist. Vielleicht weil er zu anspruchsvoll ist, vielleicht sind ihre unterentwickelten Methoden zu grob, um ihn zu entdecken. Vielleicht wurden die Ermittlungen auch längst eingestellt. Hoffentlich nicht.

Wenn sie ihm auf die Spur gekommen sind, dann wird es eine ganz besondere Nacht. Er hofft inständig, dass die Kameras alle funktionstüchtig sind.

Es wäre so schade, wenn alles umsonst wäre. Jetzt beginnt der Schlussakt. Einen ganzen Monat lang bis zum großen Finale am fünften Juli.

Mitten im schwedischen Sommer.

Die Nacht war besonders hell damals, als er auf dem Plastikstuhl am Strand saß und sich die anderen um ihn versammelten. Er spürte den Blick seines viel empfindsameren Bruders, spürte den Hass in sich aufsteigen.

Der junge Mann muss dringend an die frische Luft. Meeresluft. Sauerstoff.

Er öffnet die Tür. Draußen riecht es nach Sommer. Vor ihm die karge Landschaft, Felsen, Büsche, Gras und Moose, umgeben von dem elektrischen Zaun, der sich bis hinunter zum Wasser erstreckt. Auch die zerfallenden Nebengebäude sind sorgfältig eingezäunt. Er geht mit festem Schritt auf ein garagenähnliches Gebäude zu, ein ausgebauter Carport. Zwei Autos sind darin untergestellt. Ein silberner Audi A6 und ein weißer Volvo V70 mit einer kleinen Delle am linken Scheinwerfer.

Er öffnet den Kofferraum des Volvos und kontrolliert die fast quadratische Tasche der Marke Lyfko, die elektrische Pumpe desselben Herstellers und den kleinen Außenbordmotor der Marke Torqeedo. Dabei weiß er genau, dass alles bereit ist. Auch die neuen Kennzeichen, die er längst angebracht hat.

Langsam läuft er über das ansonsten leere Grundstück zurück zum Haus. Verweilt einen Augenblick am Strand, seinem Privatabschnitt, und sieht zum Himmel. Die Dämmerung ist nicht mehr das Einzige, was den Himmel verdunkelt. Auch die Wolken sind dunkler geworden, es sieht nach Regen aus. Sie hüllen die Dämmerung in ihr schwarzes Gewand.

Wird jemand verstehen, was er getan hat?

Interessiert ihn das überhaupt?

Doch, das tut es natürlich, ein bisschen zumindest. Er will gesehen werden, will Bestätigung, vielleicht endlich verstanden werden, ganz anders als in der Sekte. Aber das ist zweitrangig. Es geht darum, die Dinge klarzustellen. Indem er in dem größten Chaos, das wir Menschen haben, Strukturen und Symmetrien erzeugt: im Leben.

Endlich ist er erwachsen genug, um die Vergangenheit in Ordnung zu bringen. Die kommende Nacht wird zweifellos eine Herausforderung. Es wird nicht einmal richtig Nacht werden.

Der junge Mann lächelt. Dann kehrt er ins Haus zurück. Er muss noch eine Sache erledigen, bevor er aufbricht. Er muss bis zum Fünften warten.

Dann wird ein Mensch sterben müssen.

22

Sonntag, 4. Juni

Sie fuhren mit Bergers Dienstwagen. Je später es wurde, desto weniger Verkehr war auf der E4. Sie hatten nicht mehr viel Zeit. In ein paar Stunden begann der fünfte Juni, und dann würden sie den nächsten Toten an einem verlassenen Strand finden.

Blom saß auf dem Beifahrersitz, den Laptop auf dem Schoß.

»Ich finde keine Fotos von Mörkö«, sagte sie.

»Deine These ist also, dass er an allen drei Fundorten Nistkästen angebracht hat?«

»Eher nicht«, erwiderte Blom. »Das hätten Robin und seine Leute doch bemerkt. Aber vielleicht etwas anderes. Etwas Unauffälliges, in das ein USB-Stick hineinpasst.«

»Er muss den Hinweis auch nicht zwingend in der Mordnacht platziert haben. Wir gehen doch davon aus, dass er den Ort vorher sondiert hat. Er kann den Brutkasten schon früher aufgehängt haben.«

»Dann müsste er nicht zwingend eins fünfundneunzig sein …«

»Ansonsten hätte er ziemlich viel Gepäck in seinem Schlauchboot transportieren müssen«, stimmte Berger zu. »Ich stelle es mir so vor: eine Nacht Anfang März. Beißender, eiskalter Wind. Eine Schlauchbootfahrt über offenes Wasser von Järfälla rüber nach Färingsö. Was er alles dabei hat: eine Leiche, ein Schlauchboot, einen Außenbordmotor, eine Pumpe und einen Besen oder etwas Ähnliches, um die Spuren im Sand zu verwischen. Und dann noch den Nistkasten mit einem USB-Stick. Dazu eine Art Leiter und Hammer und Nagel.«

»Also wahrscheinlich wirklich alles schon im Voraus angebracht«, stellte Blom fest. »Was wiederum die These stärkt, dass wir es hier mit einem sehr gut organisierten Täter zu tun haben.«

Bei Södertälje dünnte der Verkehr zunächst noch weiter aus, nahm aber in Richtung Järna wieder so zu, dass sie ein paar Kilometer bis zu der Abfahrt 141 im Stau standen, die sie nehmen wollten, um dann über die Brücke nach Mörkö zu fahren. Diese Route hatte vermutlich auch der weiße Volvo gewählt, um in das Naturreservat Yttereneby zu gelangen.

Berger schlug mit der flachen Hand aufs Lenkrad, um einen größeren Wutausbruch zu unterdrücken. Es ließ sich sowieso nicht ändern. Wenigstens würde es lange hell bleiben. Dass der Himmel dennoch dunkel war, lag eher an den Wolken als an der Uhrzeit.

Sie verharrten in dem überdimensionierten Sonntagsstau und warteten. Sollte tatsächlich so etwas Banales wie ein Wochenendstau den Mörder entwischen lassen? Nachdem sie schon so weit gekommen waren?

Aber dann löste sich die Autoschlange auf, der unergründlichen Logik von Staus folgend, und sie erreichten langsam, aber sicher Järna. Als die Abfahrt wie eine Fata Morgana am Horizont auftauchte, stockte der Verkehr erneut. Berger entschied sich kurzerhand, den Standstreifen zu nutzen, und fuhr hupend an der Schlange vorbei.

»Hupen? Echt jetzt?«, fragte Blom.

»Damit sie nicht hören, wie meine Tür an ihrer vorbeischrammt«, sagte Berger grinsend. »Verdammte Hacke.«

Auch die Landstraße, die zur Brücke nach Mörkö führte,

war befahrener als sonst, aber im Vergleich zur Autobahn war das hier ein Spaziergang. Berger gelangen ein paar waghalsige Überholmanöver, dann erreichten sie die Brücke. Sie rasten die nicht befestigte Straße nach Norden entlang und bogen schließlich in einen Weg, den man eher als Trampelpfad bezeichnen musste. Auch dieser wurde immer schmaler, und der dunkelgrüne Wald kam näher. Am Ende des Weges hielten sie an. Das musste die Stelle sein, an der Deer vor einem Monat vom Taxifahrer abgesetzt worden war, um sich dann auf ihren Krücken durch den Wald zu schleppen.

Berger und Blom nahmen denselben Weg, wobei sie eher rannten als stolperten. Der Sand war das weitaus größte Hindernis. Mit schweren Schritten lief Blom vor bis zum Wasser. Berger sah über den Sund und meinte auf der anderen Seite das Haus von Ulla Millrud zu sehen. Ohne sie hätten sie niemals hergefunden.

Blom lief mit dem aufgeklappten Laptop am Strand auf und ab. Sie verglich Ansichten aus den verschiedensten Perspektiven, auf der Suche nach toten Winkeln und verborgenen Behältnissen. Aber sie fand nichts. Berger schloss sich ihr an, versuchte, *ihre* toten Winkel zu finden. Aber sie entdeckten nichts an diesem Strand, was von Menschenhand dort angebracht worden war.

»Vielleicht hat er es sich anders überlegt und das Ding wieder entfernt?«, sagte Berger. »Oder es nachträglich umgesetzt.«

»Es muss hier irgendwo sein«, beharrte Blom. »Such weiter.«

Die Zeit verstrich mit Riesenschritten. Der Wald war ungewöhnlich dicht bewachsen, die zunehmende Dunkelheit wurde durch die schwere graue Wolkendecke noch verstärkt. Blom konzentrierte sich auf den Wald, der an die Stelle mit dem Nistkasten auf Färingsö erinnerte. Sie holte ihre Taschenlampe hervor, ohne genau zu wissen, wonach sie suchte. Sie würde es wissen, sobald sie es fand.

Berger kümmerte sich derweil um die Peripherie. Er kletterte über einen Felsen, fand eine leere PET-Flasche und scannte die Umgebung. Nichts. Es wurde schlagartig dunkel. Er sah den Strahl von Bloms Taschenlampe durch den Wald zucken und schaltete seine ebenfalls ein.

Es zuckten nun zwei Lichtkegel wie Anglerfische in der Tiefsee durch den dunklen Wald. Die Zeit verlor ihre Gestalt. Etliche vielversprechende Entdeckungen mussten wieder verworfen werden, sie fanden sogar eine alte Süßigkeitentüte mit einem Stöckchen darin, das einem USB-Stick sehr ähnlich sah.

Nachdem Blom ihren Finger tief in einen alten, vergammelten Badeschwamm gesteckt hatte, schleuderte sie ihn angeekelt weg. Berger hatte schon den Weg zurück zum Wagen eingeschlagen und hob etwas vom Boden auf. Es war eine Art Gummifuß, der für einen Stock oder so gedacht war. Ihm fiel auch das Wort dafür wieder ein: eine Rohrkapsel. Er hockte sich hin und untersuchte das Ding. Aber die Rohrkapsel war leer. Er fluchte laut und warf sie weg. Mit der Hand stützte er sich beim Aufstehen am Baumstamm ab. Trotz der Einweghandschuhe, die er trug, spürte er die glatte und etwas schleimige Oberfläche und leuchtete mit der Taschenlampe darauf. Es war eine quadratische Erhebung, die mit Moos bewachsen war. Vorsichtig kratzte er das Moos ab. Etwas Weißes tauchte darunter auf. Es sah aus wie eine … alte Anschlussdose. Hier war irgendwann eine Stromleitung verlegt worden.

Oder eben nicht.

Neugierig kratzte er das Moos weiter ab und entdeckte eine kleine Schraube. Mit einem Schlüssel öffnete er den Deckel der Anschlussdose und konnte einen Aufschrei gerade noch unterdrücken.

Die dunkelsten Wolken hatten sich mittlerweile wieder verzogen. Blom stand unten am Wasser, als Berger aus dem Wald auf sie zugestürmt kam. Er hielt etwas in die Luft.

Ein kleines Plastikröhrchen mit einem blauen Verschluss.

Blom ballte die Hand zur Faust, setzte sich in den Schneidersitz und klappte ihren Laptop auf. Berger kniete sich neben sie. Eine fast absolute Stille hatte sich über die Bucht gesenkt, während die Dämmerung noch nicht angebrochen war. Windstille, Stille – die Ruhe vor dem Sturm.

Blom steckte den USB-Stick in den Laptop. Wie beim letzten Mal befand sich nur eine einzige Datei darauf. Ein Video.

Auch dieses Mal waren es Aufnahmen einer Autofahrt. Fünfsekündige Sequenzen einer zunächst unbekannten Strecke. Aber die Clips waren nicht in chronologischer Reihenfolge aneinandergeschnitten. Die eine Hälfte der Aufnahmen zeigte einen eher viel befahrenen innerstädtischen Straßenabschnitt, die andere einen ländlichen, mit Schlaglöchern. Sie mussten den Film ein zweites Mal abspielen, um ein paar Schilder entdecken zu können.

»Steht da Raksta?«, fragte Berger.

»Ich glaube, ja. Und das andere? War das Spraggarboda?«

»Ich muss leider sagen, dass mir das nicht besonders viel sagt ...«

Bloms Finger tanzten über die Tastatur.

»Das sind zwei verschiedene Orte«, erklärte sie.

»Roslagskusten und was noch? Tyresö?«

»Offensichtlich. Aber das ist noch viel zu ungenau. Die infrage kommenden Küstenabschnitte sind in beiden Fällen viel zu lang. Auch wenn wir nur einen zur Auswahl hätten, wären wir chancenlos.«

»Aber warum gibt er uns zwei Stellen?«, hakte Berger nach. »Geht es um zwei Leichen? Um zwei Mörder? Mehrere? Ist das hier erst der Anfang von einer viel größeren Scheiße?«

Blom kratzte sich wütend am Kopf.

»Ich habe nicht den blassesten Schimmer«, fluchte sie.

Noch hatten sie ein paar Stunden Zeit, bevor der fünfte Juni anbrach.

23

Sonntag, 4. Juni

Berger starrte auf die Karte des Großraums Stockholm. Es war dunkel im Bootshaus, er konnte kaum etwas erkennen. Der Himmel hatte sich zugezogen, aber das Unwetter zögerte noch – als wollte der Sturm den fünften Juni abwarten. Und bis dahin war nicht mehr viel Zeit.

Er schaltete die Deckenbeleuchtung ein und konzentrierte sich auf die beiden roten Kreuze, die er gerade mit einem roten Filzstift in die Karte eingetragen hatte. Sie waren nicht nur ziemlich weit voneinander entfernt, sondern auch von den anderen Punkten. Zudem lagen beide an lang gestreckten, inselreichen Küstenstreifen.

»Sowohl bei Raksta als auch bei Spraggarboda können wir sehen, welche Route der Wagen nimmt«, sagte Berger. »Aber der Film endet, bevor er den Strand erreicht. Deshalb können wir unmöglich sagen, wo er seine Leiche – oder Leichen – hinbringen wird. Wir haben die Region, Roslagskusten und Tyresö, aber wie sollen wir den Ort weiter eingrenzen? Müssen wir jetzt aufgeben?«

Blom war an ihrem Rechner beschäftigt. Ihr blondes Haar bildete eine elektrische Aura, als wäre sie direkt mit dem Computer verbunden.

»Da ist aber was …«, murmelte sie.

»Wir werden auf keinen Fall den Mord verhindern können«, sagte Berger.

»Aber wir können ihn *kriegen*«, sagte Blom und stand auf. Ohne zu zögern, trat sie vor die Karte, nahm sich einen Stift und zog einen blauen Strich. Einmal diagonal über den gesamten Bezirk.

»Was machst du da …«, fragte Berger verdutzt.

»Die Strecke von Norrtälje nach Södertälje«, sagte Blom. »Oder genauer gesagt von Björkö im Nordosten nach Mörkö im Südwesten, das sind hundertzwanzig Kilometer.«

Sie zeichnete zwei große Kreise um die Punkte, die Berger gerade eingetragen hatte.

»Wenn wir dem Film Glauben schenken, sind das die beiden Fundorte für heute Nacht, stimmt's? Aber die Fläche innerhalb dieser Kreise ist viel zu groß. Wenn wir allerdings davon ausgehen, dass wir es mit einem sehr pedantischen Mörder zu tun haben, dann können wir sie noch einmal eingrenzen. Je länger ich mich mit ihm beschäftige, desto deutlicher wird seine Vorliebe für Symmetrien.«

»Du hast von Anfang an gesagt, dass du eine topografische Symmetrie für wahrscheinlich hältst. Aber haben wir genug in der Hand für so eine Schlussfolgerung?«

Blom verzog das Gesicht, ihre Haare hatten sich noch nicht wieder beruhigt.

»Lass uns das mit dem Rollenspiel noch einmal versuchen«, schlug sie vor und zeichnete ein weiteres Kreuz auf die Karte.

»Färingsö war unser erster Fundort. Dieser Strich ist die Strecke zwischen den beiden ersten Stellen. Wenn wir den dritten Fundort noch hinzunehmen, haben wir eine Strecke und einen Punkt. Welche geometrische Form wäre am logischsten?«

»Keine Ahnung«, rief Berger gereizt. »Ein Dreieck? Ein Kreuz?«

»Das Dreieck habe ich als Erstes ausprobiert. Aber dabei kam nichts raus. Zumindest nicht, wenn wir davon ausgehen, dass die Figur noch nicht fertig gezeichnet ist und es also noch einen vierten Punkt geben wird. Ein rechtwinkliges Kreuz ergibt da viel mehr Sinn. So haben wir automatisch den Ort des vierten Punktes.«

Sie zeichnete im rechten Winkel zu der Strecke Björkö-Mörkö einen Strich, der von Färingsö an die Küste führte. Es entstand ein Kreuz, das auf dem Kopf stand und diagonal auf der Karte lag.

»Wir landen *hier«*, sagte sie. »In Brevik, Tyresö. Da gibt es auch einen Küstenabschnitt, der in unser Profil passt.«

»Und die Gegend befindet sich innerhalb des südlichen roten Kreises.« Berger nickte. »Wie genau könnte man das eingrenzen?«

»Natürlich gibt es Fehlerquellen, aber die führen nicht zu mehr als ein paar Hundert Metern Abweichung. Mit einem Rechner kann man das noch genauer bestimmen. Es müsste möglich sein, sich so zu positionieren, dass man ein Schlauchboot sehen würde.«

»Fuck. Wollen wir das machen? Alles auf Brevik setzen und den anderen Hinweis sausen lassen?«

»Das wäre am einfachsten. Aber wir können auch noch ein paar Minuten opfern, um diesen Gedanken zu Ende zu denken. Was genau haben wir hier? Ein Kreuz, das auf dem Kopf steht und schräg auf der Karte liegt.«

»Ist das eine Art Teufelssymbol?«

»Möglich, aber es wird noch interessanter, wenn wir das hier machen.«

Blom nahm den Stift und zeichnete eine Linie von den Außenkanten des kurzen Kreuzbalkens – Färingsö und Brevik – hinunter zu dem südlichsten Punkt des Kreuzes: Mörkö. Dadurch entstand ein Pfeil, dessen Spitze nach Südwesten zeigte.

»Interessant, ja«, sagte Berger. »Aber ich verstehe nicht, was …«

Blom musterte das geometrische Gebilde, das von einem Kreuz zum Pfeil mutiert war. Dann stellte sie sich auf die

Zehen und setzte ihren blauen Filzstift am nördlichsten Punkt an – Björkö. Von dort zog sie einen Strich ins Landesinnere, wendete abrupt und malte eine lange Gerade in die Inselwelt der Schären, wobei sie die lange Verbindung von Südwesten nach Nordosten einzeichnete. Ihr Weg endete mit einem letzten Strich zurück nach Björkö.

Jetzt war auf der Karte noch eine zweite Pfeilspitze zu sehen, die nach Nordosten zeigte. Und die östlichen Spitzen der Pfeile befanden sich beide innerhalb der roten Kreise.

»*Shit,* ich glaube es ja nicht«, stöhnte Berger.

»Das hier«, sagte Blom und zeigte auf den oberen Kreis, »ist Blidö.«

Berger konnte sich nicht von dem doppelten Pfeil auf der Karte losreißen.

»Verdammt noch mal. Ein Doppelpfeil? Nennt man das so?«

»Ein Pfeil mit zwei Spitzen, der einmal quer über dem Großraum Stockholm liegt. Das Symbol steht für einen reversiblen Prozess – oder, wenn man es metaphysischer ausdrücken will, für Gleichgewicht. Dass etwas wieder ausgeglichen wird.«

»Meinst du … Rache?«

»Auf jeden Fall geht es um eine Abrechnung. Etwas muss wieder ins Gleichgewicht gebracht werden.«

»Oder es ist ein reversibler Prozess«, sagte Berger. »Als würdest du etwas ehemals Flüssiges, das eingefroren wurde, wieder auftauen.«

Sie sahen sich an. Es war, als hätten sie gerade Tuchfühlung mit dem Mörder aufgenommen.

»Wir müssen uns aufteilen«, sagte Berger.

Blom nickte, legte den Filzstift weg und setzte sich wieder an den Rechner. Auch Berger legte seinen Stift aus der Hand und stellte sich neben sie. Auf ihrem Bildschirm war derselbe Pfeil mit der Doppelspitze zu sehen. Allerdings mit sauberen, vom Computer gezeichneten Linien.

Sie zeigte darauf.

»Ich habe hier die exakten Koordinaten. Wobei es keine Garantie gibt, dass sie auch tatsächlich korrekt sind. Aber der Täter wird immer waghalsiger, vergiss das nicht. Es ist bald Mittsommer, die Schären sind voller Menschen. Und die Nächte werden immer heller. Auch wenn wir nur ungefähr richtig liegen, werden wir den Bootsmotor hören können. Selbst wenn es anfangen sollte zu regnen.«

Berger spürte die Anspannung in seinem Körper.

»Wir könnten ihn heute Nacht fassen«, sagte er.

24

Sonntag, 4. Juni
bis Montag, 5. Juni

Der Regen setzte ein, als Molly den dritten Lastwagen auf dem Roslagsvägen überholt hatte. Große, schwere Tropfen trommelten aufs Autodach.

Als sie zum nächsten Überholmanöver ansetzte, blieb der Niederschlag für einen kurzen Moment aus, aber als sie vor dem Sattelschlepper wieder auf die Fahrbahn bog, goss es erneut in Strömen. Daraus entwickelte sich ein Platzregen von der Größenordnung, bei der die Autos einfach mitten auf der Straße stehen blieben.

Die nächste Fähre, eine von zweien, die sie nehmen musste, würde in einer halben Stunde ablegen. Laut GPS dauerte die Fahrt dorthin fünfunddreißig Minuten. Fünf Minuten an Zeit herauszufahren war normalerweise ein Kinderspiel für sie – aber der Regen zwang sie, vom Tempo zu gehen. Wenn sie nun noch in einen Stau geraten sollte, wäre das verheerend.

Und sie tauchten tatsächlich auf, die fast stehenden Autos, allerdings schlichen sie versetzt voran, wie in einem Computerspiel, und Molly konnte sie trotz Regen ganz einfach überholen. Sie kam an Bergshamra vorbei und erreichte die Abfahrt in Richtung Furusund, beschleunigte auf der gefährlichen Bundesstraße 278, die sich über Brücken zwischen den Inseln hindurchschlängelte.

Dann plötzlich ging gar nichts mehr. Sie hatte den Blinker gesetzt, um den Wagen vor ihr zu überholen, als die Straße eine Kurve machte und vor ihr eine lange Spur roter Rücklichter auftauchte, die sich am Horizont verlief. Keine Chance, sie alle zu überholen.

Die Zeit verstrich.

Die nächste Viertelstunde war eine massive Herausforderung für ihr Nervenkostüm. Der Regen nahm eher zu als ab, die Autokolonne bewegte sich keinen Millimeter. Blom hielt sich mit der Hoffnung über Wasser, dass der nächtliche Verkehr nur ein einziges Ziel hätte, und das wäre die eine Autofähre, die nicht ohne sie alle ablegen würde. Aber vielleicht saß sie auch einer Illusion auf.

Unter Umständen würde der Mörder wegen eines armseligen Wolkenbruchs davonkommen – und wegen eines Haufens noch armseligerer Autofahrer.

Die Uhr zeigte 23:58, als in der Ferne ein gleißendes Licht auftauchte. Höher, heller. Die Erscheinung war rätselhaft, bis unter dem weißen Licht ein rotes zu sehen war – und Molly Blom war mittendrin.

Sie hatte es geschafft. Die Fähre hatte abgelegt. Sie war an Bord.

Ihr langes und erleichtertes Schnaufen ließ die Autoscheibe von innen beschlagen. Molly konnte nicht still sitzen bleiben und stieg aus. Der Regen trommelte auf ihre Kopfhaut. Sie starrte auf das schwarze, brodelnde Wasser. Als wäre man durch einen Zeitsprung im Paläoproterozoikum gelandet.

Sie konnte noch einen Blick auf ihr Handy werfen, bevor der Regen das Display unleserlich machte. Null null null eins, stand dort.

Der fünfte Juni war angebrochen.

*

Der Regen, in den Sam Berger geriet, war wie eine Wand. Er hatte das Zentrum von Tyresö hinter sich gelassen und fuhr weiter auf der Brevikshalvön nach Südosten. Eine Handvoll Autofahrer war von dem Wolkenbruch überrascht worden, ansonsten war es auf der Halbinsel in der idyllischen Vorortgegend außergewöhnlich leer.

Der Mörder hatte auf jeden Fall großes Glück mit dem Wetter. Wenn der Regen nicht nachließ, würde niemand den Außenbordmotor hören können, und vor allem würde sich keine Menschenseele an den Stränden aufhalten. Sie würden alle zu Hause bleiben und sich vom Regen in den Schlaf wiegen lassen.

Berger versuchte, sich ein Bild von der Küstenlinie zu machen. Das war gar nicht so einfach. Nur ab und zu führte ein Pfad bis hinunter ans Wasser, und auch dann konnte man fast nichts erkennen.

Der Weg wurde schmaler. Die kurze Juninacht trat in ihre dunkelste Phase ein. Der Regen prasselte störrisch auf das Autodach. Man konnte nichts sehen und nichts hören. Diese ganze Aktion war sinnlos. Die Wahrscheinlichkeit, dass sie mit ihren Berechnungen recht hatten, war ohnehin gering.

Er kam an einen alten Pier, der vermutlich einmal für ein Dampfschiff gebaut worden war. Dort gab es einen Parkplatz, auf dem der Mörder eventuell seinen Wagen abstellen würde. Wenn Mollys Koordinaten richtig waren, müsste er von dieser Seite des Wassers, vom Festland aus, mit einem Schlauchboot übersetzen. Sein Ziel wäre die Insel Härsö, die nur wenige Hundert Meter entfernt lag und an deren Strand er seine Leiche ablegen würde. Berger konnte nichts von der Insel sehen, da der Regen mit jeder Sekunde zunahm. Zwei Gelegenheiten würde er haben, um den Mörder zu fassen. Eine, wenn er mit dem Schlauchboot übersetzte, und eine, wenn er wieder zurückkam.

War das eine gute Idee, hier zu parken? Wollte er riskieren, dass sich der Mörder das Kennzeichen aufschrieb und mit einem einzigen Klick erfahren konnte, dass sein Besitzer der Geschäftsführer der Bootshaus Security AG war? Was hatte Berger für eine Alternative? Den Wagen auf einem der abgelegenen Waldwege zu parken, deren Untergrund sich langsam in Treibsand verwandelte?

Er parkte direkt an dem ehemaligen Pier. Blieb im Wagen sitzen. Er hatte sich zum Glück warm angezogen, aber zögerte noch auszusteigen. Der Mörder würde sich bestimmt von dem Pier fernhalten, um unsichtbar zu bleiben. Das Risiko, dass er Berger hier im Dienstwagen entdeckte, war also ziemlich gering.

Er sah über das Wasser vor sich. Versuchte, die Situation richtig einzuschätzen. Er konnte weder etwas hören noch sehen. Es war vollkommen unsinnig, den Wagen als Observationsort zu nutzen, solange es so massiv regnete.

Hoffentlich würde der Regen bald nachlassen. Allerdings stieg damit das Risiko, dass Berger zu spät kam.

Es gab kein Zurück.

Er sah auf die Uhr. Es war nach Mitternacht.

Er öffnete die Tür und trat seufzend in den Regen.

*

Berger hatte sich auf den Weg zu einem möglichen Ausgangspunkt für die Überfahrt mit dem Schlauchboot gemacht, Blom hingegen war auf dem Weg zum Ziel der Fracht. Als sie mit ihrem Wagen von der zweiten Fähre hinunterfuhr, hatte sich jede Form von Stau überraschend aufgelöst. Die eine Hälfte war auf Yxlan geblieben, der Rest war offenbar vor Ort vom Regen verschluckt worden. Sie war tatsächlich allein auf dem Blidövägen, der nach Süden führte. Der Regen hatte seine Dramatik nicht eingebüßt. Das Licht der Scheinwerfer traf auf eine Wand aus Wasser, sonst war nichts zu sehen. Dann wurde der Wald dichter, bildete einen Tunnel und hielt den Regen ab. Zumindest für ein paar Meter hatte sie wieder freiere Sicht.

Ihre Zeichnung entbehrte jeder mathematischen Präzision, das wusste sie. Sie hatte lediglich die wahrscheinlichsten Orte innerhalb eines möglichen Radius ermittelt. Das war alles. Das bedeutete in ihrem Fall, dass sie den Südwesten von Blidö als Anhaltspunkt hatte, mehr nicht.

Aber irgendwo dort hinter dem Wald gab es einen verlassenen Strandabschnitt, mit ein paar Felsen, die aus dem Wasser ragten, und einem Waldrand auf der anderen Seite des Sundes. Wenn sie einen geeigneten, zentralen Observationsort fand, hatte sie eine Möglichkeit, dem Mörder den Weg abzuschneiden.

Wenn dieser verdammte Regen nicht wäre …

Sie parkte ihren Wagen vor einer der letzten Hütten im Wald, vor der kein Auto stand. Man hörte es kaum, als sie den Motor abstellte, so laut war der Regen.

Sie strich sich über ihre kakifarbene Jacke, ein Überbleibsel ihrer Säpo-Ausrüstung. Anschließend klopfte sie auf die Beule auf Höhe der Brust, öffnete die Jacke und holte ihre Pistole heraus. Sie wog sie in der Hand, steckte die Waffe dann zurück in das Holster, zog sich die Kapuze über den Kopf und stürzte sich in die unbarmherzige Nacht.

Der stark begrenzte Lichtkegel ihrer Taschenlampe führte sie hinunter an die karge, felsige Küste. Sie stolperte mehrmals über die mit Algen bedeckten Steine. Von hier aus konnte sie die Zwillingsinsel sehen. Obwohl, eigentlich konnte sie nur in die entsprechende Richtung schauen, zu erkennen war nichts. Wenn jedoch jemand in einem Schlauchboot übersetzen wollte, dann musste er definitiv aus dieser Richtung kommen.

Sie kletterte weiter und stürzte ein paarmal fast kopfüber in eine Felsspalte, in der sie dann die Nacht hätte verbringen müssen. Als sich ein undurchdringliches Dickicht vor ihr auftürmte, begann sie, ernsthaft an den Fotos im Netz zu zweifeln, auf denen ein kleiner, heller Sandstrand abgebildet gewesen war.

Die Dornen rissen und kratzten an ihrer Kleidung, und sie ertappte sich dabei, ihre Berufswahl zu hinterfragen.

Aber dann hatte sie ihn erreicht. Es war in der Tat ein sehr schmaler Strand, vor dem ein paar Felsen wie Haiflossen aus dem tobenden Wasser ragten.

Sie inspizierte die Umgebung, entdeckte einen Findling, hinter dem sie sich verstecken konnte, auch wenn es nur einen ziemlich unbequemen und spitzen Stein als Sitzgelegenheit gab. Von dort aus konnte sie nicht nur den gesamten Strand überblicken, sondern auch – auf beiden Seiten des Findlings – den Sund nach Yxlan.

Der Regen ließ nach. Zumindest ein bisschen.

Molly Blom strich über ihre Waffe, als könnte deren bloße Anwesenheit sie beruhigen.

*

Knapp fünfzig Kilometer weiter südlich hatte der Regen ebenfalls nachgelassen, und Sam Berger konnte jetzt die Konturen von Härsö erkennen. Das Ufer von Brevik war schroff und nicht leicht zu erreichen. Die Küste dort war entweder von Zäunen und Grundstücken gesäumt oder so wenig zugänglich, dass man getrost von unerreichbar sprechen durfte. Berger konnte sehr deutlich sehen, wo der Abstand zur Insel so groß wurde, dass eine Überfahrt mit dem Schlauchboot ein Wagnis wäre.

Mithilfe seiner Taschenlampe hatte er ein Areal von ungefähr fünfhundert Metern abstecken können, in dem eine Überfahrt durchführbar war. Während er mit den geografischen Begebenheiten zu kämpfen hatte, suchte er den günstigsten Ort für seine Observation. Einen geschützten Punkt, an dem er die Nacht verbringen konnte, ohne in Gefahr zu geraten.

Mehrmals lief er die Strecke ab, stolperte, riss sich die Hände auf, sank bis zu den Knien ein und musste seine Wanderschuhe um eine verblüffend große Menge Wasser erleichtern, stapfte dann unverdrossen weiter – und fand am Ende einen passenden Ort.

Ganz in der Nähe des ehemaligen Piers erstreckte sich ein hohes Dickicht bis hinunter zum Wasser. Es waren unerbittliche, stachelige Büsche – aber er entdeckte einen Eingang, fast als hätte jemand sich diesen Unterschlupf in mühevoller Handarbeit eingerichtet.

Aus dem Verdacht wurde schnell Gewissheit, denn im Inneren stand ein Klappstuhl. Das Gebüsch war auf Augenhöhe heruntergeschnitten worden, sodass ein erwachsener Mann bequem dort sitzen konnte und gute Sicht hatte. Offensichtlich hatte sich ein ambitionierter Ornithologe oder ein jugendlicher Drogendealer diesen Unterschlupf gebaut. Berger war es vollkommen egal. Er hatte den perfekten Ort für seine Observation gefunden.

Vor ihm lag der Sund, dahinter Härsö. Es war nach wie vor dunkel, aber die Wolkendecke schien sich langsam zu lichten.

Seine Finger glitten über das Holster und tasteten die vertrauten Formen seiner Waffe ab. Dann wanderten sie weiter zu der überdimensionierten Brusttasche seiner Jacke. Er holte sein Fernglas heraus und richtete es auf das ruhiger gewordene, pechschwarze Meer, das nach wie vor vom Wind in Bewegung gehalten wurde.

Er streckte sich, machte es sich auf dem Stuhl bequem und war bereit.

Die Nacht zum fünften Juni.

Sie würde einen weiteren Menschen das Leben kosten.

25

Montag, 5. Juni

Ein Regentropfen nach dem anderen fällt auf die Pupillen. Ohne Reaktion. Sie laufen an den Wangen hinunter, zum bärtigen Kinn, ohne die geringste Ähnlichkeit mit Tränen.

Das Letzte, was der junge Mann sieht, bevor er den Reißverschluss schließt, ist die Reflexion des mitternächtlichen, regenschweren Himmels auf der Regenbogenhaut.

Er schleppt den schweren Leichensack hinunter zum Wasser, zieht den Schlauch ab, schaltet die kleine elektrische Pumpe aus, legt den Aluminiumboden ins Boot und schiebt es vorsichtig ins aufgewühlte schwarze Wasser.

Mit dem Seil in der Hand blickt er über den Sund, auf die andere Seite. Obwohl der Regen aussieht wie ein Bambuswald – ein Halm neben dem anderen und immer so weiter –, kann er den Waldrand in der gegenüberliegenden Bucht erkennen. Und nicht nur den Waldrand, sondern auch eine hellere Sichel unten am Wasser.

Der Strand.

Wie eine Fata Morgana.

Vielleicht hat sich die Dämmerung schon auf den Weg gemacht.

Der junge Mann packt den Leichensack und hebt ihn ohne größere Anstrengung ins Schlauchboot. Dann wirft er die Sitzbank und den Besen hinterher, stellt die leere Lyfko-

Stofftasche als Orientierungspunkt an den Strand und befestigt achtern den kleinen Außenbordmotor von Torqeedo.

Er klettert an Bord, steckt die Sitzbank ein und setzt sich, unbeeindruckt vom strömenden Regen. Dann schaltet er den Motor ein. Das sanfte, angenehme Summen, an das er sich mittlerweile gewöhnt hat, ist nicht zu hören.

Als der Bug des Schlauchbootes durch das vom Regen aufgepeitschte Wasser pflügt, genießt der junge Mann das Gefühl, dass er selbst vollkommen lautlos ist.

*

Dem Regen ist es gelungen, auch die wasserfesten Schichten ihrer Kleidung zu durchdringen. Trotzdem, oder gerade deshalb, ist Molly Blom eingeschlafen. Natürlich war das kein gewöhnlicher Schlaf, sie hat einfach alles losgelassen und ist eins geworden mit der Natur. So fühlt es sich an, als sie wieder aufwacht – sie hat nicht wirklich geschlafen, sie war dem Tod nah. Jenseits des Frierens, jenseits der Kälte.

Vielleicht hätte sie sich noch tiefer fallen lassen, wenn nicht dieses Geräusch in ihr Unterbewusstsein gedrungen wäre, trotz des Regens. Ein Geräusch, das nur zögerlich Form annimmt.

Das eines kleinen Motors.

Es ist bereits heller geworden, die Taschenlampe ist unnötig.

Mit flachen Händen klopft sie ihre Oberschenkel wach, dann steht sie auf und lauscht. Der Wind hat zugenommen und der Regen nicht nachgelassen, dafür ist er milder, leiser geworden. Das Geräusch kommt aus Nordwest, vom Blidösund, und es wird lauter, als würde sich der Motor auf sie zubewegen.

Unten am Wasser ist ein größerer Felsen, der Strand beschreibt eine kleine Kurve und verschwindet hinter dem Stein. Von dort scheint das Geräusch zu kommen.

Sie irrt sich doch nicht?

Etwas hält sie zurück. Sie beugt und knetet ihre Finger, ihre Haut ist feucht und runzelig, sie leuchtet weiß im sanften Licht der Frühsommernacht. Dann schiebt sie ihre Hand unter die kakifarbene Jacke und holt ihre Pistole aus dem Holster. Ihre Hände sind so steif, dass sie die Waffe kaum halten kann.

Die Steine auf dem Weg zu dem großen Felsen sind mit Algen bedeckt und rutschig. Sie achtet auf jeden Schritt, vorsichtig, langsam. Dann hebt sie den Blick zu der dunklen Wolkendecke und meint, einen kurzen Augenblick lang, Mondlicht durch einen schmalen Riss fallen zu sehen.

Das Motorengeräusch hinter dem Felsen wird lauter.

Molly Blom drückt sich mit dem Rücken gegen den kalten Fels, die Waffe vor der Brust, starrt konzentriert in den Regen und beruhigt ihren Atem.

*

Der junge Mann hat sein Ziel fast erreicht. Die Überfahrt war unruhiger als sonst. Auf der Hälfte der Strecke war es plötzlich windig geworden, und er kam vom Kurs ab.

Der Regen, der ihm Peitschenhiebe ins Gesicht schlug, lässt jetzt nach. Er sieht einen flachen Felsen vor sich aus dem Wasser ragen. Darauf fährt er zu.

Der Motor ist jetzt deutlicher zu hören als weiter draußen auf dem Wasser. Einen kurzen Augenblick lang meint er, Mondlicht durch einen schmalen Riss fallen zu sehen. Dann hat er den Felsen erreicht und umfährt ihn.

*

Zu seiner Überraschung sieht Sam Berger die Bewegung, bevor er sie hören kann. Der Wind muss zugenommen haben, was er in seiner geschützten Höhle im Dornenbusch nicht mitbekommen hat. Außerdem weht der Wind auf den Sund hinaus.

Er stellt sein Fernglas scharf. Der Regen hat zwar abgenommen, aber es ist zu düster, um Details von dem zu erkennen, was er zu sehen glaubt. Etwas bewegt sich an der Wasseroberfläche. Es könnte sich um einen größeren Vogel handeln oder um ein kleines Fahrzeug. Vielleicht um ein … Schlauchboot …

Endlich gelingt es ihm, das Objekt scharf zu stellen. Es handelt sich tatsächlich um ein Boot, es kommt von Härsö und ist auf dem Weg zu dieser Küste.

Als Berger das Fernglas sinken lässt, stellt er fest, wie weit das Boot von ihm entfernt ist. Außerdem fährt es in eine andere Richtung, hin zu einem sehr unzugänglichen Strandabschnitt hinter dem alten Pier.

Aber vor allem weg von Berger.

Er kriecht aus seinem Dornenbuschversteck und macht sich auf den Weg, den Strand entlang. Er hat das Gefühl, nicht vorwärtszukommen. Er rennt los, so gut es geht angesichts der Dunkelheit, im Regen und Wind. Und in dem schwer passierbaren Terrain.

Er entsichert seine Waffe, stürmt weiter, rutscht aus, stürzt, prellt sich die Hüfte auf den glatten Steinen. Zum Glück fällt ihm die Waffe nicht aus der Hand. Zum Glück löst sich kein Schuss. Er hebt das Fernglas, jetzt kann er das Boot deutlicher sehen. Es kommt näher.

Er sieht den Heckspiegel eines Schlauchboots. Liegt da nicht etwas Schwarzes auf dem Boden, an den Füßen des Fahrers? Der zumindest ist schwarz gekleidet, die Mütze tief ins Gesicht gezogen, und hält den Handgriff des Motors. Er steuert auf den Strand zu.

Berger trennen nur noch etwa hundert Meter von der Stelle. Er sieht das Schlauchboot um die Ecke biegen, es verschwindet hinter dem Felsen.

Er läuft so schnell wie noch nie zuvor in seinem Leben. Erneut rutscht er aus, stößt sich, stolpert, aber er kommt voran. Dann hat er den Felsen erreicht, hinter dem das Boot verschwunden ist.

Sam Berger drückt sich mit dem Rücken gegen den kalten Fels, die Waffe vor der Brust, starrt konzentriert in den Regen und beruhigt seinen Atem.

*

Molly Blom stapft leise durch das Wasser, um den Felsen zu umrunden. Das Geräusch des Elektromotors ist jetzt sehr deutlich zu hören. Es hat fast etwas Hypnotisches.

Aber dann plötzlich ändert es seine Richtung, es kommt *von oben*. Blom sieht Umrisse direkt über sich, im Regen. Etwas greift sie an.

Sie zielt auf die spinnenartige Gestalt und schießt. Das leise Motorengeräusch verstummt auf der Stelle. Und die Drohne fällt vor ihren Füßen ins Wasser.

Aus dem Wald ertönt ein schriller Schrei. Blom gelingt es, sich von dem Anblick der zerstörten Drohne loszureißen, die vor ihr im Wasser liegt. Ihr Blick wandert zu den zwei etwa fünfzehnjährigen Jugendlichen, die aus dem Wald auf sie zukommen. Der eine hält eine Fernbedienung in den Händen. Der andere stöhnt und jammert aus vollem Hals.

*

Sam Berger ist sich sicher, das Boot verloren zu haben. Als er den Felsen umrundet hat, kann er es weder sehen noch hören. Das Motorengeräusch ist verstummt, und weit und breit keine Spur vom Boot, weder an Land noch im Wasser. Er stolpert weiter. Dann, hinter einer sanften Kurve, sieht er etwas. Es ist gleichermaßen fremd und vertraut. Hinter einem Busch, keine dreißig Schritte entfernt, taucht plötzlich ein dunkelgrauer Schemen auf.

Berger bleibt abrupt stehen. Bewegt sich keinen Millimeter. Starrt wie gebannt auf den Schemen. Der sich in einen Kopf mit Mütze verwandelt.

Er geht in die Hocke. Analysiert die Geräuschkulisse. Der Regen ist noch so laut wie zuvor. Es dürfte also kein Problem sein, die dreißig Meter zurückzulegen, ohne dabei gehört zu werden. Geduckt rennt er los, die Pistole im Anschlag, die Zweige peitschen ihm ins Gesicht. Er sieht, wie sich die Mütze hinter dem Gebüsch auf und ab bewegt. Als wäre ihr Besitzer mit etwas zugange.

Dann hat er das Gebüsch erreicht, duckt sich dahinter. Ihn trennen keine vier Meter von dem Mann mit der Mütze. Berger lauscht. Er hört ein Zischen, als würde jemand Luft aus einem Schlauchboot lassen.

Durch die Zweige kann er den jungen Mann sehen. Sein Gesicht. Er ist konzentriert. Berger beobachtet, wie er einen leeren schwarzen Sack aus dem fast luftleeren Schlauchboot hebt. Seine freie Hand streicht über die Waffe, jetzt ist der richtige Zeitpunkt gekommen.

Mit der Pistole im Anschlag springt er hinterm Gebüsch hervor. Zielt auf den jungen Mann. Der starrt ihn an, die Waffe, ist fassungslos, vollkommen gelähmt.

Berger befiehlt ihm, sich vom Boot zu entfernen, auf die Knie zu gehen, die Hände hinter dem Kopf zu verschränken. Sein Gesicht ist sehr blass in der sich langsam verabschiedenden Nacht. Berger greift nach dem festen schwarzen Sack auf dem Boden des Bootes.

Der Sack ist leer, fast leer. Ohne die Waffe auch nur eine Sekunde zu senken, wühlt Berger nach dem Inhalt und holt ihn heraus. Es ist ein Korb mit vier Brötchen und einem kleinen Tetra Pak Milch.

Berger starrt den jungen Mann an, der seinerseits wie hypnotisiert auf die Waffe starrt.

»Ich bin nur Lieferant«, stammelt der junge Mann. »Drüben auf Härsö liegen viele Boote in den Häfen, und die Besitzer wollen morgens frisches Brot und Brötchen. Die bezahlen gut dafür. Das letzte war aber eine falsche Bestellung.«

Sam Berger schließt die Augen und seufzt.

Dann lässt er die Pistole sinken.

*

Der junge Mann schleppt den leeren schwarzen Leichensack ins Schlauchboot. Dann kehrt er zurück an den Strand. Es regnet, ununterbrochen, aber nicht mehr so sintflutartig wie vorhin. Er kniet sich neben den Toten.

Er trägt Einweghandschuhe, obwohl es regnet. Sorgfältig richtet er die Kleidung des Toten, nimmt einen Kamm und frisiert den Bart. Sein Blick verharrt für einen Augenblick an der winzigen Einstichstelle an seinem Hals, dann zupft er den Kragen des Polohemdes zurecht. Und steht wieder auf.

Er sieht dem Toten ein letztes Mal tief in die Augen, legt die Handflächen aufeinander und hebt den Blick in den immer heller werdenden Himmel.

»Verzeih mir«, sagt er.

Das ist alles.

Reglos bleibt er für einen Moment im Regen stehen. Dann nimmt er den Besen und fegt mit großer Sorgfalt rückwärts laufend die Strecke bis zum Wasser. Als er ins Schlauchboot steigt, ist keine einzige Spur im Sand zu sehen. Außerdem wird der Regen alle Hinweise wegspülen.

Der junge Mann weiß, dass er keine Spuren hinterlassen hat. Zumindest keine unfreiwilligen. Er schaltet den nahezu geräuschlosen Motor ein und fährt davon.

III

26

Er wird ein anderer werden.

Das ist alles, was er weiß.

Aber er weiß nicht, wer er sein wird. Er hat keine Ahnung.

Jetzt hört er deutlich Schritte im Sand. Als würden sie ihre Anwesenheit nicht mehr verbergen können. Oder nicht mehr müssen. Weil es nicht mehr lange dauern wird.

Zum ersten Mal macht es ihm Angst, dass er die Augenbinde trägt. Zum ersten Mal hat er das Bedürfnis, sie abzunehmen. Doch er beherrscht sich. Die Stimme in seinem Inneren ist zu mächtig.

Er hört sich wimmern. Nur wimmern, sonst nichts. Aber er erhält Antwort. Aus unterschiedlicher Richtung.

Das Knirschen im Sand wird von mehreren Stühlen gleichzeitig erzeugt. Als wären sie durch unbekannte Kräfte miteinander verbunden. Dieses Band scheint reißen zu können, es steht zu befürchten, dass es jeden Augenblick reißt.

Als würde keiner von ihnen ein anderer werden wollen. Und als würden sie danach nie wieder zusammengehören. Obwohl aus ihnen etwas Besseres werden soll. Andere und bessere Menschen. Besser, aber getrennt voneinander.

Die Angst packt ihn mit voller Kraft. Sie überdeckt sogar die Wut. Aber nur fast. Ihn überrascht, wie groß die Wut in ihm ist, obwohl er selbst noch so klein ist.

Es ist ihm schon jetzt bewusst, dass er fortmuss. Er muss einen Weg finden, wenn das hier vorbei ist.

Wenn er ein anderer geworden ist.

Dann muss er dieser Stimme entkommen, die ihm so oft

ins Ohr geflüstert hat. Diese leiernde, fordernde, selbstsichere Stimme, die viel besser zu wissen glaubt, was zu seinem Besten ist, viel besser als er selbst.

Diese Erkenntnis wächst in ihm, parallel zu der Angst und der Panik, dem Sturm und der Wut. Er muss weg, weg um jeden Preis.

Er hat das Loch in der Zeit geöffnet. Und er wird dort hineinschlüpfen. Wenn die Zeit reif ist, wird er diesen Weg gehen und in die Zukunft gelangen. Er hat nicht vor, mit der Zukunft befreundet zu sein.

Dann hört er entschlossene Schritte im Sand. Und das Motorengeräusch wird lauter.

Sie sind bald da.

27

Montag, 5. Juni

Das Knistern war nicht nur gemütlich, sondern regelrecht Leben spendend.

Molly Blom saß direkt vor dem Kachelofen und schob einen Holzscheit nach dem anderen hinein. Die letzten Reste der Kälte wurden gerade aus ihrem Körper vertrieben. Das Lammfell, auf dem sie saß, war genauso warm wie der Morgenmantel, in den sie sich gehüllt hatte, und der Tee in ihren Händen.

Ja, zugegeben, das war ein Klischee – genau genommen eine ganze Reihe von Klischees –, aber Klischees sind nicht grundlos Klischees. Und dass wieder Leben in sie kam, war eine erfreuliche Tatsache. Sie hatte schon so einiges erlebt, aber sie hatte noch nie so sehr gefroren wie in der vergangenen Nacht.

Auch das war jetzt überstanden.

Sie hatte die beiden Jugendlichen auf Blidö mit einem gefälschten Dienstausweis zum Schweigen gebracht. Anschließend trugen sie heulend die von ihrem Vater heimlich ausgeborgte und jetzt zerschossene Drohne nach Hause. Danach hatte Molly, schon ganz steif vor Kälte, wieder ihren Posten hinter dem Felsen bezogen und bis zur Morgendämmerung dort ausgeharrt. Kein Schlauchboot weit und breit.

Alles war schiefgegangen.

Ihr Ziel war nun, den auf Blidö erzeugten Zustand möglichst weit hinter sich zu lassen. Sie war auf angenehme Weise vom Lauf der Zeit befreit, es gab nicht einmal den Schatten einer Deadline, und sie hatte keine Ahnung, wie spät es war. Sie musste nichts anderes tun, als auf den gut bestückten Ofen zu starren, es sich auf dem Lammfell gemütlich zu machen und sich einen Schluck heißen Tee einzuverleiben.

Sie hatte keinen Begriff von *Zuhause*, aber das hier war immerhin *eine Art von* Zuhause. Die aufgeräumte, saubere Wohnung in der Stenbocksgatan auf Östermalm war der Ort, an dem sie aufgewachsen war.

Obwohl sie ihre Tochter vermisste, hatte sie darauf verzichtet, sie bei ihrer Stiefmutter am anderen Ende von Östermalm abzuholen. Und dieses Mal empfand sie es als absolut gerechtfertigt. Sie machte ein paar tiefe, kontrollierte Yogaatemzüge und schloss die Augen.

Vielleicht würde sie ein bisschen schlafen können.

Sie war gerade dabei, in einen Traum zu gleiten, als sie von einem lauten Klingeln aufgeschreckt wurde. Sie sprang sofort auf und suchte ihr Handy, obwohl sie sicher war, dass sie den Flugmodus eingestellt hatte. Es klingelte ein zweites Mal. Mindestens genauso laut. Sie stolperte durch die Wohnung auf der Suche nach dem Telefon. Und fand es am Ende im Wäschekorb. Es war tatsächlich im Flugmodus. Niemand hatte sie angerufen.

Da klingelte es erneut.

Wie lange es dauerte, bis sie begriff, dass es die Wohnungstür war, war später nicht mehr herauszubekommen. Die Gestalt, die sie durch den Spion sah, hätte allerdings aus einem Horrorfilm stammen können. Der Mann war in einem vollkommen desolaten Zustand. Unmöglich, ihm nicht aufzumachen. Trotzdem ließ sie sich Zeit, bis sie sicher war, dass er den Schatten im Spion gesehen hatte, und öffnete erst dann die Tür.

»Entschuldige bitte die Störung«, sagte er mit klappernden Zähnen.

»Wie lange bist du denn noch geblieben?«, rief sie erstaunt.

»Ich bin sofort losgefahren«, flüsterte Sam Berger kaum hörbar.

Sie musterte ihn, seufzte und ließ ihn eintreten.

Sein Reptiliengehirn steuerte ihn direkt zum Kachelofen. Er hockte sich vor die Flammen und blieb reglos sitzen. Sie ließ ihn gewähren. Ein bisschen.

»Lieferant?«, sagte sie dann.

Berger lachte.

»Drohne?«, entgegnete er.

Auch Blom konnte ein Kichern nicht unterdrücken.

»Ich habe keine Ahnung, wie spät es ist, aber wenn es eine neue Leiche gibt, dann ist sie zumindest noch nicht gefunden worden.«

Berger sah aus dem Fenster in den blassen Himmel.

»Es ist gleich sieben«, sagte er. »Ich bin auf meinem Posten im Gebüsch eingeschlafen.«

»Und ganz offensichtlich darin stecken geblieben. Gönn dir eine warme Dusche.«

Er kauerte noch einen Moment lang am Feuer, dann schlurfte er ins Badezimmer. Sie nahm einen Schluck Kräutertee, rollte sich wieder auf dem Lammfell zusammen und war vermutlich eingeschlafen, als er sich neben sie kniete. All das waren jedoch nur vage Fragmente, die in einen wesentlich nichtssagenderen Traum eingebaut wurden. Er trug einen Morgenmantel, hatte sich ein zweites Lammfell geholt, fragte etwas Unverständliches, legte sich in gehörigem Abstand auf den Boden und begann zu schnarchen. Auch dieses Geräusch fand Platz in ihrem Traum, ein bedrohliches Luftfahrzeug im Hintergrund von etwas schnell Vergessenem. Teil des flüchtigen Traumes war zudem die Tatsache, dass ihre Hände sich berührten und ineinanderflochten.

*

In der Auffahrt stand ein großer Rettungswagen. Jedes Mal, wenn Deer aus dem Fenster sah, lief ein anderer Nachbar vorbei und glotzte. Es war spannend, die Reaktionen zuzuordnen und sie mit der eigenen Einschätzung abzugleichen. Sie tippte fast immer auf die richtige Kategorie Nachbar: die Neugierigen, die Beunruhigten und die Schadenfrohen.

Aber kein Bewohner des Reihenhauses in Skogås war krank oder verletzt geworden. Deers Mann Johnny hatte seinem Arbeitgeber lediglich versprochen, den etwas lädierten Wagen zum Automechaniker in Skogås zu bringen, weil die Vertragswerkstatt ausgebucht war.

Gerade saß er in der gelbgrünen Montur der Rettungswagenfahrer am Küchentisch und schlang neben seiner Tochter Lykke das Frühstück in sich rein. Beide wirkten etwas irritiert über die Bemühungen ihrer ansonsten mäßig hausfraulichen Ehefrau respektive Mutter. Sie humpelte auf Krücken durch die Küche, aber es gelang ihr dennoch, Kaffee und Müsli bereitzustellen.

»Du musst das nicht machen«, sagte Johnny vorsichtig.

»Aber ich will«, antwortete Deer gefasst.

Er verstummte.

Lykke beobachtete ihre Eltern, und Deer meinte förmlich die Gedanken hinter der Stirn ihrer Tochter vorbeisausen zu sehen. Aber dann wandte sie ihren Blick ab und blieb an der Wanduhr hängen. Woraufhin sich eine eher altersgemäße Panik meldete.

»Es ist ja schon acht Uhr! Verdammt«, schrie Lykke. »Warum sagt denn niemand was? Die machen die Türen zu.«

Während Lykke ihren Vater hochzerrte, ertappte sich Deer bei dem Gedanken, es sei vielleicht gar nicht so dumm, dass »sie« – vermutlich die Schule – die Türen schlossen, wenn die Schüler und Schülerinnen zu spät kamen.

Die beiden wirbelten ein paar Minuten unkontrolliert durch das Haus, bis Johnny durch die Terrassentür nach draußen geschoben wurde und die beiden zum Rettungswagen stürmten. Während einige Gardinen in den Nachbarhäusern in Bewegung gerieten, stand Deer auf der Terrasse und winkten ihren Liebsten hinterher. Hatte sie sich tatsächlich so schnell in eine altmodische Hausfrau verwandelt?

Während sie sich die Hände an der Schürze abtrocknete, klingelte ihr Handy. Die Nummer ließ vermuten, dass sie doch noch nicht endgültig an Haus und Herd gebunden war.

»Ja?«, meldete sie sich erwartungsvoll.

»Hallo, hier ist Samir.«

»Hallo, Samir«, sagte Deer zurückhaltend.

»Wie geht es dir, Deer? Ich habe gehört …«

»Komm bitte gleich zur Sache.«

Es wurde still in der Leitung. Ein paar verwirrte Atemzüge. Dann hatte Samir sich wieder gefangen.

»Da du suspendiert bist, wirst du wahrscheinlich nicht mit allen Neuigkeiten versorgt.«

»Ich glaube, das ist Sinn und Zweck einer Suspendierung.«

»Aber ich rufe an, um dir das Neueste mitzuteilen. Denn es betrifft dich.«

»Heute ist der Fünfte …«, sagte Deer leise.

*

Wie nah sie beieinandergelegen hatten, würden sie niemals erfahren, denn Bergers Handy steckte zwischen ihnen und weckte sie mit geradezu absichtsvoller Brutalität. Als sollte alles, was vor diesem Signal existiert hatte, ausgelöscht werden.

Berger sammelte sich als Erster und ging ran.

Er sagte praktisch nichts während des Telefonats.

Auch hinterher nicht. Stattdessen tippte und scrollte er auf dem Display herum. Auch Molly Bloms auffordernder Blick drang nicht durch die Mauer, die er um sich errichtet hatte.

»Wo?«

Er sah auf, ohne sie anzusehen.

»Was?«, fragte er und starrte auf einen Fleck an der Wand.

»Wo wurde die Leiche gefunden?«

Er zeigte auf sein Telefon.

»Das versuche ich gerade zu googeln. Näsudden.«

»Okay? Das sagt mir nichts. Dann gibt es also tatsächlich eine Leiche?«

»Ja. Irgendwo zwischen uns.«

»Zwischen unseren Positionen heute Nacht?«, fragte Blom. »Dann ist wieder eine andere Dienststelle zuständig?«

»Ja«, stöhnte Berger. »Die von Täby. Die Gemeinde von Österåker. Die Beamten von dort sind schon vor Ort und warten auf die Kriminaltechniker.«

»Wer hat dich denn angerufen?«

»Deer. Sie ist suspendiert worden.«

»Warum das denn? Und woher wusste sie dann Bescheid?«

»Wie du vielleicht mitbekommen hast, haben wir nicht viel geplaudert«, sagte Berger.

»Zwischen unseren Positionen ... Das wirkt fast wie geplant, oder?«

»Wie meinst du das?«

»Er hinterlässt Hinweise auf zwei mögliche Fundorte und wählt dann für die Tat einen Ort exakt dazwischen? Der macht sich doch lustig über uns.«

»Vielleicht war aber auch dein Ansatz mit den Symmetrien, dem Kreuz und dem Doppelpfeil falsch.«

»Oder er hat uns vorsätzlich auf eine falsche Fährte gelockt«, sagte Blom. »Das müssen wir uns noch mal ansehen. Was wissen wir bisher?«

»Das Opfer ist ein junger Mann, keine Papiere. Er wurde heute Morgen um halb sieben von einem Kanuten an einem kleinen Sandstrand auf Näsudden gefunden. Die Beamten von Österåker sind wie gesagt vor Ort und haben alles abgesperrt. Bisher gibt es keine weiteren Zeugen.«

Berger verstummte. Auch Blom hatte nichts hinzuzufügen.

Sie sahen einander an. Beide im Morgenmantel. Sie seufzten, nahezu synchron.

»Es wird Zeit, dass wir uns was anziehen«, sagte Molly Blom.

28

Montag, 5. Juni

Deer beendete das Telefonat, legte die Schürze ab, schnappte sich ihren Kaffeebecher und humpelte in die Garage. Der Schmerz hatte während ihrer Frühstücksscharade stillgehalten, aber auf dem Weg in ihr geheimes Arbeitszimmer schlug er mit voller Kraft zu. Sie gab alles, ihn zu ignorieren.

Kurz blieb sie reglos an dem nach wie vor sehr unordentlichen Schreibtisch sitzen, bis der Schmerz auf ein erträgliches Niveau gesunken war. Dann nickte sie zufrieden.

Sie hatte sich *nicht* geirrt. Im Großraum Stockholm trieb ein Serienmörder sein Unwesen.

Sie hatte es noch drauf. Ihr Instinkt hatte nicht nur den Angriff auf sie, sondern auch ihren unfähigen Vorgesetzten überlebt. Sie hatte etwas gesehen, was sonst niemandem aufgefallen war. Sie war Polizistin. Damals wie heute. Und in jeder Hinsicht besser als Conny Landin.

Örjan hatte sich nicht bei ihr gemeldet, keinen Piep hatte er von sich gegeben. Wollte er sich vor ihr verstecken? Versuchte er sich einzureden, nicht er selbst hätte Deer auf diese Spur gesetzt, die unweigerlich in den Untergang geführt hatte? Oder war sein Verhalten Teil einer ganz anderen Strategie?

Auf dem Laptop tauchte das widerliche Gesicht von Radoslav Blok auf. Aber noch nicht einmal das konnte ihre gute Laune trüben.

Sie nahm sich Zeit, ihre Zufriedenheit zu genießen, bevor sie sich an den Rechner setzte und Näsudden googelte. Es war eine schmale, tropfenförmige Halbinsel, die in der Nähe von Åkersberga ins Meer ragte. Auf der anderen Seite der Bucht lag Svinninge, das zu dem eher bevölkerten Teil der inneren Schären gehörte. Am Wochenende dürften eine Menge Schiffe und Boote im kleinen Hafen von Svinninge gelegen haben. Da aber die Leiche in der Nacht zu Montag nach Näsudden gebracht worden war, war die Gegend um den Hafen vermutlich einsam genug gewesen, um unbemerkt ein Schlauchboot von dort starten zu lassen.

Die Theorie vom Schlauchboot hatte Deer erst vor Kurzem von Molly und Sam vorgetragen bekommen. Ansonsten hatten die beiden, aus Sicherheitsgründen, auf weitere Kontaktaufnahmen verzichtet. Es war besser, wenn die beiden Privatdetektive die Geschichte ohne die Hilfe einer suspendierten Polizeibeamtin gegen die Wand fuhren. Aber es war ihnen offenbar nicht gelungen, den Täter vor dem fünften Juni zu fassen. Ehrlich gesagt wäre es auch einem Wunder gleichgekommen, wenn sie das bewerkstelligt hätten.

Deer wandte sich etwas anderem zu. Sie rückte ihre Brille zurecht, holte ihr sicheres Handy aus der Schublade und wechselte den Tab auf ihrem Desktop. Dann blätterte sie die Fotos der Forensik durch, die an zwei vollkommen verschiedenen Tatorten aufgenommen worden waren. Das eine war die heruntergekommene Wohnung der Junkies in Tumba, das andere eine Garage in Eskilstuna. Und die einzige Verbindung zwischen diesen beiden war eine Axt.

Genauer gesagt, zwei Äxte. Zwei identische Äxte in zwei nicht identischen Köpfen.

Stefan Lundberg. Rutger Brännlid. Beide hatten mit den Hells Angel zu tun gehabt. Wer hatte sie ermordet und warum?

Deer ließ die restlichen Fotos liegen und widmete sich den Ermittlungsakten. Auch wenn die Pforten des Polizeipräsidiums für sie geschlossen blieben, gab es noch genügend ungeklärte Spuren, denen sie nachgehen konnte. Sie sah auf die Uhr und wählte dann eine Nummer aus der Anrufliste.

»Tumbabyggen«, sagte eine träge Stimme am anderen Ende der Leitung.

»Hier spricht Hauptkommissarin Inga-Britt Stensson von der Nationalen Operativen Abteilung«, log Deer, ohne rot zu werden. »Spreche ich mit Birgit?«

»Ja …«

»Wir haben Freitag miteinander telefoniert, dabei ging es um eine Wohnung im Storvreten. Sie sagten, Sie würden …«

»Ich habe das Dokument hier schon liegen«, erwiderte die träge Stimme.

In diesem Augenblick beschloss Deer, nie wieder von der Stimme eines Menschen Rückschlüsse auf dessen Charakter zu ziehen.

»Das ist ja fantastisch«, sagte sie. »Können Sie mir kurz schildern, was Sie gefunden haben?«

»Da gibt es leider nicht viel zu sagen«, antwortete Birgit von der kommunalen Immobilienfirma. »Die Firma Abaddon AG hat vor etwa einem Jahr diese Wohnung angemietet. Die Miete wurde jeden Monat pünktlich überwiesen. Es hat ein paar Beschwerden von den Nachbarn gegeben, aber das wurde nicht weiterverfolgt.«

»Vielen Dank, Birgit. Haben Sie herausbekommen, von welchem Konto die Miete bezahlt wurde?«

»Von keinem.«

»Von keinem?«

»Die Überweisung scheint durch Bareinzahlungen in verschiedenen Bankfilialen erfolgt zu sein.«

»Es gibt noch Banken, die mit Bargeld operieren?«

Birgit lachte, was keinen Einfluss auf ihre fast apathisch klingende Stimme hatte.

»Davon gibt es noch ein paar«, sagte sie. »Ich schicke Ihnen die Dokumente zu, daraus gehen alle Angaben hervor. Haben Sie eine Mailadresse?«

Deer war darauf vorbereitet.

»Ich arbeite heute von zu Hause«, sagte sie. »Könnten Sie mir das auch an meine private Mailadresse schicken? Das wäre einfacher.«

Die Pause dauerte nur ein paar Sekunden.

»Okay, und an welche?«

Deer gab ihr eine neue, verschlüsselte Mailadresse, die nicht zu ihr zurückverfolgt werden konnte. Schon Sekunden später traf die Nachricht in ihrem Postfach ein.

»So, wenn das alles war, dann würde ich jetzt gern weitermachen …«, sagte Birgit.

Deer überlegte kurz.

»Doch, eine Sache hätte ich noch. Wie wurde der Mietvertrag mit der Abaddon AG eigentlich abgeschlossen?«

»Vermutlich auf die übliche Weise.«

»Und die wäre …?«

»Wir haben einen separaten Wohnungspool für Unternehmen.«

»Ich nehme an, man muss dort nicht Schlange stehen?«

»Man kauft den Mietvertrag eher. Das ist für Büroräume eine gängige und legale Vorgehensweise. Manchmal kommt es zu einer Auktion.«

»Aber dann muss doch trotzdem jemand den Vertrag unterschrieben haben? Und bei der Gelegenheit einem Vertreter oder einer Vertreterin dieses Pools von Tumbabyggen begegnet sein?«

»Ich vermute mal …«, sagte Birgit, und man konnte zum ersten Mal einen Anflug von Verunsicherung in ihrer Stimme hören. »Ich hätte noch …«

Offensichtlich suchte Birgit etwas auf ihrem Rechner. Dem Klappern zufolge handelte es sich nicht um das allerneueste Modell.

Schließlich meldete sich die nach wie vor bemerkenswert träge Stimme wieder zu Wort.

»Es tut mir schrecklich leid, aber ich kann den Vertrag nicht finden.«

»Ein großes Immobilienunternehmen vermietet eine Wohnung an ein anderes Unternehmen, und es existiert kein Vertrag?«

»Der müsste natürlich da sein … Das Original liegt bestimmt im Archiv.«

Deer grinste. Auch wenn die NOA unter Conny Landin und Örjan sich so schnell bewegte wie ein Faultier, würden sie früher oder später neugierig werden. Die richtige Inga-Britt Stensson hatte im Verhör des etwas sonderbaren Ola Grums gesagt, dass die Abaddon AG »in keinem Firmenverzeichnis auftaucht«. Irgendwann würde sie sich den Originalvertrag besorgen. Und bei der Gelegenheit herausfinden, dass sich jemand als sie ausgegeben hatte.

»Es handelt sich hier um eine sehr dringliche polizeiliche Ermittlung, Birgit. Sie müssen leider umgehend im Archiv nachsehen und mir innerhalb einer Stunde eine Kopie des Vertrages an dieselbe Adresse mailen. Geht das in Ordnung?«

»Zwei.«

»Wie bitte?«, fragte Deer.

»In zwei Stunden«, sagte Birgit.

Deer seufzte, dann bedankte sie sich und legte auf. Sie machte sich ein paar Notizen, schob sich die Brille auf der Nase zurecht und wählte eine andere Nummer.

»Mikael hier«, sagte eine Stimme.

»Guten Tag, ich bin Hauptkommissarin Inga-Britt Stensson von der Nationalen Operativen Abteilung«, wiederholte Deer ihre Eröffnung ohne größere Gewissensbisse. »Spreche ich mit Mikael Granlund?«

»Das ist korrekt«, sagte die schlaftrunkene Stimme. »Aber wer …?«

»Sie sind der Vater der neunzehnjährigen Ebba Granlund, die Zeugin eines Mordes in einem Wohngebiet außerhalb von Eskilstuna wurde?«

»Auch das ist korrekt«, sagte der Mann. »Aber wir sind gerade nicht zu Hause. Marie und ich haben uns freigenommen, um für Ebba da zu sein. Es ist keine leichte Zeit für sie. Wir sind aufs Land gefahren. Es tut mir leid, aber Ebba darf nicht gestört werden. Die Ärzte haben ein Attest ausgestellt und sagen, dass sie sich …«

»Das verstehe ich gut«, unterbrach ihn Deer. »Ich wollte auch mit *Ihnen* sprechen.«

»Mit mir?«

»Ebba hat sie in besagter Nacht vom Freitag, den zweiten Juni, um zwei Uhr zweiunddreißig angerufen …«

»Und wie ich schon zu Protokoll gegeben habe, war sie vollkommen aufgelöst. Dann hat man sie einfach nach Stockholm gebracht, ohne uns das mitzuteilen. Und ohne jede medizinische oder psychologische Betreuung.«

Deer spürte ihr schlechtes Gewissen.

»Das tut uns furchtbar leid. Eine möglichst zeitnahe, unvoreingenommene Zeugenaussage war dringend erforderlich. Könnten Sie mir bitte noch einmal wiedergeben, was sich ereignet hat? Eine Neunzehnjährige, die nachts um halb drei mit dem Hund spazieren geht, ist trotz allem etwas ungewöhnlich.«

Mikael Granlunds tiefer Seufzer fand ohne Schwierigkeiten seinen Weg durch den Äther.

»Aber ich habe das doch alles schon einmal erzählt«, stöhnte er.

»Ich muss es leider noch einmal von Ihnen hören«, sagte Deer mit milder Stimme.

»Püppi ist schon alt und muss nachts leider öfter raus. Wir wechseln uns damit ab. Und in dieser Nacht war Ebba an der Reihe. Sie war sowieso noch wach, saß vor Snapchat und so. Marie und ich haben geschlafen, als sie uns anrief. Ebba war außer sich, ich konnte kaum verstehen, was sie sagte. Außerdem bellte Püppi im Hintergrund. Als ich endlich verstanden habe, was passiert war, dass sie unverletzt ist und wo sie sich befindet, habe ich sofort die Polizei gerufen und bin zu ihr gelaufen. Die waren wahnsinnig schnell vor Ort, aber da war diese unausstehliche Polizistin und die hat …«

»Können wir an dieser Stelle eine kurze Pause machen?«, bat ihn Deer. »Sie haben also geschlafen, als Ebba anrief? Und was war dann?«

»Ich bin sofort rangegangen, ich wollte nicht, dass Marie von dem Klingeln aufwacht …«

»Und wohin sind Sie gegangen?«

»Aus dem Schlafzimmer, in den Flur.«

»Was haben Sie gesehen, während Sie mit Ebba telefonierten?«

»Was ich gesehen habe? Was zum Teufel …?«

»Haben Sie die Situation vor Augen? Sie sind aus dem Bett aufgestanden, um Ihre Frau nicht zu wecken. Sie hören Ihre Tochter am Telefon weinen und schreien. Was sehen Sie vor sich?«

»Ich habe aus dem Fenster gestarrt, während ich die Todesangst meiner Tochter gehört habe. Ich habe gar nichts gesehen.«

»Wohin zeigt das Fenster?«

»Nirgendwohin. Nur auf die Straße. Jetzt müssen Sie aber damit …«

»Haben Sie etwas auf der Straße gesehen?«

Zum ersten Mal entstand ein Moment der Stille in der Leitung. Vielleicht wurde dieser Augenblick sogar zum Nachdenken genutzt. Deer unterdrückte ihren Impuls, den Mann zu drängen, und gab ihm Zeit, das Gehörte zu verarbeiten. Er war überrumpelt davon, was sich plötzlich in seiner Erinnerung auftat.

»Ich …«, stammelte er schließlich.

»Es ist Nacht, sehr dunkel«, half ihm Deer. »Die dichte

Wolkendecke verdeckt den Mond, und die Felder vor dem Fenster erstrecken sich weit in die Dunkelheit. Sehen Sie dort etwas? Auf den Feldern?«

»Nein. Dort nicht. Ich habe nicht wirklich was gesehen. Ich habe mich so auf Ebba konzentriert. Ich dachte ja am Anfang, dass ihr etwas zugestoßen ist und sie verletzt wäre.«

»Aber jetzt können Sie in Ruhe hinsehen, Mikael. Was sehen Sie?«

»Ein Auto. Es kommt aus Ebbas Richtung.«

»Erzählen Sie mir von dem Wagen, Mikael.«

»Der ist weiß. Aber ich kann die Marke nicht erkennen. Obwohl. Doch. Es ist ein ganz normales schwedisches Auto.«

»Schwedisch?«

»Volvo. Es ist ein weißer Volvo.«

»Ein weißer Volvo?«

»Ein weißer V70«, sagte Mikael Granlund.

29

Montag, 5. Juni

Der Dienstwagen schob sich gemächlich durch Åkersberga.

»Sind wir uns da ganz sicher?«, fragte Berger.

Blom saß am Steuer. Sie sah zu ihm herüber.

»Dein Kontakt hat doch gesagt, dass bisher nur die Beamten von Österåker vor Ort sind«, sagte sie. »Und niemand von der NOA. Noch nicht zumindest.«

Berger nickte.

»Und wir wollen unbedingt, dass sich die NOA um diese Fälle kümmert? Mit großem Besteck?«

»Ja«, sagte Blom. »Vor allem, um zu sehen, wie Conny Landin reagiert. Jetzt kann er Deers Ermittlungen nicht mehr ignorieren. Die Strandmorde gehören alle zu ein- und demselben Fall. Er wird seinen Fehler offen eingestehen und die Richtung wechseln müssen.«

»Vermutlich«, schnaubte Berger. Sein Handy vibrierte.

»Neuigkeiten?«

»Die Kriminaltechniker sind eingetroffen.«

»Du hast wirklich überall ehemalige Kollegen, was?«

»Ich bin ja auch lange genug Bulle gewesen«, brummte Berger. »Und jetzt wird ein ganz besonders großer von ihnen die Lorbeeren ernten, weil er auf die Idee gekommen ist, diese Fälle miteinander zu verknüpfen.«

»Wenn er sich darauf einlässt, ja«, sagte Blom und bog von der Straße ab.

Sie fuhren über schmale Wege, die immer dörflicher wurden und schließlich durch ein Waldstück führten, bevor sie die letzte kleine Ansiedlung vor dem Naturschutzgebiet von Näsudden passierten. Danach kamen nur noch Pfade, auf denen definitiv kein Autoverkehr vorgesehen war. Trotzdem standen eine Menge Fahrzeuge auf der tropfenförmigen Landzunge. Die eine Hälfte waren Streifenwagen, die andere konnte Berger dem Fuhrpark der Rechtsmediziner zuordnen.

Berger und Blom stiegen aus und zögerten kurz an dem blau-weißen Absperrband, das zwischen den Baumstämmen aufgespannt worden war. Dann duckten sie sich darunter hindurch, und es gelang ihnen, den aufmerksamen Blicken des uniformierten Polizisten zu entgehen. Mit dem sie nun wirklich nicht sprechen wollten.

Sie kämpften sich durch den Wald, bis vor ihnen eine nur allzu vertraute Ansicht auftauchte. Allerdings unerwartet vertraut. Das Übliche schon, ja: Sandstrand, Felsen, die aus dem Wasser ragten, der Waldrand auf der anderen Seite der Bucht – allerdings fanden sich hier auch Felsenformationen, die bis hinunter ans Wasser reichten.

»Hier sieht es fast genauso aus wie an dem Ort, wo ich heute Nacht war«, flüsterte Blom.

»Verdächtig ähnlich?«, fragte Berger.

»Vielleicht verspottet er damit diejenigen, die seine Hinweise gefunden haben und ihnen nachgegangen sind?«

»Hinweise auf eine falsche Fährte«, grummelte Berger und sah zwischen den Baumstämmen hindurch auf den Strand.

Blom holte ihr Handy hervor und schrieb eine SMS.

Am Strand liefen mehrere uniformierte Beamte umher. Die Kriminaltechniker hatten sich ihre weißen Schutzanzüge übergezogen und angefangen, ihre Ausrüstung aufzubauen. Es war leicht, Robin unter den Weißgewandeten auszumachen. Er war wie eine Kumuluswolke zwischen lauter Schäfchenwolken. Gerade war er in sein Telefon vertieft.

Berger sah Blom über die Schulter. Ihr Handy gab ein Brummen von sich.

»Er hat geantwortet«, sagte sie. »›Was zum Teufel soll das!?!?!‹ Mit zwei Fragezeichen und nicht weniger als drei Ausrufezeichen.«

Der große Mann hob den Kopf, sein Blick war finster. Er suchte den Waldrand ab. Es dauerte überraschend lange, und als er sie entdeckt hatte, schüttelte er langsam und ergeben den Kopf. Dann wechselte er ein paar Worte mit seinen Kollegen und machte sich auf den Weg zu den beiden Sicherheitsberatern.

Er schob sie tiefer in den Wald hinein.

»Was wollt ihr hier?«

Blom zog einen wattierten Umschlag aus der Jackentasche und hielt ihn Robin hin.

»Ihr habt bei den vorherigen Fundorten etwas übersehen.«

»Ich kann dir versprechen, dass wir das nicht getan haben.«

»Das Material liegt etwas abseits von eurem Fachgebiet. Aber nichtsdestotrotz haben wir das hier sowohl beim ersten als auch beim dritten Fundort entdeckt. Und es würde mich sehr wundern, wenn wir beim zweiten Fundort nicht auch etwas Entsprechendes finden könnten.«

Blom schüttelte die beiden Röhrchen aus dem Umschlag. Man konnte die USB-Sticks durchschimmern sehen.

Robin musterte sie skeptisch.

»Habt ihr an den Fundorten herumgegraben, oder was?«

»Die Absperrbänder waren schon längst entfernt. Wir haben nichts falsch gemacht. Allerdings hatten wir es eilig. Heute ist, wie du weißt, der Fünfte. Deshalb waren wir vergangene Nacht ziemlich beschäftigt. Der Mörder hat uns auf eine falsche Fährte gelockt, und zwar mit dem USB-Stick Nummer zwei, den wir in einer Anschlussdose auf Mörkö gefunden haben. Der erste Stick lag in einem Nistkasten auf Färingsö.«

Robins Skepsis nahm mit jedem Atemzug ab. Sein Blick wanderte von den beiden Plastikröhrchen zu den beiden Nervensägen und zurück. Dann schüttelte er erneut den Kopf.

»Ich glaube sogar, dass ich diesen Nistkasten gesehen habe«, grunzte er mürrisch.

»Wir haben Handschuhe getragen und uns an die Regeln gehalten«, sagte Blom.

»Und warum kommt ihr damit zu mir?«

»Zum einen das Offensichtliche: Ihr solltet euren Suchradius vergrößern und gezielt nach so einem USB-Stick suchen; wahrscheinlich ist er in einer Dose versteckt. Zum anderen das noch Offensichtlichere: Die NOA muss anfangen, diese Fälle als *einen einzigen* zu bearbeiten. Diese USB-Sticks verbinden die Morde unbestreitbar miteinander.«

»Und ihr könnt die Sticks nicht der NOA übergeben, weil ...?«

»Zum einen könnte die Glaubwürdigkeit des übrigen Beweismaterials leiden, zum anderen würde unsere Karriere den Bach runtergehen, ganz zu schweigen von Deers.«

»Das heißt, es ist besser, wenn *ich* sie gefunden habe?«, fragte Robin und zog eine Grimasse.

»Auf jeden Fall wesentlich glaubwürdiger«, sagte Blom. »Wir sind am Ende halt doch nur Privatdetektive.«

»Sicherheitsberater, bitte, ja?«, korrigierte Berger, um wenigstens einmal zu Wort zu kommen.

»Ich weiß nicht«, sagte Robin zögernd. »Ich habe nur euer Wort, dass diese Gegenstände tatsächlich von den Fundorten stammen. Im Prinzip hättet ihr jeden falschen Beweis dort platzieren können.«

»Du hast dich vor Angelica Rocklund für uns und die Bootshaus Security AG eingesetzt!«, konterte Blom.

Robin schüttelte den Kopf.

»Her mit dem Scheiß«, sagte er dann und steckte den Umschlag ein.

»Und was habt ihr hier vorgefunden?«, fragte Berger.

»Wir sind gerade erst angekommen«, sagte Robin. »Weißer Mann, um die fünfunddreißig mit einem sehr gepflegten, stilvollen braunen Bart. Die Einstichstelle am Hals war von einem gleichermaßen stilvollen Polokragen verdeckt. Ein merkwürdiges Detail ist mir gleich aufgefallen …«

»Merkwürdige Details sind immer besonders spannend.«

Robins Blick ruhte lange auf Bergers Gesicht, dann wandte er sich demonstrativ an Blom.

»Es hat letzte Nacht stark geregnet. Trotzdem sah der Bart aus, als wäre er gerade erst gekämmt worden.«

»Bitte was?«, rief Berger.

»Der Bart ist vor Kurzem sorgfältig gekämmt geworden«, wiederholte Robin mit ruhiger Stimme.

Berger und Blom wechselten einen Blick.

»Ich hoffe sehr, dass du das später noch genauer beschreiben kannst«, sagte Berger.

Robin seufzte und machte eine ergebene Geste.

»Ich maile euch das Material nachher. Und fahre dann nach Björkö, sobald ich hier fertig bin. Nach allem, was ihr erzählt habt, nehme ich ebenfalls an, dass wir dort etwas finden werden. Und vielleicht hat sich der Mörder doch einen Schnitzer erlaubt. Es passiert schnell, dass man irgendwo seine DNA verteilt.«

Dann wandte er sich zum Gehen, drehte sich aber noch einmal um.

»Ach, eine Sache noch.«

»Ja?«

»Ich glaube, die Kollegin Rocklund möchte die Herrschaften sprechen.«

30

Montag, 5. Juni

Der junge Mann ist am Strand entlanggewatet und hat sich auf einen der flachen Felsen gesetzt, die knapp aus dem Wasser ragen. Dort hat er oft gesessen, immer an derselben Stelle, in der schmalen Spalte, die ihm Halt bot, wenn die Oberfläche glatt und rutschig von den Algen war. Er hat es geliebt, von dort kopfüber ins Wasser zu springen, weil es so flach war und man aufpassen musste, sich nicht an den scharfen Steinen am Meeresgrund zu verletzen. Sie haben von dort aus Wettkämpfe ausgetragen, ziemlich anspruchsvolle Wettkämpfe, bei denen man farbige Steine vom Meeresboden holen musste. Es ging darum, den Stein zu bekommen, der am weitesten weg lag. Das war immer der orangene, und er lag lange viel zu weit weg. Er und die anderen schafften in der Regel nur den roten und den gelben Stein.

Aber im Herbst wurde es auf einmal leichter, auch den orangenen zu erreichen. Im Herbst nach dem fünften Juli. Sie alle wurden bessere Taucher. Es muss später August oder auch Anfang September gewesen sein. Nachdem die Wunde verheilt war.

Sie wurden in fast allem besser.

Sein Blick wandert über den vertrauten Sund. Er sitzt quasi in einer Ansichtskarte. Wie eingeklemmt. Der Waldrand auf der anderen Seite hat sich nicht verändert – seit seiner Kindheit hat sich dort nichts verändert, kein einziger Baum ist dazugekommen, kein neues Haus wurde errichtet oder ein altes umgebaut. In der anderen Richtung aber – zum Strand hin – hat die Zeit Spuren hinterlassen.

Er sieht hoch, zum Panoramafenster. Nichts deutet darauf hin, dass dahinter etwas vor sich geht. Das Hauptgebäude ist so heruntergekommen, dass man es fast als verfallen bezeichnen muss. Das Dach ist an einigen Stellen eingesunken, und es war empfindlich kalt, als er Anfang des Jahres mit der Firma aus den verdreckten Kellerräumen im Vorort in die Landschaft seiner Kindheit umgezogen ist. Als er sich in Position gebracht hat.

Er beobachtet seine linke Hand, lange. Kein Zittern, nicht einmal eine Andeutung. Dann sieht er auf seine nassen Hosenbeine und taucht die Zehen ins Wasser. Paddelt mit ihnen auf und ab. Das Wasser ist kalt, aber nicht eiskalt. Es ist so, wie es sein soll, Anfang Juni.

Vielleicht ist die Natur doch nicht vollkommen aus den Fugen geraten. Vielleicht kann alles wieder eingerenkt werden.

Er atmet die frische Luft des Frühsommers ein, füllt die Lungen damit und genießt das Licht und die Helligkeit eines Tages, der das genaue Gegenteil der vorangegangenen Nacht ist.

Dieser wahnsinnige Regen.

Die Überfahrt.

Das Schlauchboot.

Aber vor allem der Mann. Der bärtige Mann. Er hat seinem Mörder in die Augen gesehen. Das hat alles nur noch schlimmer gemacht.

Der Brieföffner ist wie Butter in seinen Hals eingedrungen.

Der junge Mann schaudert, springt ins Wasser und watet zurück an Land. Dort warten ein paar Turnschuhe auf ihn. Er schlüpft ohne ein einziges Sandkorn am Fuß hinein.

Nichts scheuert an seiner Haut.

Oder anders gesagt: Nichts scheuert und kratzt an seinen

Gedanken. Das Einzige, was ihn zwickt, sind ein paar wenige Fragezeichen. Er muss sie sich ansehen. Jetzt sofort. Um vollständige Klarheit zu haben.

Er prüft den elektrischen Zaun, der das Gelände umgibt. Keine Anzeichen für weitere Eindringlinge. Aber das weiß er schon, denn die App auf seinem Handy funktioniert einwandfrei in der Zeit, in der er die Monitore nicht vor Ort überwachen kann.

Er betritt das Hauptgebäude, wobei sein Blick nicht auf das Scharfschützengewehr fällt, auch nicht auf die Monitore an den Wänden und erst recht nicht auf die Notizbuchseiten an der Wand. Er hat alles verinnerlicht. Er kann jedes Wort auswendig. Aber nur, um alles vernichten zu können, wenn es erledigt ist.

Wenn die Ordnung wieder hergestellt ist.

Wenn die Vergangenheit nicht mehr verrottet riecht.

Wenn das Papier wieder weiß ist.

Der junge Mann setzt sich an den einzigen Tisch im Raum. Er zupft an der blau-grün karierten Tischdecke, glättet sie. Dann legt er eine flache Tasche auf den Tisch, holt einen Laptop heraus, klappt ihn auf und starrt in das unbarmherzige grelle Licht des Bildschirms. Er tippt das Passwort ein, klickt sich durch ein System aus Ordnern und öffnet schließlich einen, der schlicht »Video« heißt.

Er taucht noch ein bisschen tiefer in die Weiten seines Rechners und findet den Ordner »B«.

B wie Blidö und Brevik.

In dem Ordner sind zwei Filme gespeichert. Er öffnet den ersten. Das Bild auf dem Monitor wird grünlich, körnig. Man sieht Bäume, dann einen Weg mit Pfützen, und das Körnige entpuppt sich als die Ringe in den Pfützen. Es ist mitten im Wald. Vor dem grünlichen Hintergrund sieht man den starken Regen. Es ist unverkennbar Nacht, und alles ist grün, weil es sich um eine Infrarotkamera handelt. Dann kommt Bewegung ins Bild.

Der Film hat keinen Ton, aber man spürt trotzdem, dass sich etwas nähert. Eine Erschütterung, ein Windhauch. Der Wagen, der dann plötzlich im Bild auftaucht, ist keine Überraschung mehr. Die Infrarotkamera verhindert, dass man die Farbe erkennen kann, man sieht nur, dass er dunkel ist. Das Kennzeichen kann man dagegen teilweise entziffern. Er lässt den Film langsamer laufen. Wie in Zeitlupe fährt das Auto auf die Kamera zu. Die Motorhaube ist kaum zu erkennen in dem Regen, und trotz der Zeitlupe bewegen sich die Scheibenwischer wie in Höchstgeschwindigkeit.

Der junge Mann hat die Maus in der Hand und wartet auf den richtigen Augenblick. Genau an dieser Stelle hat er eine Art Blitz gesehen, als er die Daten von den Kameras in Blidö und Brevik heruntergeladen hat. Aber der Blitz ist sofort wieder verschwunden. Er zoomt auf die Windschutzscheibe und lässt den Film langsam weiterlaufen.

Und dann sieht er es. Das Gesicht.

Wie es typisch ist für Aufnahmen mit einer Infrarot- oder Wärmebildkamera, kann man auch hier keine Details erkennen. Das Gesicht taucht hohläugig aus dem Nichts auf, wie in Edvard Munchs *Der Schrei*. Aber es ist unverkennbar eine Frau. Und sie muss blondes Haar haben. Für den Bruchteil einer Sekunde ist sie im Bild, dann verschwindet sie wieder in der Dunkelheit.

Als der junge Mann den Film erneut abspielt, richtet er seine Aufmerksamkeit nicht länger auf die Windschutzscheibe, sondern auf das KFZ-Zeichen. Die ganze Abfolge ist nicht zu entziffern, aber er sieht einzelne Buchstaben, hier und dort eine Zahl, und als der Wagen aus dem Bild fährt, hat er immerhin vier von sechs Zeichen auf seinen Notizblock gekritzelt.

Dann öffnet er den zweiten Film, von Brevik. Hier hat es etwas länger gedauert, aber jetzt ist er sich ziemlich sicher, dass er unter den nächtlichen Autofahrern auf Tyresö den richtigen gefunden hat.

Hier ist alles besser zu erkennen. Der Regen ist weniger stark, die Straße ist breiter und weniger holperig. Es ist viel leichter, ein Gesicht hinter der Windschutzscheibe auszumachen – ein Mann, allein, obwohl auch er hohläugig und nicht identifizierbar ist. Außerdem ist es wesentlich einfacher, das Nummernschild zu lesen.

Der junge Mann muss nicht einmal sonderlich nah heranzoomen, um das Kennzeichen zu sehen. Bis auf den ersten Buchstaben, der ein H oder ein M, vielleicht sogar ein R sein könnte.

Im Zentralen Fahrzeugregister findet er einen älteren Herrn in Småland, eine junge Frau aus Göteborg und eine Firma namens Bootshaus Security AG in Sollentuna, nördlich von Stockholm. Er prüft den Fuhrpark der Firma. Ein weiterer Wagen ist eingetragen, und das Kennzeichen stimmt mit den vier Zeichen überein, die er sich vorhin notiert hat.

Zwei Wagen von der Firma Bootshaus Security, zur selben Zeit und jeweils an den Orten, auf die er mit dem letzten USB-Stick hingewiesen hat.

Der junge Mann lächelt.

Und er ist die ganze Zeit davon überzeugt gewesen, dass er Perlen vor die Säue geworfen hätte und ihm kein Polizist auf die Spur gekommen wäre. Er hatte sich damit abgefunden, dass seine zusätzlichen Bemühungen lediglich bewiesen, dass ihm niemand das Wasser reichen konnte.

Es sind gar keine Polizisten.

Aber was genau verbirgt sich hinter der Bootshaus Security AG? Er googelt und findet eine Webseite mit einer schwedischen und einer englischen Version: »*Bootshaus Security AG accepts big and small assignments in connection with industrial espionage, insurance frauds, infidelity cases and cybersecurity.*«

Eine Sicherheitsfirma? Sicherheitsberater?

Privatdetektive?

Wieso? Wer hat sie beauftragt? Was für ein Spiel läuft da hinter den Kulissen ab?

Der junge Mann bemerkt, dass sein Lächeln zu einem breiten Grinsen wird. Wie wunderbar wäre es, wenn er ernst zu nehmende Gegner hätte. Wenn es zu einem intellektuellen Kräftemessen käme. Obwohl er da nicht wirklich dran glauben mag. Er ist zu klug für sie, ganz gleich, wer sie sind.

Auf der anderen Seite haben sie nicht nur die USB-Sticks gefunden, sondern waren auch in der Lage, seine Symbole zu rekonstruieren. Um nämlich in Brevik beziehungsweise auf Blidö zu landen, musste jemand auf das umgedrehte Kreuz und den Doppelpfeil kommen.

Und das Ganze hat nichts mit der Polizei zu tun, sondern mit einer anderen Instanz, die in der Lage ist, richtige Profis zu beauftragen. Profis, die er bisher nicht in Schweden, im Land der Amateure, vermutet hätte. Ein Land, in dem die Quantität eine größere Rolle spielt als die Qualität.

Kann es sein, dass …? Nein, undenkbar. Die haben keine Ahnung. Das ist vollkommen unmöglich.

Nicht DIE.

Er starrt eine Weile aus dem großen Panoramafenster. Das Lächeln in seinem Gesicht ist noch nicht verschwunden. Er ist zufrieden. Sogar die Klugen sind in seine Falle gelaufen. Aber es bleibt ein Hauch von Verwirrung.

Wer oder was ist die Bootshaus Security AG?

Er durchforstet die Webseite. Die Namen der Verantwortlichen werden grundsätzlich erst nach einem persönlichen Kontakt preisgegeben – was ein gutes Zeichen ist und auf eine seriöse Firmenpraxis schließen lässt. Er setzt seine Google-Recherche fort und wird am Ende fündig.

Der Geschäftsführer ist ein gewisser Samuel Berger.

31

Montag, 5. Juni

Der Pitbull Terrier, der auf den Namen Noa hörte, raste wie wild über die Wiese auf sein Herrchen zu und ließ dann den großen, vollgesabberten Stock vor dessen Füße fallen. Das Herrchen hob den Stock auf und schleuderte ihn mit voller Kraft wieder weg, strich sich über seinen beeindruckend üppigen Schnauzer, zog seine Jeansjacke zurecht und setzte seinen Spaziergang durch den Park fort.

Sein Name war Conny Landin, und er war Hauptkommissar bei der NOA, der Nationalen Operativen Abteilung der Polizei.

Der Fagerlidspark war unter Umständen der größte Park im Bezirk Hökarängen und trotzdem sehr überschaubar. Die Sonne schien, wie sie es nur im Frühsommer tat, der Rasen war noch ganz feucht von dem nächtlichen Wolkenbruch.

Landin spazierte durch den Park und hielt sein Gesicht in die milde Sonne. Er spürte förmlich, wie sie seine Sorgenfalten glättete. Noa kam erneut keuchend mit seiner Beute auf ihn zugerannt. Aber dieses Mal stieg Landin über den Stock, statt ihn zu werfen. Der verwirrte Hund schnappte sich den Stock und verschwand damit im Gebüsch.

Der Park war relativ leer an diesem Montag, obwohl es gegen Mittag war. Aber das kam ihm nur gelegen.

Er setzte sich auf die Parkbank. Noa tauchte wieder auf und legte dieses Mal den Stock direkt auf die Füße seines

Herrchens. Landin sah kurz auf die Uhr, bevor er den Kopf seines Hundes packte, ihn schüttelte und dann umarmte. Dass dabei jede Menge Sabber auf seiner Jeansmontur landete, störte ihn nicht. Es gehörte dazu. Das war sein Alltag.

Und diesen Alltag liebte er.

Der Alltag hielt ihn über Wasser.

Dann verschwand der Hund wieder zwischen den Bäumen. Conny Landin lächelte. Er beneidete Noa.

Ja, so war es tatsächlich. Er beneidete ihn um sein Dasein als Hund, als Tier. Diese wunderbare Klarheit und Einfachheit. Nur das Leben, kein Bullshit. Vergiss die Vergangenheit, pfeif auf die Zukunft. Nur im Hier und Jetzt leben und jeden Augenblick maximal genießen.

Stattdessen hatte er das hier.

Er spürte, wie die Sorgenfalten auf seine Stirn zurückkehrten. Dann sah er erneut auf die Uhr. Noch fünf Minuten.

Er hob den Blick in den Himmel. Zarte Federwolken zogen weiche Striche durch das helle Sommerblau.

Das war schon alles, was er wollte, was er die letzten zwanzig Jahre gewollt hatte. In Ruhe mit Noa an seiner Seite alt werden. Ein Leben mit viel Bodenhaftung, so nah an seiner Heimat in Hökarängen wie möglich.

Manchmal dachte er an Monica. Er hatte es vermasselt, die Chance auf ein gutes Leben vermasselt. Nachdem er endlich – nach vielen jugendlichen Fehlern – eine Chance bekommen hatte.

Conny Landin schüttelte den Kopf. Die Sonnenstrahlen brannten auf seiner blassen Winterhaut. Aber es fühlte sich wunderbar an. Inmitten des ganzen Wahnsinns.

Jetzt stand er kurz vor dem Ziel, alles in den sicheren Hafen zu bringen. Seine Pensionierung lag in greifbarer Nähe. Es musste doch machbar sein. Er war gezwungen, daran zu glauben. Dass es möglich und machbar war.

Sein Handy klingelte, und zeitgleich kam Noa mit einem großen, nassen Stock aus dem Gebüsch angestürmt. Conny

Landin griff danach und schleuderte ihn so weit weg wie möglich, in einer Wolke aus Speichel, in der sich die Sonnenstrahlen verfingen.

Der Stock flog sehr weit weg.

Dann rieb er sich die Hand an der Parkbank ab, sah auf die Uhr und ging ans Telefon.

»Ja, hier Conny«, sagte er.

Er schwieg fast eine halbe Minute lang.

»Ja, das ist unumgänglich«, sagte er dann. »Wir müssen die Fälle übernehmen und sie als einen einzigen bearbeiten. Obwohl wir genau genommen wussten, dass …«

Er verstummte abrupt. Die Sorgenfalten wurden mit jeder Sekunde, die er schwieg, tiefer und tiefer. Schließlich bekam er wieder die Gelegenheit, etwas zu sagen.

»Uns ist es immerhin gelungen, die Fälle lange nur intern zu behalten. Ganz zu schweigen von der anderen Sache. Das ist vollkommen intern. Ich habe meinen jüngsten Kollegen drangesetzt …«

Wieder kam er nicht zu Wort. Aber er kannte es nicht anders. Und wer war er schon, dass er sich beschwerte?

»Ja, genau«, sagte er. »Örjan Bruun.«

Er hörte zu. Es gab keine Neuigkeiten. Keine neuen Direktiven. Aber der Ton war schärfer geworden. Eine kurze Atempause auf der anderen Seite gab ihm Gelegenheit, etwas einzuwerfen.

»Ich kann mir nicht vorstellen, dass es bis zum fünften Juli dauern wird. Aber …«

Er bekam keine weitere Chance. Stattdessen ließ er das Handy sinken und starrte auf das schwarze Display.

Er wollte das nicht.

Er wollte es wirklich nicht.

Aber jetzt gab es keinen anderen Ausweg. Er musste da durch. Er wollte nur nicht sterben.

Zwischen den gepflegten Laubbäumen an den kleinen Hängen des Fagerlidsparks kam Noa auf sein geliebtes Herrchen zugestürmt, im Maul den Stock, mit dem er sich offenbar ausgiebig beschäftigt hatte.

Als Landin seinen über alles geliebten Pitbull auf sich zukommen sah, war das wie ein Abbild des Lebens selbst. Das Leben, das es wert war, gelebt zu werden. Für das es sich zu kämpfen lohnte, damit man weitermachen konnte.

Als hätte Noa die Gefühlsregung seines Herrchens gespürt, ließ er den Stock in einiger Entfernung fallen und rannte auf ihn zu. Conny Landin nahm ihn in die Arme und drückte ihn fest an sich. Er spürte das Leben.

Dann trug er den massiven Hund ein paar Meter weit, setzte ihn wieder auf den Boden, nahm den Stock und schleuderte ihn zwischen den Bäumen hindurch.

Als er den Blick wieder hob, sickerten die Sonnenstrahlen durch das hellgrüne Laub und verwandelten den ganzen Park in eine schimmernde Lichtquelle.

Eine Amsel sang ihr Lied.

Conny Landin wollte nicht sterben.

Er nahm sein Telefon und wählte eine Nummer, um noch ein ganz anderes Gespräch zu führen.

32

Montag, 5. Juni

Nachdem Deer bei achtzehn Baumärkten angerufen hatte, war sie mit ihrer Geduld am Ende. Das Problem war nicht nur, dass es so viele gab. Es war nicht einmal sicher, dass die Äxte in einem Baumarkt gekauft worden waren. Aber es war bisher ihr einziger Ansatzpunkt.

Von den achtzehn Baumärkten hatten vier in den vergangenen zwei Monaten an einen einzelnen Kunden mehr als eine Axt der Marke Fiskars, Modell X17, verkauft. Vier Treffer war eigentlich ein unerwartet gutes Ergebnis. Aber es würde Zeit kosten, die Käufer ausfindig zu machen, vor allem in Deers momentaner Lage. Sie konnte nur hoffen, dass Örjan den Hinweis annahm, den sie ihm zugespielt hatte, bevor sie von den Ermittlungen abgezogen worden war. Den Hinweis auf die nagelneuen Äxte.

Genau genommen aber wartete sie.

Auf eine Mail.

Die Melancholie des Wartens kämpfte mit der Agonie der Ungewissheit um die Herrschaft über Deers Laune. Was wäre, wenn die NOA in den vergangenen beiden Stunden zu Verstand gekommen war, sich mit Birgit in der Immobilienfirma Tumbabyggen in Kontakt gesetzt, die falsche Polizistin entlarvt und ihr Telefon angezapft hatte? Dann wäre sie geliefert – ab ins Gefängnis, nicht über Los!

Während sie wartete und sich mit solchen Gedanken

quälte, ging sie die Liste mit den Baumärkten ein weiteres Mal durch. Sie hatte alle aufgeschrieben, die ihr eingefallen waren: K-Rauta, Byggmax, Beijer Bygg, Bauhaus, Hornbach, Woody. Hatte sie einen übersehen? Es gab selbstverständlich auch kleinere Geschäfte, die nicht zu den multinationalen Ketten gehörten. Und, nicht zu vergessen, die Eisenwarenhändler. Und die Anbieter von Baumaterial im Netz.

Es war auf jeden Fall ein riesengroßes Projekt für eine allein operierende, suspendierte Polizistin mit instabiler und vor allem illegaler Verbindung zum internen Netzwerk der Polizei.

Dann kam die Mail.

Birgit hatte auch jetzt noch keinen Nachnamen, aber ihr Arbeitgeber – Tumbabyggen – war in der Adresse des Absenders zu sehen.

»Ich habe das gesamte Archiv durchsucht und muss Ihnen leider mitteilen, dass der Originalvertrag zwischen Tumbabyggen und der Abaddon AG nicht auffindbar ist.«

Deer las die unbeschönigte Nachricht mehrmals durch, dann wählte sie eine Nummer und hoffte, dass Birgit ihr Telefon nicht ausgeschaltet hatte.

Zum Glück war das nicht der Fall.

»Folgendes«, sagte Deer. »Welcher Ihrer Vorgesetzten wäre vor etwa einem Jahr für den Vertrag zwischen der Tumbabyggen AG und der Abaddon AG verantwortlich gewesen? Wer war damals für diesen separaten Wohnungspool zuständig?«

Deer kannte die Sorte von Schweigen, die folgte. Sie ließ es zu, bis Birgit aus eigenen Stücken zu sprechen begann, sehr leise.

»Aber, ich kann nicht …«

»Dann wird mir nichts anderes übrig bleiben, als Sie mit aufs Präsidium zu nehmen und dort zu verhören«, spielte Deer ihren Trumpf aus.

»Es war mein Chef«, flüsterte Birgit.

*

Deer ging die Adressen der Bankfilialen durch, in denen die Monatsmieten für die Junkiewohnung im Storvreten bar eingezahlt worden waren. Am liebsten hätte sie die Standorte in eine Karte eingezeichnet, weil sie das Gefühl hatte, dass sich ein Muster erkennen lassen würde.

Aber das konnte sie jetzt nicht machen, weil sie in einem Taxi des Fahrdienstes saß und die Vororte im Süden von Stockholm an sich vorbeiziehen sah. Es war ein schöner, sonniger Tag Anfang Juni, und für einen kurzen Moment konnte sie die Freude auf den bevorstehenden Sommer zulassen.

Wer war sie vor exakt einem Jahr gewesen? Sie konnte sich sehr gut daran erinnern. An die Vorbereitungen für Mittsommer, den sie bei Johnnys Eltern in Näcke feiern wollten. Sie hatte eine Therapie wegen einer posttraumatischen Belastungsstörung hinter sich, nachdem sie lange unter Albträumen, Schlaflosigkeit und Panikattacken gelitten hatte – das alles Folgen mehrmonatiger Ermittlungen mit Berger und Blom. Aber als der Sommer kam, hatte sie es auf die andere Seite geschafft. Sie konnte sich an das Gefühl erinnern, als sie die Tür ihres Reihenhauses in Skogås hinter sich abschloss und auf das vollbepackte Auto zuging. Sie spürte mit großer Deutlichkeit, dass sie das Leben endlich wieder genießen würde.

Sie hatte noch andere schöne Erinnerungen aus dieser Zeit. Sie saß auf der Terrasse ihres kleinen Sommerhäuschens am Hjälmaren-Strand und sah ihrer Tochter Lykke zu, wie sie sich von ihrem Vater losriss, über den Badesteg rannte und ins Wasser sprang. Die Gefühle kamen jetzt wieder hoch – die Erinnerung an den Stolz und die Liebe, die unauslöschlich war. Sie trug sie für immer in sich, auch wenn sie sterben würde. Ihre Tochter war so groß geworden. Johnny war zwar ein ziemlich athletischer Vierzigjähriger, aber gegen seine Tochter hatte er keine Chance. Sein Gesichtsausdruck, als er sich vollkommen überrumpelt zu ihr umdrehte, war unbezahlbar gewesen.

Deer kicherte und rieb sich das Auge. Zwei Monate später nur war sie in ihrer persönlichen Hölle gelandet. Obwohl sie das damals natürlich nicht ahnen konnte. Es war, als würde sie in eine andere Zeit zurückblicken, eine naivere Zeit.

Die Vororte waren in ein sanftes Licht getaucht. Die Stadt wirkte verblüfft darüber, dass sich die Jahreszeiten tatsächlich erneut zu einem Wechsel entschieden hatten.

Ihr Telefon klingelte.

»Hallo, Mikael hier.«

»Hallo, Mikael«, antwortete Deer sofort und so neutral wie möglich, um ihm die demütigende Pause zu ersparen, die nichts anderes bedeuten würde, als dass sie keine Ahnung hatte, wer da anrief. Ihre Erfahrung hatte sie gelehrt, dass sich die Ratlosigkeit meist nach dem ersten Wortwechsel auflöste.

Solange es sich nicht um einen Vertreter handelte, natürlich.

»Ich hatte ja gesagt, dass ich mich an nichts erinnere«, sagte er. »Aber jetzt sind plötzlich wieder Bilder aufgetaucht.«

Oha, dachte Deer. Leider konnte sie den Anrufer noch immer nicht zuordnen. Je mehr Zeit verstrich, desto peinlicher würde es werden, ihr Unwissen einzugestehen.

»Von wo rufen Sie an?« Sie entschied sich für eine vollkommen unbedeutende Frage, um Zeit zu gewinnen.

»Was spielt denn das jetzt für eine Rolle ...«

Er wurde von einem Jaulen unterbrochen.

»Sei still, Püppi!«, brüllte Mikael.

Püppi. Deer seufzte erleichtert auf. Sie hatte Mikael Granlund am Apparat, den Vater der Zeugin in Eskilstuna. Und er hatte sich beim letzten Telefonat an einen weißen Volvo V70 erinnert.

»Vielen Dank für Ihren Anruf, Mikael. Was für Bilder sind es denn?«

»Also, ich meine mich an eine Delle zu erinnern ...«

Routiniert öffnete Deer die Notizbuch-App in ihrem Handy – die sie statt eines Papierblocks benutzte.

Weißer Volvo V70. Delle?

»Und wo war diese Delle?«, fragte sie.

»Vorn am Scheinwerfer«, sagte Mikael Granlund. »Es war ein altes Modell, und es sah ziemlich runtergerockt aus. Schmutzig. Mindestens zehn Jahre alt, würde ich sagen.«

»Okay, danke.«

Granlund legte auf.

Deer betrachtete ihre Aufzeichnungen.

Sie konnte nicht behaupten, auch nur das kleinste bisschen klüger geworden zu sein.

33

Montag, 5. Juni

Der Bart ist vor Kurzem sorgfältig gekämmt geworden.

Normalerweise wäre Sam Berger über so eine Äußerung hinweggegangen und hätte weitergemacht wie bisher. In diesem Moment aber konzentrierte er sich ganz auf die Gesichtsbehaarung und studierte jede einzelne Haarsträhne – vor allem, um nicht den Rest sehen zu müssen.

Den Rest *zu hören* konnte er nicht vermeiden. Er zählte mit, wenn die Säge lauter wurde. Als er bei sieben war – den sogenannten »wahren Rippen« –, hielt er sich die Ohren zu.

Dann waren die Rippen der einen Körperhälfte durchtrennt und der Brustkorb konnte aufgeklappt werden.

Als er den Blick von der eingehenden Betrachtung des Bartes nahm, versuchte er, sofort auf das konzentrierte Gesicht von Angelica Rocklund zu wechseln. In die Augen sehen konnte er ihr nicht, denn ihr Blick war nach unten gerichtet. In ihren Ohren steckten schnurlose Kopfhörer.

»Auf den ersten Blick nichts Auffälliges«, sagte sie. »Das Herz sieht gesund aus, dasselbe gilt für die Leber, den Magen und die Lunge. Ich gehe jetzt auf die Details ein.«

Aber dazu kam es nicht.

Stattdessen zog sie ihre Handschuhe aus, nahm die weißen Air Pods aus den Ohren, ging zu ihrem Handy, das auf dem Beistelltisch lag, und beendete die Aufnahme. Dann wandte sie sich an Berger und Blom.

»Wie gesagt, auf den ersten Blick nichts Auffälliges«, wiederholte sie. »Obwohl das nur die halbe Wahrheit ist. Mein Eindruck, dass sie alle ungesund aussehen, hat auch hier Bestand.«

»Ungesund?«, fragte Berger.

»Die Opfer sehen nicht aus, als wären sie viel an der frischen Luft gewesen, das stimmt.« Molly Blom nickte. »Diesen Eindruck haben Sie schon vor einer Woche geäußert, Angelica. Robin meinte, dass Sie Ihrem Gefühl dann auch die Wissenschaft zur Seite gestellt hätten. Und zwar bevor dieser Bärtige hier ins Spiel kam.«

Rocklund musterte sie. Dann zeigte sie auf besagten Bärtigen.

»Lassen Sie uns noch einen Moment bei diesem Kandidaten verweilen.«

Berger zwang sich hinzusehen.

»Die Todesursache ist der große Blutverlust, ihm wurde die Halsschlagader durchtrennt. Die Mordwaffe ist ein dünnes, schmales Messer, ein Bajonett oder ein Brieföffner, etwas in der Art. Ein sauberer Stich in den Hals, dann seitliche Schnittbewegungen, bis die *Arteria carotis communis* gekappt wurde. Aber sehen Sie sich das hier an«, sagte sie und zeigte auf eine Stelle an der Hüfte des Toten.

Berger und Blom betrachteten die Hautverfärbung, die sich bis zu seinem Geschlecht zog. Der Fleck war lila und ziemlich groß, viel größer als die Flecken, die auf den Obduktionsfotos der anderen Opfer zu sehen gewesen waren.

»Ich würde sagen, dass wir es hier mit derselben Rötung zu tun haben wie auf dem Rücken des weiblichen Opfers und an zwei, drei kleineren Stellen des männlichen Opfers von Fundort drei. Allerdings war es nicht einfach, die Ursache zu identifizieren.«

Doktor Rocklund machte einen Schritt zurück und hob die Arme, zeigte in den großen Obduktionssaal.

Erst jetzt bemerkte Berger, dass der Raum wie eine riesige,

minimalistisch dekorierte Theaterbühne aussah. Hell und sauber. Oder vielleicht sogar die Bühne für eine Modern-Dance-Aufführung. Extrem schlicht, teilweise mit weißen Tüchern abgedeckt und bestückt mit Körpern, die ebenfalls unter weißen Laken verborgen lagen.

»Deshalb habe ich das ganze Ballett zusammengerufen«, sagte Rocklund und zeigte auf die unebenen Laken. »Damit Sie den ganzen Totentanz sehen können.«

Sie trat an die benachbarte Bahre, auf der ebenfalls eine zugedeckte Leiche lag. Berger und Blom folgten ihr wie zwei verwirrte Praktikanten. Sie zog das Laken beiseite. Die schöne Leiche strahlte eine auffallend intensive Kälte aus.

»Opfer Nummer drei«, sagte Rocklund. »Mörkö. Ein Mann um die dreißig. Todesursache: Kopfschuss. Aber sehen Sie sich das hier an – sehen Sie die Rötung? Und dann diese Narbe. Meine einzige Entschuldigung für den Irrtum ist meine Überzeugung, dass wir es mit einer Blinddarmnarbe zu tun haben könnten, und tatsächlich fehlte dem Opfer auch der Blinddarm. Aber bei einer weiteren Obduktion, die zum Glück von der lokalen Dienststelle in Auftrag gegeben wurde, stellte sich heraus, dass eine zusätzliche Operation vorgenommen wurde. Vermutlich sogar gleichzeitig. Und zwar die Entnahme des Knochenmarks.«

»Wie bitte?«, fragte Berger. »Von innen?«

»Ganz genau. Von innen, direkt in die Wirbelsäule. Der Tote weist außerdem einen kritischen Mangel an Rückenmarksflüssigkeit auf. So etwas entdeckt man nicht bei einer Standardobduktion.«

»Man hat bei ihm Knochenmark entfernt?«

»So sieht es aus, ja. Und dann haben wir hier noch die geröteten und bläulichen Flächen von der Hüfte hoch bis zum Bauch. Am Anfang habe ich das als natürliche Verfärbung gedeutet, als Leichenflecken. Ich bin auch dann nicht weitergekommen, als ich alle drei Opfer miteinander verglichen habe. Aber wenn wir hier hingehen …«

Der makabre Totentanz wurde fortgesetzt. Angelica Rocklund hob das Laken einer dritten Leiche. Der Vorhang ging auf, und zu sehen war der Körper der jungen Frau, die auf Björkö gefunden wurde. Sie lag, anders als die beiden Männer davor, auf dem Bauch. Rocklund zeigte auf ihren unteren Rücken.

»... sehen wir *in diesem Bereich* kleine Schuppen auf der Haut. Leider kann ich nicht genau diagnostizieren, worum es sich dabei handelt. Aber nachdem wir uns unterhalten haben, Blom, habe ich mich mit einer Reihe von Dermatologen beraten, und die ...«

»Mit Dermatologen?«, unterbrach Berger sie fragend.

»Mit Hautärzten«, erklärte Rocklund. »Experten für die menschliche Haut. Und die waren sich keineswegs einig, da es sich um eine sehr unspezifische Rötung der Haut handelt. Aber am wahrscheinlichsten erscheint Kälte als Erklärung für diese Flecken.«

»Kälte?«, wiederholte Berger.

»Frostschäden. Erfrierungen, ja.«

»Bei allen vieren?«, fragte Blom.

»Die erste Leiche ist eine ganz andere Geschichte ...«

»Der alte Mann hatte also keine Erfrierungen?«

»Nein«, sagte Angelica Rocklund und machte sich auf den Weg zum letzten, vierten Laken. Sie neigte ihren Kopf auf die Seite und musterte das Paar, das ihr bei ihrem makabren Rundgang brav gefolgt war.

»Dieser Fall ist etwas anderes«, sagte sie. »Hier haben wir es mit einer ganz anderen ... Mordenergie zu tun.«

Niemand hinterfragte, ob »Mordenergie« ein rechtsmedizinischer Fachbegriff war. Mit einem Seufzer hob Rocklund das Laken an. Es wurde still. Mucksmäuschenstill.

»Acht Messerstiche ins Gesicht klingen nicht so schlimm, wie sie dann aussehen«, sagte sie.

Berger und Blom mussten ihr vollumfänglich recht geben. Wenn man jedoch den Blick einmal von dem zerstörten

Gesicht gelöst hatte, offenbarte sich – trotz der sehr dilettantisch zugenähten Narbe über dem Brustkorb – ein ungewöhnlich drahtiger Körper.

»Es ist sonderbar, dass man sehen kann, dass es ein älterer Mann ist, nicht?«, sagte Rocklund. »Die medizinische Bestimmung seines Alters hat meine erste Schätzung um die siebzig bestätigt. Aber rein äußerlich gibt es einige Anhaltspunkte, die einen unerfahrenen Betrachter täuschen könnten.«

»*Ich* würde so viel älter und fertiger aussehen, wenn ich dort liegen würde«, brummte Berger.

Dann tat Rocklund etwas Unerwartetes. Sie nahm den Penis des Toten, bog ihn zur Seite und zeigte ihnen eine Stelle.

»Können Sie diese Narbe sehen?«, fragte sie.

Zögerlich beugten sich Berger und Blom vor.

»Aller Voraussicht nach handelt es sich hierbei um eine Penisvergrößerung«, sagte die Rechtsmedizinerin.

»Gibt es so etwas überhaupt?«, fragte Berger.

»Klar«, erwiderte Blom und wich seinem erstaunten Blick aus.

»Das ist ein komplizierter und chirurgisch riskanter Eingriff«, fuhr Rocklund fort. »Und als ich diese Narbe entdeckt hatte, war das quasi der Schlüssel zu den anderen, kaum sichtbaren Narben.«

Während sie weiterredete, hob sie Körperteile an und zeigte auf die betreffenden Stellen.

»Ich habe die alle bei meinem ersten Durchgang übersehen. Wenn pathologische Untersuchungen in Stresssituationen nur routinemäßig durchgeführt werden, kann das Ergebnis schnell rudimentär werden. Ich möchte den Herrschaften an dieser Stelle auch danken, dass Sie mich zu einer zweiten Obduktion bewegt haben. Nun ja. Die meisten dieser Narben sind Folgen von plastischer Chirurgie, Hautstraffungen oder Hauttransplantationen, und ich habe auch

Spuren einer Fettabsaugung gefunden. Aber dann gibt es noch Narben, mindestens genauso unsichtbar, die von anderer Qualität sind. Sehen Sie, hier, und da.«

Beide nickten. Sie konnten es deutlich sehen. Kleine, dünne, absichtlich minimale Narben, deren Ränder anders waren als die der Schönheitsoperationen.

»Behalten Sie das alles im Hinterkopf«, sagte Rocklund und zeigte auf eine ebenfalls kaum sichtbare Narbe auf Höhe des Nabels.

Sie ging mit Berger und Blom im Schlepptau zurück an die Bahre, auf der die junge Frau auf dem Bauch lag.

»Ich befürchte, dass ich jetzt ein bisschen Hilfe brauche«, sagte sie.

Vor diesem Moment hatte Berger schon die ganze Zeit Angst gehabt. Trotzdem befolgte er alle Anweisungen, und kurz darauf hatten sie die überraschend leichte Frauenleiche auf den Rücken gedreht. Er schluckte, unterdrückte den Würgereiz – der lange nicht nachlassen wollte.

»Vergleichen Sie die Stelle«, sagte Rocklund und legte ihren Zeigefinger an einen Punkt oberhalb des Nabels. »Auch das habe ich vollkommen übersehen«, gestand sie ohne Umschweife. »Inzwischen bin ich ziemlich sicher, dass ich auch bei dem Bärtigen eine ähnliche Narbe finden werde. Und glauben Sie mir, ich werde sehr sorgfältig suchen.«

»Das bezweifle ich nicht«, sagte Berger.

»Wir sehen, dass die Narbe sich exakt an derselben Stelle befindet. Bei ihr und beim Körper des alten Mannes.«

»Etwa auf Höhe der Leber?«, schlug Blom vor.

»Nicht nur etwa. Obwohl das vorerst eine Hypothese bleiben muss. Lassen Sie uns weitermachen.«

»Ich verstehe nicht …«

»Die Leber der unbekannten Toten ist wesentlich verbrauchter als alle anderen Organe. Das Innenleben des älteren Herrn hingegen, sämtliche Organe, waren in bester Verfassung, als er die schlechte Idee hatte zu sterben.«

»Meinen Sie damit, dass ...?«

»Ich bin Wissenschaftlerin«, unterbrach ihn Rocklund. »Ich meine nichts, was sich nicht mit wissenschaftlichen Beweisen belegen lässt. Aber es gibt die *Möglichkeit,* dass diese Opfer alle etwas miteinander zu tun haben.«

Blom sah sie an.

»Wie zum Beispiel, dass sie ... *ihre Lebern getauscht* haben? Ist so etwas denn möglich?«

Angelica Rocklund schnitt eine Grimasse.

»Es müsste anhand einer speziellen genetischen Analyse ermittelt worden sein, ob die beiden kompatibel waren, aber wenn das der Fall ist, dann wäre so etwas möglich, ja. Und wenn wir schon von genetischen Analysen sprechen ...«

Sie machte ein paar Schritte zur Bahre des ersten Opfers und zeigte auf sein entstelltes Gesicht.

»Das hier sind übrigens Zahnprothesen.«

»Was?«, rief Berger, ohne hinzusehen. »Falsche Zähne?«

»Eher eine Reihe von aufwendigen Implantaten. Alle künstlichen Zähne wurden im Kiefer verankert, einer nach dem anderen, alle achtundzwanzig Stück. Die Weisheitszähne nicht mitgezählt. Das erklärt auch, warum es keinen Zahnstatus gibt – dieser zahnchirurgische Eingriff wurde wahrscheinlich im Ausland durchgeführt.«

»Das ist ja ein riesiger Eingriff ...«

»Allerdings.« Rocklund nickte. »Kein Risiko, jemals Karies oder Zahnstein zu bekommen. Die sind für die Ewigkeit entworfen worden.«

»Gilt das nicht für alles?«, fragte Molly Blom.

Die beiden anderen starrten sie verständnislos an.

»Von Anfang an haben wir das erste Opfer als einen Siebzigjährigen beschrieben, der überdurchschnittlich gut in Schuss war. Jetzt langsam begreifen wir auch, warum. Penisvergrößerung, plastische Chirurgie, Zahnimplantate und eventuell Organtausch – hier geht es doch um die *Jagd nach dem ewigen Leben*?«

Rocklund nickte vielsagend.

»Das würde möglicherweise auch die DNA-Problematik erklären. Erinnern Sie sich, was ich Ihnen das letzte Mal erzählt habe? Dass ich uneindeutige Befunde zu seiner DNA erhalten haben?«

»*Inconclusive*«, sagte Blom.

»Ich habe die Probe im Anschluss nach England geschickt, und wir haben letzte Woche ein vorläufiges Ergebnis bekommen. Im Klartext stand dort: ›Wie kann es sein, dass ihr eure DNA-Proben nicht unter Kontrolle habt?‹ Ich konnte die Kollegen überreden, ihre Tests noch einmal auszuweiten. Und das Ergebnis kam heute Morgen.«

Rocklunds Blick ruhte auf dem entstellten Gesicht des alten Mannes.

»Es hat eine ganze Zeit lang so ausgesehen, als hätten wir fremde DNA benutzt, soll heißen, als wären die Proben des Opfers durch fremde DNA kontaminiert worden. Aber die weiterführenden Tests haben dann etwas anderes ergeben. Trotz meiner medizinischen Alterseinschätzung haben wir es hier nicht mit einem Siebzigjährigen zu tun.«

»Okay«, sagte Berger. »Und wie alt ist er jetzt?«

Rocklund runzelte die Stirn.

»Er ist zweiunddreißig.«

34

Montag, 5. Juni

Deer erkannte die Innenstadt von Tumba wieder, als der Taxifahrer an den flachen Gebäuden des Einkaufscenters vorbeifuhr und vor einem wesentlich höheren anhielt. Er half ihr beim Aussteigen, dann fuhr er wortlos davon.

Sie stützte sich schwer auf ihren Krücken ab. Sie hatte bewusst auf den Rollstuhl verzichtet – zu leicht wäre sie mit dem Ding zu identifizieren gewesen –, und sie würde auch die Krücken zu einem geeigneten Zeitpunkt verstecken müssen. Sie betrat den unscheinbaren Eingang des Hauses, hinter dem ein umso protzigeres Schild aus Chrom verkündetete, dass die Tumbabyggen AG hier ihren Sitz hatte.

Deer wartete auf den Fahrstuhl, stieg ein und sah, dass Tumbabyggen die vier oberen Stockwerke besetzte. Also drückte sie auf den obersten von ihnen. Sie spürte förmlich, wie sie in den unteren Etagen an Birgit vorbeifuhr, die für immer ohne Nachnamen bleiben würde, um nach oben in die Chefetage zu gelangen.

Birgit hatte ihr genaue Anweisungen gegeben, wie sie dort oben die richtige Person finden würde. Sie setzte sich im Warteraum auf das unbequeme, harte Sofa und zog einen Stuhl zu sich heran. Dann schob sie die Krücken unters Sofa, sah auf die Uhr in ihrem Handy und stellte fest, dass sie noch acht Minuten Zeit hatte, bis der – laut Angabe von Birgit – äußerst pünktliche, für Großkunden zuständige Chef sein Büro verlassen würde, um unten im Espresso House im Tumbacenter eine kleine Kaffeepause einzulegen und sich einen doppelten Espresso zu gönnen.

Deers einziger Gedanke während der folgenden acht Minuten war, dass auch sie wahnsinnig gern einen doppelten Espresso gehabt hätte. Aber ein auf derartigen Service ausgelegter Warteraum war dieser hier leider überhaupt nicht. Weder Espresso noch Gedanken sollten und konnten hier gedeihen. Der Raum zeichnete sich vor allem durch seine absolute Freudlosigkeit aus. Kein Mensch konnte dort länger als acht Minuten verbringen, ohne zu mumifizieren.

Zum Glück war der Großkunden-Chef tatsächlich so pünktlich, wie Birgit behauptet hatte. An der Tür strich ein Schatten vorbei.

»Manfred Lund?«, rief Deer.

Sie hörte das Bremsgeräusch – sandige Gummisohlen auf Linoleum –, dann lehnte sich eine Gestalt seitlich in das fahle Zimmer.

»Ja, bitte?«, sagte er.

Das war der erste *kritische* Augenblick. Der musste überwunden werden, sonst würde es keine folgenden geben. Deer wedelte mit ihrem alten, mittlerweile ungültigen Dienstausweis und flehte sämtliche höheren Mächte an, dass Manfred Lund ihn sich nicht genauer ansehen würde.

Er war ein hochgewachsener, durchtrainierter Mann knapp unter fünfzig in einem rosa Polohemd – Deer sah ihn vor sich, wie er auf einem sonnenbeschienenen Green einen Golfball ins Loch puttete. Er kam näher und warf einen Blick auf den Ausweis, allerdings mit so viel Abstand, dass er den Namen nicht lesen konnte. Das Logo der Polizei ließ ihn intuitiv zurückweichen. Es war kaum zu sehen, aber Deer hatte in der Vergangenheit oft beobachtet, wie Menschen reagierten, wenn die Polizei sie ansprach. Sie spürte eine leichte Nervosität, die ihr vielleicht behilflich sein könnte.

»Ich bin vom Betrugsdezernat der Polizei«, log sie. »Es handelt sich um eine Mietsache, die vor etwa einem Jahr abgeschlossen wurde.«

»Ich muss jetzt wirklich ...«, sagte Lund und zeigte mit dem Daumen über die Schulter.

»Prima, dann regeln wir das auf dem Polizeipräsidium.« Deer lächelte sanftmütig. »Das ist dann ein bisschen formeller, aber es bleibt keine Zeit mehr für Koffein.«

Manfred Lund runzelte die Augenbrauen und folgte ihrem ausgestreckten Arm, der auf den Stuhl vor ihr zeigte. Als er Platz genommen hatte, waren auch die Augenbrauen wieder an Ort und Stelle. Als hätte er sich eine Maske aufgesetzt.

»Eine Mietsache, sagen Sie?« Er hatte ein gewinnendes Lächeln.

»Storvreten«, warf ihm Deer hin. »Abaddon AG.«

Lund schüttelte langsam und vermeintlich nachdenklich den Kopf. Das Lächeln war noch nicht von seinen Lippen gewichen.

»Ich verstehe nicht ganz?«, sagte er.

»Es geht um eine Firma namens Abaddon AG, die aus dem Wohnungspool Ihres Unternehmens eine Wohnung angemietet hat. Der Mietvertrag ist zum ersten März des vergangenen Jahres in Kraft getreten. Gleichzeitig sind uns Unregelmäßigkeiten bei Ihren privaten Konten aufgefallen. Können Sie mir das näher erklären?«

Sie hatte eigentlich nicht vorgehabt, gleich so hart ranzugehen, aber es fühlte sich trotz des äußerst mageren Wahrheitsgehaltes richtig an. Manfred Lund wurde blass. Sein Lächeln hing ihm wie ein Essensrest im Mundwinkel, und seine Stimme klang jetzt heiser.

»Haben Sie wirklich das Recht dazu ...«

»Und zwar *jedes Recht*«, unterbrach ihn Deer. »Im nächsten Schritt werden wir das Finanzamt mit ins Boot holen. Wir gehen aktuell mit vereinten Kräften gegen Geldwäsche in der Immobilienbranche vor und greifen hart durch.«

»Aber …«, sagte Lund.

Deer wartete, dass er weitersprach, doch es kam nichts.

»Wir sind allerdings vorerst hauptsächlich an der Absenderseite interessiert, nicht an den Empfängern. Ein vollumfassendes Geständnis wird zu Ihren Gunsten ausgelegt.«

»Sie haben keine Beweise«, stammelte Manfred Lund. »Ich habe privat ein Auto verkauft, mein Onkel hat es mir gegeben und ist später gestorben. Außerdem gibt es gar keinen …«

Er verstummte.

»Keinen was?«, hakte Deer sanft nach.

»Keinen weiteren Beweis«, stotterte Lund.

»Das hört sich jetzt nicht so an, als hätten Sie das sagen wollen. Wovon gibt es *außerdem gar keinen*?«

Manfred Lund blieb stumm, starrte aus dem Fenster.

»Ich gehe davon aus, dass Sie eigentlich ›Vertrag‹ sagen wollten?«, sagte Deer. »›Außerdem gibt es gar keinen *Vertrag*.‹ Und warum gibt es keinen Vertrag, Manfred? Das Original ist tatsächlich nicht auffindbar. Wie kann das sein? Kann eine Vermietung ohne Vertrag überhaupt stattfinden?«

»Das ist wahrscheinlich ein Verwaltungsfehler«, sagte Lund und zuckte mit den Schultern. »Der Vertrag wurde falsch einsortiert oder so.«

Deer streckte sich und gähnte.

»Ich vermute doch richtig, dass Sie verstanden haben, dass es uns hauptsächlich um die Seite der Absender geht, nicht um die Empfänger?«

»Ich sollte vielleicht einen Anwalt dazuholen …«

»Das *können* wir auf jeden Fall tun. Wenn Sie wollen, dass aus der Geschichte etwas Offizielles wird, wir ein Aktenzeichen beim Amtsgericht beantragen und so weiter und so fort. Deshalb hatte ich Sie eben gerade gefragt, ob Sie mich verstanden haben?«

Lund sah ihr das erste Mal richtig in die Augen, seit sie die Befragung begonnen hatte.

»Die Seite des Absenders?«, wiederholte er leise.

»Die Abaddon AG.«

»Was wollen Sie denn über die wissen?«, fragte Lund mit einem tiefen Seufzer.

»Alles«, sagte Deer mit ihrem süßesten Lächeln.

Manfred Lund blieb eine Weile reglos sitzen.

»Es war nur ein einziges Telefonat. Es ging um einen Mietvertrag für Büroräume. Ich hatte Storvreten an der Hand. Nicht besonders attraktiv, die Wohnung wollte ich schon seit einem halben Jahr loswerden. Aber der Mann war sehr interessiert.«

»Wer war das?«

»Ich habe keinen Namen bekommen. Ich wollte einen Termin für eine Wohnungsbesichtigung machen, aber das wollte er nicht. Er hat sie ungesehen gemietet.«

»Und es gab wirklich keinen Mietvertrag?«

»Nein, er ... hat darauf bestanden.«

»Er hat Sie also dafür bezahlt? Stimmt's?«

»Das wissen Sie doch schon längst«, murmelte Lund und sah Deer durchdringend an.

Jetzt bloß nicht die Oberhand verlieren, dachte sie.

»Geben Sie mir bitte alle Details.«

»Er hat nicht nur die Abschlagszahlung akzeptiert, sondern auch die Miete als ›Finderlohn‹ deklariert, wie er es nannte. Der Betrag wurde auf ein neu eröffnetes, maltesisches Investmentkonto überwiesen, das ... na ja ... das Sie offensichtlich gefunden haben. Als das Geld auf dem Konto war, habe ich die neuen Mieter in das System eingepflegt, aber den Vertrag nicht archiviert. So gab es weder von mir noch vom Vertragspartner eine Spur.«

»Und während dieses ganzen Prozesses haben Sie nie

erfahren, wer der Mann war? Oder wer hinter der Abaddon AG steht?«

»Nein«, sagte Lund.

»Wie haben Sie denn die Schlüssel übergeben?«

Lund lachte.

»Das war so ein bisschen Kalter Krieg für Arme. George Smiley und so. Ich habe die Schlüssel nachts in einem Umschlag mit Tape unter eine Bank im Sven Tumbas Park geklebt. Das war Ende März vergangenen Jahres. Er bekam einen Vertrag, falls er den brauchte. Aber für die Unterschriften vonseiten der Abaddon AG war er verantwortlich. Diesen Vertrag habe ich nie zu Gesicht bekommen.«

»Eine Parkbank! Und damit war die Sache aus der Welt, und über den Vertrag wurde nie wieder gesprochen?«

»Genau«, sagte Manfred Lund und starrte zu Boden.

»Aber ...?«

Er verzog das Gesicht.

»Es gab mehrere Beschwerden von den Nachbarn. Da bekam ich es ein bisschen mit der Angst zu tun, weil ich unbedingt unterm Radar bleiben wollte.«

»Aber die Beschwerden haben ja wohl kaum die oberste Etage erreicht.«

»Ich war halt besonders aufmerksam ...«

»Manfred, Manfred«, sagte Deer. »Wissen Sie eigentlich, wie *schädlich* Kriminalität für die Gesundheit ist?«

Er sah sie lange an, dann schüttelte er den Kopf.

»Kann ich jetzt gehen?«

»Alles, was ich noch brauche, ist ein Auszug von Ihrem maltesischen Investmentkonto. Ich gehe davon aus, dass Sie da digital drauf zugreifen können. Wenn Sie mir den noch holen könnten ...«

Manfred Lund rümpfte die Nase, dann stand er auf und verließ den Raum.

Ein paar lange Minuten später tauchte er wieder in der Tür auf und reichte ihr einen Stapel Papiere.

»Wie war noch gleich Ihr Name?«, fragte er und starrte Deer an.

Die lächelte ihn an.

»Connie Landin«, sagte sie. »Mit ›ie‹.«

35

Montag, 5. Juni

Doktor Angelica Rocklund beendete ihren Rundgang und kehrte an die Bahre des jüngsten Opfers zurück, den Bärtigen. Sie nahm ihr Handy, warf einen Blick aufs Display und nickte Berger und Blom zu.

»Der Siebzigjährige ist also in Wirklichkeit zweiunddreißig?«, sagte Berger. »Ich verstehe das nicht. Hatte der Kerl ein so hartes Leben als Rockstar, dass Ihre medizinische Schätzung ihn zum Siebzigjährigen macht? Wie passt das denn mit den Schönheitsoperationen und dem Organtausch zusammen?«

»Das tut es nicht«, sagte Rocklund.

»Wie meinen Sie das?«

»Warten Sie«, sagte sie. »Können Sie mir kurz mit den Laken helfen? Unsere Freunde müssen zurück in die Kühlung.«

Gemeinsam deckten sie eine Leiche nach der anderen zu. Während sie damit beschäftigt waren, betrat ein riesiges Wesen den Raum. Rocklund nickte Robin zu, als hätte sie ihn erwartet. Der Hüne von Kriminaltechniker sah sich im Obduktionssaal um und pfiff durch die Zähne.

»Hervorragende Kulisse. Wie aus einem perversen Horrorfilm.«

Die anderen beendeten ihre Tätigkeit und begrüßten ihn in der Mitte des Raumes.

»Ich hab dir die Mail weitergeleitet«, sagte Robin zu seiner Kollegin.

Sie nickte, sah wieder auf ihr Handy, las eine Nachricht und nickte erneut. Dann lenkte sie die versammelte Gesellschaft zu dem ersten Opfer, das jetzt friedlich unter seinem Laken liegen durfte.

»Natürlich ist er nicht zweiunddreißig Jahre alt«, sagte sie und klopfte auf das Bein. Der Grund dafür, dass wir die ganze Zeit dachten, wir hätten seine DNA kontaminiert, ist, dass sie nicht die einzige war in seinem Körper.«

»Seine DNA war nicht die einzige?«, wiederholte Blom.

»Das ist erst einmal nicht weiter bemerkenswert. Bei Organtransplantationen verbleibt DNA des Spenders in dem transplantierten Organ, und es kann zu einer Vermischung kommen. Dasselbe gilt bei Bluttransfusionen, weil man die DNA an den weißen Blutkörperchen testet. Allerdings hält sich die fremde DNA da höchstens ein paar Stunden lang, dann haben die weißen Blutkörperchen des Empfängers die des Spenders verschluckt. In diesem Fall aber verhält es sich ganz anders. In seinem Körper gab es fast ausschließlich die ›falsche‹ DNA, die aber von der Original-DNA so sehr überlagert war, dass man beide nicht bestimmen konnte.«

»Apropos«, unterbrach Blom sie. »Man kann doch das Alter eines Menschen nicht anhand seiner DNA bestimmen? Warum ausgerechnet zweiunddreißig?«

»Dazu kommen wir gleich«, sagte Rocklund und sah zu Robin. »Aber Sie haben recht, es gibt keine Altersmarker in der DNA eines Menschen. Wobei sie sich im Laufe der Zeit verändert – das nennt man Alterung.«

»Und Ihnen ist es jetzt also gelungen, die DNA eines Zweiunddreißigjährigen in dem Körper eines alten Mannes auszumachen?«

»Ja, was meiner Alterseinschätzung vollkommen widerspricht. So etwas ist nur möglich, wenn eine Knochenmarkstransplantation vorgenommen wurde. Dann kann es passieren, dass das fremde, neue Knochenmark die Produktion von weißen Blutkörperchen übernimmt.«

»Und dadurch bekommt man die DNA einer anderen Person?«

»In seltenen Fällen kann das passieren, ja«, antwortete Rocklund.

Berger und Blom sahen sich an, gespannt auf die Reaktion des jeweils anderen.

»Warum würde man eine solche Knochenmarkstransplantation überhaupt vornehmen?«, fragte Berger.

»Es geht um Stammzellen«, sagte Rocklund.

»Das sind die Zellen, die sich bis in alle Ewigkeit in andere Zellen verwandeln können, richtig?«, fragte Blom.

»In alle Ewigkeit ist vielleicht ein bisschen zu viel gesagt«, erwiderte Rocklund. »Aber theoretisch haben Sie recht: Stammzellen sind in der Lage, eine unbegrenzte Zahl von Zellteilungen vorzunehmen, und sie können sich in die verschiedensten Zelltypen verwandeln. Aufgrund dieser beiden Eigenschaften sind Stammzellen der Schlüssel zur Medizin der Zukunft. Eine ziemlich neue Erkenntnis ist, dass man mithilfe von Stammzellen Zellen ›verjüngen‹ kann, zum Beispiel Hautzellen.«

»Dann geht es hier wirklich um die *Jagd nach dem ewigen Leben*«, rief Blom.

»Ich frage mich trotzdem, warum man eine Knochenmarkstransplantation machen sollte«, wiederholte Berger stur.

»Meistens ist Krebs mit im Spiel«, sagte Rocklund. »Leukämie oder etwa ähnliches. Allerdings kann man die Krankheit mittlerweile mit Stammzellen über die Blutbahn behandeln. Man benötigt keine Knochenmarkstransplantation mehr. Deshalb würde ich denken, dass diese Transplantation schon einige Jahre her ist.«

»Wie viele Jahre würden Sie sagen?«

Rocklund ließ die direkte Frage unbeantwortet und holte etwas weiter aus.

»Unter Berücksichtigung der vorhin in den Raum geworfenen Hypothese über die *Jagd nach dem ewigen Leben* könnte man eine Schätzung wagen. Die Stammzellenforschung kam erst Anfang des Millenniums in Schwung, davor war auch schon einiges bekannt – aber die meisten Ansätze lagen noch im Bereich der Spekulation. Es kam die wilde Hoffnung auf, dass die Stammzellen eine schnelle Lösung für das Rätsel des Alterns sein könnten. Ein sogenannter *quick fix*. Dass wir uns mit ihrer Hilfe verjüngen können.«

Sie warf Robin einen kurzen Blick zu.

»Noch in den Neunzigern entstanden eine ganze Menge von Biotechfirmen. Viele von ihnen experimentierten mit Techniken, um das Leben zu verlängern, was man im Englischen *life extension* nennt. Dazu gehört heutzutage alles Mögliche: Stammzellen, Gentherapie, Organtransplantationen, Gewebeverjüngung, plastische Chirurgie, Zahnimplantate, künstliche Organe, Nanoroboter und viele andere Dinge. Es wird auch Forschung an Tieren betrieben – Hummer zum Beispiel haben ein Enzym, das verhindert, dass die DNA der Zellen bei der Zellteilung verändert wird. Und wie kann es sein, dass der Grönlandhai über vierhundert Jahre alt wird?«

Robin hustete.

»Das oberste Ziel dabei ist natürlich immer die *agerasía*, das ist Griechisch für *Ewige Jugend*«, sagte er.

Schweigen senkte sich über die kleine Gruppe. Als würde die Luft in dem großen Obduktionssaal gefrieren. Berger spürte dieses Zittern, das sich immer andeutete, wenn sich eine Wahrheit aus dem Chaos löste. Die Frage war, wie lange Berger und Blom noch an den Ermittlungen teilhaben durften. Womöglich war allmählich der Moment gekommen, in dem sie davon ausgeschlossen werden würden – Robin war schließlich Polizeibeamter.

»Wenn man das erste Opfer sorgfältig untersucht, findet man Hinweise auf zahlreiche Eingriffe, die eine Verjüngung zum Ziel hatten«, übernahm Rocklund wieder. »Und wenn ich die Sachlage richtig interpretiere, dann haben wir einen weiteren *Beweis* dafür, dass die anderen Opfer mit dem Verjüngungsprozess dieses ersten Mannes zu tun haben. Stimmt das so, Robin?«

Robin nickte und starrte auf sein Handy.

»Das ist korrekt. Die Nachricht aus England kam gerade rein. Ein doppelter Befund, um genau zu sein. Es geht um die Leber.«

Seine Kunstpause war eine Steilvorlage.

»Die Leber?«, fragte Blom.

»Nicht nur hat die Leber im Körper des älteren Mannes die DNA der jungen Frau, die ja nach wie vor noch nicht identifiziert werden konnte. Die DNA in der Leber der Frau konnte ebenfalls bestimmt werden. Und somit haben wir jetzt die DNA des alten Mannes.«

»Der allerdings auch noch nicht identifiziert werden konnte?«, fragte Blom.

Robin nickte.

»Beide Opfer nicht. Das Labor in England verfügt über ein ziemlich umfangreiches Archiv von DNA vermisster Personen. Das sind alles Fälle, die von den Behörden weltweit eingeschickt werden. Beide Proben sind nicht dabei. Sobald eine identifizierbare DNA vom Team bestimmt wurde, wird eine automatische Suche in dem Archiv durchgeführt, es sei denn, das Ergebnis wird sofort zurück an den Auftraggeber gesendet. Und das ist vor Kurzem ja mit der Probe unseres Freundes hier geschehen.«

Robin klopfte auf die Stelle, wo sich unter dem Laken das Bein des älteren Mannes befinden musste. Rocklund zeigte ihm das dritte Opfer. Er hob das Laken an, und der nackte Körper des jüngeren Mannes wurde erneut entblößt.

»Das ist ja ein richtiger Adonis«, sagte Berger.

Die anderen widersprachen ihm nicht. Der Mann sah in der Tat sehr gut aus. Schöne Gesichtszüge, hochgewachsen und höchstens um die dreißig. Außerdem war er blond. Wie die Parodie eines Ariers.

Robin zog das Laken ganz zur Seite.

»Diesen Toten können wir identifizieren. Der Mann heißt Oleg Trefilov und stammt aus Sibirien. Er war vierundfünfzig, als er starb.«

Berger und Blom runzelten synchron die Augenbrauen.

»Verdammte Hacke«, stöhnte Berger.

»Hat er auch einen Verjüngungsprozess hinter sich?«, fragte Blom. »Dieser Körper kann doch nicht älter sein als ...«

»Zweiunddreißig?«, unterbrach sie Rocklund. »Er war zweiunddreißig, als er Mitte der Neunziger spurlos aus seiner Heimatstadt Surgut verschwand. Er war einer von Russlands besten Apnoetauchern und hatte in diesem Zusammenhang seine DNA von einem russischen Forschungsinstitut bestimmen lassen. Sie haben es mit großer zeitlicher Verzögerung nach England in das DNA-Archiv geschickt. Unsere internationale Anfrage wurde aber bisher von den russischen Behörden nicht beantwortet.«

»Nautica«, murmelte Blom. »Eine Klamottenmarke, die in den Neunzigern bei den Seglersnobs in den USA sehr beliebt war. Und bei den Apnoetauchern in Sibirien ...«

Robin lachte laut auf, während Berger aussah wie vom Blitz getroffen.

»Okay, dieser Oleg Trefilov ist also im Alter von zweiunddreißig Jahren verschwunden«, sagte er nach einer sehr langen Denkpause. »Aber gestorben ist er am fünften Mai dieses Jahres. Er war demnach vierundfünfzig, als er starb, wie Sie eben sagten, Angelica. Wie kommen Sie dann auf zweiunddreißig?«

Rocklund schwieg bedeutungsvoll, woraufhin Robin das Wort übernahm.

»Allem Anschein nach war er zweiunddreißig, als sein Knochenmark in den Körper des ersten Opfers transplantiert wurde. Der jetzt die DNA des jungen Russen hat.«

»Aber was hat Oleg dann die letzten zweiundzwanzig Jahre lang gemacht?«, rief Berger verständnislos. »Er ist ja keinen Tag älter geworden.«

»Erinnert ihr euch an diesen Fleck?«, fragte Robin und zeigte auf die gerötete Stelle über der Hüfte des Toten. »Ähnliche Stellen finden sich auch bei den anderen Opfern, und den Dermatologen zufolge sind es Frostschäden.«

»Ich fasse es nicht«, sagte Berger, als er begriff.

»Habt ihr schon mal von *Kryonik* gehört?«, fragte Robin.

»Ist das nicht so Science-Fiction-Kram?«, fragte Blom. »Bei dem Menschen eingefroren werden?«

»Man friert einen zumeist todkranken Menschen in extrem tiefen Temperaturen ein, um ihn dann später aufzutauen, wenn sich die Wissenschaft so weit entwickelt hat, dass diese Person geheilt werden kann. Oder eben anders verwendet werden kann.«

»Ich möchte an dieser Stelle einfügen«, sagte Rocklund, »dass es noch keine wissenschaftlichen Belege dafür gibt, dass Kryonik funktioniert. Das ist eine spekulative Technik, die jeder Grundlage entbehrt.«

»Auf der anderen Seite«, warf Robin ein, »haben sich seit 1967 Tausende von sterbenskranken Menschen einfrieren lassen. Die ersten Versuche waren primitiv und verursachten massive Frostschäden, aber mittlerweile ist die Technik extrem ausgereift. Man arbeitet mit sehr langen Phasen des Einfrierens, um die Kristallbildung in Gehirn und Gefäßen zu vermeiden. Man ersetzt auch das Blut mit einer Flüssigkeit, die erstarrt, statt Eiskristalle zu bilden.«

»Und die hier verwendete Technik liegt irgendwo zwischen der alten primitiven und der hypermodernen«, sagte Rocklund.

»Aber sie hatten doch ihr eigenes Blut in den Adern, als man sie fand, oder?«, fragte Berger.

»Das bedeutet, dass jemand ihnen ihr altes Blut während des Auftauvorgangs zugeführt hat«, folgerte Blom.

Es war einen Moment lang still, als würden Cluster unverarbeiteter Informationen durch den großen Operationssaal wabern.

»Die müssen in der ganzen Welt gesucht haben, um einen passenden Spender zu finden«, sagte Blom.

»Ganz genau, vor allem Knochenmarkstransplantationen benötigen ein perfektes Match, damit es funktioniert«, sagte Rocklund. »Das wird eine sehr aufwendige Suche gewesen sein, zumal in den Neunzigern.«

»Und dann war die Sache natürlich illegal«, ergänzte Berger. »Dieser Oleg Trefilov ist einfach so spurlos verschwunden? Er muss doch entführt worden sein.«

Robin trat einen Schritt von dem schönen Toten zurück.

»Jetzt berührt ihr die polizeilichen Ermittlungen«, sagte er. »Und ihr seid keine Polizisten. Ihr wart auf der richtigen Spur, aber sobald wir eine Dienstanweisung von der NOA erhalten, werden wir die Abteilung mit unseren Informationen versorgen und können dann nicht mehr mit euch zusammenarbeiten.«

»Dann war das hier gerade so eine Art Generalprobe, oder was?«, schnaubte Berger.

»Andersherum wird ein Schuh draus. Wir haben euch einen Vorsprung verschafft«, sagte Robin. »Sorgt dafür, dass ihr ihn nutzen könnt.«

Berger und Blom schluckten ihre Enttäuschung herunter.

»Ihr beide hattet ein bisschen Zeit, das alles zu analysieren und durchzudenken. Und ihr seid Profis. Was sagt ihr, was haben wir da vor uns? Was ist das?«

Robin trat ein letztes Mal an die Bahre mit der Leiche des älteren Mannes, zog das Laken beiseite und betrachtete den Toten.

»Je länger ich mich in diesem Raum umsehe, desto wahrscheinlicher scheint mir, dass dieser Mann der Schlüssel zu allem ist.«

Er kam zu Berger und Blom zurück und drückte Blom etwas in die Hand, ohne dass sie sehen konnte, was es war.

»Ein kleines Abschiedsgeschenk«, sagte Robin. »Von Näsudden. Wobei es sich wohlgemerkt um eine Kopie handelt. Das Original lag in einem Plastikröhrchen mit blauem Deckel.«

Berger sah, was in Bloms Hand lag.

Ein USB-Stick.

36

Dienstag, 6. Juni

Als Deer aufwachte, war es, als würde sie unter der Decke schweben und sich von oben sehen. Sie war sich sicher, dass sie im Begriff war zu sterben, dass sich der Zustand ihrer Beine verschlechtert und sie eine Thrombose oder etwas Ähnliches bekommen hatte und ihre einundzwanzig Gramm leichte Seele auf dem Weg in den Himmel war. Dann aber dämmerte ihr, dass dieser Tag einfach einer dieser Tage war. An denen sie sich nur von außen wahrnahm.

Sie war nicht sie selbst.

Sie sah sich die Rolle einer anderen spielen, als sie aufstand, den schnarchenden Johnny wach küsste, dann noch liebevoller ihre Tochter Lykke weckte, unter erträglichen Schmerzen zum Duschen ins Badezimmer humpelte, den beiden Frühstück machte und sich sogar zu ihnen setzte und mit ihnen plauderte. Die ganze Zeit spielte sie diese Rolle. Die Rolle einer anderen.

Erst nachdem sie die beiden verabschiedet und ihnen wie eine altmodische Hausfrau hinterhergewunken hatte, wusste sie, was für eine Rolle das war.

Die der *normalen Deer*.

Aber diese *normale Deer* hatte nie wirklich existiert, und im Moment war sie so weit von dieser Fiktion entfernt wie noch nie zuvor – deshalb auch die Notwendigkeit, eine Rolle zu spielen. Nein, Deer befand sich auf einer Art Kreuzzug.

Sie war suspendiert worden und setzte viel aufs Spiel, riskierte alles, auch die finanzielle Sicherheit ihrer Familie. Und wofür? Um allen zu beweisen, dass sie gut genug war? Um Conny Landin in seine Schranken zu weisen? Um sich an Örjan zu rächen, der sie angeschoben und dann im Stich gelassen hatte? Um die Allgemeinheit vor einem lebensgefährlichen Mörder zu beschützen? Um ihre Behinderung zu kompensieren? Weil sie schlampige Polizeiarbeit nicht ertrug? Weil es aufregend war? Oder ganz einfach, weil sie die Wahrheit erfahren wollte?

Von ganz oben, durch das Garagendach, sah sie, wie ihr normales Ich durch die erste Garage lief und an die Tür zur zweiten kam. Dann stürzte es sich wie ein Raubvogel in die Tiefe. Die Geschwindigkeit, mit der es in ihr landete, hatte verheerende Folgen, und sie stolperte auf ihren Krücken in ihr geheimes Arbeitszimmer, als wären es die steif gewordenen Beine ihres Tanzpartners.

Als sie ihr Gleichgewicht wiedergefunden hatte, ließ sie sich auf den Schreibtischstuhl fallen und betrachtete die Karte an der Wand, die sie am Vorabend erstellt hatte. Sie war wieder ganz die Alte.

Es war eine Karte der südlichen Vororte von Stockholm, in der einige Pinnnadeln steckten. Insgesamt gab es darauf vierzehn rote Nadeln. In den vergangenen vierzehn Monaten war die Miete für die Wohnung im Storvreten in Tumba in sieben verschiedenen Bankfilialen im Süden von Stockholm bar eingezahlt worden. An einigen Stellen saßen zwei Nadeln, an einer Stelle sogar drei. Von dieser Filiale hatte der Täter also insgesamt drei Mieten überwiesen.

Und die befand sich im Zentrum von Högdalen. Die anderen Filialen lagen in Gubbängen, Farsta, Skarpnäck, Huddinge, Flemingsberg und Älvsjö. Unterm Strich markierten die Nadeln einen repräsentativen Querschnitt der südlichen Vororte, mit einer sichtbaren Tendenz in den Südwesten.

Allerdings waren die roten Nadeln nicht allein auf der Karte. Es gab auch blaue. Vier Stück davon.

Das waren die Baumärkte, in denen in den vergangenen zwei Monaten an einen einzelnen Kunden mehr als eine Axt der Marke Fiskars, Modell X17, verkauft worden war. Die Baumärkte befanden sich nicht im Süden der Stadt. Sondern in Risse, Veddesta, Nacka und Bromma – also über das gesamte Stadtgebiet verteilt, hier mit einer gewissen Tendenz nach Norden und Westen.

Es wäre wesentlich einfacher gewesen, wenn es eine eindeutigere Verbindung gegeben hätte. Wenn die blauen Nadeln mit den roten gekoppelt gewesen wären. Denn dann hätte Deer eine Verbindung der Mietzahlungen mit den Axtkäufen herleiten können.

Sie fing noch mal von vorn an – und versuchte, ihre Ergebnisse zusammenzufassen.

Der Besitzer der Firma Abaddon AG hatte eine Wohnung im Storvreten angemietet, damit ein von den Hells Angels verstoßenes Mitglied namens Stefan Lundberg dort mit seinen Junkiefreunden hausen konnte. Es gab keine Anhaltspunkte, um die Abaddon AG mit dem Axtmord in Verbindung zu bringen, der gut ein Jahr nach Aufsetzung des Vertrags begangen worden war, außer der Geheimniskrämerei und den Bestechungsgeldern. Allerdings hingen Verbrechen und Gesetzesverstöße, die an ein und demselben Ort begangen worden waren, meistens zusammen. Als hätte jemand ein großes Interesse daran gehabt, den unbändigen und unberechenbaren Lundberg unter Aufsicht zu halten.

Und ihn dann mit einer Axt zu erschlagen?

Das schien etwas weit hergeholt. Aber nicht undenkbar. Rutger Brännlid lebte mit seinem Sohn in Eskilstuna in seinem Eigenheim, woran sich längerfristig nichts geändert hätte. Das war bei Stefan Lundberg anders gewesen.

Gab es weitere potenzielle Opfer? Vielleicht war doch Eile geboten.

Deer nahm an, dass auch im Polizeipräsidium auf Kungsholmen langsam die Puzzlestücke zusammengesetzt wurden. Sie wunderte sich, dass die NOA noch nicht mit der Internen im Schlepptau an ihrer Tür geklingelt hatte. Denn ihre unerlaubte Befragung von Manfred Lund hatte zwar Resultate gebracht, aber man konnte ihr Vorgehen kaum als muster- und tugendhaft bezeichnen.

Leider war auf der Karte kein so eindeutiges Muster zu erkennen, wie sie gehofft hatte. Wenn sie vorerst die Positionen der blauen Nadeln ignorierte, konnte man bestenfalls bei den roten Nadeln eine Gesetzmäßigkeit erkennen. In der Bankfiliale in Högdalen, in der die meisten Überweisungen getätigt worden waren, war auch die letzte Miete eingezahlt worden. Jemand war also vor wenigen Tagen in diese Bank gegangen und hatte die Miete in bar auf das Firmenkonto der Tumbabyggen eingezahlt. Es konnte ein Strohmann der eindeutig lichtscheuen Firma Abaddon AG gewesen sein.

Oder der Mörder höchstpersönlich.

Högdalen lag ungefähr im Zentrum der sieben Bankfilialen. Vielleicht gab es in der Nähe ein Hauptquartier.

Und dann klingelte Deers sicheres Handy. Sie ahnte, wer sie anrief, und ging ran, ohne aufs Display zu schauen.

»Ich hoffe sehr, dass du es bist, Keith.«

Keith war ihr Maulwurf in der Finanzwelt. Er war ein Betrüger, dem sie – zusammen mit Sam Berger – das Handwerk gelegt hatte. Während er seine Strafe absaß, hatte ihn Deer unter ihre Fittiche genommen, weshalb sie ohne größere Gewissensbisse mit ihm Kontakt aufnehmen konnte, als er nach Zweidrittel der Zeit aus dem Gefängnis entlassen wurde. Mittlerweile war er die Karriereleiter weiter hinaufgeklettert und arbeitete bei einem großen Hedgefonds in Genf, dessen Geschäftsführer seine Vergangenheit als Wirtschaftskrimineller eher als Verdienst denn als Makel ansahen.

»Bitte was?«, pöbelte eine barsche Stimme am anderen

Ende der Leitung. »Ich bin von der Abteilung Interne Ermittlungen der Stockholmer Polizei.«

»Das heißt mittlerweile Einheit für besondere Ermittlungen«, sagte Deer. »Aber ein Versuch war es wert, Keith.«

»Verdammt«, sagte Keith. »Hast du die Unterlagen vor dir?«

Deer rollte mit dem Stuhl zurück an den Schreibtisch und suchte die Kontoauszüge heraus, die ihr Manfred Lund ausgedruckt und mit angewidertem Gesicht ausgehändigt hatte.

»*Mais oui!*«, erwiderte sie frech.

»Eindeutig die schwächere Replik«, sagte Keith. »So, siehst du die Kontonummer?«

»Soweit ich das verstehe, ist es eine amerikanische Bankverbindung. Stimmt das?«, fragte Deer mit dem Finger auf der Zeile.

»Und nicht nur das. Weißt du, was eine LLC-Firma ist?«

»Ich habe nicht den geringsten Schimmer.«

Keith holte Luft, als würde er kurz vor einem Fallschirmsprung stehen.

»Das ist relativ kompliziert, deswegen versuche ich es auf Schulniveau. Einige Staaten in den USA gelten als Steuerparadiese, der schlimmste von allen ist Delaware an der Ostküste. Dort hat man sich seit Jahren auf die sogenannten *Limited Liability Companies*, kurz LLC, spezialisiert, um Investoren anzulocken. Bei uns spricht man von ›Gesellschaften mit beschränkter Haftung‹. Mit einer Kombination aus niedrigsten Steuersätzen, Aufhebung der persönlichen Haftung und nahezu totaler Abwesenheit von Transparenz haben sie einen Weg gefunden, die gewissenslosesten Kapitalisten der Welt anzuziehen. Und das sind nicht wenige.«

»Dann vermute ich mal, dass das Konto, von dem Manfred Lund den ›Finderlohn‹ auf sein maltesisches Konto überwiesen bekam, auch einer LLC-Firma gehört?«

»Wie gesagt, es ist praktisch unmöglich, einen Einblick in

die Machenschaften dieser Unternehmen zu bekommen. Besonders bei denen in Delaware. Aber mir ist es trotzdem gelungen, die Tür einen Spalt aufzudrücken.«

»Es ist einfach so reizend, wenn du mich auf die Folter spannst, Keith.«

»Das tue ich überhaupt nicht. Mein Ziel ist deine tiefe und innige Bewunderung.«

»Die hast du, erzähl weiter.«

»Das Konto gehört einer Firma namens Apollyon LLC«, legte Keith los.

»Aha.«

Sie hatte nachgesehen, was das Wort Abaddon bedeutete. Es stand sowohl im Alten als auch im Neuen Testament für den Abgrund, die Unterwelt, aber auf Hebräisch wurde damit auch der Erzengel des Abgrunds bezeichnet. Sein griechischer Name lautete Apollyon und hatte nicht das Geringste mit dem Gott der Kunst, Apollon, zu tun.

»Shit«, sagte sie. »Findest du es nicht auch ein bisschen bescheuert, einen Decknamen zu wählen, der so unmittelbar mit dem Original zu tun hat? Warum sollte er das tun?«

»Zum einen natürlich, weil er sich darauf verlässt, dass die Rechtsprechung in Delaware keine öffentliche Offenlegung einfordert …«, sagte Keith. Seine Stimmlage deutete an, dass es gleich eine Fortsetzung geben würde.

»Und zum anderen?«, fragte Deer.

Keith seufzte und ließ sich etwas Zeit.

»Ich habe den Eindruck, dass unser Freund das Risiko liebt. Von denen gibt es in meiner Branche eine ganze Menge.«

»Und hast du den Namen dieses Zockers?«, fragte Deer, und das Herz schlug ihr bis zum Hals. »Wer steht hinter Apollyon LLC?«

»Ich habe nur gesagt, dass ich die Tür einen Spaltbreit aufgedrückt habe, nicht komplett aufgestoßen.«

Deer schnaufte.

»Es gibt keinen Namen«, fuhr Keith fort. »Keine Angabe zur Geschäftsform, keine Buchhaltung, keine Jahresbilanz. Dafür habe ich ein paar Adressen gefunden, die mehr oder weniger lose mit der Apollyon LLC. zusammenhängen. Und eine davon ist schwedisch.«

»Schwedisch?«

»Ja, eine Adresse in Stockholm«, bestätigte Keith. »Aber ich habe keine Ahnung, was die mit Apollyon zu tun haben.«

»Kannst du mir die Adresse geben?«

»Das ist eine Adresse in Rågsved«, sagte Keith und gab Deer die volle Anschrift.

Sie tippte sie wie immer in die Notiz-App ihres Telefons und setzte fünf Ausrufezeichen dahinter.

»Danke. Ich bin dir was schuldig, Keith«, sagte sie mit weicher, warmer Stimme.

»Und ich verdanke dir mein Leben, Deer«, sagte Keith in derselben Tonlage.

Nachdem sie aufgelegt hatte, hielt sich die Wärme und Herzlichkeit noch eine ganze Weile im Raum.

Deer zog die Schreibtischschublade auf, nahm eine Pinnnadel heraus und rollte zurück zur Karte von Stockholm. Sie fand die Adresse und drückte die Nadel mit einem hellgelben Kopf in die Karte, wo sie von lauter roten Nadeln umgeben war.

In unmittelbarer Nähe befanden sich drei rote Pinnnadeln. Im Zentrum von Högdalen.

Deer ließ ihren Blick eine Weile auf dem Muster ruhen, das nun auf der Karte zu sehen war. Auf einmal fügte sich alles zusammen. Sie rief sich ein Taxi des polizeilichen Fahrdienstes. Denn für diesen Monat hatte sie noch ein paar Fahrten übrig.

37

Dienstag, 6. Juni

Der Steg des Bootshauses streckte sich über die Wasseroberfläche wie die Hinterbeine einer sich genüsslich räkelnden Katze.

Unter den Anwesenden herrschte große Verwirrung, ob man einer Lösung nähergekommen war oder sich weiter von ihr entfernt hatte. Und dieses Gefühl war nicht besonders angenehm. Auf der anderen Seite war es höchst befriedigend, sich überhaupt zu bewegen, ganz gleich, in welche Richtung.

Sie saßen nebeneinander, jeder mit einem Laptop auf den Beinen.

»Kryonik«, sagte Berger leise. »Und die ewige Jugend.«

»Es gibt sogar eine wissenschaftliche Zeitschrift zu diesem Thema, die heißt *Aging*«, sagte Blom. »Wenn ich das richtig verstehe, nimmt die Kryonik für sich in Anspruch, die Behandlung von altersrelevanten Krankheiten unterstützen zu können, indem sie den Alterungsprozess verlangsamt und auf diesem Weg womöglich auch Krebserkrankungen verhindert.«

»Okay«, sagte Berger und sah sie an. »Wir haben es also mit einem neuen, großen Forschungszweig zu tun, der es ganz allgemein mit dem Alterungsprozess aufnehmen will?«

»Wir sind wohl eher zufällig in die Sache hineingeraten. Wobei sich die Frage stellt, um was es hier eigentlich geht?

Um einen Patienten und seinen Spender? Ein Mann, der offenbar keine Skrupel hat, über Leichen zu gehen, will sich um jeden Preis verjüngen und strebt nach dem ewigen Leben – doch stattdessen wird er brutal ermordet? Und seine vermutlich äußerst unfreiwilligen Spender sterben gleich mit?«

Berger sah aufs Wasser.

»Wir gehen davon aus, dass die Opfer aus den Neunzigern *gekidnappt* wurden. Und irgendwie stimmt das ja auch. Sie sind seit dieser Zeit *tiefgefroren* gewesen. Zumindest Oleg Trefilov. Aber warum das Ganze? Es wird Zeit für ein paar neue Hypothesen!«

»Irgendwann in den Neunzigern hat eine bisher unbekannte Instanz eine globale, medizinische Recherche unternommen, um kompatible Spender ausfindig zu machen«, sagte Blom nachdenklich. »Und zwar für einen reichen Mann, der nach dem ewigen Leben strebt. Es geht um verschiedenste Organe aus aller Welt. Die potenziellen Spender wurden jeweils in ihren Herkunftsländern entführt und nach Schweden gebracht, wo ihnen die entsprechenden Organe entnommen wurden. Entweder wurden sie bei den Eingriffen lebensgefährlich verletzt, oder sie wurden krank und deshalb eingefroren, um sie eines Tages mithilfe der weiterentwickelten Technik retten zu können.«

Berger runzelte die Augenbrauen.

»Warum sollten die Täter auf einmal zu Humanisten mutieren und Unsummen dafür ausgeben, ihre Opfer zu retten? Warum sie nicht einfach entsorgen?«

»Eine überraschend gute Frage«, sagte Blom. »Vielleicht hatten die Opfer noch eine andere Funktion? Als Ersatzteillager vielleicht, als menschliches Organdepot? Es wäre doch eine Verschwendung, genetisch derart perfekt geeignete Spender zu entsorgen. Was wir uns in erster Linie fragen sollten, ist, welche Instanz über die nötigen Ressourcen, die Kompetenz und Rücksichtslosigkeit verfügt, um so eine

Sache durchzuführen. Rocklund hat den Vorschlag gemacht, sich alle Biotechfirmen anzusehen, die in den Neunzigern gegründet wurden …«

»Und zwar jene mit einer ganz besonderen Spezialisierung«, warf Berger ein. »Trefilov wurde 1995 entführt. Wie viele schwedische Biotechfirmen gab es zu diesem Zeitpunkt, die eine so fortgeschrittene Kryokonservierung anzubieten hatten, dass die Opfer tatsächlich bis heute überlebt hätten? Ein Vierteljahrhundert? Denn unsere Strandopfer scheinen ja alle erst kürzlich gestorben zu sein. Obwohl sie schon vor fünfundzwanzig Jahren konserviert wurden.«

»Wenn es so eine Firma gab, dann muss sie auf jeden Fall über einen hohen wissenschaftlichen Standard und mehrere Spitzenkräfte verfügt haben«, sagte Blom. »Sie müssen hoch spezialisierte medizinische Diagnosen erstellt haben und waren in der Lage, Detailanalysen von DNA durchzuführen und die sogenannten ›Transplantationsantigene‹ zu ermitteln, die unerlässlich sind, um etwas so Komplexes und Kompliziertes wie einen passenden Knochenmarkspender zu finden. Das Unternehmen musste zudem die Mittel haben, um die passenden Spender im Anschluss zu entführen, sie nach Schweden zu transportieren und die notwendigen chirurgischen Eingriffe vorzunehmen, die ausgeweideten Spender einzufrieren und den gesamten Vorgang zu verbergen. Das war zwar alles vor dem Durchbruch der Sozialen Medien, aber die aufwendige Arbeit im Verborgenen erforderte dennoch ein sehr hoch entwickeltes Management.«

Berger seufzte.

»Also, wo fangen wir an?«, fragte er. »Die NOA wird sich der Sache annehmen und uns in Kürze überholen. Gibt es wirklich den geringsten Grund zu der Annahme, dass wir in wenigen Stunden überhaupt noch etwas mit diesem Fall zu tun haben werden?«

»Wofür es jedenfalls nicht den geringsten Grund gibt, ist aufzugeben«, entgegnete Blom mit gedämpfter Stimme. »Ich finde, wir sind einer ganzen Reihe von Ungereimtheiten auf die Spur gekommen. Und sollte Conny Landin wirklich Dreck am Stecken haben, dann sind wir die einzige Instanz, die ein Auge darauf haben kann. Gerade weil Deer suspendiert ist.«

»Wie können wir denn da ein Auge drauf haben?«, fragte Berger.

»Wir schlagen Alarm, wenn dieser Fall eine noch abwegigere Wendung nehmen sollte.«

Berger nickte.

»Aber zurück zu deiner Frage. Wir fangen natürlich *hier* an«, sagte Blom, hielt den USB-Stick in die Luft und steckte ihn in ihren Laptop.

»Aller guten Dinge sind zehn?«, fragte Berger und rückte näher.

»Elf, glaube ich«, korrigierte ihn Blom. »Vielleicht haben wir etwas übersehen.«

»Na dann, los.«

Der Film ließ keinen Zweifel daran, dass der Urheber mit dem der anderen Filme identisch war. Erneut handelte es sich um kurze, lautlose Sequenzen, die in schneller Abfolge aus dem Inneren eines Wagens gefilmt worden waren. Weder Details noch Spiegelungen waren zu erkennen, es handelte sich nur um eine Autofahrt auf einer anonymen Straße durch den Wald. Dieses Mal tauchte kein Straßenschild auf, sie konnten keinen einzigen Ortsnamen entdecken.

Dafür befand man sich plötzlich im Inneren eines Hauses. Abgewetzte, ziemlich verschmutzte Dielenbretter flogen vorbei. Es folgte ein kurzer Schwenk über eine Wand, an der man Monitore, ein angelehntes Gewehr und ein ziemlich großes, breites Fenster sah. Dann wurde der Film etwas langsamer, und die Kamera glitt an einer Wand vorbei, die über und über mit Papieren beklebt war. Man konnte nicht lesen, was darauf stand, wahrscheinlich waren es handschriftliche Notizen. Das Einzige, was sonst noch zu sehen war, allerdings auch nur für den Bruchteil einer Sekunde, war eine blau-grün karierte Tischdecke.

Plötzlich ging die Fahrt eine Treppe hinunter, es wurde so dunkel, dass auf dem Bild nur schwarze Schemen zu sehen waren. Dann schaltete jemand eine Taschenlampe ein, und das Schwarz wurde von der Ansicht eines Kellerraumes abgelöst, die durch den zuckenden Lichtkegel fragmentarisch blieb. Auch hier wanderte die Kamera über einen schmutzigen Zementfußboden und Gerümpel. In einer Ecke konnte man einen Haufen von Kurbeln, Zahnrädern und Ketten erkennen, bei deren Anblick Berger und Blom beide zusammenzuckten und sich vor Ekel schüttelten. Das Durcheinander erinnerte sie an ein großes Uhrwerk.

Kurz darauf brach die Sequenz ab, und es folgte ein Gang durch den Kellerraum, leicht schwankend, und die Kamera wanderte hoch zu den Spinnweben an der Decke und den massiven Säulen, auf denen das Kellergewölbe ruhte.

Dann kam das Erschütterndste.

Eine sehr kurze Sequenz. Die Nahaufnahme eines weiblichen Gesichts.

Die ersten drei Male bekamen Berger und Blom am ganzen Körper Gänsehaut. Denn der Schnitt war vollkommen unerwartet und plötzlich, und außerdem markierte der Anblick das Ende des Filmes. Insgesamt hatte er nur eine Laufzeit von knapp einer Minute.

Blom hielt den Film an und spulte zu der Stelle zurück, an der das Frauengesicht ins Bild kam. Sie hielt das Bild an.

»Siehst du das?«, fragte sie und zeigte auf den Bildschirm.

Berger lehnte sich vor und sah sich die Stelle genau an, auf die Blom zeigte, unmittelbar neben dem Gesicht der Frau. Dann nickte er langsam.

»Ist das vielleicht eine Reflexion?«, sagte er.

»Es könnte auch die Spiegelung von der Ecke eines Handys sein«, sagte Blom. »Aber in was wird es reflektiert?«

»Tja. Ist das eine Glasscheibe vor ihrem Gesicht?«

»Auf jeden Fall *könnte* es eine sein. Was auch zu ihrem Gesichtsausdruck passen würde.«

Die junge, rothaarige Frau hatte ein herzförmiges Muttermal auf der linken Wange. Aber das Markanteste war, dass sie tot aussah. Ihre Augen waren geschlossen, ihre Wangen blass. Und nicht nur das. Beim Heranzoomen konnte man die Hautoberfläche genauer sehen. Mit ein bisschen gutem oder eben bösem Willen sah es aus, als würde sie in einer Flüssigkeit liegen. Als wäre ihre Haut – gefroren.

Die Frage war, ob Berger und Blom ohne Angelica Rocklunds gestrigen Vortrag dieselben Assoziationen gehabt hätten. Es schien so, als hätte der Mörder sich vor seiner jüngsten Tat die Option auf weitere Opfer offen gehalten. Und zwar auf *eingefrorene* Opfer.

»Diese Hinweise sind für die Polizei gedacht«, sagte Blom. »Er weiß ja nicht, dass es uns gibt. Warum tut er das?«

»Er ist ein gut organisierter Irrer!«, rief Berger aus. »Er will Bestätigung und Bewunderung. Und der Polizei imponieren? Aber wie passt diese Verjüngungsthematik da rein?«

Jetzt seufzte Blom und schüttelte den Kopf.

»Hast du nicht auch den Eindruck, dass hier Spuren beseitigt werden? Sowohl Täter als auch Opfer werden beseitigt? *Sowohl* der ältere Mann *als auch* die Menschen, die er seiner gigantischen Eitelkeit geopfert hat? Als würden die *Schuldigen* versuchen, die Vergangenheit zu bereinigen.«

Berger runzelte die Stirn.

»Und wer sollte das sein? Die bösen Typen von den Biotechfirmen?«

»Ja, meinetwegen«, sagte Blom und zog eine Grimasse. »Aber warum hätten sie dann eine so persönliche und rituelle Form der Abrechnung gewählt? Geht es hier darum, einen Serienmörder zu *imitieren*?«

»Um die Aufmerksamkeit auf etwas anderes zu lenken?«

»Vielleicht ist es genau andersherum«, schlug Berger vor. »Vielleicht ist der Mörder selbst ein Opfer?«

»Ja, kann sein. Auf jeden Fall will er uns auf einen Ort hinweisen, der noch wichtiger ist als die Fundorte. Allerdings haben wir dieses Mal keine Schilder, keine Anhaltspunkte bekommen, die uns hinführen könnten. Er lockt uns, spielt mit uns, aber gibt uns keine nützlichen Hinweise. Das hier ist definitiv der Tatort, und er will *auf keinen Fall*, dass wir ihn finden.«

»Was suchen wir denn? Ein heruntergekommenes Gebäude irgendwo in Schweden, in dem mehrere hoch entwickelte Gefrierboxen aus den Neunzigern stehen? Die transportiert man doch nicht einfach so durch die Gegend, schon gar nicht, wenn man das alles allein plant und durchführt.«

Blom sah auf den Edsviken. Es war ein herrlicher Frühsommertag, und unter anderen Umständen wäre es eine hervorragende Gelegenheit gewesen, um anzubaden.

»Verstanden, aber was suchen wir dann? Wie wollen wir vorgehen? Suchen wir irgendeine stillgelegte Fabrik, deren Einnahmen hauptsächlich von reichen Männern stammten, die nach dem ewigen Leben strebten?«

»Oder handelt es sich um eine superreiche Einzelperson, die sich total auf den Traum von der Unsterblichkeit fixiert hat?«

»Weniger wahrscheinlich, oder?«, fragte Blom.

Berger gab ihr recht. Es roch nach einem Geschäftsmodell der größeren Sorte.

»Welches Unternehmen war in den Neunzigern in der Lage, sowohl hoch entwickelte Kryokonservierungstechnik und DNA-Analysen als auch Fettabsaugungen und Organtransplantationen durchzuführen? Und besaß außerdem so viel kriminelle Energie, dass es Ausländer kidnappte?«

»Genau dort muss unsere Suche ansetzen«, sagte Blom und nickte. »Obwohl damals bestimmt einige Firmen mit Risikokapital finanziert wurden, kann es nicht unendlich viele mit solchen Ressourcen geben. Lass uns versuchen, die zu finden.«

Berger stand auf und lehnte sich über das Geländer. Die Sonne wurde von der spiegelglatten Oberfläche der Bucht reflektiert, im Hintergrund das sanfte Rauschen der Espenblätter. Am Ende der Bucht stand das märchenhafte Schloss, das wie von innen leuchtete. Es hätte ein wunderbarer Tag werden können.

Blom beobachtete Berger, der sich nun auszog.

»Du hast recht, wir müssen sie finden«, sagte er. »Aber vorher wird angebadet. Komm.«

Kopfüber sprang er ins eiskalte Wasser. Und nachdem er wieder aufgetaucht war, wurde ihm sofort etwas wärmer, als er ihr Lächeln sah.

Dann zog auch sie sich aus.

38

Dienstag, 6. Juni

Deer saß im Taxi, schon wieder. Der Fahrdienst war zu einer festen Größe in ihrem Leben geworden. Hoffentlich dauerte es nicht mehr so lange, bis sie wieder selbst fahren konnte.

Sie tippte die Adresse, die Keith ihr gegeben hatte, in ihr Telefon: Bjursätragatan 243. Das Taxi fuhr von Nordosten nach Rågsved ein, vorbei an dem hufeisenförmigen Zentrum und dem legendären Restaurant Oasen, in dem Ebba Grön und KSMB die schwedische Punkbewegung ins Leben gerufen hatten. Die Adresse befand sich etwas südlich davon in einem Wohngebiet.

Vor einer langen Reihe von niedrigen Mietshäusern stieg Deer aus. Sie sah dem Taxi ungewöhnlich lange nach, als würde etwas mit ihm verschwinden. Die letzte Rettungsleine, womöglich. Sie wusste, dass sie schon viel zu weit gegangen war.

Die Kraft für das alles schöpfte sie aus ihrem Inneren. Auf dem sicheren Handy überprüfte sie, ob ihre Suche nach Radoslav Blok etwas ergeben hatte. Dem war nicht so. Aber sie nutzte das Foto von Blok, um das mulmige Gefühl aus ihrem Körper zu vertreiben. Unruhe und Sorge wichen erneut der Wut. Sie sah sich um. Zwischen den Wohnkomplexen war es dunkel, als würde die Sonne ihren Weg dorthin nicht finden. Sie verinnerlichte das Foto von Blok, wischte es vom Display und konzentrierte sich auf die Karte, die ihr den Weg in den dunkelsten Innenhof von allen zeigte. Hier musste es sein. Der Vermieter hatte ihr eine Zeichnung geschickt, die wohl ein »Kelleratelier« darstellen sollte, was wahrscheinlich lediglich eine milde Umschreibung für eine miese Absteige war. Das Kelleratelier verfügte laut Angaben allerdings über ein Fenster, wenn auch ein kleines.

Doch hier gab es keine Fenster.

Kurz entschlossen schob sie sich in eine dornige Hecke, die an der Außenwand des Gebäudes wuchs. Ein Lächeln huschte jedes Mal über ihr Gesicht, wenn ein Dorn sich durch ihr Hosenbein bohrte und ihr ins Bein stach. Sie freute sich, dass sie den Schmerz spürte.

Das Gebüsch war unfassbar dicht. Bedachte man die Tatsache, dass ihr Besuch vor allem diskret erfolgen musste, war ihre momentane Situation – *crazy lady im Dornenbusch* – eher suboptimal. Was für ein Glück, dass kein Mensch auf den Straßen unterwegs war.

Sie schwang ihre Krücken wie Macheten durch das lästige Gestrüpp und erreichte endlich die Fassade des Hauses. Mit einer der Krücken schob sie die hartnäckigen Zweige beiseite, kniete sich hin und sah durch das kleine, vergitterte Fenster. Sie musste den Kopf fast auf den Boden legen, um in das sogenannte Kelleratelier blicken zu können. Zu ihrem Entsetzen sah sie, dass dieser Ort tatsächlich bewohnt war.

Bewohnt – aber im Moment leer und dunkel.

Auf dem Weg zurück durch das Dickicht dachte sie an das Telefonat mit der zuständigen Hausverwaltung. Sie hatte lange insistieren und bohren müssen, bis ihr die Person am anderen Ende der Leitung den Namen des Vermieters herausgab: eine Firma namens Apollon AG. Allerdings hatte die Verwaltung keine weiterführenden Angaben zu ihrem Mieter. Auf die Frage, ob es sein könnte, dass das Atelier untervermietet wurde, bekam sie eine sehr ausweichende Antwort. Sie hatte das Gefühl, dass sich der Angestellte schwer damit tat, das Wort *Abschaum* zu vermeiden. Er redete sich um Kopf und Kragen, und das Gespräch endete damit, dass er betonte, wie wenig Handhabe man als Vermieter habe. Dass man nicht verantwortlich sei für all die Künstlertypen, die in einem »Kelleratelier« hausten.

»Sind Sie sicher, dass die Firma Apollon heißt?«, unterbrach Deer seinen Redeschwall.

»So steht es hier«, antwortete der Vertreter der Hausverwaltung.

Es war mit anderen Worten ein sehr ergebnisarmes Telefonat gewesen, aber wenigstens hatte sie am Ende den Grundriss der Anlage mit der Kellerwohnung bekommen.

Dem sie jetzt, nach wie vor unbeobachtet, bis zu einer weiß gestrichenen Stahltür folgte, die sich an der kurzen Außenseite des Wohnblocks befand. Neben der Tür war eine Klingel mit einem Namensschild angebracht, das aber Wind und Wetter ausgesetzt war. Der Regen hatte den Buchstaben ordentlich zugesetzt, Deer konnte lediglich die drei Ziffern 2, 4, 3 ausmachen und insgesamt vier Buchstaben: A, l, y, n.

Am meisten freute sie sich über das ›y‹, denn es bewies, dass sie sich nicht geirrt hatte. Da stand nicht Apollon, sondern Apollyon.

Sie klingelte gar nicht erst, sondern holte gleich ihre Dietrichsammlung aus der Tasche. Eine Kopie von dem Set ihres ehemaligen Kollegen und Vorgesetzten Sam Berger.

Das Schloss in der massiven Stahltür war nur Standardware und leicht zu öffnen. Sie zog die Tür schnell wieder hinter sich zu und unterdrückte den Impuls, den roten Lichtschalter zu betätigen. Dann machte sie ihre Handytaschenlampe an und lief durch einen vollgemüllten, schummrigen Flur. Sie versuchte, sich so leise wie möglich zu bewegen. Es roch nach Schimmel und etwas Süßem, aber das war zum Glück kein Leichengeruch. Wie aus dem Schlaf erwacht, stoben Insekten auf.

Deer erreichte eine zweite schwere Metalltür. Sie atmete

flach, versuchte zu lauschen. Die Wohnung hatte von außen leer ausgesehen, aber man konnte nie wissen.

Sie beschloss, zur Sicherheit anzuklopfen.

Keine Reaktion. Nicht das Geringste.

Sie klopfte ein zweites Mal. Dasselbe. Dann holte sie abermals die Dietriche hervor, schob den passenden ins Schloss und öffnete leise die Tür.

Das Gesicht von Radoslav Blok blitzte vor ihrem inneren Auge auf.

Ein Anflug von Einsamkeit überfiel sie, und sie sehnte sich nach ihrer Dienstwaffe, die sie hatte abgeben müssen. Sie zögerte. Was war aus ihr geworden? War ihre Todessehnsucht so stark? Wie war sie nur auf die Idee gekommen, zu dieser Wohnung zu fahren, in der womöglich der Axtmörder Unterschlupf gefunden hatte? Ohne Dienstmarke, ohne Waffe? Sie hatte eine Tochter, wie um alles in der Welt konnte sie so unverantwortlich sein?

Sie kannte die Antworten.

Sie musste sich selbst beweisen, dass sie es noch draufhatte.

Außerdem hatte ihr Örjan grünes Licht gegeben. Auch wenn sie ihm bisher keinen Zwischenbericht hatte zukommen lassen.

Sie seufzte und sah sich in dem Atelier um. Obwohl die Sonne durch das vergitterte Fenster fiel und ein Rechteck an die Wand neben der Stahltür warf, war es so dunkel, dass sie das Handy als Lichtquelle benutzen musste. Es gab eine Deckenlampe, aber die schaltete sie sicherheitshalber nicht ein.

Das Atelier bestand aus einem großen Wohnraum, einer Kochnische, einem Vorratszimmer und einem Vorhang. Was sich dahinter verbarg, konnte sie nicht sehen. Die Wohnung war leer, nur auf dem Boden stand ein geöffneter Koffer, und auf dem Sofa lag eine zusammengeknüllte Decke.

Jemand wohnte hier. Und war offensichtlich erst vor ein paar Tagen eingezogen. Deer musste nicht einmal den Koffer durchsuchen, um zu sehen, dass der neue Mieter ein Mann war. Das hatte sie auf den ersten Blick erkannt.

Ihr wurde bewusst, dass sie sich beeilen musste. Der Bewohner konnte schließlich jederzeit zurückkommen.

Sie sah sich etwas genauer um. Die Decke war sauber, sie schätzte, dass der Mann maximal zwei Nächte auf dem Sofa geschlafen hatte. In der Kochnische fand sie kein Kaffeepulver und im Kühlschrank nichts Essbares. Aber die Küche war gut ausgestattet: Becher, Weingläser, Teller, Besteck, alles in ausreichender Menge vorhanden. Der Mann hatte keine leere Wohnung vorgefunden. Entweder war er gerade von einer langen Reise zurückgekehrt, oder er hatte eine möblierte Wohnung gemietet. Airbnb? Das Atelier war eingerichtet, wie es sich für ein Atelier gehörte: äußerst spartanisch. Hier sollte Kunst entstehen und kein komplizierter Blödsinn veranstaltet werden.

Deer humpelte weiter in den kleinen Vorratsraum, dessen Wände ringsum Regale säumten, perfekt für einen aktiven Künstler, um dort Material, Werkzeuge und Werke aufzubewahren. Aber die Regale waren leer. Nicht die geringste Spur von Farbe, Gips oder Ähnlichem.

Sie kehrte zurück in das Atelier und widmete sich dem Vorhang, hinter dem sich vermutlich ein kleinerer Raum oder ein begehbarer Kleiderschrank befand. Bevor sie den Stoff beiseitezog, warf sie einen nervösen Blick über die Schulter. Bisher wirkte alles ruhig, aber sie sollte sich beeilen.

Ein schiefes Bücherregal stand hinter dem Vorhang. Sie kletterte darüber und lehnte ihre Krücken an die Wand. In der hinteren Ecke des Raums stand ein Papierkorb, der so voller Müll und unappetitlich war, dass Deer sich ein Paar Handschuhe überstreifte. Im Halbdunkel durchwühlte sie ihn in aller Eile.

Sie fand einen zerrissenen Karton, ein paar unregelmäßig zugeschnittene Holzstifte, mindestens zwanzig verrostete

Schrauben und einige zerknüllte Zettel. Letztere erregten ihr Interesse besonders.

Sie faltete sie nacheinander auf. Der erste war eine Seite aus einem Notizheft, eine Zeichnung, aber auch im Licht der Taschenlampe sah sie nur eine Reihe von Strichen und Zahlen, die keinen Sinn ergaben.

Auf dem nächsten Zettel hatte der Zeichner seine diffusen Gedanken offenbar sortieren können, die Aussage wirkte jetzt viel klarer. Mit einem Kugelschreiber waren zwei geometrische Figuren diagonal übers Papier gezeichnet worden.

Die eine bestand aus nur zwei Linien, einer kürzeren und einer längeren, die ein auf dem Kopf stehendes Kreuz bildeten. Die andere direkt daneben bestand aus einer Geraden, an deren Ende sich jeweils eine große, dreieckige Spitze bildete.

Deer kannte die Form, wie nannte man das noch? Doppelpfeil? War das nicht das Symbol für Gleichgewicht oder Ausgleich? Sie war sich nicht sicher.

Und dann hörte sie ein Geräusch. Hinter ihr knackte und rasselte es.

Deer blieb fast das Herz stehen. Sie ließ die Zettel fallen und erstarrte. Es wurde wieder still. So leise wie möglich kletterte sie zurück über das Regal und stützte sich auf ihre Krücken. Sie lauschte, rührte sich nicht vom Fleck. Konnte sie es wagen, den Vorhang zu bewegen und nachzuschauen? Sie konnte doch nicht einfach hier stehen bleiben und auf ihr sicheres Ende warten?

Sie hatte die Hand am Vorhang, als das Geräusch ein zweites Mal zu hören war. Rasselnd, knackend. Und ein Schatten huschte durch den Raum. Deer unterdrückte einen Aufschrei. Das Knacken wurde noch lauter, und sie sah etwas. Ein Lebewesen.

Umgeben von einem rechteckigen Gebilde aus Licht.

Aber das Geräusch kam von woanders, von der Wand

neben ihr, hinter dem Vorhang, gegenüber dem rechteckigen Lichtfleck.

Endlich verstand Deer. Ob sie das Richtige tat, wusste sie nicht, aber sie wagte einen Schritt in den Hauptraum und sah hoch zu dem einzigen Fenster des Ateliers. Das Geräusch war jetzt noch lauter geworden.

Vor dem Fenster erkannte sie einen großen schwarzen Vogel, der dort beschäftigt war. Er war größer als eine Krähe, ein Rabe vielleicht? Er hackte und stampfte auf dem Boden, auf der Jagd nach Würmern und Maden. Dabei berührte er mal mit den Flügeln, mal mit dem Schnabel das Gitter und erzeugte dieses knackende und rasselnde Geräusch.

Deer hatte bei ihrem Kampf durch das Gestrüpp den Boden gelockert und ihm bei seiner Jagd nach Nahrung geholfen.

Und herein stolzirt' – o Wunder!

Ein gewalt'ger, hochbejahrter Rabe schwirrend zu mir her.

Deer lachte und atmete erleichtert auf. Sie stützte sich auf die Krücken und wartete, bis sich ihr Puls etwas beruhigt hatte. Ihr Blick fiel auf den Koffer, der zu ihren Füßen lag, und sie leuchtete mit der Taschenlampe darauf, hob das eine oder andere sehr männliche Kleidungsstück hoch – inklusive dreier Hawaiihemden. Ganz unten entdeckte sie einen zerknitterten Umschlag.

Ihre Hände zitterten, als sie sah, dass der Umschlag nicht verschlossen war. Vorsichtig zog sie den Brief heraus, faltete ihn auf und las. Es war eine DIN-A4-Seite, mit dem Computer geschrieben. Sie konnte die ersten Zeilen lesen: »*The opportunity of a lifetime!* Kommen Sie nach Stockholm …«

Sie wurde abermals von einem rasselnden und knackenden Geräusch unterbrochen. Sie richtete sich auf. Ihr Impuls war, mit ihrer Krücke gegen das Fenster zu klopfen. Doch der Rabe war verschwunden. Er war es nicht.

Das Geräusch ging nicht weg. Es kam aber auch eindeutig nicht vom Fenster. Sondern von der Wohnungstür.

Deer hielt die Luft an. Sie hatte keine Zeit, vor Angst zu erstarren. Sie machte ein Foto von dem Brief und versuchte dann, unbeholfen das Papier in den Umschlag zurückzustecken, was ihr erst im dritten Anlauf gelang. Dann schob sie ihn zurück unter die Kleidungsstücke im Koffer und stolperte zum Vorhang. Sie warf ihre Krücken von sich und kauerte sich vor das demolierte Bücherregal. Sie versuchte, ihren Atem unter Kontrolle zu bringen, und lugte durch einen Spalt im Vorhang.

Ein Mann betrat die Wohnung und machte Licht an. Für den Bruchteil einer Sekunde dachte Deer, es sei Radoslav Blok. Aber dann sah sie, dass der Mann schon um die fünfzig war. Er hatte sich die Sonnenbrille auf die braun gebrannte Stirn geschoben und trug ein Hawaiihemd unter einem etwas zu großen hellen Jackett. Groß genug, befand Deer, um darunter ein Holster zu verbergen.

Der Mann schleuderte seinen Rucksack aufs Sofa und streckte sich. Er war gerade im Begriff, die Wohnungstür zu schließen, als er mitten in der Bewegung innehielt und sich misstrauisch umsah. Seine Augen unter den sonnengebleichten Augenbrauen verengten sich zu schmalen Schlitzen. Er schob seine Hand unters Jackett und holte eine Pistole hervor. Dann ging er langsam auf den Vorhang zu.

Deers Finger flogen über die Tastatur ihres Handys. Sie verschickte das Foto, das sie von dem Brief gemacht hatte, die Adresse des Ateliers und eine Nachricht: »Ich werde sterben.«

Dann bereitete sie sich auf den Tod vor. Sie sah Lykke vor sich, ganz deutlich. Sie nahm ihre Tochter in den Arm und drückte sie fest an sich. Sie standen lange so. Eng umschlungen. Anschließend wagte sie einen Blick durch den Spalt. Der Mann stand mit der Waffe im Anschlag vor dem Vorhang. Es war mehr als wahrscheinlich, dass sie in wenigen Sekunden tot sein würde.

Sie lächelte.

Sie versöhnte sich mit dem Gedanken.

Im nächsten Moment zog sie den Vorhang beiseite. Ihr Herzschlag hatte sich beruhigt. Alles war gut. Es war vorbei. Hoffentlich würde es nicht wehtun. Sie hatte genug von den Schmerzen.

Aber es passierte etwas Unerwartetes. Sie sah es als ruckartige Abfolge einzelner Bilder. Der Mann drehte sich um und schrie laut auf.

»Das kann doch verdammt noch mal nicht …«

Dann verstummte er abrupt. Deer wurde schwarz vor Augen. Als sie wieder zu sich kam, sah sie als Erstes die Axt in seinem Schädel. Er stand reglos da, den Blick zur Decke gerichtet.

So stand er lange. Viel zu lange.

Als er endlich rücklings umfiel, gab er den Blick auf eine andere Gestalt frei. Ganz in Schwarz, mit einer grauen Mütze auf dem Kopf. Er hielt sich eine behandschuhte Hand vors Gesicht und sah durch seine Finger. Sein Blick war ganz klar.

Glasklar und eiskalt.

Er zog eine Pistole aus seiner Jacke und sah Deer mit gerunzelter Stirn an. Ihre Blicke verschmolzen, sodass Deer das Gefühl hatte, den Kontakt zu sich zu verlieren.

Sie hatte schon zu viel gesehen.

Der Mann sah sie lange an. Nachdenklich. Dann lächelte er und zielte mit seiner Waffe auf sie.

Und Deer versank in tiefe Dunkelheit.

IV

39

Sie sind schon ziemlich nah. Alle, die am Strand sind. Sie bewegen sich nicht mehr so lautlos wie zuvor.

Aber die Schritte des Mannes wird er immer von den anderen unterscheiden können.

Die Vorbereitungen scheinen abgeschlossen zu sein.

Er weiß, dass sie auf dem Weg zu ihm sind. Sie machen kurze Stopps, er weiß auch, warum. Er hört das Knirschen des Sandes, es ist dasselbe Geräusch, das er mit dem Stuhl erzeugt.

Der Mann bleibt bei den anderen Stühlen stehen, das ist ganz deutlich zu hören. Auch seine Stimme ist zu erkennen – ganz leise nur. Das Knirschen ist lauter als das Flüstern, das in den Himmel steigt und verschwindet, ohne dass seine Ohren die Worte auffangen können. Aber er hört sie dennoch, die leiernde, prätentiöse und selbstsichere Stimme, die sein ganzes Leben lang in ihm nachhallen wird.

Wenn er sie nicht irgendwann, in der Zukunft, zum Schweigen bringt.

Dort am Strand öffnet sich eine Tür. Zur Zukunft. Von dort drängt jemand aus einer anderen Zeit in diese Welt.

Die Tür ist noch geöffnet, als der Mann seinen Stuhl fast erreicht hat. Er bleibt bei dem neben ihm stehen. Das Flüstern verstummt. Er ist wenige Meter entfernt.

Auch das schwache Motorengeräusch ist deutlicher geworden. Es kommt vom Wasser.

Dann entsteht eine Pause, wie ein Riss in der Zeit. Jetzt kann er wieder durch die Augenbinde sehen. Hinaus in die Nacht. Die Dunkelheit der Nacht wird von dem Waldrand auf der anderen Seite der Bucht verschlungen. Eine einzigartige Klarheit stellt sich ein. Alles verstummt. Die Szene von diesem Strand wird sich in seine Hirnrinde ätzen. Jedes noch so kleine Detail wird unauslöschlich in seinem Gehirn eingeschrieben sein.

Weil er weiß, dass er im Begriff ist, ein anderer zu werden.

Er kann die Uferkante sehen, er kann jede Kerbe und jede Schattierung der Felsen sehen, die aus dem Wasser ragen, er kann den Waldrand auf der anderen Seite der Bucht sehen, wo sich die Bäume in den Himmel strecken. Und er sieht das kleine Boot auf dem Wasser. Von dort kommt das Motorengeräusch.

Als er jedoch seinen Kopf hebt, nach rechts, wo der Mann jetzt stehen müsste, ist niemand da.

Absolut niemand.

Nur der Anblick des Mannes wird von seiner Augenbinde verdeckt. Und doch hört er noch seine Schritte. Sie sind sehr nah.

Er spürt schon den Schmerz.

Den Schmerz. Die Angst. Die Wut.

40

Dienstag, 6. Juni

Dieser Dienstag, der sechste Juni, Schwedens Nationalfeiertag, war auf dem besten Weg, der erste wirklich warme Sommertag des Jahres zu werden. Berger und Blom saßen in Bademänteln auf dem Steg ihres Bootshauses. Sie hämmerten auf ihre Rechner ein und hofften sehr, dass sich nicht ausgerechnet jetzt ein Großkunde mit einem dringenden Auftrag meldete.

Berger hatte mithilfe der DNA-Analytiker aus England den pensionierten Polizeibeamten aus Surgut in Sibirien ausfindig gemacht, der damals die Ermittlungen im Fall Oleg Trefilov geleitet hatte. Die Ermittlungsakten wurden in diesem Moment zusammengetragen und würden dann – eventuell – digital übermittelt werden. Parallel dazu ging er die Vermisstenanzeigen aus den Neunzigern durch. Mit neuem Blick, denn inzwischen suchte er nicht mehr nach zwei verschwundenen Teenagern und einem fünfzigjährigen Mann, er suchte drei Dreißigjährige, nämlich zwei Männer und eine Frau.

Aber das ging ihm alles viel zu langsam.

Blom kümmerte sich unterdessen um die Biotechfirmen. Ein schwer manövrierbares Gewässer im Zeitalter des Risikokapitals und der Biotechnik. Es gab unzählige Start-ups, die in ihrem jeweiligen Segment die Führung übernehmen wollten. Diese Firmen waren wie Amöben, sie entstanden, sie lösten sich wieder auf, sie verschmolzen, sie teilten sich, sie wurden geklont, wurden international, sogar multinational, hatten ihren Sitz häufig auf den Kaimaninseln oder in amerikanischen Staaten, die sich als Steuerparadies für Investoren einen Namen gemacht hatten.

Blom vertiefte sich in das Material, als Bergers Telefon ein Geräusch von sich gab. Sie sah, wie er die Nachricht las und die Augenbrauen zusammenzog.

»Deer hat mir eine ziemlich sonderbare SMS geschickt. Ein total unscharfes Foto von einem Brief ›*The opportunity of a lifetime!*‹ Ich kapiere nicht, was …«

Dann kam eine zweite SMS direkt hinterher. Berger sprang auf. Er war schlagartig kreidebleich im Gesicht.

»Was ist denn los?«, fragte Blom.

»Sie schreibt: ›Ich werde sterben.‹«, las Berger mit heiserer Stimme vor. Und eine Adresse: ›Keller. Bjursätragatan 243‹.«

»Ruf die Polizei!«, schrie Blom und sprang ebenfalls auf.

Berger reagierte nicht. Dann verzog er das Gesicht zu einer Grimasse. Er schüttelte den Kopf.

»Nein. Sonst hätte sie das schon selbst getan.«

»Komm, wir fahren«, sagte Blom. »Zieh dir was an.«

*

»Bist du dir sicher, dass wir wirklich niemanden anrufen sollten?«, fragte Blom, die hinterm Steuer saß.

Die Stadt flog in einer Geschwindigkeit an ihnen vorbei, wie Berger es schon lange nicht mehr erlebt hatte. Aber vermutlich spielte das keine Rolle. Vermutlich würden sie zu spät kommen.

Würde er Deer verlieren? Das war ein unerträglicher Gedanke.

»Uns bleibt nichts anderes übrig, als so schnell wie möglich zu dieser Adresse zu fahren«, sagte er. »Ein Anruf oder eine Nachricht würde im schlimmsten Fall den Täter warnen oder auf Deer aufmerksam machen. Kannst du schneller fahren?«

Blom schüttelte verständnislos den Kopf.

»Ein Anruf bei der Polizei würde dafür sorgen, dass jemand vor uns da ist. Das kann die Entscheidung bedeuten, Sam, die Entscheidung zwischen Leben und Tod. Der Notarztwagen könnte sie sofort mitnehmen.«

»Und sie direkt in den Knast fahren«, brummte Berger. »Du weißt doch, dass sie auf ganz dünnem Eis unterwegs ist.«

»Lieber im Knast als tot in deinen Armen«, sagte Blom leise und drückte das Gaspedal durch. Das Problem war nur, dass es schon längst durchgedrückt war.

*

Der Innenhof war so dunkel, als würde niemals ein Sonnenstrahl hineingelangen. Sie stolperten durch die Anlage, die Augen auf die Navigation ihrer Handys geheftet.

Plötzlich war Blom verschwunden. Berger hörte ihre Stimme, Blom schien hinter dem Gebäude zu stecken. Er rannte in die entsprechende Richtung und entdeckte sie vor einer blauen Metalltür, deren Farbe abblätterte.

»Probier es bei der hier«, flüsterte sie und zeigte auf das Schloss.

Berger holte den Dietrich aus der Tasche, stocherte nach den unsichtbaren Stiften und Haken, dann drehte er ihn langsam um und schob die Tür leise auf. Sie zogen ihre Waffen aus den Holstern. Das Einzige, was sie sahen, war das rote Licht des Lichtschalters. Aber ihre Aufmerksamkeit, ihre Sinne wurden von etwas ganz anderem in Beschlag genommen. Es war nichts, was sie sahen. Vielmehr das, was sie rochen. Und das war alles andere als gut. Es stank bestialisch, vergammelt, es roch nach Tod.

Mit angehaltenem Atem betätigte Berger den Lichtschalter, und Sekunden später war der Müllraum in Licht getaucht. Der Gestank war wirklich überwältigend, als würden in mehreren Mülltonnen Fischabfälle vor sich hin faulen. Sie waren bereits auf dem Rückzug, als Blom es sich noch einmal anders überlegte und sich durch einen Spalt zwischen den Containern schob. Berger zückte ein zweites Mal seinen Dietrich und öffnete eine unscheinbare Tür am anderen Ende des Müllraums. Sie gelangten in einen langen, dunklen Flur, der sich zwar auch nicht durch besonderen Wohlgeruch auszeichnete, aber im Vergleich zu dem Raum davor das reinste Paradies war. Sie schalteten ihre Handytaschenlampen ein.

Und kurz darauf umschwirrten sie Insekten. Berger schauderte und musste an Bienen denken, an Bienen, die einen menschlichen Körper komplett bedeckten. Aber hier schien es sich nur um fliegende Ameisen zu handeln, die gerade ausschwärmten. Dass sie hier und dort auf seiner Haut landeten, störte ihn nicht.

Sie kamen an eine weitere verschlossene Stahltür.

Berger hatte seinen Dietrich in der Hand und warf Blom einen Blick zu. Die hob ihre Waffe und nickte. Vorsichtig führte er den Stift in das Schloss und suchte nach dem richtigen Halt. Seine Sorgfalt kostete Zeit. Er sah, wie sich Bloms Ungeduld auf ihre Hände übertrug. Ihre Waffe zitterte im Licht ihrer Taschenlampe.

Berger verzog das Gesicht, als das Klicken des Schlosses durch den Flur hallte. Sie hatten keine Zeit zu verlieren. Er sah zu Blom, die wieder nickte, dann stieß er die Tür auf, und Blom stürzte in den Raum. Berger war direkt hinter ihr.

Schon im nächsten Moment machten die beiden eine Vollbremsung. Obwohl es in der Wohnung dunkel war, konnte man nicht übersehen, was da vor ihnen lag. Mit ein bisschen Fantasie sah es aus wie ein Tintenfisch.

Blom schaltete das Licht ein. Wie von einem Blitz wurde der Raum schlagartig hell. Der Tintenfisch war ein Mensch, der seine Arme und Beine von sich gestreckt hatte wie der vitruvianische Mensch von Leonardo da Vinci. Er war nicht nackt, sondern bekleidet, unter anderem mit einem sehr bunten Hawaiihemd – was den Gesamteindruck allerdings nicht dominierte. Das übernahm die Axt, die im Kopf des Mannes steckte. Und die Blutlache, die ihn wie einen Glorienschein umgab.

Blom wich zurück und stieß gegen Berger, der ebenfalls, wie in einer Kettenreaktion, zurückwich. Schnell hatten sie sich wieder gefangen und überprüften den Raum. Er war leer.

Abgesehen von einer ziemlich frischen Leiche.

Wo war Deer?

Ich werde sterben.

War sie getötet und weggeschafft worden?

Blom zeigte wortlos auf einen Vorhang, der an der Wand gegenüber der Wohnungstür hing. Mit den Waffen im Anschlag gingen sie leise darauf zu. Und rissen den Vorhang beiseite.

Sie kauerte auf dem Boden, mit dem Rücken gegen die Wand gelehnt. Berger kniete sich neben sie.

Sie lebte.

Aber ihr Blick wirkte abwesend, ganz langsam nur kehrte sie ins Hier und Jetzt zurück. Sie hatte geweint, doch ihre Tränen waren schon getrocknet.

»Verdammt, ist das gut, dich zu sehen, Deer«, schnaubte Berger und griff nach ihrer Hand. Sie ließ es geschehen, zeigte aber sonst keine Reaktion. Sie starrte ihn an, beängstigend lange. Dann wehte ein Hauch von Leben in sie.

»Du stinkst nach Müll«, sagte sie leise.

»Wir sind durch den Müllraum ins Haus gekommen«, erklärte Berger und lächelte. »Ist der Mörder noch im Haus?«

»Ich weiß es nicht«, sagte Deer. »Ich habe das Bewusstsein verloren. Warum seid ihr durch den Müllraum gekommen?«

Berger lachte und drehte sich zu Blom um, die den Vorhang aufhielt, aber die ganze Zeit die Wohnungstür im Auge behielt. Sie machte eine Bewegung mit ihrer freien Hand, wie um zu sagen: *Beeilt euch.*

»Kannst du aufstehen?«, fragte Berger.

»Gib mir meine Krücken«, sagte Deer und klang schon viel wacher.

Berger stand auf und trat einen Schritt zurück, um ihr genügend Raum zu geben. Mental und physisch. Sie kämpfte sich auf die Beine und verzog das Gesicht.

»Ich bin ohnmächtig geworden, verdammt«, zischte sie. »Wie ein Kleinkind. Ich kann gar nichts. Ich gehöre suspendiert. Auf dem Friedhof vergraben. Das wäre noch besser als suspendiert. Ich werde mich frühpensionieren lassen, es mir im Rollstuhl bequem machen und damit aufhören, jemand sein zu wollen, der ich nicht bin.«

»Das geht vorbei«, sagte Berger. Er sprach aus Erfahrung.

Als Deer sich bis zu Blom vorgekämpft hatte, wandte sie sich um.

»Hier sind einige Sachen verschwunden.«

»Wie meinst du das?«, fragte Berger.

»Dort auf dem Boden lag ein Koffer. Und auf dem Sofa, neben der Decke, lag *sein* Rucksack.«

Sie zeigte auf die Leiche. Dann kniete sie sich mit schmerzverzerrtem Gesicht neben den Toten und hob das Revers des blutverschmierten Jacketts an.

»Er hatte eine Pistole und ein Holster«, sagte sie und stand wieder auf. »Eine riesige Waffe.«

»Und einen Brief«, ergänzte Berger.

»Stimmt«, rief Deer. »Hast du ihn bekommen? Was steht da drin?«

»Wir hatten keine Zeit, ihn zu lesen«, sagte Berger leise. »Wir waren mit etwas anderem beschäftigt.«

»Jetzt müssen wir aber weg«, drängte Blom.

»Noch eine Sekunde«, sagte Berger. Er kratzte sich am Kopf. »Lasst uns kurz nachdenken. Der Mörder ist verschwunden, der kommt nicht wieder zurück. *Was zum Teufel hattest du hier zu suchen, Deer?*«

»Polizistin spielen«, murmelte Deer.

»Wenn du dich in Selbstmitleid wälzen willst, musst du

damit noch einen Moment warten«, entgegnete Berger und erntete einen bösen Blick von Deer. Er packte seine ehemalige Kollegin an den Schultern, bohrte seinen Blick in sie und sprach überdeutlich. »Was hast du hier gemacht? Worum geht es überhaupt? Hast du einen weiteren Mörder gefunden?«

Deer holte tief Luft.

»Mich würde es nicht wundern, wenn wir diesen Mann nicht auch mit den Hells Angels in Verbindung bringen können.«

»Ich habe keine Ahnung, wovon du redest.«

»Ich glaube, dass der Axtmörder hier gewohnt oder zumindest sein Hauptquartier hier aufgeschlagen hat. Er hat diese Wohnung und eine weitere in Tumba angemietet. Das erste Opfer, ein Junkie, ist von ihm in der Wohnung in Tumba untergebracht worden. Sein zweites Opfer lebte schon seit Langem in Eskilstuna. Und sein drittes Opfer hat er hierher gelockt, um auch ihm eine Axt der Marke Fiskars, Modell X17, in den Kopf zu jagen.«

»›The opportunity of a lifetime!‹« Berger nickte.

»Dann haben wir *zwei* Serienmörder, die zeitgleich ihr Unwesen in Stockholm treiben?«, fragte Blom skeptisch.

Deer schüttelte den Kopf.

»Er hat mir das Leben gerettet«, sagte sie leise.

»Wie bitte?«, rief Berger.

»Er hat mir das Leben gerettet, dafür aber mein Handy mitgenommen.«

»Du hast den Mörder gesehen? Hast du den Mord gesehen?«

»Ja. Und nicht nur das.« Deer zeigte mit dem Fuß auf die Leiche. »Dieser Idiot hier wollte mich umlegen. Er hätte mich erschossen, wenn der andere nicht gekommen wäre. Oh Gott, mir geht es nicht gut.«

»Wir fahren dich, wohin du willst«, sagte Berger. »Nach Hause oder zum Arzt?«

»In jedem Fall müssen wir *jetzt* los«, sagte Blom. »Das hier ist eine sehr instabile Situation. Hast du hier irgendwelche Spuren hinterlassen, DNA oder dergleichen? Oder gibt es etwas anderes, was als Hinweis auf uns dienen könnte?«

Deer stützte sich auf ihre Krücken und schüttelte den Kopf.

»Nicht, dass ich wüsste … Ich habe, da hinter dem Vorhang, im Mülleimer gewühlt, da ist …«

Blom zückte ein Paar Handschuhe und folgte Deers ausgestreckter Hand.

»Wir müssen alles genau so zurücklassen, wie es war«, sagte Berger. »Wir dürfen nicht die Arbeit der Polizei behindern, wie dürftig deren Kompetenz auch sein mag. Gibt es noch etwas, das anders aussah, als du hier reingekommen bist?«

»Auf dem Boden liegt eine Leiche mit einer Axt im Kopf«, sagte Deer. Sie sah sich um, dann schüttelte sie den Kopf.

»Er hat mein Handy mitgenommen, und den Brief.«

Berger nickte.

»Das hat er. Und auch den Koffer und den Rucksack, die uns vielleicht verraten hätten, wer der Typ hier ist. Aber dagegen können wir jetzt nichts tun. Sobald wir in Sicherheit sind, rufen wir die Polizei an und melden die Tat. Wir kaufen ein Prepaid-Handy auf dem Weg.«

Deer wollte gerade etwas erwidern, da wurde der Vorhang mit Wucht aufgerissen. Blom stand vor ihnen und starrte sie an. Sie war bleich im Gesicht und hielt einen Zettel in der Hand.

Berger ging auf sie zu. Auf den Zettel waren zwei Symbole gezeichnet.

Ein Kreuz, das auf dem Kopf stand, und ein Doppelpfeil.

»Verdammt!«, sagte Berger.

»Wir haben es definitiv nicht mit zwei Serienmördern zu tun«, sagte Blom mit heiserer Stimme. »Das ist ein und derselbe Mann.«

41

Dienstag, 6. Juni

An der Wand ist noch Platz für drei weitere Zettel. Das hätte er nicht für möglich gehalten. Aber so ist es. Sie unterscheiden sich von den handgeschriebenen Seiten aus dem Notizbuch. Auf Augenhöhe hat er sie aufgehängt, drei ausgedruckte Fotos.

Auf dem ersten ist die Windschutzscheibe eines dunklen Autos zu sehen, hinter dem Steuer sitzt eine blonde Frau. Sie ist hohläugig, wie in Edvard Munchs *Der Schrei*. Nicht zu identifizieren. Unter dieses Foto hat der junge Mann ein paar Fragezeichen gemalt, daneben steht in Anführungszeichen »Bootshaus Security AG«. Frau und Wagen gehören zu dieser Firma, das hat er herausbekommen. Aber er weiß noch nicht, wer die Frau ist.

Die Qualität des zweiten Fotos ist etwas besser, aber auch hier erinnert alles an das Gemälde *Der Schrei*. Auf diesem ist ein Mann zu sehen, auch er nicht eindeutig identifizierbar. Unter der Aufnahme steht: »Samuel Berger?? (Bootshaus Security AG)« Berger ist der Geschäftsführer der Sicherheitsfirma, die keine großen Umsätze verzeichnet und nur zwei Angestellte hat. Das Interessanteste daran ist, dass Samuel Berger Kriminalkommissar war und des Mordes angeklagt wurde. Eine Zeit lang stand er sogar landesweit zur Fahndung ausgeschrieben. Das bedeutet, dass im Netz auf jeden Fall *ein* Foto von ihm existiert. Das Fahndungsfoto wird sich noch auf einer der weniger korrekten Seiten finden lassen, vermutlich ein Foto vom Führerschein, das vollkommen ausreicht, um den Mann im Wagen als Samuel Berger zu identifizieren.

Das dritte Foto ist das jüngste und von bedeutend besserer Qualität. Darauf ist eine Frau mit einem braunen Pagenkopf zu sehen. Sie lehnt mit dem Rücken an einer Wand und hat die Augen geschlossen. Auf dem Boden neben ihr liegt ein Handy. Auch unter dieses Foto hat der junge Mann ein Fragezeichen gesetzt.

Denn genau das ist die Frau für ihn. Ein einziges großes Fragezeichen.

Aus diesem Grund hat er sie nicht getötet, als er sie hinter dem Vorhang im Kelleratelier entdeckte.

Es war nicht das erste Mal, dass er unschuldige Zeugen am Leben ließ. Hier aber handelte es sich nicht um eine unschuldige Zeugin. Sie trug Einweghandschuhe und hatte sich hinter dem Vorhang versteckt. Das Schwein im Hawaiihemd hätte sie eiskalt abgeknallt. Sie ist in die Wohnung eingebrochen, hat den Weg in dieses Kelleratelier gefunden, und dadurch ist sie zu einer Gegenspielerin geworden, so wie Samuel Berger und seine Kollegin. Was wunderbar ist! Was die Axtmorde anbetrifft, hat er sie nicht wie mit den USB-Sticks an den Stränden zum Spiel aufgefordert. Weshalb ihre Leistung noch viel beeindruckender ist.

Sie ist ganz offensichtlich nicht von der Polizei. Eine unbewaffnete, körperlich behinderte Frau, die ohnmächtig wurde. Wenn man es genau betrachtet, hat er ihr das Leben gerettet.

Er braucht diesen Joker in seinem Spiel. Ein großes Fragezeichen, das ihn zum Schmunzeln bringt. Es treibt ihn an, lässt ihn noch besser werden.

Zu wem gehört sie?

Sein Blick fällt auf das noch immer gesperrte Handy. Er hat gleich in Rågsved versucht, es zu öffnen, dann aber zur

Sicherheit Akku und SIM-Karte herausgenommen, damit es nicht geortet werden kann. Er hat ihre Kleidung durchsucht, aber sie hatte weder Ausweis noch Kreditkarte dabei. Nichts, außer der Kleidung, die sie getragen hat, und einem großen Bund von Dietrichen. Den hat er ihr gelassen.

Vielleicht hätte er ihn doch mitnehmen sollen …

Die Tatsache, dass sie Dietriche mitgebracht und Einweghandschuhe getragen hat, beweist auf jeden Fall, dass sie *irgendeine* Art von Profi ist. Den beiden von der Bootshaus Security AG ist es gelungen, rechtzeitig die falschen Strandabschnitte zu finden, und vielleicht ist auch die Frau ihm auf die Spur gekommen. Über die Axtmorde. Von der anderen Seite sozusagen. Er muss zugeben, die Idee mit Abaddon und Apollyon ist ein bisschen albern gewesen. Aber von dort bis in dieses Kelleratelier zu kommen, das war eine große Leistung. Wenn sie tatsächlich allein arbeitet, mag sie zwar körperlich schwach sein, aber ziemlich klug. Alles in allem spielt es keine Rolle, ob sie ihn wirklich gefunden hat. Er ist bereits auf dem Weg zu seinem nächsten Schritt.

Was allerdings eine Rolle gespielt hätte, wäre, wenn jemand anderes in dem Kelleratelier gewesen wäre. Ein Polizist oder eine qualifizierte Sicherheitsfirma. Dann wäre das Spiel jetzt vorbei. Gefängnis oder Tod.

Er ist nachlässig geworden. Hat das mit Tumba und Rågsved nicht hundertprozentig organisiert. Und dadurch eine Lücke gelassen. Jetzt ist es an der Zeit, die Lücke zu schließen.

Er hebt seine linke Hand. Sie ist ganz ruhig.

Trotzdem passt das alles nicht zusammen. Gehört diese Frau zur Bootshaus Security AG? Warum sollten die jemanden so Ungeeigneten zur Überprüfung des Kellerateliers schicken? Das erscheint ihm mehr als unwahrscheinlich. Also sind es doch zwei Instanzen, die ihm auf den Fersen sind. Von unterschiedlichen Seiten.

Da wird es langsam so richtig spannend.

Der junge Mann lächelt und wirft einen letzten Blick auf das Handy. Auf der Rückseite klebt ein selbst gebastelter Aufkleber. In kindlicher Handschrift steht darauf: »Deer«. Was das wohl zu bedeuten hat?

Er legt das Handy auf das blau-grün karierte Tischtuch, klappt das Tuch an einer Ecke um und streicht über die Glasscheibe. Darunter ist nichts zu sehen. Denn er hat entschieden, mit dem Auftauen noch ein bisschen zu warten.

Mit der Geburt aus dem Eis.

Er legt das Tischtuch wieder über die Scheibe und verlässt das Zimmer. Kommt von dort in einen weitaus größeren, aber vollkommen leeren Raum. Ein Saal, in dem man auf dem Holzfußboden die dunklen Konturen der Maschinen sehen kann, die dort gestanden haben. Er gelangt an eine gepanzerte Tür, die merkwürdig fremd in dieser Umgebung wirkt. Er öffnet sie mit einem großen Schlüssel, schaltet die Taschenlampe in seinem Telefon ein und steigt eine Treppe hinunter.

Es ist eine massive Treppe, die überraschend lang ist und bis tief unter die Erde führt. Sie endet auf einem schmutzigen Zementfußboden, auf dem ein Haufen Gerümpel in den Ecken steht, gegen die Wände gelehnt, die ebenfalls aus Zement sind. Wie ein großer, nahezu leerer Lagerraum. Was noch dort steht, ist ein unübersichtliches Durcheinander aus Kurbeln, Zahnrädern und Ketten, das an ein großes Uhrwerk erinnert.

Er durchquert den Kellerraum, geht an Säulen vorbei, auf denen das Kellergewölbe zu ruhen scheint. Das Licht fängt sich in den Spinnweben. Er kennt die Spinne, weiß genau, wie groß sie ist – immerhin teilen sie sich seit fast einem halben Jahr die Bleibe. Es ist die größte Spinne, die er jemals in Schweden gesehen hat.

Vielleicht ist sie die Nachfahrin eines genmanipulierten Stammes.

Vielleicht leben ganz viele davon in diesen Wänden.

Er ist bei seiner Unterkunft angekommen. Ein dreckiger Schlafsack, ein stark verrußter Campingkocher, eine Flasche mit rosa Alkohol, Anzünder, Tüten mit gefriergetrockneten Snacks und Kaffee – so wie er hier haust, unterscheidet sich der Platz kaum vom Unterschlupf eines Obdachlosen.

Aber der junge Mann biegt kurz noch einmal ab und geht zielstrebig auf die angrenzende Wand zu. Dort sind eine ganze Reihe von Metalltanks angebracht, wie vier gigantische Orgelpfeifen. Einer davon ist mit flüssigem Stickstoff gefüllt. Bei minus hundertsechsundneunzig Grad. Die anderen sind leer.

An der Wand neben den Tanks befindet sich eine Art Werkzeughalterung. Für Äxte.

Dort hängen noch eine kleinere und eine größere. Er nimmt die kleinere aus der Halterung – eine Fiskars, Modell X17 – und wiegt sie in der Hand. Ihre Form ist so ausgewogen, so perfekt, dass sie sich in seine Hand schmiegt, wenn er sie hebt und damit zuschlägt.

Aber die andere Axt ist das eigentliche Kronjuwel seiner Sammlung. Er hängt die kleinere zurück und nimmt sie aus der Halterung, wiegt auch sie in der Hand. Die Präzision ist atemberaubend. Es ist eine Gränfors Bartaxt mit Schaftauge, ein nordeuropäisches Modell aus dem frühen 12. Jahrhundert. Mit ihr wird er sein Vorhaben krönen.

Die richtige Stirn.

Ein mit Bedacht gewählter Kopf.

Er schwingt sie ein paarmal durch die modrige Kellerluft und lässt das Rauschen des Schwunges durch die Dunkelheit hallen. Dann hängt er auch die Bartaxt an ihren Platz und kehrt zu den Metalltanks zurück.

Die ersten drei sind nicht nur leer, sondern auch geöffnet, die gewölbten Türen offenbaren das Innenleben der Metallkörper. Vor dem vierten bleibt er stehen, streicht mit der Hand über die Oberfläche. Geht im Kopf den Ablauf durch.

Der Prozess wurde eingeleitet, während das Herz des Opfers

noch schlug. Diejenigen, die den Eingriff überlebten, durften heilen und wurden dann ausgeblutet. Das Blut wurde aufbewahrt und durch eine Flüssigkeit, ein Frostschutzmittel, ersetzt, ehe sie langsam und vorsichtig eingefroren und dann kopfüber in flüssigen Stickstoff gelegt wurden, damit die Zersetzung des Körpers sich auf ein Minimum reduzierte.

Viele Jahre später fand nun der lange und komplizierte Prozess des Auftauens statt. Den kennt er auswendig, bis ins kleinste Detail. Er weiß, wie das tiefgefrorene Blut dem Körper Jahrzehnte später wieder zugeführt werden muss. Er hat die unterschiedlichsten Zeitabstände getestet, um den optimalen Effekt zu erzielen.

Der junge Mann kniet sich vor den unteren Teil des Tanks. Die Oberfläche ist dort beschlagen. Mit seinem Ärmel wischt er die Tröpfchen von der dicken Glasscheibe. Der Übergang vom Metalltank zum Glas ist kaum sichtbar.

Hinter ihm schwebt, wie in einem luftleeren Raum, ein Gesicht.

Das einer jungen Frau. Sie ist rothaarig und blass. Und auf ihrer linken Wange hat sie ein herzförmiges Muttermal.

42

Dienstag, 6. Juni

Berger und Deer saßen auf dem Rücksitz des Dienstwagens, während Blom im Mediamarkt im Zentrum von Farsta ein Prepaid-Handy kaufte.

»Er hat dein Handy mitgenommen, aber den Dietrich liegen lassen? Und was ist mit Ausweis, Kreditkarte und all dem?«

Statt eine Antwort zu geben, lehnte sich Deer vor und zog sich einen Schuh aus. Unter der Einlegesohle ihres rechten Sneakers lagen ihr nicht mehr gültiger Dienstausweis und eine Kreditkarte.

»Alte Gewohnheit«, sagte sie.

»Dann weiß er also nicht, wer du bist?«

Sie zuckte mit den Schultern und starrte ins Leere.

Berger berührte ihren Arm.

»Sollen wir wirklich nicht zum Arzt? Nur zur Sicherheit?«

Deer schüttelte den Kopf.

»Dann halten wir uns an den Plan und bringen dich nach Hause«, sagte Berger.

Sie schüttelte noch immer den Kopf.

»Ich will auch nicht nach Hause«, sagte sie. »Wir müssen alles zusammentragen, was wir über den Kerl wissen. Und zwar so schnell wie möglich. Von beiden Seiten.«

Was meint sie mit *wir*?, fragte sich Berger.

»Solltest du Johnny und Lykke nicht wenigstens Bescheid sagen?«, sagte er.

»Die hatten meinetwegen schon genug Ärger in den vergangenen Jahren.«

»Aber bist du dir sicher, dass du das schaffst? Du hattest einen sehr harten Tag, Deer.«

»Nichts ist heilsamer als kreative Polizeiarbeit.«

»Ich verstehe.« Berger nickte. »Wie entsperrst du dein Handy? Face-ID? Touch-ID?«

»Was?«

»Er kann doch deine Bewusstlosigkeit ausgenutzt und das Handy mit deinem Gesicht oder deinem Finger entsperrt haben. In diesem Fall hat er Zugang zu deinen Daten. Vor allem zu deinem virtuellen Notizbuch.«

Deer wurde blass. Aber die Farbe kehrte genauso schnell in ihre Wangen zurück.

»Das ist mein sicheres Handy. Das kann bloß mit einer langen Ziffernfolge entsperrt werden, und die ist nur in meinem Kopf. Aber …«

»Was aber …?«

»Auf dem Handy steht ›Deer‹.«

»Okay, warum das?«

»Das ist schon einige Zeit her. Lykke ist zu Hause ans Telefon gegangen, und du wolltest mich, *Deer*, sprechen. Den Namen hatte sie noch nie gehört, und sie fand ihn lustig. Sie hat ihn auf einen Zettel geschrieben, den wir auf meine Handyhülle geklebt haben.«

Berger lächelte väterlich, aber in seinem Inneren hatte längst die übliche Risikoevaluation eingesetzt.

»Es gibt im Präsidium vielleicht an die zwanzig Leute, die meinen Spitznamen kennen«, sagte Deer mit einem Anflug von Nervosität in der Stimme. »Auch wenn nur du mich so genannt hast. Du, und Robin manchmal.«

»Der Mörder weiß doch nicht einmal, dass du Polizistin bist«, wandte Berger ein. »Die Wahrscheinlichkeit, dass dich jemand von der Dienststelle verraten wird, ist also verschwindend gering. Wie sieht es im Netz aus? Ich hoffe, du hast dafür gesorgt, dass es keine Fotos von dir gibt?«

»Zumindest habe ich das versucht«, sagte Deer und fügte mürrisch hinzu: »Außerdem bin ich keine Polizistin mehr.«

Ehe Berger protestieren konnte, hatte Blom die Fahrertür aufgerissen und sich hinters Steuer fallen lassen. Sie warf einen Karton mit einem nicht weiter definierbaren Gerät nach hinten. Außerdem ein iPhone älteren Datums und zwei Prepaid-Karten.

»Zwei?«, fragte Berger.

»Ich will lieber auf Nummer sicher gehen. Zwei Aktionen von zwei verschiedenen Karten. Zuerst überprüft ihr, ob wir Deers Handy orten können – dabei löscht ihr alle Daten auf dem Gerät. Danach ruft ihr bei der Polizei an und meldet einen Mord in Rågsved. Mit dem Ding da.«

Ihr Kopfnicken war zwar ungenau, aber Berger wusste, dass sie den undefinierbaren Apparat meinte.

»Ein Stimmenverzerrer?«, fragte er ungläubig.

»Die sind unabdingbar für einen Anruf bei der Polizei«, sagte Blom und fuhr rückwärts aus der Parklücke.

Berger nahm das iPhone und gab Blom das Ladekabel nach vorn durch, damit sie es in den USB-Adapter steckte. Anschließend setzte er eine der SIM-Karten ein und reichte das Telefon an Deer weiter, damit sie ihre Suche aktivieren konnte.

»Es ist ausgeschaltet«, stellte sie fest.

»Surprise«, sagte Blom grimmig, während sie den Wagen durch das Zentrum von Farsta steuerte. »Kannst du die Daten von hier aus trotzdem löschen?«

»Ja«, sagte Deer und tippte auf das Display.

Berger zögerte für ein paar Sekunden, dann legte er ihr die Hand auf den Arm.

»Lass uns das noch einmal kurz durchgehen«, sagte er.

»Warum? Da ist alles von meinem Job drauf. Einfach alles.«

»Könnten wir das nicht für uns nutzen? Falls es ihm überhaupt gelingen sollte, das Telefon zu entsperren.«

»Wir könnten einen Alarm einrichten«, schlug Blom vor und bog mit Schwung auf den Nynäsvägen.

»Wir reden hier von meinen größten Geheimnissen«, protestierte Deer. »Die Suspendierung wird direkt in eine Gefängnisstrafe übergehen, wenn es dem Mörder gelingt, das Handy zu entsperren.«

»Aber du hast da nichts Privates drauf, oder?«

»Meinen Namen. Es gibt nichts Privateres als das. Was meinst du, wie viele Desiré Rosenkvists es im Großraum Stockholm gibt? Wenn er den herausfindet, steht er als Nächstes mit einer Axt in der Hand in meiner Auffahrt.«

Berger nickte. Er verstand ihre Bedenken und wollte keinen Druck ausüben. Sie musste selbst entscheiden, ihrer inneren Stimme folgen.

Deer knallte das Handy auf den Sitz neben sich.

Zwei Alternativen leuchteten auf dem Display.

»Löschen« und »Abbrechen«.

43

Dienstag, 6. Juni

Sie hatten ein paar sehr ereignisreiche Tage hinter sich, und das sah man ihnen vermutlich auch an. Dort auf dem Steg am Bootshaus, im Licht der Nachmittagssonne. Die dringend benötigten Strahlen spiegelten sich nicht nur im Wasser des Edsviken, sondern auch in dem Whiteboard, das so stand, dass Molly Blom darauf schreiben konnte, ohne aufstehen zu müssen. Sie zeigte überraschende Fertigkeiten – sie schrieb über die Schulter, quasi ohne hinzusehen.

»Wollen wir die Axtmorde noch mal im Einzelnen durchgehen? Von Anfang an? Aber nur das Wesentliche. Deer?«

Mit einem gigantischen, dampfenden Kaffeebecher vor sich und neu gewonnener Energie zeigte Deer auf einen handgeschriebenen Zettel, der am Whiteboard hing.

»Ich fasse den Zettel kurz zusammen, ihr bekommt meine detaillierten Unterlagen später. Also: Drei Männer, alle etwa gleich alt, fünfzig plus, sind mit einer Axt erschlagen worden. Das Einzige, was die beiden ersten Opfer gemeinsam haben, ist ihre Verbindung zu den Hells Angels. Und der Mörder trägt offenbar schwarze Kleidung und eine graue Mütze. So wie heute.«

»Und was steht da noch?«, fragte Berger und lehnte sich vor.

»Nichts«, sagte Deer und nahm den Zettel ab, drehte ihn um und befestigte ihn wieder am Board.

»Aber da stand doch noch was. Da stand noch ›a.a.p.‹. Das kenne ich irgendwoher.«

»Das stammt noch aus meinem Jurastudium«, seufzte Deer. »Das schreibe ich, wenn man die Seite umdrehen soll, weil etwas auf der Rückseite steht. Das ist die Abkürzung für ›*audi alteram partem*‹ und bedeutet so viel wie ›Man höre auch die andere Seite‹. Darf ich jetzt weiterreden?«

Berger machte eine beschwichtigende Geste. Deer zeigte auf den umgedrehten Zettel.

»In den beiden ersten Fällen gibt es mehrere Angaben, die darauf hindeuten, dass die Opfer den Täter kannten – und das kann ich auch für den Mord heute im Kelleratelier bestätigen. Als das dritte Opfer den Täter sah, sagte es: ›Das kann doch verdammt noch mal nicht ...‹«

»Und du verstehst das so, dass er ihn kannte?«, fragte Blom. »So à la: ›Das kann doch verdammt noch mal nicht sein, dass ausgerechnet *du* ...?«

»Ja, oder eher: ›Das kann doch verdammt noch mal nicht sein, dass du jetzt *wirklich* ...‹ Auf jeden Fall kannte er ihn, ganz sicher. Und das passt auch gut zu den letzten Worten des zugedrogten Stefan Lundberg: ›Wer von denen bist du?‹ Das bedeutet, es gibt mehrere, *eine Gruppe von Leuten*, aus denen man einen auswählen kann. Und Lundberg wollte wissen, *wer* aus dieser Gruppe sein Mörder war. *Famous last words*. Er starb so unwissend, wie er gelebt hat.«

»Aber wenigstens haben wir jetzt eine ungefähre Ahnung davon, wer das dritte Opfer ist«, sagte Blom und zeigte über die Schulter auf einen Ausdruck, den sie an das Board geheftet hatte. »Dein Foto des Briefes war leider unscharf und nicht vollständig ...«

»Ich hatte etwa acht Sekunden bis zu meinem sicheren Tod«, brummte Deer mürrisch.

»*Ich* finde, du hast dich heldenhaft verhalten«, sagte Berger.

»... aber glücklicherweise konnte ich einen erheblichen

Teil des Textes lesbar machen«, fuhr Blom ungerührt fort. »›*The opportunity of a lifetime!* Kommen Sie nach Stockholm. Es handelt sich um eine lukrative Investition in ein umfangreiches Lithiumvorkommen im Westen von Australien. Da die offiziellen Stellen den Fund noch nicht gemeldet haben, kann zum jetzigen Zeitpunkt ohne Berücksichtigung der internationalen Geldwäschegesetze investiert werden. Nach erfolgter Investition garantieren wir höchste Diskretion und halten uns an die attraktive Finanzgesetzgebung des Staates Delaware.‹ Mehr ließ sich leider nicht entziffern. Außer dem Namen des Adressaten: Rufus Lagergrund. Oben in der Ecke steht ganz nüchtern: ›Zu Händen Direktor Rufus Lagergrund.‹«

»Das hört sich verdächtig nach einem Lockbrief an«, stöhnte Berger.

»Delaware, genau.« Deer nickte. »Der Mörder verfügt offenbar neben der Apollyon noch über weitere LLC-Firmen. Und er hat es so explizit formuliert, damit die Spekulanten die Echtheit überprüfen können.«

»Die Kontaktdaten standen wahrscheinlich am Ende des Briefes«, sagte Blom. »Aber der ist abgeschnitten. Das hätte uns die Arbeit ungemein erleichtert, wenn wir das auch gehabt hätten.«

»Jetzt hört auf, darauf herumzureiten«, beschwerte sich Deer.

Berger hatte sich in seinen Rechner vertieft.

»Rufus Lagergrund ist ein ziemlich seltener Name, wie ihr euch denken könnt«, meldete er sich zu Wort. »Aber einen habe ich gefunden, einen schwedischen Landsmann, der an der Costa del Sol in Spanien gemeldet ist. Er ist laut den Angaben Vertriebschef einer Event-Agentur in Puerto Banús.«

»Der *Chef* also. Verstehe«, sagte Blom sarkastisch. »Gibt es Fotos von ihm?«

»Eine ganze Menge, und auf allen hat er ein schreckliches Grinsen im Gesicht. Sehr viel Party, Nachtclubs, Golf, Segeln,

Jacht und so ein Zeug. Sexy verschwitzte, gebräunte und operierte Ladys. Da ich ihn nur mit einer Axt im Kopf kenne, fällt es mir schwer, ihn auf den Fotos zu identifizieren. Was sagst du, Deer?«

Deer sah sich die Fotos auf Bergers Laptop an.

»Das ist er, eindeutig«, sagte sie. »Diese Mischung aus Geschäftsmann, Partylöwe und Psychopath ist unverkennbar. Außerdem war er bewaffnet.«

»Was die Frage aufwirft, was der gute Rufus für Partys veranstaltet hat«, sagte Blom.

»Meine Nachforschungen haben ergeben«, meldete sich Berger zu Wort, »dass gegen die Event-Agentur mehrmals ermittelt wurde, wegen Verbindungen zu ... Dreimal dürft ihr raten?«

»Gibt es die da unten auch?«, fragte Deer.

»Na klar! Es gibt einen Charter der Hells Angels an der Costa del Sol.«

Die drei schwiegen, während sich die Details allmählich zu einem Ganzen fügten.

»Damit können wir es als bewiesen erachten, dass auch das dritte Opfer eine Verbindung zu den Hells Angels in Schweden hatte«, schloss Blom und schrieb etwas auf das Whiteboard. »Aber was sagt uns das? Und vor allem: Was hat das mit unserer Gruppe von nicht mehr tiefgefrorenen Mordopfern zu tun, die jeweils am Fünften eines Monats an einem Sandstrand abgelegt werden?«

»Es wird immer deutlicher, dass sich die ganze Angelegenheit auf etwas *in der Vergangenheit* bezieht«, sagte Berger. »Der Mörder, der offenbar zu einer Gruppe gehört – *Wer von denen bist du?* –, sammelt zwei andere Gruppen um sich: die tiefgefrorenen und verstümmelten Ausländer sowie die ehemaligen Mitglieder der schwedischen Hells Angels. Ich bin noch nicht in der Lage, eine Verbindung zwischen den Gruppen herzustellen. Lassen sich bei den Axtmorden irgendwelche Regelmäßigkeiten erkennen, Deer?«

»Keine, die mir sofort aufgefallen wären«, sagte Deer. »Der erste Mord war am vierundzwanzigsten Mai, der zweite am zweiten Juni und der dritte heute, also am sechsten Juni. Einmal mehr als eine Woche Abstand, dann nur wenige Tage. Der letzte Mord war übrigens der erste, der bei Tageslicht geschehen ist. Sofern man dort unten im Keller von Tageslicht sprechen möchte …«

»Ich fasse mal zusammen«, sagte Blom. »Die einzige Verbindung zwischen den beiden Fällen, außer der äußerst unwahrscheinlichen, dass wir es hier gleichzeitig mit zwei unterschiedlichen Serienmördern zu tun haben, sind die Symbole. Das Kreuz und der Doppelpfeil. Wenn wir uns das ein bisschen genauer ansehen: Wie lief das Ganze ab? Wann hat er diese beiden Wohnungen gemietet?«

Deer hätte gern in ihrem Handy nachgesehen, musste nun aber aus den Tiefen ihrer Erinnerung schöpfen.

»Die Wohnung in Tumba wurde im April vergangenen Jahres gemietet. Das Kelleratelier in Rågsved etwas früher, im Februar. Tumba hatte das Ziel, Stefan Lundberg an Ort und Stelle unter Kontrolle zu behalten, das trifft aber für das Atelier nicht zu. Ich vermute darum, dass er im Februar eingezogen ist – entweder um dort zu wohnen oder um es als Arbeitsplatz zu benutzen –, und dann hat er die Bankfilialen in der Nähe aufgesucht, um die Miete für die Wohnung bar einzuzahlen. Weil er sich dort zu Hause fühlt.«

»Ich würde gern wissen, ob sich die Angestellten an den Mann erinnern, der die Miete eingezahlt hat«, murmelte Berger. »Das hat er schließlich fünfundzwanzig Mal gemacht.«

»Ich habe bei allen Filialen nach physischem Beweismaterial gefragt«, sagte Deer. »Die Videoaufnahmen werden sofort wieder überspielt, weil sie nur im Falle eines Banküberfalls wichtig werden. Aber es gibt ja praktisch keine Banküberfälle mehr, seit wir Schweden zu einer bargeldlosen Gesellschaft geworden sind.«

»Vielleicht wäre es trotzdem sinnvoll, jede einzelne Filiale abzufahren«, sagte Berger. »Einer der Angestellten wird sich doch erinnern.«

Blom räusperte sich.

»Zurück zum Eigentlichen. Deine Theorie, Deer: Da sitzt ein Mann in einem Kellerloch, plant seine Taten und tut alles, um seine Spuren zu verwischen. Kann deine Theorie erklären, wann er diesen Ort wieder verlassen hat?«

»Keine Ahnung, nein«, entgegnete Deer. »Aber als ich dorthin kam, sah es unbewohnt aus. Da war seit Monaten keiner mehr gewesen, das kann ich mit Sicherheit sagen. Die Wohnung wirkte unbewohnt, leer, die Staubschichten unberührt.«

»Es ist also seit Februar niemand mehr dort gewesen?«, fragte Blom. »Schon vor dem fünften März nicht mehr? Glaubst du, dass er in die Nähe des Ortes gezogen ist, wo auch die eingefrorenen Körper aufbewahrt werden?«

»Um von dort die *beiden verschiedenen Mordserien* vorzubereiten und umzusetzen«, ergänzte Berger.

»Ja, aber eins nach dem anderen. Zuerst hat er die Strandmorde geplant, die Leichentransporte, die Auswahl der Fundorte, die Hinweise und falschen Fährten. Nachdem er diese Serie begonnen hatte, die eine eher langsame monatliche Frequenz hat, konnte er sich um die Axtmorde kümmern.«

»Aber auch die sind von langer Hand geplant«, sagte Deer. »Vor einem Jahr hat er den schwer zu kontrollierenden Stefan Lundberg in der Wohnung in Tumba untergebracht, um ihn im Auge zu behalten. Die Axtmorde waren von Anfang an Teil seiner Planung. Er ist das genaue Gegenteil eines impulsiven Mörders. Das ist alles bis ins kleinste Detail geplant. Und zwar beide Serien.«

»Du hast recht.« Blom nickte. »Das Kreuz und der Doppelpfeil sind viel zu außergewöhnlich. Das muss ein und derselbe Prozess sein.«

Ohne Vorwarnung wurde Berger nun plötzlich laut.

»Aber wie ist es möglich, dass er *beide* Wohnungen angemietet hat, ohne auch nur einmal seinen Namen nennen zu müssen? Ohne seine Sozialversicherungsnummer anzugeben? Ohne sich auszuweisen?«

»Ich glaube, wir alle kennen die Antwort«, murmelte Blom.

»Geld!« Deer nickte. »So war es zumindest bei der Wohnung in Tumba. Und ich vermute auch bei dieser Hausverwaltung, die für die Wohnung in Rågsved zuständig ist.«

»Also, was haben wir dann hier?«, stöhnte Berger. »Können wir den Mann überhaupt einen Serienmörder nennen? Er ist eher ein aufgeräumter, sehr gut strukturierter Racheengel, zumindest wirkt es bei den Axtmorden so. Aber wofür rächt er sich?«

»Es muss mit dem Fünften zu tun haben«, sagte Blom. »An einem Fünften des Monats *irgendwann in der Vergangenheit* ist etwas so Traumatisches passiert, dass es Jahrzehnte später eine solche Mordserie auslösen konnte. Aber was?«

»Die Axtopfer verbindet alle eine Vergangenheit bei den Hells Angels«, sagte Berger. »Die Strandopfer verbindet, dass ihnen Stammzellen oder das eine oder andere Organ entfernt wurden, bevor sie eingefroren wurden. Was könnten die beiden Gruppen miteinander zu tun haben?«

»Jemand hat sie angeheuert«, rief Deer. »Jemand hat einen Charter der Hells Angels angeheuert, um einen richtig miesen Job zu erledigen. Und dafür haben sie nun zahlen müssen.«

»Apropos Job«, sagte Berger. »Der Mörder muss im Laufe seines Lebens mit Kryokonservierung zu tun gehabt haben. Ist es nicht bemerkenswert, dass es ihm gelungen ist, die Körper so aufzutauen, dass sie – obwohl sie wahrscheinlich davor und danach im Sterben lagen – lebendig *aussahen,* als er sie getötet hat? Mit dem eigenen Blut in den Adern?«

»Vielleicht ist das der Schlüssel«, rief jetzt Blom laut auf.

»Das ist technisch alles so ausgereift. Hat er in einer der Biotechfirmen gearbeitet, die das Einfrieren und die Organtransplantationen durchgeführt haben?«

»Was wir nicht vergessen dürfen, ist, dass er nicht nur mit einer Axt umgehen kann, sondern auch über ausreichende Ressourcen verfügt, um mindestens eine LLC-Firma in Delaware zu gründen«, warf Berger ein. »Wer kann so etwas?«

»Die Hells Angels?«, schlug Blom vor und nickte. »Wäre es denkbar, dass sie sich *selbst* mit LLC-Firmen, Kryokonservierung und Organtransplantationen beschäftigt haben?«

»Die wurden *angeheuert*«, wiederholte Deer ihren Einwand. »Sie wurden beauftragt, die Leute im Ausland zu kidnappen und dann nach Schweden zu transportieren. Die haben immer schon Geschäfte gemacht, wurden immer für so zwielichtige Jobs eingesetzt, waren Leibwächter für Gangster, haben Auftragsentführungen erledigt. Ich erinnere nur an das Konzert der Rolling Stones in Altamont 1969. Also, warum nicht auch im Ausland?«

Blom zog die Augenbrauen zusammen.

»Ich frage mich, was dem Mörder in seiner Kryofirma passiert sein kann?«

»Vielleicht geht es hier um etwas Moralisches, um Buße?«, fragte Berger. »Er spürt Reue. Am Ende bringt er sich möglicherweise selbst um. In einem großen Spektakel.«

Blom schüttelte den Kopf.

»Das sind nur Spekulationen.«

»Aber deswegen sitzen wir doch hier«, sagte Berger. »Wir spekulieren. Wir drehen und wenden jedes Detail. Rollenspiel eben.«

»Und was ist mit dem Alten?«, sagte Deer.

»Mit wem?«

»Na, der alte Mann, das erste Opfer. Wie passt er da rein? Er gehört keiner der beiden Gruppen an, ist weder eingefroren gewesen noch bei den Hells Angels.«

Sie schwiegen.

»Unsere Theorie besagt bisher, dass er ein Firmenkunde war«, sagte Berger wenig enthusiastisch.

»Aber die hatten doch bestimmt haufenweise Kunden«, wandte Deer ein. »Warum ausgerechnet er? Und warum als Erster? Er fällt in mehr als einer Hinsicht aus dem Rahmen.«

Blom nickte langsam, aber immer bestimmter.

»Da ist was dran«, sagte sie. »Vor allem unterscheidet sich diese Tat in ihrer Intensität von den anderen.«

»Vier Strandleichen«, sagte Deer. »Wie ist das letzte Opfer getötet worden? Erstochen?«

»Ja, Stichwunde am Hals«, bestätigte Blom. »Rocklund hat auf einen Brieföffner getippt.«

»Und meine beiden Strandopfer«, ergänzte Deer, »starben durch einen Kopfschuss beziehungsweise durch Erdrosseln. Das ist ja fast barmherzig im Vergleich zu der unglaublichen Wut, die hinter den achtzehn Messerstichen in Rumpf, Brust und vor allem ins Gesicht gesteckt haben muss.«

»Es scheint sich hier um eine wilde Mischung aus Rache, Hass, Barmherzigkeit, Buße, Aufschneiderei und Wettkampf zu handeln«, sagte Blom nachdenklich. »Findet ihr, dass das alles zusammenpasst?«

»Hat man zu viele Erklärungen, sind diese in der Regel nur Ablenkung«, philosophierte Deer.

Sie starrten sich an. Deer zuckte mit den Schultern.

»Das ist eine Grundlage der Psychoanalyse«, sagte sie. »Wenn es mehrere Beweggründe zu geben scheint, dann ist der eigentliche meist ein ganz anderer. Der Mörder verschleiert den eigentlichen Grund, auch vor sich selbst wahrscheinlich. Er redet sich ein, edelmütig zu handeln, aber ich glaube, er ist einfach ein Sadist.«

»Ein Sadist?«

»Ich bitte dich, jemandem eine Axt in den Schädel zu rammen? Was soll das? Das tut man doch nur, wenn man krank im Kopf ist.«

»Vielleicht, wenn der Hass jahrzehntelang in ihm gegärt hat?«, schlug Berger vor.

»Aber zurück zu dem Alten«, sagte Deer. »Wer ist er? Warum hat er einen Sonderstatus in diesem Drama?«

»Der Mann war wie gesagt der beste Kunde der Firma«, sagte Berger. »Er hat mehrere Verjüngungskuren bestellt, und die Hells Angels haben das Material dafür im Ausland besorgt. Wenn wir davon ausgehen, dass hier zu gleichen Teilen moralische Empörung und Selbsthass vorliegen, dann macht es Sinn, den Ursprung von allem zu betrachten: die Jagd nach dem ewigen Leben. Der zweiunddreißigjährige Mann ist doch die Personifikation der Rücksichtslosigkeit. Es geht um Menschenopfer, verdammt – die einen müssen geopfert werden, damit die anderen länger leben können.«

Da war wieder dieses Zittern, das sich immer andeutete, wenn sich eine Wahrheit aus dem Chaos löste, wie eine Perle aus einer fest verschlossenen Muschel. Sie wollten danach greifen. Sie wussten alle drei, dass sie bei vielem richtiglagen, aber wirklich weitergekommen waren sie noch nicht. Etwas fehlte.

Wer war der ältere Mann?

Wer war der Mörder? Wo hielt er sich auf?

Das war der Kern des Falles. Das war die Perle. Sie hatten das Austernmesser angesetzt, es schob sich in die Muschel. Noch war sie nicht geöffnet, aber das Messer steckte schon drin.

»Ich glaube, dass wir auf der richtigen Spur sind«, sagte Blom. »Oder zumindest in der Nähe der Wahrheit. Leider bisher nur Half Bull, noch nicht das Bullseye.«

Berger sah zu Deer, deren Augenbrauen sich zusammengezogen hatten.

»Wir haben uns geirrt. Die beiden Fälle verbinden nicht nur das Kreuz und der Doppelpfeil.«

»Sondern? Was denn noch?«, fragte Berger und versuchte, die naive Hoffnung in seiner Stimme zu unterdrücken.

»Ich habe eure Aufzeichnungen durchgelesen, ohne die Verbindung sofort zu bemerken. Das ist mir erst jetzt aufgefallen. Und zwar der weiße Volvo V70 mit einer Delle am Scheinwerfer.«

Berger und Blom sahen sie aufmerksam an.

»Sowohl der Wagen als auch die besagte Delle sind im Zusammenhang mit dem Mord in Eskilstuna aufgetaucht.«

Blom schaute in den Unterlagen auf dem Rechner nach.

»In der Tat, eine Delle«, sagte sie.

Berger nickte.

»Was bedeutet, dass es an der Zeit ist, Samirs Suche nach dem weißen Volvo auszuweiten«, sagte er. Die naive Hoffnung in seiner Stimme war nicht verschwunden, aber das störte ihn nicht.

Obwohl die Sommersonnenwende nicht mehr weit war, merkte man, dass die Sonne nun bald unterging. Die Reflexionen in der kleinen Bucht wurden länger, die Farben intensiver.

»Lasst uns noch mal zusammenfassen, was wir bis jetzt haben«, sagte Blom. »Der Brief an die Costa del Sol hilft uns im Moment nicht weiter, und das gilt auch für unseren guten Rufus. Wir müssen diese Biotechfirma ausfindig machen und unsere Suche nach den Vermissten verstärken. Da der ältere Mann nicht eingefroren war, grenzt das unsere Zeitspanne für sein Verschwinden erheblich ein, anders als bei den anderen. Darauf sollten wir uns konzentrieren. Und dann auf den weißen Volvo. Wir sollten versuchen, noch mehr über diese LLC-Firma in Delaware herauszubekommen, und auskundschaften, ob es einen Hells Angels Charter gab, dem alle drei Opfer des Axtmörders angehört haben. Und Deer, könntest du mehr Informationen über den Mietvertrag in Rågsved beschaffen?«

»Heißt das, ich darf bei euch mitspielen?«, fragte Deer lächelnd.

»Aber nur, wenn du jetzt nach Hause fährst und dich ausschläfst«, sagte Berger. »Und morgen überlegst du, ob du das überhaupt *willst.* Denn du bist und bleibst Polizistin. Aber wenn du willst, bist du herzlich willkommen und kannst morgen früh mit deiner ganzen Ausrüstung hier aufschlagen. Ich werde auf jeden Fall im Bootshaus übernachten.«

»Ich komme«, sagte Deer. »Wie gesagt, nichts ist heilsamer als kreative Polizeiarbeit.«

Molly Blom seufzte vernehmlich und streckte sich.

»Apropos«, sagte sie, »was die Polizei wohl gerade macht?«

44

Dienstag, 6. Juni

Örjan war gerade dreißig geworden und schon Kommissar. Er saß in der Zivilstreife und sah auf die Häuser, die sich in Form eines Hufeisens um einen finsteren, verlassenen Innenhof erhoben. Es war dunkel, obwohl es helllichter Tag war.

Er wollte nicht aussteigen. Nicht, bevor er sich nicht ein Bild gemacht hatte.

In einem dieser Gebäude, im Keller, lag die dritte Leiche mit einer Axt im Kopf. Offiziell würde sich Örjan an die Direktive halten und den Fall als Einzelfall behandeln, als einen besonders gewalttätigen Mord im Drogenmilieu. Er würde sich naiv, karrieristisch und unterwürfig verhalten. Inoffiziell aber würde er sein eigenes Ding durchziehen.

Das würde jedoch ungleich schwieriger werden, nachdem er seine Superkraft verloren hatte: Desiré Rosenkvist war zu weit gegangen und suspendiert worden, bevor sie ihm berichten konnte, was sie herausgefunden hatte. Er war sehr froh darüber gewesen, dass sie Conny Landin gegenüber nichts von ihrer geheimen Übereinkunft erwähnt hatte. Aber er hätte gern erfahren, wie weit sie gekommen war. Wie viel sie ihm vorenthielt. Leider konnte er sie das nicht mehr fragen. Es würde seine Mission stören.

Örjan schauderte. Er befürchtete, dass er den Toten wiedererkennen würde.

Er hatte es verstanden und verstand doch nichts. Das hatte nichts mit seinem Auftrag, seiner Mission zu tun. Es hatte mit einer anderen, dunklen Seite seines Lebens zu tun.

Was war aus ihm geworden? Wer war er geworden? In der Zeit seit jenem Ereignis. Die Rebellion gegen seine Eltern. Seine Gang. Das fremde Land, aus dem er zurückgeholt wurde. Die Namensänderung, der neue Eintrag ins Melderegister. Die Tilgung der Vergangenheit. Und dann das plötzliche Wiedersehen. Die Wiederbegegnung.

Sein neues Leben. Das hier. Das Leben als Polizist. Der unebene Weg zur Wiedergutmachung. Zur Gerechtigkeit.

Immer diese Einsamkeit. Immer dieses Gefühl, sich selbst nicht vertrauen zu können und darum auch für andere ungenügend zu sein. Deshalb einsam zu bleiben.

Und jetzt? Der neue Auftrag, die Mission, das Blatt, das wieder weiß werden sollte. Den Blick fest auf die Wiederbegegnung geheftet: Conny Landin. Ihm musste er gehorchen und ihn gleichzeitig manipulieren …

Örjan blieb lange so sitzen, minutenlang. Dann stieg er aus dem Wagen und ging auf das blau-weiße Absperrband zu, das im Licht der Scheinwerfer flatterte und sich wand, als wollte es entkommen.

Ein Beamter zeigte ihm den Weg durch eine weiße Stahltür, durch einen grell erleuchteten Kellerflur, wo ihn der nächste Beamte in Empfang nahm. Er hielt sich die Hand zum Schutz vor dem Licht über die Augen und folgte dem Beamten vorbei an einer Trittleiter, die gegen die Wand gelehnt stand. Ihnen kam ein Kriminaltechniker entgegen, der ganz in Weiß gekleidet war.

Er wurde mit Einweghandschuhen, Überziehern für die Schuhe und einer Haube für den Kopf ausgestattet und durch eine weitere Tür geführt. In dem Raum, den er betrat, stand ein riesiger Mann, ebenfalls ganz in Weiß gekleidet. Er streckte ihm die Hand hin.

»Kommissar Örjan Brunn.«

»Robin«, sagte der Kriminaltechniker, schüttelte ihm die Hand und führte ihn direkt zur Leiche.

Auf dem Weg dorthin sah sich Örjan in dem Raum um, der als *ein Kelleratelier in Rågsved* bezeichnet worden war. Das Licht, das durch das einzige, winzige Fenster fiel, reichte nicht aus, um eine vernünftige forensische Untersuchung durchzuführen. Deshalb hatte Robins Team aus Weißgewandeten eine ganze Batterie von Scheinwerfern aufgestellt, die den größten Teil der mit Absperrband eingeteilten Wohnung beleuchtete. Das Band wies ihnen nur schmale Korridore in der Wohnung zu, die aus einer Küchenzeile, einem relativ großen Vorratsraum und einem kleinen begehbaren Kleiderschrank hinter einem Vorhang bestand, der zur Seite gezogen war. Und natürlich aus dem Hauptraum, dem eigentlichen Atelier, in dessen Mitte ein toter Mann lag, in Hawaiihemd und mit einer Axt im Kopf.

»Die Todesursache ist relativ offensichtlich«, sagte Robin.

Örjan betrachtete die Leiche, ohne dass ihm das Entscheidende sofort aufgefallen wäre. Der Anblick war kein schöner – eine Axt tief im Kopf eines Menschen. Es dauerte einen Moment, bis er seinen Blick von der blutigen Wunde losreißen konnte.

Aber dann sah er es.

Und verstand endlich.

Es dauerte erneut einen Augenblick, bis Robins Stimme zu ihm durchgedrungen war.

»Bruun?«

Örjan blinzelte und riss sich zusammen.

»Sind Sie mit Erik verwandt?«, fragte Robin. »Mit dem Kriminalkommissar Erik Bruun?«

»Das ist mein Großvater mütterlicherseits.«

»Da sieh mal einer an«, sagte Robin. »Wenn Sie mir bitte folgen würden.«

Sie gingen zu dem Sofa, das ebenfalls vom Licht der Scheinwerfer überflutet war. Es hatte einen weichen, fast flauschigen Bezug, vermutlich eine Mischung aus Polyester und Acryl. Er wusste nicht, was er sagen sollte. Er war mit den Gedanken ganz woanders.

»Ich verstehe«, log er deshalb.

Robin schaute ihn unter seinem Pony aufmerksam an. Dann beugte er sich vor und zeigte auf die Sitzfläche.

»Sehen Sie diesen Abdruck hier?«, fragte er.

Örjan nickte.

»Jetzt müsste von Ihnen eigentlich eine Folgefrage kommen?«, murmelte Robin.

Örjan nickte erneut.

»Wem gehörte die Tasche?«

»Darauf gibt es zwei Antworten«, erklärte Robin bereitwillig. »Hat der Mörder die Tasche oder den Rucksack dorthin gelegt, bevor er die Tat begangen hat? Und wäre die Tasche groß genug für eine Axt der Marke Fiskars, Modell X17? Denn wenn die Tasche zu klein wäre, müsste er die Axt frei in der Hand getragen oder eine zweite, größere Tasche dabeigehabt haben. Das scheint mir eher unwahrscheinlich. Also stammt der Abdruck vermutlich von der Tasche oder dem Rucksack des *Opfers*. Demnach hat der Mörder sie mitgenommen. Nur warum?«

»Um die Identität des Opfers zu vertuschen?«

»Auf jeden Fall soll es die Identifizierung erschweren. Aber wenn das Opfer ein Schwede ist, müssten wir über den Zahnstatus oder die DNA etwas herausbekommen können – vielleicht sogar über die Fingerabdrücke. Wobei uns der Anblick auch noch etwas anderes erzählt.«

Robin zeigte auf die zusammengeknüllte Bettdecke.

»Wenn wir darin die DNA des Opfers finden, was sehr wahrscheinlich ist, hat er hier gewohnt. Wie lange, lässt sich nicht sagen. In dem Fall hätte er aber sicher auch einen Koffer bei sich gehabt, den der Mörder dann ebenfalls mitgenommen hat.«

»Das ist doch …«, sagte Örjan.

»… alles Spekulation?«, beendete Robin den Satz. »Ja, das kann durchaus sein. Wenn Sie sich allerdings die Aufzeichnungen der Überwachungskameras in der Gegend ansehen, dann sollten Sie nach einem Mann Ausschau halten, der großes Gepäck mit sich herumschleppt. Aber was weiß ich schon? Ich bin schließlich nur ein einfacher Kriminaltechniker.«

Örjan spürte eine Hand auf seiner Schulter und zuckte zusammen. Er drehte sich um und sah in ein breites Gesicht, auf dem ein noch breiterer Schnauzer wuchs. Das breite Lachen dazu fehlte allerdings.

»Wie läuft's?«, fragte Conny Landin.

»Alles gut«, stammelte Örjan. »Ich habe alles unter Kontrolle.«

»Was genau haben Sie unter Kontrolle?«

»Den Mord. Hier ist die Leiche. Der Mörder hat aller Wahrscheinlichkeit nach auch das Gepäck des Opfers gestohlen – Raubmord, wir haben es hier eindeutig mit einer Tat unter Kleinkriminellen zu tun. Ich werde die Ermittlungen zum Umfeld des ersten Opfers intensivieren. Vielleicht hat einer der beiden Kumpel, die wir bisher noch nicht aufgreifen konnten, eine drogenindizierte Psychose erlitten. Die Richtung unserer Ermittlungen steht also fest.«

Robin war über die Leiche gebeugt und seufzte laut und vernehmlich. Conny Landin sah zu ihm, aber wandte sich sofort wieder seinem Untergebenen zu. Ihr Blickwechsel dauerte nicht lang, aber er fühlte sich wie eine Ewigkeit an.

Conny Landin und Örjan Bruun.

Dann lachte Landin auf und legte seine Hand auf Örjans Schulter.

»Das klingt doch vielversprechend. Ich bin ganz Ihrer Meinung. Wir ermitteln eindeutig im Drogenmilieu. Wissen wir, von wem der Anruf kam?«

Örjan schüttelte den Kopf.

»Der Anruf war anonym. Allerdings klang die Stimme eindeutig nach einem Junkie. Wollen Sie die Aufnahme hören, Chef?«

Landin verneinte und machte eine kleine Inspektionsrunde durch den Raum.

»Wie ist denn diese Wohnung plötzlich in den Fokus geraten?«, fragte er und zeigte auf die in Ungnade gefallene Küchenzeile.

»Gar nicht«, antwortete Örjan. »Das Opfer scheint ganz zufällig ausgewählt worden zu sein. Der Mörder lungert mit einer Axt in der Tasche herum und wartet, bis ihn die Lust zum Töten überkommt. Dann sucht er sich ein beliebiges Opfer aus und schlägt zu.«

»Halten Sie mich auf dem Laufenden – über alle Ergebnisse«, sagte Landin.

Ein kurzer Blickwechsel, ausweichend dieses Mal. Das war alles. Landin schlug Örjan freundschaftlich auf den Oberarm, dann sahen sie beide in unterschiedliche Richtungen.

Vom Hausflur drangen ein lautes kratzendes Geräusch und Rufe herüber. Der Kriminaltechniker in voller Schutzmontur, dem Örjan vorher im Flur begegnet war, tauchte in der Tür auf und rief in den Raum: »Ich glaube, das hier sollten Sie sich mal ansehen.«

Landin und Örjan drängten zur Tür, wurden aber von Robin überholt. Der Flur war nach wie vor in das Licht der Scheinwerfer getaucht. Ein Schwarm von Flugameisen flog ihnen entgegen, als hätte jemand ein Grab geöffnet.

Es dauerte einen Augenblick, bis sie sich die Tiere aus dem Gesicht gewischt und sich mit dem Anblick eines sehr großen Mannes vertraut gemacht hatten, der praktisch den ganzen Flur ausfüllte.

Nicht ohne Eleganz und Feingefühl hantierte Robin gleichzeitig mit Taschenlampe, Schraubenzieher und Zange in den Spinnweben an der Decke. Landin und Örjan sahen ihm gespannt zu. Mit einem deutlichen Klick hatte er den Gegenstand abmontiert und kletterte anschließend die Leiter wieder hinunter, vorsichtig, um nicht das Gleichgewicht zu verlieren.

In der erhobenen Hand hielt er etwas.

Das gleißende Licht ließ sehr gut erkennen, dass es sich um eine winzige Kamera handelte.

45

Mittwoch, 7. Juni

Wann würden sich wohl die Symptome des Schocks bemerkbar machen?

Sie war hinter dem Vorhang ohnmächtig geworden, aber danach hatte sie keine weiteren Reaktionen gezeigt. Vielleicht war sie gegen Panik unempfindlich geworden? Hatte sie genug posttraumatischen Stress erlebt, um ein für alle Mal davon befreit zu sein? War sie gegen Todesangst immun geworden, weil sie im Angesicht des Todes gestanden hatte?

Vermutlich nicht.

Aber die Stunden vergingen, und nichts geschah. Sie verbrachten den Abend wie immer, Lykke machte Hausaufgaben, und dann saßen sie vor dem Fernseher. Weder Johnny noch Lykke, die beide gelernt hatten, ihr die Gemütslage vom Gesicht abzulesen, waren misstrauisch geworden.

Alles war genau wie immer.

Bis zu dem Augenblick am nächsten Morgen, einem der letzten Frühlingstage, als sie ihre kleine Familie verabschiedete und sie davonfahren sah.

Da wurde aus Deer eine Privatdetektivin.

Sie freute sich darauf, mit Sam und Molly zusammenzuarbeiten. Mit unerwarteter neuer Kraft freute sie sich darauf, auf dem Steg des Bootshauses zu sitzen und eine intelligente Unterhaltung mit weitestgehend vernünftigen Partnern zu führen.

Sie schnappte sich ihre Krücken im Flur und durchquerte die erste Garage, um in ihren *Hobbyraum* zu gelangen.

Bevor sie sich ins Taxi des Fahrdienstes setzen würde, den sie magischerweise immer noch benutzen konnte, wollte sie alles zusammensammeln, was sie über die Axtmorde herausgefunden hatte. Da waren zum einen Stefan Lundberg – der seinen Mörder gekannt hatte – und seine Junkiefreunde in der Wohnung in Storvreten in Tumba. Sie kannte den Mieter dieser Wohnung, die Abaddon AG. Sie hatte außerdem Örjan Bruuns Anweisung von der »Direktive, in welche Richtung die Ermittlungen gehen sollen«. Dann gab es den Mord in Eskilstuna und den siebzehnjährigen Filip Brännlid, der hatte zusehen müssen, wie sein Vater Rutger Brännlid erschlagen wurde. Die einzige verwertbare Zeugenaussage von ihm: Die Hand des Mörders hatte gezittert. Es gab die beiden Zeugen mit dem in die Jahre gekommenen Hund Püppi, die neunzehnjährige Ebba Granlund und ihren Vater Mikael Granlund, der in der Nacht einen weißen Volvo V70 mit einer Delle gesehen hatte. Und schließlich hatte sie Apollyon, eine LLC-Gesellschaft mit Sitz in Delaware, sowie den Mord in Rågsved an dem widerlichen Rufus Lagergrund – und ihre Begegnung mit dem Mörder höchstpersönlich.

Deer hatte ihn gesehen. Den Mörder.

Der aber nicht ihr Mörder, sondern ihr Retter geworden war.

Und der vielleicht für beide Mordserien verantwortlich war, die Axtmorde und die Strandmorde, in denen zunächst niemand außer ihr eine Serie erkannt hatte. Alles hatte mit der Eisschmelze begonnen.

Filip Brännlid und sie waren die Einzigen, die das Gesicht des Mörders gesehen hatten. Eher erahnt als gesehen.

Als Rufus Lagergrund zusammenbrach, war der Blick auf seinen Mörder frei geworden. Instinktiv hatte er sich die Hand vors Gesicht gehalten. Blitzschnell hatte er die Situation neu einschätzen müssen. Dann hatte er seine Waffe gehoben und auf sie gezielt. Und sie war ohnmächtig geworden.

Nein, sie hatte nicht viel von seinem Gesicht sehen können.

Bevor sie ihre Unterlagen zusammensammelte, arbeitete sie noch ihre morgendlichen Routinen ab. Sie überprüfte, ob ihre Suche nach Radoslav Blok etwas ergeben hatte. Nichts Neues. Überhaupt nichts. Als hätte er sich in Luft aufgelöst. Als wäre er von der Erdoberfläche verschwunden.

In Gedanken versunken begann sie, das Material zusammenzulegen, das sie mit ins Bootshaus nehmen wollte. Dann signalisierte ihr Rechner den Eingang einer Mail. Sie war an ihre offizielle Mailadresse bei der NOA gesendet worden, die eigentlich hätte gelöscht werden müssen. Sie öffnete die Mail.

Der Absender war unbekannt, und die Nachricht hatte weder einen Betreff noch einen Text. Dafür gab es einen Anhang, ein Video mit dem Namen »Peek-A-Boo.mp4«.

Peek-A-Boo, Deers Herz raste. Das bedeutete »Versteckspiel«, und sie spürte auf der Stelle ein Unwohlsein, das ihr wie ein Zitat vorkam. Woher kannte sie es? Aus irgendeinem Horrorfilm?

War es eine gute Idee, sich die Datei anzusehen? Nichtverifizierte Anhänge öffnete sie normalerweise nicht. Auf der anderen Seite ließ die Firewall der Polizei eigentlich keine Spam-Mails durch. Die Wahrscheinlichkeit, dass es sich um eine Phishing-Mail handelte, war also minimal. Wobei das natürlich der Blick einer Amateurin war.

Sie hatte jetzt keine Zeit für solche Dinge. Sie wollte die Dateien auf einen USB-Stick ziehen und hatte eben schon angefangen, das physische Material, die Zettel und Fotos von ihrem Whiteboard, abzunehmen. In zehn Minuten musste sie aufbrechen. Das Taxi war bestellt und würde in fünfzehn Minuten vor der Tür stehen.

Sie versuchte, die Mail zu ignorieren, und kümmerte sich um ihre digitalen Dokumente. Dann sank sie zurück auf ihren Stuhl. Ihr Blick wurde wie magisch von der Mail angezogen.

Peek-A-Boo.mp4

Die Mail hatte etwas Beängstigendes. Weil sie es problemlos geschafft hatte, die Firewall zu überwinden. Handelte es sich vielleicht doch um einen hoch entwickelten Virus? Sollte sie es wirklich wagen, mit ihrer nicht autorisierten Netzwerkverbindung die Sicherheit des gesamten Polizeiapparates aufs Spiel zu setzen? Um so nicht nur ihr Ausscheiden aus dem Dienst zu zementieren, sondern am Ende auch noch eine Gefängnisstrafe zu kassieren? Das Beste war, sie löschte die Mail, so wie sie es immer mit Spam-Nachrichten machte.

Es war ihr unerklärlich, warum sie sich so von diesem Anhang angezogen fühlte. Ihr Instinkt als Polizistin sagte ihr, dass dieses Video – wenn es denn wirklich ein Video war und kein Virus – explizit an sie gerichtet war. An die Kriminalkommissarin Desiré Rosenkvist bei der Nationalen Operativen Abteilung.

Fuck.

Öffnen oder nicht öffnen, das war hier die Frage.

Das Naheliegendste wäre natürlich, dieses Problem mit ins Bootshaus zu nehmen, wo sich drei clevere Köpfe – mit ihren jeweiligen Einschränkungen – damit auseinandersetzen konnten. Aber daran hatte ihr Unterbewusstsein ganz offensichtlich kein Interesse.

Sie öffnete die Datei.

Es war ein Video, kein Virus. Zumindest nicht auf den ersten Blick. Die Kamera fuhr durch einen hellen Flur. Das Video hatte keinen Ton, doch sie konnte die Schritte förmlich hören.

Man befand sich in einer öffentlichen Einrichtung – Gefängnis, Krankenhaus, Altersheim. Am Ende war der Empfangstresen der Station zu sehen, der allerdings nicht besetzt war. Das Wippen der Kamera endete, als sie vor einer Tür haltmachte. Zwei Männer liefen durchs Bild, man sah nur ihre Rücken. Als sie die Tür öffneten, erkannte man, dass der eine von ihnen einen Rucksack trug. Die Kamera folgte ihnen ins Zimmer.

Es war ein Krankenzimmer. Einzelbelegung. Dunkel. Zugezogene Gardinen. Tropf, Apparate, Gerätschaften.

Bisher war Deer eher neugierig als besorgt. Aber sie spürte, dass dieses Gleichgewicht im Begriff war zu kippen.

Die beiden Männer waren nach wie vor nur von hinten zu sehen. Der eine Mann nahm den Rucksack ab und wühlte darin. Die Kamera machte einen Schwenk auf die mittlerweile wieder geschlossene Tür. Dort stand ein muskulöser Mann, ebenfalls mit dem Rücken zur Kamera. Als er sich umdrehte, wurde aus seinem Gesicht eine grobgepixelte Fläche. Er war nachträglich unkenntlich gemacht worden.

Langsam schwenkte die Kamera wieder auf die beiden Männer im Raum. Deren Gesichter waren ebenfalls gepixelt, aber man spürte auch ohne Worte, dass der größere von beiden – ohne Rucksack, dafür in einem eleganten blauen Mantel – das Kommando hatte. Obwohl Deer seine Bewegungen irgendwie bekannt vorkamen, konnte sie ihren Blick nicht vom Krankenbett losreißen. Am Fußende war ein Gestell montiert, in dem ein Bein hing. Ein rechtes Bein, das unterhalb des Knies bandagiert war.

Deer verschlug es den Atem.

Der Mann mit dem Rucksack trug einen dunklen Anzug und eine grüne Krawatte. Er hatte eine Spritze in der Hand. Als er sie hochhielt und mit den Fingern dagegenschnipste, schwenkte die Kamera auf den Beistelltisch, der voller Blumen war. Gegen eine der Vasen lehnte das Foto eines kleinen Mädchens, das übersät war mit kleinen roten Herzen.

Ihre Tochter Lykke.

Dann sah Deer sich selbst im Bett liegen. Ganz blass im Gesicht. Als wäre sie tot.

Der Mann mit dem Rucksack legte ihr gesundes linkes Bein frei und setzte die Spritze an. Dann holte er eine zweite, nahm die Schutzhülle von der Kanüle und spritzte auch die in ihr Bein. Danach überprüfte er an den Geräten ihre Vitalwerte und hängte einen neuen Beutel an den Infusionsständer. Er befestigte zwei Riemen an ihrer linken Wade, bevor er sich ein letztes Mal seinem Rucksack zuwandte und ein Gerät herausholte. Es sah aus wie eine hypermoderne Bohrmaschine.

Doch Deer wusste, was es in Wirklichkeit war. Eine Knochensäge.

Ihr Mund war ganz trocken.

Der Rest wurde mit einer bemerkenswerten Präzision durchgeführt. Es blutete kaum. Das Blut spritzte zwar, als ihr Bein unterhalb des Knies abgesägt wurde, aber nur kurz. Der Mann mit dem Rucksack sorgte vorbildlich dafür, dass die Blutungen sofort versiegten. Als er den Verband anlegte, löste sich der große Mann von seinem Platz am Kopfende des Bettes. Er nahm etwas vom Beistelltisch und griff mit der anderen Hand nach dem abgesägten Unterschenkel. Er kam damit auf die Kamera zu, die Pixel in seinem Gesicht wurden größer. Ihm wurde eine Plastiktüte entgegengestreckt. Als er das Bein in die Tüte steckte und den Gegenstand vom Beistelltisch dazulegte, sah Deer mit Übelkeit erregender Deutlichkeit, dass es das Foto von Lykke war. Der Mann sprach mit dem Kameramann, und für den Bruchteil einer Sekunde verschwanden die Pixel aus seinem Gesicht. Der Film endete mit ein paar verwackelten Aufnahmen des Bodens.

Im nächsten Moment kam ein Zettel ins Bild, ein Ausdruck, schwarze Schrift auf weißem Grund.

»Halt den Ball flach, Desiré Rosenkvist, dann bleiben alle am Leben.«

Deer saß wie versteinert in ihrer kleinen Höhle, ihrem kleinen Reich in der großen weiten Welt. Der Raum fühlte sich schlagartig beschmutzt, überfallen, infiziert an.

Sie versuchte zu begreifen, was sie gesehen hatte. Es war fast unmöglich. In ihr herrschte ein wildes Chaos aus paradoxen Gefühlen.

Obwohl ihre Hände zitterten, ging sie an die Stelle im Film zurück, wo der Anführer ohne Pixel zu sehen war. Nein, sie hatte sich nicht geirrt. Und sich auch nicht eingebildet, dass ihr die Bewegungen bekannt vorkamen. Er hatte scharfe Gesichtszüge und eine R-förmige Narbe auf der Wange.

Es war Radoslav Blok.

Sie spürte weder Hass noch Wut, noch Angst. Nur Erstaunen. Was hatte das zu bedeuten?

Blok hatte an jenem verhängnisvollen Tag im Herbst letzten Jahres eine Gruppe von vier Männern in ihr Krankenzimmer geschleust. Ein Boss, ein Chirurg, ein Bodyguard und ein Kameramann. Radoslav Blok höchstpersönlich hatte dem Kameramann ihren abgetrennten linken Unterschenkel ausgehändigt, der damit bekanntlich zu einer Adresse auf Södermalm gefahren war, die er niemals hätte kennen dürfen. Dort hatte er das Bein, zusammen mit dem Foto von Lykke, in das Bett von Molly Blom gelegt. Als Molly nach Hause gekommen war, in Begleitung ihrer Tochter Myrina und Sam, hatte sie Deers Unterschenkel unter der Bettdecke gefunden.

Zum Glück meldete sich Deers professionelle Seite. Und gab Lebenszeichen in Form von einer ersten Analyse von sich.

Deer verwunderten zwei Dinge: Zum einen die Tatsache, dass weit und breit kein Krankenhauspersonal in der Abteilung zu sehen gewesen war. Zum anderen das Gefühl, als würde alles um sie herum zu beben anfangen, die Welt über ihr zusammenbrechen.

Aber sie begriff sofort, was es war.

Der Schock. *Jetzt* erst setzten die Symptome ein.

»Halt den Ball flach, Desiré Rosenkvist, dann bleiben alle am Leben.«

Mit einer letzten, schier übermenschlichen Kraftanstrengung gelang es Deer, Sam Bergers Nummer zu wählen.

46

Mittwoch, 7. Juni

Sam Berger saß an diesem frühen Junimorgen auf dem Steg vor dem Bootshaus und skypte mit seinen Zwillingssöhnen. Sie waren mittlerweile dreizehn Jahre alt und beeindruckend mundfaul. Mürrisch hatten sie sich in dem Reihenhaus ihrer Mutter in Enköping vor den Rechner gesetzt und winkten ihrem Vater zu. Er machte ein paar Screenshots, ehe sie sich voneinander verabschiedeten. Mit einem Kloß im Hals sah er sich die Aufnahmen an, als sein Handy klingelte.

Molly Blom beobachtete ihn, während er telefonierte, und verfolgte seine Transformation von abgelenkt zu hoch konzentriert, die sich innerhalb des Bruchteils einer Sekunde vollzog. Er sagte nur wenig, und sie konnte nicht heraushören, mit wem er sprach und worum es ging. Sie musste warten, bis er aufgelegt hatte. Und das ging schneller als erwartet.

Berger spürte ihren Blick.

»Deer geht es nicht gut«, sagte er und starrte noch immer auf sein Display.

»Nicht gut?«

»Sie kommt nicht.«

»Echt? Aber wir brauchen doch ihr Material?«

»Und das ist auch das Komische an diesem Anruf ...«

»Inwiefern?«

»Sie sagte, dass sie einen Weg finden wird, um uns das Material zukommen zu lassen.«

»Einen *Weg*?«

»An genau diesem Wort bin ich auch hängen geblieben«, sagte Berger leise. »Was ist denn daran so kompliziert? Das meiste wird sie uns doch ohnehin digital zuschicken.«

Sie schwiegen einen Moment.

»Klang sie normal?«, fragte Blom schließlich.

»Sie klang, als würde es ihr nicht gut gehen, und das hat sie auch so formuliert. Aber *wie schlecht* hat sie nicht gesagt.«

»Krank, erschöpft, PTBS, Panikattacke, alles auf einmal?«

Berger schüttelte den Kopf.

»Sie wirkte irgendwie verändert. Es muss etwas passiert sein. Vielleicht sind das Anzeichen des Schocks, der erst jetzt kommt?«

»Sollen wir vielleicht hinfahren und das Material abholen? Mit ihr persönlich sprechen?«

»Sie hat ausdrücklich Nein gesagt: ›Nicht herkommen!‹«

»Hm. Okay. Ich schlage vor, wir warten bis heute Mittag, dann haken wir noch mal nach. Bis dahin haben wir genug anderes zu tun, oder? Keine weiteren Ablenkungen, bitte.«

»Ich habe meine Zwillinge in einer Pause angerufen. Samir meldet sich wieder«, murmelte Berger. »Und was gibt es Neues bei dir?«

»Laut den Vermisstenanzeigen bei der Polizei gab es im März zwei Männer um die siebzig, die vermisst gemeldet wurden. Aber beide wurden unverletzt wiedergefunden – ansonsten gibt es keine Meldungen. Außerdem suche ich nach Hinweisen bei den Biotechfirmen aus den Neunzigern, die sie mit unseren Fällen in Verbindung bringen könnten. Das ist nicht ganz so einfach. Ich will das auch international überprüfen, vielleicht hat einer der Fälle mit Delaware zu tun. Die berühmte Nadel im Heuhaufen …«

Berger nickte.

»Bei mir sieht es ähnlich aus. In der besagten Nacht wurde

kein weißer Volvo mit einer Delle in der Gegend von Eskilstuna gesichtet oder gar geblitzt. Entweder hat er ein Riesenglück gehabt, ist in der Gegend zu Hause und nicht auf den Wagen angewiesen, oder die Delle konnte von der Kamera nicht eingefangen werden.«

»Vielleicht ist die Erklärung wirklich so einfach«, sagte Blom und zuckte ratlos mit den Schultern.

»Wir haben bisher nur zwei eindeutig identifizierte Fahrten mit diesem Volvo. Die Strecke Bålsta-Barkarby-Norrtull beim ersten Mord, wobei sich die Spur in der Stadt verliert. Und bei der zweiten Strecke, beim dritten Mord auf Mörkö, haben wir einen Treffer auf dem Weg zum Fundort: Lidingö-Västberga-Södertälje. Wir haben zwei längere Lücken, eine pro Reise. Zwischen Lidingö und Västberga verschwindet der Wagen im Stadtgebiet für anderthalb Stunden von der Karte. Und bei der ersten Strecke ist die Lücke, bevor er bei Sandviks Gård in Järfälla ins Schlauchboot steigt, um nach Färingsö überzusetzen. Da ist er von Norden gekommen, von Bålsta. Die Lücke beträgt etwa vier Stunden, die Fahrt zwischen Bålsta und Barkarby sowie die Schlauchbootfahrt nach und von Färingsö. Mehr hat Samir nicht finden können. Weder davor noch danach. Unser Mann wechselt sehr wahrscheinlich andauernd die Kennzeichen.«

»Bålsta«, wiederholte Blom dumpf. »Mir wird ganz übel, wenn ich den Namen nur höre.«

»Oh ja. Das gruselige Haus bei unserem ersten Fall. Mit der Schaufensterpuppe ...«

Blom verzog das Gesicht. Berger sah, wie sie von den Erinnerungen eingeholt wurde.

»Die Kennzeichen, die er verwendet hat, wurden aber an ganz anderen Orten und wesentlich früher entwendet«, sagte Berger. »Er hat die Autokennzeichen also nicht direkt in unseren Zeitlücken gestohlen. Das Interessanteste ist für mich Lidingö – das ist eine Insel mit nur einer Brücke. Die ist nicht für einen Transit geeignet. Ich finde, wir sollten uns die weißen Volvos auf Lidingö noch einmal genauer ansehen.«

»Und was macht Samir gerade? Du hast gesagt, du wartest auf etwas?«

»Er hat seine Suche nach den Volvos ausgeweitet. Irgendeinen Anhaltspunkt hat er schon gefunden, eine Lücke im Zeitplan oder so, und konnte die Suche beschleunigen. Er hat mir nur gesagt, dass es läuft, mehr nicht.«

Blom nickte.

»Okay. Also, ich habe ein paar vielversprechende Biotechfirmen aus den Neunzigern gefunden. Viele von denen sind Konkurs gegangen, zwei Firmen haben jedoch überlebt, in neuer Gestalt. Die hatten schon damals Gentechnik und Organtransplantation auf ihrer Agenda stehen, und auch das Wort ›Kryokonservierung‹ findet sich auf beiden Webseiten weiter unten auf der Liste. Das war in den Neunzigern wohl kaum deren Haupteinnahmequelle.«

»Wird es heute auch nicht sein.«

»Sag so etwas nicht«, widersprach Blom mit erhobenem Zeigefinger. »Hör gut zu, ich weiß, wie schnell deine Konzentration nachlässt!«

»Nur bei Hörbüchern!«

»Dann stell dir jetzt vor, wir hätten ein richtiges Buch vor uns«, sagte Blom. »Die eine Firma hieß Umbra Mortis AG und hatte ihren Hauptsitz auf Gotland. Die andere heißt ATCG Biotech AG mit einem noch nicht benennbaren Hauptsitz. Ich bin dran.«

»Und bisher keine Verbindung nach Delaware oder zu den Hells Angels?«

»Ich habe gerade erst angefangen, aber soweit ich das beurteilen kann, wurde die Umbra Mortis AG Mitte der Neunziger von einem Pharmaunternehmen in der Schweiz aufgekauft. Was die ATCG Biotech AG angeht, konnte ich noch nicht viel herausfinden. Das ist nicht ganz so einfach. Aber bisher finden sich keine weiteren Verbindungen.«

Ihre Rechner gaben gleichzeitig knackende Geräusche von sich, und auf den Bildschirmen tauchten vier Bildausschnitte auf. Das passierte, wenn die Überwachungskameras auf ihrem Grundstück ausgelöst wurden.

Auf einem der Kamerabilder war ein großer Mann in einer grüngelben Uniform zu sehen, der ein Paket unterm Arm trug. Mit entschlossenen Schritten durchquerte er den nicht besonders gepflegten Garten der Bootshaus Security AG. Sie folgten ihm, bis er auf einem der unteren Kameraausschnitte zu sehen war, was bedeutete, dass er vor der Eingangstür stand.

Berger sah Blom an. Sie hob eine Augenbraue und schnitt eine schwer deutbare Grimasse. Berger machte eine Geste zu der Ecke hin, von der aus Blom den Eingang und den Unbekannten im Blick hatte.

Während Berger ins Bootshaus schlich, zog Blom ihre Waffe und ging wortlos zu der Stelle. Berger warf einen kurzen Blick auf den Monitor, der direkt neben der Tür hing. Der Mann hatte die Stufen zur Tür genommen und drückte auf die Klingel. Das Klingelzeichen hallte nicht nur durch das Bootshaus, sondern durch die gesamte Bucht.

Berger öffnete die Tür.

»Sam Berger?«, fragte der Mann mit dem Paket unterm Arm.

»Das ist richtig. Und Sie sind …?«

Statt einer unmittelbaren Antwort streckte ihm der Mann das Paket hin.

»Dessan will, dass Sie das hier bekommen.«

Verwirrt starrte Berger ihn an.

»Ich kenne keine Dessan«, sagte er.

Jetzt schaute wiederum der ansonsten sehr selbstbewusst wirkende Mann verwirrt drein.

»Aber Sie sind doch ihr ehemaliger Chef?«

Erst da konnte Berger die Uniform zuordnen. Es war die Kluft der Rettungswagenfahrer.

»Ach so«, sagte er. »Danke. Dessan, ja klar.«

Ihn erschütterte, dass ein Mensch gleichzeitig so vollkommen unterschiedliche Leben führen konnte. Und dass die Grenze zwischen den verschiedenen Sphären des Lebens derart undurchdringlich sein konnte. Dessan hieß anderswo Desiré oder eben auch Deer. Berger hatte ihren Mann noch nie getroffen. Den Rettungswagenfahrer Johnny.

Der blieb etwas unschlüssig vor der Tür stehen.

»Ich halte mich aus Dessans Job raus«, sagte er. »Sie will auch keine Details von meiner Arbeit hören. Da wir beide mit ziemlich harten Sachen zu tun haben, haben wir diesen Deal gemacht. Aber jetzt weiß ich nicht, ob ...«

»Was weißt du nicht, Johnny? Magst du kurz reinkommen?«

»Nein, bloß nicht. Ich bin noch im Dienst. Sie wollte unbedingt, dass ich während meiner Schicht bei euch vorbeifahre. Mit dem Notarztwagen und allem.«

»Und das fandest du merkwürdig?«

»Nein, nicht wirklich, wir haben in den letzten Jahren ja so einiges miterlebt. Aber nachdem ich Lykke heute Morgen zur Schule gebracht habe, bin ich noch mal nach Hause gefahren. Und da war sie ... so düster.«

»Düster?«

»Na ja, du weißt ja, was sie alles durchgemacht hat. Eigentlich hatte sie sich endlich wieder gefangen, war auf dem Weg raus aus dem Loch, zurück im Job. Und dann wurde sie suspendiert – aber irgendwie hat sie das gut gemeistert, ich hatte fast den Eindruck, sie hat sich gefreut. Gestern Abend war noch alles in Ordnung, doch heute früh war sie ... ja, ich weiß nicht ... anders eben.«

»Aber wie anders?«

»Ich würde sagen ängstlich.«

Die beiden Männer, die Deer beziehungsweise Dessan besser kannten als irgendjemand sonst, sich aber noch nie begegnet waren, sahen einander lange an. Berger nickte langsam, denn Johnny hatte in Worte gefasst, was auch er bei seinem Telefonat mit Deer gespürt hatte.

»Sie hat gesagt, dass sie euch eine Begründung geschrieben hat«, sagte Johnny und zeigte auf das Paket in Bergers Arm.

»Und du hast keinen Blick reingeworfen?« Berger grinste ihn an.

»Ich rede lieber persönlich mit ihr.« Johnny erwiderte das Grinsen.

Sie verabschiedeten sich mit einem freundschaftlichen Nicken, und Berger sah ihm noch eine Weile hinterher.

Dessan.

Er sagte den Namen laut vor sich hin.

47

Mittwoch, 7. Juni

Als sie endlich die wohlverdiente Mittagspause einläuteten, lag das zerfledderte Paket auf dem Wohnzimmertisch. Es war leer – Deers USB-Stick hatte bereits ihre Rechner mit Daten gefüttert, und der Inhalt ihrer Ermittlungsakten hing am Whiteboard. Deers *Begründung,* die Johnny angekündigt hatte, hatten sie jedoch weder in physischer noch in digitaler Form gefunden.

In Ermangelung einer Antwort hatten sie das Paket schließlich zur Seite gelegt und sich um ihre Dinge gekümmert. Das Wetter war gegen Nachmittag schlechter geworden, sie waren hineingegangen und arbeiteten nun getrennt in ihren Zimmern.

Berger musste zugeben, dass die Wurst, die er sich in der Mikrowelle aufgewärmt hatte, im Vergleich zu der veganen Mehrkomponenten-Mahlzeit von Blom ziemlich blass aussah. Er stellte seinen dampfenden Teller auf den Tisch und wollte gerade die Paketreste wegräumen. Da fiel sein Blick auf das Adressetikett, das Deer sehr nachlässig auf das Paket geklebt hatte. Ein alter Umschlag, auf den sie mit Filzstift »Für Sam Berger« geschrieben hatte. Erst jetzt entdeckte er den kleinen Zusatz in der unteren Ecke.

»a. a. p.«

»*Audi alteram partem*«, murmelte er und löste das Etikett von der Verpackung.

Blom kam aus der Küche dazu, in der Hand eine winzige Flasche Kombucha.

»Was ist los?«, rief sie.

»Kannst du kein Latein?«, fragte Berger und faltete den Umschlag auf. »›Man höre auch die andere Seite.‹«

Blom setzte sich und sah zu, wie Berger die Rückseite las. Zuerst runzelte er die Stirn, dann schüttelte er den Kopf.

»Jetzt sag doch endlich was«, drängte sie ihn.

»Sie hat einen Film aus dem Krankenhaus bekommen«, sagte Berger mit heiserer Stimme.

»Aus dem Krankenhaus?«

»Von dem Tag, als sie ihr das andere Bein abgesägt haben.«

Blom streckte ihre Hand aus, und Berger gab ihr den Umschlag.

»›Halt den Ball flach, Desiré Rosenkvist, dann bleiben alle am Leben‹«, las sie laut vor.

»Sie weiß nicht, ob sie beobachtet wird«, sagte Berger. »Sie will kein Risiko eingehen. Will, dass ›alle am Leben‹ bleiben. Ihre Hoffnung war, dass sie zumindest Johnny nicht den ganzen Tag beschatten werden. Deshalb hat sie ihren *Weg* gefunden, um uns das Material zu schicken.«

»Soll das heißen, dieser Film ist Teil der Dokumente? Wo?«

Der Rechner war schnell aufgeklappt und die Datei gefunden. Sie sahen einen menschenleeren Krankenhausflur, zwei verpixelte Männer, aus denen vier wurden, und eine schreckliche Sequenz, in der einer der Männer eine Knochensäge einsetzte. Es endete mit der grotesken Szene, in welcher der offensichtliche Anführer der Gruppe, der einen langen blauen Mantel trug, das abgesägte Bein nahm und es dem Kameramann übergab.

Der wiederum war unverzüglich zu Molly Bloms geheimem Unterschlupf in der Eolsgatan gefahren, um das Bein dort in Mollys Bett zu deponieren. Und damit das zarte

Wiederaufkeimen einer Liebesbeziehung zwischen Sam und Molly zu ersticken.

All das zog an ihnen vorbei, als sie sich den Film ansahen.

Aber was hatte das mit den Fällen zu tun? Mit den Leichen, die jeweils am Fünften eines Monats an einem Strand gefunden wurden? Mit den drei Leichen, die eine Axt im Kopf stecken hatten? Oder hatte es gar nichts miteinander zu tun? War die Gleichzeitigkeit nur ein Zufall?

»Das Gesicht ist ganz am Ende nicht mehr gepixelt«, sagte Blom mit einer sonderbaren Stimme. »Als wäre das Absicht. Zoom mal auf ihn.«

Berger gelang es, den Film an der besagten Stelle anzuhalten und heranzuzoomen.

»Um Himmels willen!«, sagte Blom. »Aber es überrascht nicht besonders.«

Berger starrte auf den harten, kalten Blick und spürte, wie sein Kopf zustimmend nickte. Es war ein Schock. Aber es überraschte nicht besonders.

»Radoslav Blok«, stöhnte er. »Radoslav *fucking* Blok.«

»Die Überreste von Vitenkas Verbrechersyndikat.«

Es hatte viel Kraft und Zeit gekostet, um die Scheußlichkeiten zu vergessen, die im Namen der *Freiheit* begangen worden waren. Aber sie hatten gewusst, dass es unmöglich sein würde, die Erinnerung wirklich zu verdrängen. Nicht für immer. Und jetzt war der bittere Moment der Erkenntnis gekommen: Das Sex- und Geldwäscheimperium Njord war zerschlagen worden, aber Radoslav Blok lebte.

»Wir haben immer vermutet, dass sie es waren, aber wir hatten keine Beweise. Und vor allem fehlte uns das Motiv.«

»Es gab mehr als eins«, sagte Blom. »Rache, Triumph, Einschüchterung. Rache dafür, dass wir Vitenka unschädlich gemacht und Blok geschnappt haben. Triumph, weil es Blok gelungen ist, uns reinzulegen und zu fliehen. Und Einschüchterung, weil er über alle unsere Schachzüge Bescheid wusste und nicht aufzuhalten war. Ich habe nach wie vor keine Ahnung, woher die von der Wohnung in der Eolsgatan wussten. Die kannte *niemand.*«

»Aber warum ausgerechnet jetzt?«, rief Berger. »Warum droht er Deer jetzt schon wieder? Und was meint er mit ›Halt den Ball flach, Desiré Rosenkvist, dann bleiben alle am Leben.‹?«

»Sie ist nicht das eigentliche Ziel«, sagte Blom.

»Was meinst du?«

»Sie steht nur zufällig im Weg. Ihre Ermittlungen haben diese Leute bei irgendetwas gestört, aber sie sind nicht im eigentlichen Sinn hinter ihr her. Das ist mein Eindruck. Sonst wäre sie schon zum Schweigen gebracht worden.«

»Aber warum bedrohen die nicht *uns*? Sie wissen doch genau, dass wir damals zusammengearbeitet haben.«

»Vielleicht sind ihnen Deers Ermittlungen aufgefallen, aber unsere nicht«, schlug Blom vor. »Die Axtmorde sind schließlich offensichtlicher als die Strandmorde.«

»Es kann natürlich auch um etwas vollkommen anderes gehen«, überlegte Berger. »Wobei sie nur alte Akten sortiert hat, bevor sie gerochen hat, dass da etwas faul ist. Seit sie wieder im Dienst ist, war das ihr einziger richtiger Fall. Es muss damit zu tun haben.«

»Du hast recht. Das hat mit unserem Fall zu tun. Der Axtmörder, der Strandmörder und dein Radoslav Blok gehören zusammen.«

»*Mein* Radoslav Blok?«, rief Berger erstaunt.

Blom ignorierte ihn.

»Sie ist ihnen in die Quere gekommen. Es geht natürlich um Geld, Schwarzgeld, das gewaschen werden soll. Es geht immer um Geld. Aber wo sind sie ihr auf die Schliche gekommen? Digital oder in der richtigen Welt?«

»Wie ich Deer kenne, ist sie seit ihrer Suspendierung online extrem vorsichtig gewesen.«

»Aber wir haben noch Keith«, sagte Blom nachdenklich. »Laut Deers Unterlagen hat er ziemlich tief gegraben und einiges über Delaware und Geldwäsche und diese LLC-Firmen herausgefunden. Vielleicht war er unvorsichtig, und sie haben die Kommunikation zwischen Keith und Deer abgefangen.«

Berger runzelte die Stirn.

»Das glaube ich nicht. Keith ist Trader bei einem internationalen Hedgefonds in Genf. Dass er sich mit Finanzen und Firmenrecht beschäftigt, ist nicht weiter verdächtig. Außerdem gehe ich davon aus, dass die Firewalls bei diesen Hedgefonds wesentlich sicherer sind als die bei der schwedischen Polizei.«

»Dann ist sie in der analogen Welt ertappt geworden? Sie taucht plötzlich in diesem Kelleratelier auf. Sie wird überfallen und gerettet, ihr Handy wird gestohlen. Und wir haben ihren Kontakt bei dieser Immobilienfirma, diesen Manfred Lund, und sein Konto bei der maltesischen Investmentbank, auf das sein ›Finderlohn‹ eingezahlt wurde. Und drittens haben wir die Hausverwaltung, die das Kelleratelier vermietet hat, in dem Deer beinahe umgebracht worden wäre. Das wollte sie sich eigentlich näher ansehen, aber ich finde nichts dazu in ihren Unterlagen.«

»Dann ist sie vielleicht noch nicht dazu gekommen?«, fragte Berger. »Aber ist das nicht interessant? LLC-Gesellschaften, maltesische Bankkonten, ›Finderlöhne‹ – da sind wir doch mittendrin in der Welt der Wirtschaftsverbrechen? Da sind auch Blok und die Njord zu Hause – und wahrscheinlich passen unsere Biotechfirmen ebenfalls in dieses Bild, in eine Welt von nur bedingt zahlentreuen Risikokapitalisten. Unser Mörder hatte offensichtlich mit so einem Unternehmen zu tun. Er kann mit so komplexen Sachverhalten wie LLC-Gründungen und Kryokonservierung umgehen. Er kennt sich mit Finanztricks genauso gut aus wie mit Biochemie. Das hängt alles zusammen, da bin ich mir ganz sicher.«

Blom nickte.

»Wenn es sich wirklich nur um einen einzigen Mörder handelt, und das ist unsere Grundhypothese, dann ist er ein hoch qualifizierter, intelligenter und risikofreudiger Mann, der bewundert werden will. Er ist unglaublich gut organisiert, aber – unter uns – auch nicht ganz dicht, oder? Ich sage nur Schlauchboot, Axtgemetzel und gekämmte Bärte.«

»Also, ein wunderbarer Gegner«, stöhnte Berger.

Blom seufzte. Es war dunkel geworden. Aus der Frühsommerbrise hatte sich draußen in der kleinen Bucht, die mit den großen Weltenmeeren verbunden war, etwas Größeres entwickelt.

Als hätten sie nicht schon genug Regen gehabt.

»Ich werde mich bei meiner Recherche zu den Biotechfirmen darauf konzentrieren. Startkapital, Risikokapitalisten, internationale Interessen, Auslandsverlegungen. Und ein bisschen Schwarzgeld.«

»Das klingt gut. Samir hat nichts gefunden, trotz der zwei passenden Ausgangspunkte: Lidingö und Bålsta. Bålsta ist aller Wahrscheinlichkeit nach nur als Durchfahrt zu sehen, aber Lidingö könnte uns weiterbringen.«

Das zerrupfte Paket lag nach wie vor auf dem Tisch, obwohl Berger es inzwischen wohl vollständig durchsucht hatte. Daneben standen zwei Teller mit sehr unterschiedlichem Inhalt und Aussehen.

»Ich glaube, du musst deine Wurst noch mal aufwärmen«, sagte Molly Blom.

48

Mittwoch, 7. Juni

Gegen Abend fing es an zu regnen. Der Regen schlug gegen die Fenster, und der Wind hatte das Wasser so aufgepeitscht, dass die Wellen fast bis zum Bootshaus schlugen. Es wirkte eher wie ein Herbststurm als wie eine Frühsommerbrise.

Als der Regen nachließ, trafen sie sich wieder im Hauptraum des Bootshauses. Sie ließen sich aufs Sofa fallen, jeder mit seinem Laptop auf dem Schoß.

»Der Wagen«, fing Berger ohne Umschweife an. »Ich habe den Großteil des Tages damit verbracht, den weißen Volvo V70 auf Lidingö ausfindig zu machen. Dort wurde der Volvo, der in der Nacht zum fünften Mai mit der dritten Leiche im Kofferraum auf dem Weg nach Mörkö war, zum ersten Mal von einer Kamera gesichtet. Samir hat die Parameter eingegrenzt und nur nach Automarke und Farbe gesucht, dafür andere Kennzeichen zugelassen und andere Zeiträume. Es gibt ein paar Treffer – aber keine besonders überzeugenden. Keinen mit einer Delle am linken Scheinwerfer. Entweder startete er in dieser Nacht tatsächlich auf Lidingö, obwohl der Wagen von keiner anderen Kamera erfasst wurde. Oder der Mörder ist mit einem anderen Kennzeichen nach Lidingö gefahren, hat es dort ausgetauscht und sich blitzen lassen, um uns auf eine falsche Fährte zu locken.«

»Wenn er genau weiß, wo die Radarfallen stehen, ist es keine Kunst, falsche Fährten zu legen.«

»Aber es ist ein gewagtes Spiel«, widersprach Berger. »Samir hat gesagt, es gäbe so viele verschiedene Radarfallen und Überwachungskameras, dass es nicht leicht ist, den Überblick zu behalten, außer man ist …«

»Polizist?«, schlug Blom vor.

»Zu ungenau«, Berger verzog das Gesicht. »Verkehrspolizist. Man muss wie die … Spinne im Netz sein.«

»Samir?«, rief Blom.

Sie schwiegen. Betreten. Eine schwere Stille.

»Es wäre nicht die erste fragwürdige Polizeiaktion in diesem Fall.«

»Na toll!«, schnaubte Berger. »Samir und Conny Landin arbeiten Hand in Hand, um einen Serienmörder zu decken. Eine grandiose Theorie.«

»Jaja, schon gut«, Blom machte eine abwehrende Geste. »Erzähl weiter.«

»Die Suche auf Lidingö läuft noch, aber ich glaube da nicht mehr richtig dran. Uns bleibt also noch Bålsta. Und deshalb müssen wir noch einmal ganz zurück, zum ersten Mord an dem Siebzigjährigen. Wir müssen uns den Fall im Detail ansehen. Es ist Anfang März, kalt, Eisschmelze. Unser Mörder startet sein groß angelegtes Projekt, alles muss stimmen. Seit Monaten sitzt er im Kelleratelier in Rågsved und plant jeden seiner Schritte sorgfältig. Er verlässt das Atelier, zieht irgendwo aufs Land, wo sich auch die eingefrorenen Opfer befinden. Er taut sie auf, äußerst professionell, nur um sie direkt danach zu töten. Aber nicht beim ersten Mal. Der ältere Mann ist sein Debüt. Und dieser Tote war nicht eingefroren. Im Unterschied zu seinen unglücklichen Geschwistern an den Sandstränden ist dieses Opfer tatsächlich siebzig Jahre alt, obwohl er alles getan hat, was in seiner Macht stand, um jünger zu werden und auszusehen. Der erste Mord ist anders als die anderen. Das Opfer ist anders, die Methode ist anders und auch die emotionale Wucht ist eine andere. Vielleicht liegt es an der fehlenden Routine, vielleicht wusste der Mörder noch nicht, wie viel Energie man braucht, um einen Menschen mit einem Messer zu erstechen. Achtzehn Stiche, acht davon ins Gesicht. Einen Monat später agiert er eiskalt – Erdrosselung –, danach kommt die Axtserie, in der sich eiskalte Berechnung und überschäumende Wut verbinden. Allerdings war der erste Mord auch ziemlich blutrünstig und eiskalt. Der Mörder hat den Nistkasten auf Färingsö aufgehängt, hat Spuren ausgelegt – das hat er alles *eiskalt* vorbereitet. Er legt den entstellten Körper in einen Leichensack, setzt mit seinem Schlauchboot zwischen den Eisschollen vom Sandviks Gård nach Färingsö über, hebt die Leiche aus dem Boot, platziert sie auf dem Strand, verwischt die Spuren, kehrt zum Schlauchboot zurück, setzt wieder über, steigt ins Auto, fährt weg, tauscht mitten in der Nacht die Kennzeichen aus, erschöpft und durchgefroren. Aber ganz gleich, *wer* er ist, er kann unmöglich die ganze Zeit eiskalt und berechnend gewesen sein. Es ist zumindest *möglich,* dass er einen Fehler gemacht hat. Nach dem Mord rast er nach Stockholm, lässt sich in Norrtull blitzen, tauscht die Kennzeichen auf einem abgelegenen Parkplatz aus und fährt von dort als ein anderer weiter. Alles ist gut gegangen. Er war erfolgreich. Er hat den Anfang gemacht. Ich glaube trotzdem, dass er einen Fehler begangen haben könnte, und deshalb haben wir zwei Monate später Lidingö. Ein falscher Start seiner dritten Fahrt. Weil die erste Fahrt *nicht* falsch war. Weil er bei der dritten Fahrt etwas korrigieren musste. Bålsta war nicht falsch. Er ist von dort gekommen. Von Nordwesten auf der E18. Irgendwo nördlich oder westlich von Bålsta befindet sich sein Hauptquartier.«

Molly Blom starrte ihn entgeistert an.

»Da sieh mal einer an«, sagte sie. »Und ich hatte gedacht, ich würde gleich eine lange Rede halten.«

»Er hat in Bålsta die Kontrolle verloren«, fuhr Berger unbeirrt fort. »Deshalb war es wichtig, direkt danach in die Stadt zu fahren, damit Norrtull uns von Bålsta ablenkt.«

»Und jetzt bist du auch noch clever«, sagte Blom.

Berger sah sie überrascht an, erwartete, dass sie noch etwas nachlegen würde.

Was sie auch tat.

»Das war sehr clever, aber da fehlt noch was. Wie groß war die Lücke zwischen Bålsta und Barkarby, als er plötzlich wieder auf der Autobahn auftauchte? Nach der Überfahrt von Sandviks Gård nach Färingsö und zurück?«

»Fast vier Stunden«, sagte Berger und überprüfte die Zeitabstände auf seinem Rechner.

»Okay. Es ist sein erster Mord«, sagte Blom. »Er hat noch keine Übung, weiß nicht, wie lange es dauert, unter Zeitdruck das Boot aufzupumpen und damit überzusetzen. Das dauert. Aber fast vier Stunden ...«

»Drei Stunden und zweiundfünfzig Minuten, um genau zu sein«, sagte Berger und zeigte auf seinen Bildschirm.

»Das ist viel zu lange.« Blom verschränkte die Hände hinter dem Kopf. »Dreißig Kilometer von Bålsta bis zur Abfahrt Barkarby, dann noch mal acht Kilometer auf kleineren Straßen bis nach Sandviks Gård. Das macht zusammen eine halbe Stunde Fahrt. Von dort bis zu der Kamera in Barkarby sind es zehn Kilometer. Sagen wir also fünfundvierzig Minuten, oder meinetwegen auch zweiundfünfzig. Trotzdem fehlen uns da drei Stunden. Die Bucht ist an der Stelle nur ein paar Hundert Meter breit. Es dauert keine drei Stunden, um eine Leiche nach Färingsö zu bringen, egal, wie ungeübt man im Manövrieren eines Schlauchboots ist. Wir können zwei Stunden dafür veranschlagen. Aber dann fehlt immer noch eine Stunde.«

»Vielleicht gab es einen Zwischenfall«, sagte Berger. »Vielleicht waren Leute unten am Wasser, und er musste warten.«

»Um halb zwei Uhr nachts? Anfang März? Nein, er hat auf dem Weg haltgemacht. Nicht nach der Überfahrt, eher davor. Irgendwo auf der Strecke von Bålsta nach Sandviks

Gård hat er mindestens eine Stunde lang haltgemacht. Mitten in der Nacht. Warum?«

»Eine falsche Fährte?«, fragte Berger. »Oder fand der erste Mord auf dem Weg dorthin statt? Ist in der fehlenden Stunde das Verbrechen passiert?«

»Wir lassen das mal als eine mögliche Hypothese stehen«, sagte Blom. »Denn jetzt bin ich mal dran, und ich erlaube mir, einen Umweg zu nehmen, um an derselben Stelle zu landen wie du. Wie ich vorhin erzählt habe, habe ich den Werdegang der beiden umfirmierten Biotechunternehmen Umbra Mortis AG und ATCG Biotech AG zurückverfolgt. Umbra Mortis, was übersetzt übrigens ›Schatten des Todes‹ bedeutet. Ein sehr gewagter Firmenname für ein Life-Science-Unternehmen. Die AG wurde 1996 an eines der größten Pharmaunternehmen der Welt mit Sitz in der Schweiz verkauft und hat leider keine großen Spuren in seinem ehemaligen Hauptquartier auf Gotland hinterlassen. Zwei junge Biologen wurden über Nacht zu Multimillionären, der eine von ihnen litt unter einer schweren Angststörung und nahm sich das Leben, der andere investierte sein Geld klug und führt ein Luxusleben auf Malta.«

»Malta, was du nicht sagst«, brummte Berger.

»Allerdings halte ich *das* für einen puren Zufall, der Lebende ist ein Hallodri mit Drogenproblemen. Die andere Firma, die ATCG Biotech AG, ist da vielversprechender.«

»Können uns die Buchstaben schon Hinweise geben? Steht ATCG für die Namen der Gründer?«

»Nein, das ist das *Alphabet des Lebens*, die vier Buchstaben stehen für die Nukleinbasen in unserer DNA. Erinnerst du dich an diese ineinandergedrehten Moleküle? A steht für Adenin, T für Thymin, C für Cytosin und G für Guanin.«

»Ich kann genau sehen, dass du das abliest.«

»Das sind die Bausteine, die bestimmen, wer wir sind. Ein passender Name für eine Biotechfirma, die Anfang der Neunziger gegründet worden sein soll.«

»Soll?«

»Ja, an die ist schwer heranzukommen. Ich hatte mit dem Finanzamt und dem Handelsregister Kontakt, aber die Auskünfte waren komischerweise auf die Schnelle nicht zugänglich, sie wollen sich wieder bei mir melden. Ich habe Angst, dass sie jetzt auch das Bedürfnis haben, meine Identität zu prüfen.«

»Hast du ihnen deine denn gegeben?«

»Nicht direkt«, Blom grinste. »Aber alles, was bei der Umbra Mortis AG leicht war, ist bei der ATCG Biotech AG äußerst langwierig. Das reichte schon aus, um mein Interesse zu wecken.«

»Verstehe ...«

»Ich musste also auf eigene Faust weitersuchen und habe einen amateurhaft abfotografierten Zeitungsartikel von 1992 im Netz gefunden, in dem zwei lokale Unternehmer geehrt und gefeiert wurden. Einer von ihnen, ein Architekt, hat den Artikel vor Jahren ins Netz gestellt. Der andere war ein Wissenschaftler – Doktor der Mikrobiologie, aber ursprünglich Arzt.«

»Und welche Lokalzeitung war das? Region Stockholm?«

»Nördliches Stockholm, ja«, Blom nickte. »Ein Lokalblatt aus Järfälla, aber das gibt es schon lange nicht mehr. In dem Artikel kommt der Mikrobiologe zu Wort und berichtete von seinem Ziel, ein führendes Biotechunternehmen zu gründen, das sich vorrangig mit Gentechnik beschäftigt, deshalb auch die Buchstabenfolge. Ihn interessiere vor allem ›die experimentelle, biotechnische Forschung, die aber keine unmittelbare Rendite einbringt‹. In dem Artikel deutet er an, dass er sich auch auf internationalem Parkett bewegen will. Leider ist das Foto nicht zu gebrauchen. Man sieht nur eine schwarze Silhouette.«

»Interessant. Und hat dieser Mikrobiologe auch einen Namen?«

»Dahlberg«, sagte Blom. »Walter Dahlberg.«

»Ein Käseblatt, Järfälla ... Hat er dort gewohnt? Oder hatte die Firma ihren Sitz da in der Nähe?«

»Auch das war erstaunlich schwer herauszubekommen. Aber dann habe ich eine Adresse der ATCG Biotech AG von 1995 gefunden. Da gab es die Firma schon ein paar Jahre. Damals befand sich das Hauptquartier in Västerås. Zwei Jahre später aber verschwand die ATCG von der Bildfläche.«

»Wenn die Firma ihren Sitz nicht in Järfälla hatte, dann muss dieser Dahlberg dort *gewohnt* haben.«

»Ja, allerdings ist der Artikel schon drei Jahre früher veröffentlicht worden, '92 eben. Zu dem Zeitpunkt wird die Firma noch keine Aktiengesellschaft gewesen sein. Sie war ja gerade erst gegründet worden. Dahlberg wird in dem Blatt als ein ›vielversprechender Unternehmer‹ vorgestellt. Mein Eindruck ist, dass er damals noch *von zu Hause* arbeitete. Deshalb habe ich weitergegraben und eine Adresse gefunden: den Ängsjövägen in Stäket, im Norden von Järfälla.«

»Okay ...?«

»Als die Firma '97 von der Bildfläche verschwand, wohnte auch Walter Dahlberg nicht mehr in Stäket.«

»Hat er Familie?«, fragte Berger.

»Bisher noch unklar. Ich habe mich zunächst auf Walter Dahlbergs Traum vom internationalen Parkett konzentriert. Als die ATCG Biotech AG noch ihren Sitz in Västerås hatte, gehörte ein Grundstück in einer Art Gewerbegebiet zum Firmeneigentum. Wahrscheinlich hatte er etliche Angestellte, aber das muss ich noch recherchieren.«

»Und dann sind die einfach so verschwunden?«

Blom nickte.

»Ich glaube, dass sie es aufs internationale Parkett geschafft haben. Dass Walter Dahlberg in die USA emigrierte und die ATCG Biotech AG auf dem amerikanischen Markt etabliert hat. Und zwar nicht irgendwie, sondern als eine *Limited Liability Company*.«

»Ah, verstehe, in Delaware?«

»Kann sein. Eigentlich hatte zuerst der Bundesstaat Wyoming die Idee der LLC-Gesellschaften, aber Delaware hat daraus dann durch die Einführung einer eigenen LLC-Gesetzgebung Kapital geschlagen. Diese Gesetze hatten ihre Gültigkeit, als sich '97 eine Firma namens Hyperion Biotechnia LLC in Wilmington, Delaware, registrieren ließ. In der Region haben sich viele Biotechfirmen angesiedelt, aber die Hyperion Biotechnia sticht vor allem durch einen Namen besonders hervor.«

»Welchen Namen?«

»Durch den Namen des Firmeninhabers, der sein Unternehmen '97 registrieren ließ: Walt G. Dalbury. Über ihn konnte ich nichts weiter finden. Bisher zumindest noch nicht.«

»Dalbury?«

»Walt Dalbury. Walter Dahlberg. Das kann natürlich ein Zufall sein. Aber der Zeitpunkt passt. Ich habe Anlauf genommen und bin mit voller Kraft gegen die Gesetze zum Schutz von Geschäftsgeheimnissen gerannt. Kein Weiterkommen an dieser Stelle.«

»*Shit.* Ich befürchte, ich muss mal ein Wort mit diesem Keith wechseln. Am besten wäre es natürlich, dass Deer das macht, sie steht ihm am nächsten.«

»Oh, Deer«, sagte Blom mit weit aufgerissenen Augen. »Die haben wir ja ganz vergessen.«

Sie sahen die Scham im Blick des anderen.

»Nein, wir haben sie nicht vergessen, wir überlegen noch, wie wir mit ihr Kontakt aufnehmen können.«

»Prima, du kümmerst dich heute Abend um Keith.«

Berger nickte.

»Wir hatten aber eigentlich mit etwas ganz anderem angefangen. Du warst der Überzeugung, dass der Mörder die *verschwundene Stunde* am fünften März zwischen Bålsta und Sandviks Gård weder aus Zufall eingelegt hat, noch um eine falsche Fährte zu legen. Aber was hat das mit Walt G. Dalbury in Delaware zu tun?«

Blom lachte.

»Ich habe ganz einfach nachgesehen, wer jetzt im Ängsjövägen in Stäket gemeldet ist, wo Walter Dahlberg gewohnt hat, als er die ATCG Biotech AG gründete. Was wahrscheinlich im hauseigenen Keller geschehen ist.«

»Und wer wohnt da heute?«

»Ein Walt Dalbury«, sagte Molly Blom.

Berger starrte sie fassungslos an.

»Aber was hat das zu bedeuten ...?«

Er verstummte. Auf einmal türmten sich so viele Fragen gleichzeitig vor ihnen auf, dass sie sich zu einem schwarzen Loch verdichteten, in dem alle Worte verschwanden.

Blom holte tief Luft.

»Das Stäket ist, wie Djursholm in Stockholm, eine Villengegend mit großen Häusern und Seegrundstücken, und zwar entlang der Straße, auf der unser weißer Volvo das erste Mal von einer Kamera erfasst wurde. Das war in Bålsta, auf dem Weg nach Sandviks Gård, um nach Färingsö überzusetzen.«

»Walter Dahlberg ist also aus den USA nach Hause gekommen«, sagte Berger und kratzte sich am Kopf. »Er ist in Pension gegangen und an den Ort zurückgekehrt, wo alles angefangen hat. Allerdings unter seinem amerikanischen Namen. Warum aber sollte der Mörder ihm dort auflauern ...?«

»Die erste Leiche war nicht eingefroren«, gab Blom nochmals zu bedenken. »Sie stammt also nicht aus dem Hauptquartier, wo der Mörder wahrscheinlich die Kryotanks aufbewahrt. Auf dem Weg zu der Stelle, von der er mit dem Schlauchboot übersetzen wird, verbringt er irgendwo eine gute Stunde. Ich bin davon überzeugt, dass er angehalten hat, um einen Mord zu begehen. Seinen ersten Mord. An einem älteren Mann in einem seidenen Pyjama.«

Berger starrte sie an.

»Die achtzehn Messerstiche«, flüsterte er.

»Walter Dahlberg ist dieses Jahr siebzig geworden«, sagte Molly Blom.

49

Donnerstag, 8. Juni

Die Renovierung des verfallenen Bootshauses lag schon mehrere Monate zurück. Seitdem hatte Berger nicht mehr auf dem Bootssteg geschlafen. Doch nachdem Blom an diesem Abend auf dem Sofa eingeschlafen war, hatte er ihr den Laptop vom Schoß genommen und sie zugedeckt. Dann war er zum Kleiderschrank geschlurft, hatte seinen alten Schlafsack und eine Isomatte hervorgekramt und es sich auf dem Bootssteg gemütlich gemacht, um an der frischen Luft zu schlafen.

Und frisch war es in der Tat. Überfrisch. Die Abkühlung nach dem gestrigen Gewitter hatte sich bis in die Nacht hinein gehalten, und Berger wachte morgens gegen sieben Uhr quasi mit Schüttelfrost auf. Er verkroch sich noch tiefer in seinen Schlafsack und legte die Arme um den Körper. In diesem Moment meldete sich sein Handy, dass er per Mail eine Antwort erhalten hatte von jemandem, der zurzeit – so die gestrige Abwesenheitsnotiz – »auf einer lebenswichtigen Geschäftsreise in Kalifornien« unterwegs war.

Sein Name war Keith.

»Hyperion Biotechnia LLC«, las Berger, »ist ein etabliertes Unternehmen außerhalb von Wilmington, Delaware. Das Unternehmen hat ein vielseitiges Portfolio im biochemischen/biotechnischen/quantenmechanischen Bereich – der Versuch einer näheren Erläuterung ist sinnlos, weil wir beide keine Ahnung davon haben. Leider kann ich auch die jüngsten betriebswirtschaftlichen Vorgänge der letzten Zeit nicht nachvollziehen. Und das hat weder mit Inkompetenz noch mit mangelnder Intelligenz zu tun, sondern lediglich mit der fehlenden Transparenz des Unternehmens. Wenn ich das richtig sehe, stand Hyperion sehr lange zum Verkauf. Der Marktwert ist astronomisch hoch, und es heißt, dass die Firma ganz oben mitmischt, aber niemand weiß, wobei eigentlich. Was bedeutet ›stand sehr lange zum Verkauf‹, wird der kluge Ex-Polizist nun fragen? Warum wird so eine attraktive Firma nicht einfach vom Fleck weg verscherbelt? Das liegt daran, dass *irgendetwas* eine Übernahme *verhindert*. Was, ist leider unklar. Ich werde mich morgen ein bisschen umhören. Hier, im cocktailschwenkenden Beverly Hills, bricht bald die Nacht an. Dein Keith

P. S.: Euch ist schon bekannt, dass Hyperion in der griechischen Mythologie der Gott des Lichts ist? Er war einer der zwölf Titanen und der Vater des Sonnengottes Helios. Nicht zu vergessen Friedrich Hölderlin, der seinen einzigen Roman über ihn geschrieben hat. Jetzt ist hier allerdings Morpheus gekommen. Gute Nacht.«

Der todmüde und fast tiefgefrorene Sam Berger brauchte einen Moment, um diese Informationsfülle zu verarbeiten.

Hyperion Biotechnia LLC sollte also verkauft werden, etwa zeitgleich mit dem Rückzug des Eigentümers Walter Dahlberg alias Walt Dalbury. Was hatte den Verkauf verhindert?

Nach etwa einer halbe Minute *brain freeze* stellte Berger überrascht fest, dass die Kälte offenbar sein Assoziationsvermögen förderte, denn die von Keith genannten Parameter bildeten plötzlich eine Art Muster. Berger sah eine Verbindung.

Walter Dahlberg war ein ehrgeiziges, wissenschaftliches Talent gewesen, das nach seinem Werdegang als Mediziner in einem ganz anderen Fach promoviert hatte. In der Mikrobiologie. Das war um 1990. Seine anfänglich unscheinbare Firma ATCG Biotech AG wuchs beträchtlich und zog schließlich aus Platzgründen um. Aus dem Haus im Stäket, Järfälla, in ein großes Gebäude in einem Gewerbegebiet in Västerås. Ein paar Jahre später schnitt er das Unternehmen auf den amerikanischen Markt zu, es wurde zur Hyperion Biotechnia LLC und florierte zwanzig Jahre lang unter der Führung von Walter Dahlberg alias Walt Dalbury. Er beschließt, sein lukratives Unternehmen zu verkaufen, bevor er sich in den Ruhestand verabschiedet, seinem Heimweh nachgibt und nach Schweden zurückkehrt. In das Haus, in dem alles anfing. Ein schöner, logisch-nostalgischer Bogen.

Der Verkauf der Hyperion Biotechnia LLC gelingt jedoch nicht.

Die Frage war nun, ob die Mordserie, der Deer auf die Schliche gekommen war, etwas mit der Geschichte zu tun hatte? Sie hatten es hier mit einem Einzeltäter zu tun, der von langer Hand diese sehr ausgeklügelte Rache geplant und vorbereitet hatte. Aber da gab es noch mehr. Hatte Conny Landin etwas damit zu tun? Oder verdeckte Machenschaften in der Polizei? Hatten aus diesem Grund Radoslav Blok und die russische Mafia die ganze Zeit im Hintergrund gelauert? Warum hatten sie sich Deer gegenüber zu erkennen gegeben? Worüber war sie gestolpert, dass sie jetzt zum Schweigen gebracht werden musste? An welcher Stelle war sie in eine andere Richtung abgebogen als Blom und er? Oder galt diese Drohung auch ihnen?

Den Eindruck hatten sie nicht gehabt. Das hätten sie doch gemerkt, oder? Sie wären längst tot. Nein, Berger war sicher, dass Deer mundtot gemacht werden sollte, *als Polizistin*. Blok musste sie irgendwo gesehen haben. Und das war bestimmt noch nicht lange her …

Also im Kelleratelier in Rågsved.

Es war kurz nach sieben. Konnte er zu einer so unchristlichen Zeit schon anrufen?

Er wagte es und wählte die Nummer. Die Stimme am anderen Ende klang alles andere als schlaftrunken. Im Gegenteil, der Angerufene klang, als säße er schon im Zug. Offensichtlich der frühe Zug von Linköping in die Stadt.

»Robin«, sagte Berger mit belegter Stimme. »Habt ihr etwas Aussagekräftiges in Rågsved gefunden?«

»Berger?«, rief Robin laut. »Ich dachte, wir hätten vereinbart, dass wir vorerst keinen Kontakt mehr haben?«

»Aber es ist wichtig. Bitte, alles Auffällige, Ungewöhnliche.«

Es war still in der Leitung, Berger hörte nur das Rattern des Zuges.

»Eine Mikrokamera an der Decke«, sagte Robin schließlich.

»Im Atelier selbst?«, fragte Berger und bekam sofort Herzrasen. Er hörte eine Stimme flüstern: ›Du stinkst nach Müll.‹

»Nein«, sagte Robin. »Im Flur.«

»Und worauf war sie gerichtet?«

»Auf die Eingangstür, die in den Innenhof führt. Die weiße Stahltür, auf der die Hausnummer steht. Und das war das letzte Mal, dass du von mir was bekommst, Sam.«

Weg war er. Nicht einmal das Rattern des Zuges war noch zu hören.

Berger versuchte, das Gehörte zu verarbeiten. Er kehrte in Gedanken nach Rågsved zurück. Deer hatte ihnen die dramatische Nachricht geschickt, dass sie sterben würde. Berger und Blom hatten den erstbesten, aber falschen Weg in den Keller genommen, über den Müllraum. Später hatten sie das Haus zur Sicherheit auf demselben Weg wieder verlassen. Sie waren also nicht in das Sichtfeld der Kamera gelaufen.

Deer aber war sehr wohl durchs Bild gelaufen, als sie durch den Flur von der anderen Seite gekommen war. Durch den richtigen Eingang, die weiße Tür.

Es war nicht undenkbar, dass Radoslav Blok und seine Leute diese Kamera installiert hatten. Was im Umkehrschluss hieß, dass sie den Ort kannten und auch wussten, dass der grinsende Rufus Lagergrund aus Puerto Banús dort untergebracht worden war. Und sie hatten offenbar ein gesteigertes Interesse an dem Mörder.

Um ihn zu schützen, zu entlarven, zu fassen? Warum sollten sie Interesse an einem psychisch gestörten Serienmörder haben?

Bloks Beteiligung konnte sehr wohl mit dem Verkauf der Hyperion Biotechnia LLC in den USA zu tun haben. Einer bedeutenden Biotechfirma, die »ganz oben mitmischt«. Deers Auftauchen hatte ihn bei etwas gestört.

Aber das passte alles nicht zusammen. Berger hatte das Gefühl, dass der Fall mit jeder Minute größer wurde.

Ihm war es gelungen, sich zumindest so warm zu halten, dass er sich bewegen und aus dem Schlafsack kriechen konnte. Während er sich anzog, sah er über den Edsviken. Die dichte Wolkendecke ließ keine Spiegelungen zu, und das Wasser hatte keine Kraft, ihn zu einem Sprung zu verlocken.

Als er das Bootshaus betrat, hörte er ein Gespräch aus Bloms Arbeitszimmer. Er schlich zu ihrer Tür. Sie saß vor dem grellen Bildschirm, aus dem die Stimmen kamen. Als sie Berger bemerkte, hielt sie die Aufzeichnung an. War das Schuldbewusstsein in ihrem Gesichtsausdruck? Fühlte sie sich ertappt? So hatte er sie noch nie gesehen.

»Ich muss dir was gestehen«, sagte sie ohne Umschweife.

»Schon wieder?«, sagte er so lässig wie möglich.

»Ich habe gestern Abend etwas eigenmächtig entschieden«, fuhr Blom ungerührt fort. »Während du telefoniert hast, habe ich die Handynummer von Tillie Dalbury herausgefunden, die im Ängsjövägen in Stäket wohnt. Nach ein bisschen Recherche hatte ich auch ihren schwedischen Namen, Matilda Dahlberg, die seit 1980 mit Walter Dahlberg verheiratet ist. Es ist schwer, noch mehr über sie herauszubekommen, aber die Namensänderung spricht dafür, dass sie ihrem Ehemann in die USA gefolgt und auch mit ihm zurückgekommen ist.«

»Eine lange und glückliche Ehe«, sagte Berger spöttisch.

»Ich war einfach zu neugierig und musste in Erfahrung bringen, ob unser erstes Strandopfer dieser Walter war. Also habe ich sie angerufen. Und das hier ist die Aufzeichnung des Telefonats.«

Sie zeigte auf den Rechner.

»Ein überraschend langes Gespräch ist es am Ende geworden. Du darfst es dir gern anhören, es lohnt sich schon wegen des köstlichen amerikanischen Akzents. Aber es hat mehrere Phasen: ›Wir sprechen mit niemandem‹, meinte sie zuerst, ›lassen Sie uns in Frieden, Sie Scheusal. Sie können *nicht* mit Walt sprechen, nein. Kein Kommentar, aber ja, Walt war ein sehr erfolgreicher Geschäftsmann in Delaware. Ich habe nichts zu der Angelegenheit zu sagen, aber in der Tat ist die Familie in die USA gezogen, als die Firma auf dem amerikanischen Markt eingeführt wurde. Über meine Familie werde ich *kein einziges* Wort verlieren, aber ja, die Kinder sind in Wilmington aufgewachsen, hoch talentierte Kinder, das muss man schon sagen. *Life extension* ist ein unterschätztes Forschungsgebiet, und die Hyperion Biotechnia war ihrer Zeit immer voraus, sie hatte eine Vision von der Zukunft. Wir haben viel zu lange akzeptiert, dass wir sterben müssen. Und selbstverständlich, Walt und ich haben uns nie davor gescheut, die neuesten wissenschaftlichen Erkenntnisse auch an uns selbst auszuprobieren. Walter? Verschwunden? Wenn das so wäre, würden wir die Angelegenheit selbst regeln, das kann ich Ihnen versprechen. Wir wollen nichts mit den schwedischen Behörden zu tun haben, mit gar keiner Behörde. Ein Treffen, aus welchem Grund? Ich habe Ihnen nichts zu sagen, obwohl ich es sehr zu schätzen weiß, dass Sie selbstständige Unternehmerin sind und keine Staatssklavin. Das ist also Ihre Nummer, unter der Sie zu erreichen sind? Nicht, dass ich vorhätte,

Sie anzurufen, aber sollte ich mich melden, dann morgen früh.‹«

»Ich gehe davon aus, dass das eine etwas ironisch gefärbte Zusammenfassung war?«, fragte Berger amüsiert.

»Nur ein bisschen«, gab Blom zu. »Aber ich habe keine eindeutige Antwort auf die Frage bekommen, ob Walter verschwunden ist oder nicht. Ihre Antworten waren voller Widersprüche. Wenn sich Matilda Dahlberg nicht bis zwölf Uhr bei uns gemeldet hat, statten wir ihr einen Besuch ab, oder? Klingt das nach einem guten Plan?«

Berger nickte.

»Ich kann auch noch etwas beisteuern. Der Verkauf der Hyperion Biotechnia LLC geriet aus einem unbekannten Grund ins Stocken. Walt und Tillie haben die USA also verlassen, bevor der Verkauf unter Dach und Fach war. Uns fehlt die Chronologie.«

»Uns fehlt eine ganze Menge«, sagte Blom. »Wollen wir noch mal alles zusammenfassen, was wir herausgefunden haben?«

»Okay.« Berger nickte erneut. »Walter Dahlberg studiert Medizin und wird Arzt, ihn fasziniert die revolutionäre Genforschung der Achtzigerjahre, und er promoviert in Mikrobiologie. In den Neunzigern gründet er sein biotechnisches Unternehmen, das schnell wächst, sodass er aus seinem Haus in Stäket in ein Gewerbegebiet in Västerås umziehen muss. Das wird so '94 gewesen sein. Ein Jahr später wird der Apnoetaucher Oleg Trefilov in Surgut in Sibirien entführt. Ihm wird Knochenmark entnommen und Walter transplantiert, als eine Art Verjüngungskur. Dasselbe wird mit der Leber einer jungen Frau und weiteren Organen von zwei jungen Männern gemacht, die nach dem Eingriff eingefroren werden. Wo wurden die Operationen durchgeführt? Vermutlich in den Firmenräumen der ATCG Biotech AG in Västerås. Womöglich auch in einem Anbau der Firma.«

»Die Spender wurden wahrscheinlich im Auftrag von

Walter Dahlberg persönlich entführt«, sagte Blom. »Und zwar von einer Gang aus Mitgliedern der Hells Angels, von der anderen Seite des Mälaren. Ich habe herausgefunden, dass alle drei – Stefan Lundberg, Rutger Brännlid und Rufus Lagergrund – damals aktive Mitglieder in dem großen Charter in Eskilstuna waren. Jemand tötet also sowohl die Täter als auch die Opfer dieser Machenschaften. Aber wer?«

»Ich bin immer mehr davon überzeugt, dass die Strandmorde – außer dem ersten – ein Akt der Barmherzigkeit waren«, sagte Berger. »Der Mörder behandelt die Leichen respektvoll, er will sie aus ihrem Limbo im Eis befreien. Sie sind ja schon längst tot. Aber sie ruhen nicht in Frieden. Er will ihnen diesen Frieden geben und sie mit Respekt behandeln. Er frisiert sie, kämmt ihre Bärte.«

»Wir befinden uns also in einem durchaus interessanten Zeitparadoxon?«

»Wie meinst du das?«

»Das erste Opfer hat die anderen auf dem Gewissen«, sagte Blom.

Schweigend starrten sie einander an.

»Wenn das erste Opfer wirklich dieser Walter Dahlberg ist, dann hast du recht«, sagte Berger. »Auf eine sehr skurrile Weise.«

»Die Leiche muss aber nicht zwingend Dahlberg sein«, entgegnete Blom. »Es könnte auch ein Klient sein. Jemand, der Forderungen gestellt hat, die bei einem der Angestellten ein Trauma ausgelöst haben. Der sich erst jetzt, nach über zwanzig Jahren, davon erholt hat und bereit ist, sich zu rächen.«

»Oder er war als Spender vorgesehen, konnte aber fliehen?«, schlug Berger vor.

»Eine Alternative wäre ein Angehöriger oder der Partner eines der Opfer?«

»Es gibt so viele Alternativen … Du hast bei deiner Recherche nicht zufällig ein Foto von Walter Dahlberg alias Walt G. Dalbury gefunden?«

»Nur in diesem traurigen Beitrag in der Lokalzeitung. Aber wenn man bedenkt, wie das Gesicht des Opfers entstellt wurde, könnten wir ohnehin nichts damit anfangen …«

»Und was ist mit den Zeitungen aus Västerås? Oder in den USA?«

»Walter hat ein sehr unauffälliges Leben geführt«, sagte Blom. »Bisher habe ich nichts gefunden. Nichts, was einfach so bei Google auftauchen würde.«

»Wenn Walter das Opfer ist«, sagte Berger abschließend, »ist der Mörder systematisch vorgegangen. Zuerst tötet er den Kopf der Firma, dann die ersten beiden Opfer, und dann erst kümmert er sich um die Handlanger. Der Mörder ist unmittelbar betroffen gewesen. Von allem: von Walters widerlichen *Life-extension*-Versuchen, den entführten und ausgeweideten Opfern, die eingefroren wurden, von den Hells Angels, die die geeigneten Spender aus aller Welt gekidnappt haben. Der Mörder ist irgendwo in diesem System zu finden.«

Da klingelte Bloms Telefon.

50

Donnerstag, 8. Juni

Der Himmel war grau und hing tief, als sie auf die Landstraße bogen, die als Verbindung der beiden großen Autobahnen im Norden von Stockholm diente. Die Straße hieß Stäketvägen und verband die E4 mit der E18. Sie waren bald da. Und würden bald Antworten bekommen.

Sie hatten eine Uhrzeit vereinbart, es war kurz vor eins. Berger saß auf dem Beifahrersitz und war davon überzeugt, dass die Sonne jeden Augenblick durch die Wolkendecke brechen würde. Die Hoffnung zumindest gab er nicht auf.

Blom saß am Steuer und sagte nicht viel. Sie beide waren im Kopf noch bei dem Telefonat.

Tillie Dalbury alias Matilda Dahlberg war etwas einsilbig, dafür unmissverständlich gewesen. Wenn sie an einem Termin im ursprünglichen Hauptquartier von ATCG Biotechnia AG interessiert wären, hätte sie ab Punkt dreizehn Uhr eine Stunde Zeit. Nicht mehr und nicht weniger, nicht früher und nicht später.

Zu der Frage, ob ihr Ehemann vor Ort sein würde oder als vermisst galt, hatte sie sich nicht geäußert.

Berger und Blom wussten nicht, was sie erwarten würde. Der graue Himmel ließ nichts Gutes erahnen. Um das Haus im Ängsjövägen rankten sich zu viele Geheimnisse. Und zu viele Fragen blieben rätselhaft.

Sie fuhren nicht auf die E18. Bei der Auffahrt Stäket bogen

sie ab und nahmen eine schmalere Landstraße nach Norden. Und plötzlich waren sie mitten auf dem Land. Ängsjövägen lag auf dem Land.

Am Anfang sahen sie kein einziges Haus. Ab und zu sah man das Wasser im Stäksund aufblitzen, die meiste Zeit aber nur Wiesen und Felder auf der einen und Wald auf der anderen Seite. Dann tauchte plötzlich eine kleine Ansammlung von Häusern auf. Danach wurde es wieder ländlich. Dann wieder ein paar Häuser. Wieder ländlich. Schließlich sahen sie ein einzelnes Haus, unten am Wasser.

»So, da wären wir«, sagte Blom und bremste.

Berger nickte und überprüfte einen der Knöpfe an seiner Lederjacke.

Am Eingang des Anwesens befand sich eine Garage, vor der zwei Wagen parkten: ein lila SUV und ein silberner Audi älteren Modells. Aber der Weg führte weiter, bis hinunter vor das Haus am Wasser. Auch dort parkten zwei Autos, jedoch kein weißer Volvo V70.

Sie hielten und wechselten einen Blick, der besagte: *Hier stehen ein Haufen Autos herum.*

Aber es war kein Mensch weit und breit zu sehen. Die Wolkendecke hing schwer und tief über dem Mälaren und verwandelte den Anblick in eine melancholisch schöne Postkartenidylle. Die große, vornehme Villa war erst kürzlich renoviert worden, und von dem Hauptgebäude führte ein Weg hinunter zu einem privaten Bootssteg, an dem ein großes Motorboot festgemacht war. Neben dem Steg stand ein großer Gartenpavillon, der für jede Art von Veranstaltungen genutzt werden konnte. Über dem Anwesen ruhte eine ganz besondere Stille.

Bevor sie ausstiegen, kontrollierten beide unabhängig voneinander ihre Waffen – hier waren ihnen eindeutig zu viele Fahrzeuge. Berger ließ Blom den Vortritt. Er hoffte inständig, dass er ihr Rückendeckung geben konnte.

Sie ging die Treppe hoch und klingelte. Die Tür wurde

Sekunden später schon geöffnet, als hätte man ihr Eintreffen genauestens verfolgt.

Vor ihnen stand ein Mann, der etwas über dreißig war. Er trug ein schwarzes Polohemd, hatte durchdringende braune Augen und einen akkuraten Seitenscheitel. Er sah aus wie ein Philosophieprofessor. Bergers erster Gedanke war allerdings: Sie hatten sich zur Sicherheit einen Anwalt dazugeholt.

Der Mann musterte sie von oben bis unten, dann streckte er ihnen lächelnd die Hand entgegen.

»Johan Dahlberg. Ich freue mich, dass unsere Mutter uns Brüder zusammengetrommelt hat. Schließlich trifft man nicht alle Tage Privatdetektive.«

»Wir sind Sicherheitsberater«, korrigierte ihn Berger, während Blom an einem Wort hängen geblieben war: *uns*.

Johan Dahlberg bat sie ins Haus, das aus der Jahrhundertwende stammte, führte sie durch einen langen und eleganten Flur. Auf dem Weg kamen sie an der Bibliothek, einem Schlafzimmer und der großen, offenen Küche mit angrenzender Terrasse vorbei, von der aus man einen Blick auf den Sund hatte. Der Korridor endete in einem weitläufigen, lichtdurchfluteten Salon. Vor dem offenen Kamin stand eine sehr gepflegte Frau mittleren Alters mit einer Tasse Kaffee in der Hand. Während sie auf sie zugingen, stellte Berger überrascht fest, dass er bei ihrem Anblick niemals an Schönheitsoperationen gedacht hätte.

Sie waren jedoch nicht allein im Raum. In einem Sessel in der Ecke, vor einem der großen Fenster, lag ein Mann, ein Bein über der Armlehne, und war in sein Tablet vertieft. Er trug einen Anzug und dazu ein weißes Hemd, ohne Krawatte. Direkt neben der Tür zum Salon stand ein weiterer Mann, stramm wie ein Leibwächter. Die Männer waren alle etwa gleich alt und sahen sich so ähnlich, dass man von Verwandtschaft ausgehen konnte.

»Tillie«, stellte sich die Frau vor. Ihre tiefe Altstimme hatte eine amerikanische Färbung. »Das hier im Sessel ist Mike, da vorn steht Fred – ja, und Joe haben Sie ja schon kennengelernt.«

Der Mann an der Tür, in Anzug und Krawatte, kam auf sie zu und streckte ihnen zur Begrüßung die Hand hin.

»Fredrik Dahlberg. Schön, Sie kennenzulernen.«

Reihum schüttelten sie sich die Hände.

»Sie haben alle eine doppelte Identität?«, fragte Blom.

»Und doppelte Staatsbürgerschaft«, antwortete Fredrik Dahlberg verschmitzt. Er war genauso elegant wie sein Bruder Johan beziehungsweise Joe, aber sein Haar war unbändiger, was ein schönes Gegengewicht zu seiner steifen Körpersprache bildete. Wenn einer der Anwesenden dem Klischee eines Anwalts nahekam, dann er.

»In Schweden ist es leichter, wenn man Schwede ist«, erklärte Johan und zuckte lächelnd mit den Schultern.

»Ich hole uns Kaffee«, sagte Tillie und legte ihre Hand erst auf Bergers, dann auf Bloms Arm. »Setzen Sie sich. Lernen Sie meine Söhne kennen.«

»Kommen Sie, wir setzen uns«, sagte auch Johan Dahlberg und führte sie zu der Sitzgruppe. Der dritte Bruder, Mike, hatte sein Tablet beiseitegelegt und die Beine von der Lehne genommen. Berger setzte sich absichtlich Johan und Fredrik gegenüber.

»Sind Sie alle mit zurück nach Schweden gezogen?«, fragte Blom so neutral wie möglich.

»Wir sind immer viel in Bewegung gewesen«, antwortete Johan. »Es hat Vorteile, in zwei Kulturen zu Hause zu sein, vor allem im Geschäftsleben.«

»Apropos Geschäftsleben«, hakte Blom ein, »arbeiten Sie alle im Familienunternehmen?«

Jetzt war Fredrik Dahlberg an der Reihe. Er räusperte sich.

»Das haben wir im Laufe der Zeit getan, mehr oder weniger. Aber zum jetzigen Zeitpunkt ist keiner von uns für die Firma tätig.«

Blom nickte.

»Genau. In der Hyperion Biotechnia LLC, die ja gerade zum Verkauf steht. Wie läuft es da?«

»Verdammt schlecht«, meldete sich der dritte Bruder aus dem Sessel. »Diese Gauner bekommt man ja nie zu Gesicht.«

Seine Stimme war rauer als die der beiden anderen. Er war wohl der jüngste von ihnen, obwohl er eindeutig am verlebtesten aussah.

Johan klopfte mit der Faust auf den Tisch.

»Mikael, der typische kleine Bruder, immer so ungeduldig«, sagte er lächelnd.

»Ich schlage dennoch vor, dass wir mit dieser Diskussion warten, bis Mutter den Kaffee gebracht hat«, sagte Fredrik mit der Stimme eines Anwalts.

»Ich helfe ihr«, rief Mikael, sprang aus dem Sessel und verschwand in der Küche.

Während sie warteten, stand Berger auf und schlenderte durch den Raum. Er ging an einem der großen Fenster in die Hocke und gab vor, sich besonders für die Beschaffenheit des Holzes zu interessieren.

»Haben Sie hier frisch renoviert?«, fragte er.

»Als meine Eltern zurückkamen, haben sie unser altes Haus gekauft und es instand setzen lassen«, antwortete Fredrik.

»Und wann war das?«

»Es liegt schon ein paar Jahre zurück, dass sie mit der Renovierung begonnen haben. Aber sie sind erst Neujahr eingezogen. Das große Anwesen in Wilmington wurde verkauft.«

»Dann sind sie hier tatsächlich am ersten Januar eingezogen, oder wie muss ich das verstehen?«

»Ungefähr so, ja. Aber das besprechen Sie am besten mit unserer Mutter. Wir sind nur zur Unterstützung hier.«

»Wir wollen sicherstellen, dass sie nicht schlecht behandelt wird«, ergänzte Johan.

»Wir haben nicht vor, sie schlecht zu behandeln«, sagte Blom.

»Ich weiß«, lächelte Johan. »Wie gesagt, dafür sind wir hier.«

Je länger Tillie brauchte, umso größer wurde der Elefant im Raum. Bald war er so groß, dass er das letzte Quäntchen Luft aus allen Anwesenden gepresst zu haben schien.

Wo war Walter Dahlberg?

Es dauerte noch eine weitere Ewigkeit in absoluter Stille, bis die Frau, die einmal Matilda Dahlberg geheißen hatte, endlich mit einem Tablett in den Händen auftauchte. Ihr jüngster Sohn Mikael kam mit einem etwas kleineren Tablett hinterher, stellte es auf den Couchtisch, ließ sich in seinen Sessel fallen, schnappte sich sein Spielzeug und vertiefte sich darin. Zumindest nahmen sie das an. Matilda schnitt Kuchenstücke zurecht.

»*Chocolate mud cake*. Ich glaube, den werden Sie mögen.«

Berger lächelte und fühlte sich zunehmend wie ein Schauspieler in einem absurden Theaterstück. Sein Blick wanderte von einem Sohn zum anderen und dann zur Mutter. Sie sahen ihr nicht besonders ähnlich, ähnelten eher einander – was ein Hinweis darauf sein konnte, wie Walter vor vierzig Jahren ausgesehen hatte, vor Einsetzen des natürlichen Alterungsprozesses und vor den chirurgischen Eingriffen. Bisher hatten sie noch keine brauchbare Aufnahme von ihm gesehen, weder als junger noch als alter Mann.

Nach einer schier unerträglichen Minute setzte sich auch Matilda Dahlberg zu ihnen, zwischen die beiden ältesten Söhne, gegenüber von Berger und Blom, die sich jeweils für einen Sessel entschieden hatten. Sie aßen von dem *mud cake*, der furchtbar süß war. Matilda kam gleich zur Sache.

»Warum sind zwei Privatdetektive auf der Suche nach meinem Mann?«

Blom antwortete, bevor Berger etwas sagen konnte. Allerdings hätte der dieses Mal ohnehin darauf verzichtet, ihre Berufsbezeichnung zu korrigieren.

»Wir haben den Auftrag erhalten, den genauen Aufenthaltsort Ihres Mannes, Walt G. Dalbury, ausfindig zu machen. Auftraggeber ist eine öffentliche amerikanische Instanz, deren Identität wir nicht preisgeben dürfen. Dazu sind wir nicht autorisiert.«

»Dann habe ich auch keine Verpflichtung, mit Ihnen zu sprechen.«

»Keineswegs. Aber wir wären Ihnen sehr dankbar dafür. Und es würde die Übernahme erleichtern.«

Die Familienmitglieder sahen sich nacheinander an. Sogar Mikael hob den Kopf. Fredrik hatte schließlich die unausgesprochene Erlaubnis, das Wort zu ergreifen.

»Wer sagt denn, dass wir die Übernahme erleichtern *wollen*?«

Blom hob abwehrend die Hände.

»Wir sind in dieser Angelegenheit vollkommen neutral«, sagte sie. »Wir haben einen Auftrag erhalten und sind daran interessiert, diesen auch zu erledigen. Aber wie Sie sicher wissen, gibt es öffentliche Stellen, die stutzig werden und sich fragen, ob Walt G. Dalbury überhaupt noch lebt.«

»Das fragen wir uns auch«, sagte Tillie Dalbury leise.

»Dann ist er also verschwunden?«

»Ja.«

»Und warum haben Sie ihn bei der Polizei nicht als vermisst gemeldet?«

»Wir wollen nicht, dass sich irgendeine Behörde in unsere Angelegenheiten einmischt. Das geht nie gut aus.«

»Wir haben ebenfalls kein Interesse, die Polizei einzuschalten«, sagte Blom. »Wir sind nur unseren amerikanischen Auftraggebern Rechenschaft schuldig. Die schwedischen Behörden haben nichts mit unseren Nachforschungen zu tun. Was können Sie uns denn über sein Verschwinden sagen?«

Erneut wechselten die Familienmitglieder vielsagende Blicke.

»Walt verschwindet von Zeit zu Zeit«, sagte Tillie. »Wir sind beide sehr an lebensverlängernden Maßnahmen und an der Steigerung unserer Lebensqualität interessiert. Wir wollen also nicht nur älter als alle anderen werden und uns dabei jünger fühlen, sondern auch die Lebensqualität durch unsere sinnliche und intellektuelle Entfaltung erhöhen. So haben wir uns kennengelernt, so leben wir. Er ist physisch auf dem Stand eines Fünfunddreißigjährigen, wie seine Söhne.«

»Und dann verschwindet er von Zeit zu Zeit?«, versuchte Blom, sie zurück zum Thema zu bringen.

»Manchmal tauchen Gelegenheiten für einen Eingriff auf, für uns beide. Manchmal ist es dann aus medizinischen Gründen so eilig, dass keine Zeit bleibt, dem anderen Bescheid zu sagen. Dann muss man einfach schnell los. Diese Freiheit zeichnet unsere Beziehung aus, und auch das hält uns jung.«

»Sein Verschwinden hat Sie zu Anfang also nicht weiter besorgt?«

»Eigentlich nicht. Wir haben schon immer in großen Häusern gelebt, hatten unsere eigenen Bereiche. Wir wollten uns nicht überwacht fühlen und uns einander nicht aufdrängen. Es hat etwas gedauert, bis ich gemerkt habe, dass er verschwunden ist.«

»Ihre Söhne wohnen hier bei Ihnen?«

»Zurück nach Hause zu Mami und Papi?«, kam es aus dem Sessel. »Wohl kaum!«

»Fahren Sie fort«, bat Blom.

»Zuerst bin ich davon ausgegangen, dass er verreist ist, um einen weiteren Eingriff vornehmen zu lassen. Es hat Wochen gedauert, bis ich begriffen habe, dass er tatsächlich weg ist. Aber wir haben eine Vereinbarung: niemals die Polizei zu rufen.«

»Sie haben stattdessen Ihre Söhne kontaktiert. Sind die mit Ihnen nach Schweden zurückgezogen?«

»Es könnte auf den ersten Blick so wirken, als stünden wir uns sehr nahe«, sagte Matilda und sah ihre Söhne an. »Und das tun wir natürlich auch. Aber wir sehen uns eher selten, und sie wohnen auch nicht in der Nähe. Als Sie gestern anriefen, habe ich meine Kinder zum ersten Mal gebeten, zu mir zu kommen. Zum Glück waren sie alle im Land und hatten Zeit.«

»*Sind* Ihre Söhne auch nach Schweden gezogen?«, wiederholte Blom ihre Frage.

»Ich bin seit ein paar Jahren in Schweden gemeldet«, sagte Johan. »Du auch, Fred, oder?«

Fredrik nickte. Mikael nahm einen tiefen Zug von seiner E-Zigarette.

»Ich werde New York niemals verlassen!«

»Mikey!«, rief Tillie zärtlich.

Berger versuchte, die Fassung zu wahren, und war tief beeindruckt von Blom, die ihrer Rolle um jeden Preis treu blieb.

»Sie haben New York doch gerade verlassen«, sagte sie sanft.

»Ich wohne zurzeit bei einer Frau in Uppsala«, murmelte Mikael. »Schwedische Frauen, Sie wissen schon. Obwohl ich, ehrlich gesagt, nicht wissen kann, ob Sie sich damit wirklich auskennen.«

»Mir genügt es, wenn ich meine derzeitige Situation im Griff habe«, sagte Blom und lächelte ihn zuckersüß an. »Wann haben Sie Walt denn zum letzten Mal gesehen, Tillie?«

Matilda nickte nachdenklich.

»Ich versuche die ganze Zeit, mich zu erinnern«, sagte sie. »Es muss der Abend vom vierten März gewesen sein. Wir haben zusammen gegessen. Am nächsten Tag erschien er nicht zum Frühstück. Ich wohne oben, er unten. Aber okay, dachte ich, *so be it.* Vermutlich wurde er von einem Mitarbeiter abgeholt, das kam eben vor. Walter hat sich vorgenommen, einhundertzwanzig Jahre alt zu werden, aber wie hat er immer gesagt: ›Wer will schon einhundertzwanzig Jahre alt werden, wenn er die letzten vierzig damit beschäftigt ist, die eigenen Schmerzen behandeln zu lassen?‹«

»Abgeholt, meinten Sie?«

»Ich meine, ein Auto gehört zu haben. Aber ich weiß es nicht genau. Um mein Hörvermögen muss ich mich als Nächstes kümmern. Man kann mittlerweile in das Hörzentrum im Gehirn …«

»Hör auf damit, Mutter«, sagte Johan streng. »Was für Informationen benötigen Sie noch? Ich glaube, dass meine Mutter sich jetzt ausruhen muss. Sind wir hier bald fertig?«

»Der Kuchen ist sehr lecker«, sagte Berger und erntete eine ganze Reihe von skeptischen Blicken. Er hoffte, dass sich Blom in der Zwischenzeit etwas Neues ausgedacht hatte.

»Ich würde gern die ganze Geschichte hören«, sagte sie. »Können wir noch mal von vorn anfangen?«

51

Donnerstag, 8. Juni

In dem großen Anwesen am Stäksund senkte sich eine vielsagende Stille über die Anwesenden. Dann holte Tillie Dalbury alias Matilda Dahlberg tief Luft.

»Den Anfang von allem kann ich ziemlich genau benennen«, sagte sie. »Die Genetische Konferenz an der Universität von Stockholm 1978. Er war fünfunddreißig, Arzt und Doktorand der Mikrobiologie – was ich zu dem Zeitpunkt studiert habe. Er war mein Vorbild. Worüber wir an jenem Abend gesprochen haben, werde ich niemals vergessen. Es ging darum, was die Genetik für die Zukunft der Biologie und für die Zukunft der Menschheit bedeuten könnte. Er hatte eine Vision von der Zukunft, wie wir die Kontrolle über die Evolution übernehmen und das beherrschen könnten, was wir davor dem Zufall überlassen mussten. Ich habe mich auf der Stelle in ihn verliebt, und zwei Jahre später haben wir geheiratet. Er hatte dieses Haus hier von seinem Vater geerbt, der zu einer langen Reihe erstklassiger Ärzte zählte. Einer der Vorfahren von Walter war der Leibarzt von Gustav III., Nils Dalberg. Er hatte den König für tot erklärt, nachdem dieser auf dem Maskenball angeschossen worden war.«

Sie räusperte sich. Ihre Söhne blieben trotz des vorherigen Protests nun still und aufmerksam, als hätten sie diese Geschichte – genau wie Blom und Berger – zuvor noch nie gehört.

»Es dauerte eine Weile, bis aus den Visionen Wirklichkeit werden konnte. Walter arbeitete als Arzt und Dozent, aber erst ein Jahrzehnt später gründete er seine Firma, die ATCG Biotech. Er hatte alles gelesen, was es zum Thema *life extension* zu lesen gab. Jetzt wollte er es endlich in die Tat umsetzen. Und er hatte von Anfang an gute Verbindungen in die USA.«

»Was genau hat die Firma von Walter denn hergestellt?«

»Sie haben vor allem Experimente gemacht, in den unterschiedlichsten Bereichen: Gewebeverjüngung, Stammzellen, DNA-Reparatur, Gentherapie, Kryokonservierung, Organersatz, *you name it*. Er hat sich mit allem beschäftigt, immer auch auf der Suche nach Rentabilität.«

»Kryokonservierung?«, fragte Blom, als hätte sie das Wort noch nie in ihrem Leben gehört.

»Das Einfrieren von lebenden Organismen. Das kam aber erst später, als die große Anlage in Västerås eröffnet wurde. Allerdings hat er auch vorher schon, bei uns im Keller, mit den Grundlagen der Kryokonservierung experimentiert. Immer mit ein paar Doktoranden im Schlepptau. Ehrlich gesagt, sah es hier immer schrecklich aus damals. Als es darum ging, wieder in dieses Haus zurückzuziehen, kam es zwischen uns deshalb zu wilden Auseinandersetzungen. Ich wäre viel lieber nach Hawaii gezogen. Ich habe es dort geliebt. Hyperion hat dort eine großartige Dependance. Am Ende habe ich mich darauf eingelassen, nach Schweden zurückzukehren, aber darauf bestanden, dass das Haus grundsaniert wird. Und sehen Sie selbst, wie gut es geworden ist.«

»Was waren das für Doktoranden?«

»Walt scharte immer Studenten aus der Uni um sich, einige meiner ehemaligen Kommilitonen zum Beispiel.«

»Können Sie sich noch an die Namen erinnern?«, fragte Blom.

Matilda Dahlberg, die es bis dahin zweifellos genossen

hatte, ihre Geschichte zu erzählen, musterte Blom nun misstrauisch.

»Was sollte das, um Himmels willen, mit Walts Verschwinden zu tun haben?«

Blom gab sofort nach.

»Wir müssen unserem Auftraggeber einen möglichst umfassenden Bericht liefern, das ist alles.«

Blom hielt Matildas scharfem Blick stand, bis diese den Kopf schüttelte.

»Leider kann ich mich an keinen Namen erinnern«, sagte sie unwirsch.

»Und Ihre Söhne sind alle hier zur Welt gekommen?«, fragte Blom mit einem entwaffnenden Lächeln.

»Ja, kurz nachdem Walt die ATCG gegründet hat. Ich habe nicht viel mitgearbeitet, habe nur ab und zu im Labor ausgeholfen. Ich war Vollzeitmutter, was allerdings schon damals ein Tabu in dieser repressiven Gesellschaft war.«

»Und was passierte, nachdem die Firma umgezogen war?«

»Da hatten wir wieder mehr Platz zu Hause. Wir konnten endlich auch den Keller nutzen.«

»Aber es hat sich doch keiner runtergetraut«, meldete sich Mikael aus seinem Sessel.

»Im Keller hat es gespukt«, bestätigte Fredrik und presste die Lippen aufeinander.

»Jungs, jetzt kommt schon«, sagte ihre Mutter. »Wir haben euch da unten einen tollen Partyraum eingerichtet, mit Tischtennisplatte und allem.«

»Ich finde, es ist sehr schön geworden«, sagte Johan, als wollte er damit die Wogen glätten. »*Jetzt* zumindest ist der Keller wirklich schön.«

»Die Umbauarbeiten sind fantastisch gelaufen«, schwärmte Matilda. »Sie dürfen sich das gern einmal ansehen. Wir haben einen amerikanischen Architekten gebeten, der die Arbeiten dann auch übernommen hat. Das Haus war wirklich in einem schlechten Zustand, die Besitzer davor haben …«

»Sehr gern«, unterbrach sie Blom. »Könnten wir noch einmal auf Västerås zu sprechen kommen?«

»Das war eine Art Gewerbegebiet, außerhalb der Stadt, eine sehr schöne Lage. Aber ich war nicht wirklich häufig dort. Zu diesem Zeitpunkt hatte die Produktion schon einen industriellen Umfang erreicht, und das interessierte mich nicht mehr so.«

»Womit hat das Unternehmen denn Geld verdient?«

»Walt hat immer einen Weg gefunden, um rentabel zu wirtschaften«, lächelte Tillie. »Sie haben dort vor allem Grundlagenforschung betrieben, die zur Herstellung von neuartigen Schmerzmitteln führte, aber sie haben auch die ersten Ansätze der Genmodifikation untersucht und die Forschungsergebnisse an die Lebensmittelindustrie in den USA verkauft. Es gehörten auch Arzneimittel dazu, die Organtransplantationen erleichterten, Analysegeräte, um geeignete Spender schneller ermitteln zu können, Experimente zur Erweiterung der Leistungskapazität des menschlichen Gehirns sowie neue Ansätze in der Krebsforschung.«

»Nicht zu vergessen die Kryokonservierung.«

»Das auch. Aber das hatte keine große Rentabilität. Es blieb bei den Experimenten. Walt entwickelte eine neue Technik für die Auftauphase, die einiges versprach. Die Technik wurde später in den USA sehr groß, ein sehr gutes Patent. ATCG hatte von Anfang an, schon in Schweden, gute Kontakte zu den Größten auf dem Gebiet, dem Klassiker, der Alcor Life Extension Foundation, und dem größten Unternehmen, dem Cryonics Institute in Michigan. Und als dreiundneunzig das 21CM gegründet wurde, was so viel bedeutet wie 21st Century Medicine, gab es auch mit denen einen Austausch, genauso wie mit der ältesten Organisation, der American Cryonics Society.«

»Hatten Sie nicht eben gesagt, dass Sie das Unternehmen nicht mehr interessiert hat, nachdem es nach Västerås umgezogen war …?«

»Ich habe natürlich trotzdem versucht, mich auf dem Laufenden zu halten«, sagte Matilda und lächelte.

»Wissen Sie, ob hier in Schweden Probanden eingefroren wurden?«

Dieses Mal trat Fredrik Dahlberg auf die Bremse.

»Jetzt mal ehrlich«, sagte er. »Was soll das mit dem Verschwinden meines Vaters zu tun haben? Ich habe den Eindruck, Sie wollen unbedingt etwas Illegales aus der Vergangenheit hervorkramen.«

»Aber Kryokonservierung ist doch nicht illegal?«, fragte Blom naiv.

»Ihr Nachbohren scheint das aber zu unterstellen.«

»Alles gut, Fred«, rief Tillie und hob die Hände. »Hier in Schweden ist niemand eingefroren worden, nein, aber später in Delaware schon. Da bekam die Sache allmählich einen kommerziellen Charakter. Sie haben ja keine Ahnung, wie viele Promis wir bei Hyperion Biotechnia eingefroren haben …«

»Und was ist mit den Räumen im Gewerbegebiet passiert?«

»Ich glaube, die hat eine Firma übernommen, die Kunstdünger produziert. Die sind, meine ich, auch heute noch da. Wie heißt das Gewerbegebiet noch gleich, Jungs?«

»Tunbytorp, stimmt's?«, sagte Mikael und blies eine Reihe von Rauchringen in die Luft.

Blom nickte.

»Hatte die ATCG noch andere Gebäude, ausgelagerte Geschäftszweige oder Ähnliches?«

»Nicht, soweit ich weiß«, sagte Tillie schnell. »Ich gehe davon aus, dass die sich strikt an die Grundstücksgrenzen gehalten haben. Das war ja alles supergeheim.«

Es entstand eine Kunstpause. Berger hatte kein Problem damit, die zweite Geige zu spielen. Blom führte dieses Gespräch dermaßen professionell, dass er nichts daran hätte verbessern können, und so hatte er die Möglichkeit, als Beobachter zu fungieren.

Und als Kameramann.

Molly Blom hatte Västerås offenbar erschöpfend behandelt und ging über zu den klassischen Ermittlerfragen.

»Was für einen Grund könnte es geben, dass Walt verschwunden ist? Was glauben Sie?«

»Ich habe wirklich keine Ahnung«, sagte Matilda.

Blom sah in die Gesichter der anderen, die ebenfalls ratlos wirkten.

»Unsere Eltern«, erklärte Johan schließlich, »sind in ihre Heimat zurückgekehrt, um sich aus dem aktiven Geschäft zurückzuziehen. Sie haben sich für den Ort entschieden, an dem das Genie unseres Vaters – und er ist ein Genie, *make no mistake about that* – das Licht der Welt erblickt hat. Er war einer der Ersten, der begriff, dass Biologie nicht identisch sein muss mit Schicksal. Im Gegenteil. Wir können in unser biologisches Schicksal eingreifen. Alles in unserem Körper ist austauschbar.«

In Berger wuchs die Überzeugung, dass Johan *tatsächlich* ein Philosophieprofessor war.

»Warum sollte er nicht ein langes und angenehmes Leben als Rentner genießen? Er hat ja quasi *ein zusätzliches Leben* in sich.«

»Und genau das verstehe ich nicht ganz«, sagte Blom nachdenklich. »Er ist siebzig und hat dafür gesorgt, dass er noch fünfzig gute Jahre vor sich hat. Warum sollte er da in Pension gehen?«

»Jetzt ist die Zeit, um nur noch ein gutes Leben zu führen«, sagte Tillie. »Ein halbes Jahrhundert reinstes Leben für uns beide. Nach einem normalen Leben harter Arbeit.«

Berger konnte spüren, wie Blom Anlauf nahm. Er unterdrückte den Impuls, den Knopf an seiner Jacke zu berühren.

»Aber was genau meinen Sie mit ›reinstem Leben‹?«, fragte Blom. »Damit wird ja kaum ein klassisches, *reines* Rentnerdasein gemeint sein. Hatte Walt nicht den Anspruch und die Motivation, auf seinem Spezialgebiet immer weiterzukommen? War er nicht auf der *Jagd nach dem ewigen Leben*?«

Es wurde still. Berger beobachtete die Mitglieder des Dahlberg-Clans, alle hatten den Blick gesenkt. Niemand widersprach.

»Ist er nach Schweden zurückgekehrt, um das *Rätsel des Lebens* zu lösen?«, fragte Molly Blom.

Das Schweigen hatte sich verdichtet. Es war zu einer klebrigen Substanz geworden.

Matilda Dahlbergs tiefe Stimme tauchte als erste wieder aus der dunklen Materie auf.

»Der Keller ist so konstruiert worden, dass er sich mit wenigen Handgriffen von einem Partykeller in ein Forschungslabor verwandeln lässt. Wenn Walt die Lust befällt, kann er jederzeit an seinen ursprünglichen Impuls anknüpfen: der Jagd nach dem ewigen Leben.«

»Aber hätte sich das nicht einfacher lösen lassen, mit den Möglichkeiten eines marktführenden Unternehmens?«, fragte Blom. »Warum sollte er sich im Alter von siebzig Jahren wieder auf das Niveau eines Privatmannes begeben?«

»Ein großes Unternehmen wird ganz anders geführt«, holte Matilda aus. »Man hat Verantwortung für das Haus und die Mitarbeiter …«

»Jetzt hör doch auf«, zischte Mikael aus seiner Ecke. »Verantwortung? Walt? Warum sagst du nicht, wie es ist? Er hat ein Angebot bekommen, das er nicht ausschlagen konnte.«

Blom nickte erneut.

»Und damit sind wir wieder beim Anfang«, sagte sie. »Der Verkauf der Hyperion Biotechnia LLC war nicht durchführbar, richtig? Kann das etwas mit Walters Verschwinden zu tun haben?«

»Das ist jetzt der Moment, wo wir auf das Geschäftsgeheimnis verweisen müssen«, sagte Fredrik schroff.

»Wenn Sie, wie Sie behaupten, für eine öffentliche Instanz in den USA tätig sind«, sprang ihm Johan zur Seite, »dann müssten Sie doch eigentlich die Prämissen kennen.«

»Wir fragen uns mit anderen Worten, welche ›öffentliche Instanz‹ Sie hier vertreten?«

Berger und Blom sahen sich an und seufzten. Das war eine klassische Pattsituation.

»Wenn Sie uns Ihre Auftraggeber verraten«, sagte Johan Dahlberg, »dann können wir auch unsere Geschäftsgeheimnisse mit Ihnen besprechen.«

»Ich deute Ihre Reaktion so, dass Sie alle nur ein sehr begrenztes Interesse daran haben, Ihren Vater und Ehemann wiederzufinden«, sagte Blom.

Matilda Dahlberg klatschte in die Hände und stand auf.

»So! Jetzt würde ich ebenfalls meinen, dass sich die vereinbarte Stunde ihrem Ende zuneigt. Wollen Sie zum Abschluss noch eine kleine Hausbesichtigung vornehmen?«

Blom erhob sich ebenfalls.

»Sehr gern, danke«, sagte sie. »Ich hätte außerdem gern die Kontaktdaten von Ihnen allen. Und dann wollte ich Sie bitten, Matilda, ob Sie ein paar Fotos von Ihrem Mann hätten?«

»Bitte nennen Sie mich Tillie«, sagte die Frau und ging auf eine Vitrine am anderen Ende des Raumes zu.

*

Berger saß im Auto auf dem Beifahrersitz und blätterte durch die Fotos auf seinem Handy. Blom winkte der eigenartigen Familie Dahlberg zu, die sich auf der Veranda in absteigender Reihenfolge aufgestellt hatte. Während sie im Rückspiegel langsam außer Sicht gerieten, ging Berger die Aufnahmen der traditionellen biografischen Höhepunkte durch, die ihnen Matilda überlassen hatte: Studienzeit, Hochzeit, Fünfzigster, dreißigster Hochzeitstag, Siebzigster – sowie ein Foto, auf dem der Unternehmer mit blendend weißen Zähnen zwischen Bill Clinton und George W. Bush abgelichtet war.

»Jetzt können sie uns nicht mehr sehen«, sagte Blom aufgeregt.

Kaum waren sie auf den Ängsjövägen gebogen, löste Berger den mittleren Knopf an seiner Lederjacke und zog ihn samt einer langen Schnur aus dem Knopfloch. Daran befand sich eine kleine Kamera, wie sie die Polizei manchmal einsetzte.

Berger beendete die etwa einstündige Aufnahme auf seinem Handy und schob den Cursor auf die Hälfte des Films zurück. Auf der anderen Seite des Tisches saß Matilda Dahlberg zwischen ihren Söhnen Johan und Fredrik. Ihre Stimme klang metallisch, als sie sagte: »Die Genetische Konferenz an der Universität von Stockholm 1978. Er war fünfunddreißig …«

Berger hielt den Film an und atmete erleichtert aus.

»Hat es funktioniert?«, fragte Blom.

»Sehr gut.«

»Prima«, sagte Blom und trat das Gaspedal durch. »Dann haben wir jetzt einiges zu erledigen.«

52

Donnerstag, 8. Juni

Die schwedische Fußballnationalmannschaft der Frauen verlor bei einem Freundschaftsspiel gegen die USA im Stadion Gamla Ullevi 0:1. Die schwedische Mittelfeldspielerin Kosovare Asllani absolvierte ihr hundertstes Länderspiel und drosch den Ball vier Minuten vor Spielende gegen die Latte. Näher an ein Tor kam Schweden nicht heran.

Die kleine Familie blieb eine Weile vollkommen reglos auf ihrem Reihenhaussofa in Skogås sitzen. Wenn man sie von außen beobachtete – was jemand unter Umständen auch tat –, hätte man meinen können, der Ausdruck auf ihren Gesichtern sei exakt derselbe: Enttäuschung und Erschöpfung in einer passivischen Kombination.

In ihrem Inneren aber waren die Unterschiede enorm. Deer hatte keine einzige Minute des Matches mitbekommen. In der ersten Halbzeit war sie eine leere Hülle ihrer selbst gewesen, so ausgelaugt wie in den vorherigen sechsunddreißig Stunden schon. In der zweiten Halbzeit dann hatte sich etwas verändert, Radoslav Bloks diabolisches Gesicht war vor ihrem inneren Blick aufgetaucht, und aus der R-förmigen Narbe auf seiner Wange schossen die Flammen.

Johnny und Lykke sahen sich an, schüttelten enttäuscht die Köpfe. Verdammtes Pech.

Dann machte Lykke eine Geste in Richtung ihrer Mutter,

und Johnny bestätigte sie mit einem Nicken und stand auf. Sie hatten gelernt, Deers emotionale Verfassung im Blick zu behalten, und sie jetzt anderthalb Tage beobachtet. Es war Zeit, darüber zu reden.

Sie setzten sich neben sie. Umarmten sie. Und ganz langsam tauchte sie aus ihrer Erstarrung auf.

»Was ist los mit dir, Mama?«, fragte Lykke.

Deer schüttelte zögerlich den Kopf.

»Du musst uns schon auch reinlassen, Dessan«, drängte Johnny.

Deer sah ihre beiden Lieben an, einen nach dem anderen. Und aller Verzweiflung zum Trotz schlug ein Gedanke in ihrem vertrockneten Inneren Wurzeln.

Nein.

Nein, sie durften nicht gewinnen. Zumindest würde sie nicht kampflos aufgeben.

Sie schloss die Augen.

»Gebt mir eine halbe Stunde«, sagte sie.

*

Es war dunkel geworden, als der Notarztwagen rückwärts in die Auffahrt fuhr. Zwei gelbgrün uniformierte Männer sprangen aus dem Wagen, klappten die Trage auf und rannten damit ins Haus. Um kurz darauf schon wieder rauszukommen. Unter einer Decke lag eine Frau, begleitet von einem Mann und einem Mädchen, deren Körpersprache nichts Gutes verhieß. Alle sprangen in den Notarztwagen, der sofort mit Sirenen losfuhr. Die Gardinen der Nachbarn bewegten sich.

Die Rettungssanitäter setzten sich auf die Bank an der Längsseite des Wagens und zogen ihre Jacken aus. Die Frau auf der Trage schob die Decke beiseite und richtete sich auf. Dann umarmte sie den Mann und das Mädchen, die neben der Trage saßen.

Niemand sagte ein Wort. Alles war längst gesagt.

Die ehemaligen Rettungssanitäter trugen jetzt Lederjacken, die auf Höhe der Brust unzweideutig ausgebeult waren. Einer von ihnen nahm ein Tablet in die Hand, auf dem die Straße hinter dem Notarztwagen zu sehen war. Die Kamera, die oberhalb der Hintertüren angebracht war, registrierte und speicherte die Kennzeichen der wenigen Wagen, die hinter ihnen herfuhren. Niemand schien ihnen zu folgen.

Der Rettungswagen war garantiert frei von Spürsendern, und die Familie Rosenkvist hatte auch ihre Kleidung gründlich nach Wanzen abgesucht. Die gesamte Kommunikation hatte ausschließlich mithilfe eines alten Prepaid-Handys stattgefunden, das aus den Tiefen einer Schublade gekramt und danach zerstört worden war. Wenn Bloks Männer nicht vor der Tür Position bezogen hatten und ihnen jetzt folgten, gab es keine Chance, dass sie jemand aufspüren konnte.

Die Fahrt mit dem Notarztwagen dauerte lange, führte über immer kleinere Straßen und Wege. Niemand folgte ihnen. Sie befanden sich weit im Norden der Stadt und hielten bei einem abgelegenen Haus, etwas außerhalb einer kleinen Stadt in Uppland.

Die ehemaligen Rettungssanitäter stiegen zuerst aus und scannten die Umgebung. Der Weg zum Haus war beleuchtet, auf der Terrasse standen die Bewohner und winkten ihnen zu. Die Familie bekam ein Zeichen, dass auch sie aussteigen konnte. Johnny bückte sich und zog unter der Trage zwei fabrikneue, senderfreie Krücken sowie zwei Koffer und eine Kunststoffbox hervor.

Sie gingen auf das Haus zu, die Leibwächter hatten sich in Position gebracht und die Jacken geöffnet, sodass ihre Dienstmarken auf Gürtelhöhe sichtbar wurden. Deer umarmte Johnny und gab ihm einen Kuss, der so lange dauerte, dass Lykke anfing zu zappeln. Dieses Zappeln hörte sofort auf, als sie in den Armen ihrer Mutter verschwand und sich lange und liebevoll an sie kuschelte.

Auf dem Weg zum Haus – in dem ein ehemaliger Kollege von Johnny lebte, der Bauer geworden war – sah Deer, wie Johnny seiner Tochter eine Kunststoffbox voller DVDs in die Hände drückte.

»Das sind die gesammelten Spiele von Liverpool seit ihrem FA-Cup-Gewinn '92«, sagte er.

»Aber die gibt es doch auf YouTube?«, sagte Lykke überrascht.

»Hier hast du aber kein Internet.«

Lykke blieb abrupt stehen. Deer hatte sich schon umgedreht und wischte sich die Tränen aus den Augen. Da hörte sie die Stimme ihres Mannes rufen.

»Kleiner Scherz!«

Deer lachte und bedankte sich bei dem Kollegen, der ihre Familie ins Haus begleitete. Der dunklere der beiden ehemaligen Rettungssanitäter war am Wagen stehen geblieben. Sie berührte seinen Arm.

»Danke.«

Der Polizist lächelte und folgte den anderen ins Haus.

Deer stieg zu Johnnys Kollegin in den Wagen, die hinterm Steuer saß. Sie nickten einander zu.

»Du weißt, wo es hingeht, Sofia?«

»Nicht genau«, sagte Sofia und startete den Motor.

»Nicht?«

»Ich finde, das Polizeipräsidium hat so verdammt viele Eingänge«, meinte Sofia und gab Deer ein Handy.

Sie tippte eine Nummer ins Display und sah dann in den Seitenspiegel. Der dunkelhäutige Polizist hatte sich noch einmal umgedreht und sah ihnen nach.

Es war Samir.

53

Donnerstag, 8. Juni

Molly Blom verdrängte die Sehnsucht nach ihrer kleinen Tochter Myrina, indem sie sich den Film vom Dahlberg'schen Anwesen zum zehnten Mal ansah. Sie fröstelte. Die Wolkendecke brach auf und gab die Sonne frei, die in einem satten Orange die Dämmerung ankündigte. Das Licht traf Berger, der neben ihr auf dem Bootssteg saß und ebenfalls fror. Er kam nicht weiter. Die Familie Dahlberg war nicht beim Einwohnermeldeamt geführt. Als wären sie damals mit dem Umzug in die USA vom Erdboden verschwunden. Aber wie? Und vor allem warum?

»Haben sie wirklich die schwedische Staatsbürgerschaft?«, fragte er rhetorisch.

»Wir können uns den Versuch sparen, etwas über ihre amerikanische Staatsbürgerschaft herauszubekommen. Viel zu viel Bürokratie.«

»Das muss beim Umzug schon geregelt worden sein, '97. Als hätte Walter seine schwedische Vergangenheit auslöschen wollen.«

»Aber die Tanks mit den Opfern müssen doch in Schweden geblieben sein«, sagte Blom. »Bloß wo? Und wer hat sich um sie gekümmert und die Wartung übernommen?«

»Sieh dir diesen Ausschnitt hier noch einmal an«, sagte Berger und rückte näher.

Blom wusste sofort, welche Sequenz er meinte. Sie saß im

Salon des Dahlberg'schen Anwesens und stellte folgende Frage: »Hatte die ATCG noch andere Gebäude, ausgelagerte Geschäftszweige oder Ähnliches?« Woraufhin Matilda Dahlberg antwortete: »Nicht, soweit ich weiß. Ich gehe davon aus, dass die sich strikt an die Grundstücksgrenzen gehalten haben.«

Blom drückte auf Pause und wackelte mit dem Kopf.

»Findest du nicht, dass sie ein bisschen zu schnell darauf antwortet?«

»Mach noch mal an«, bat Berger.

Gesagt, getan. Aber es war nicht ganz eindeutig.

»Ich weiß nicht, kann schon sein«, sagte Berger. »Wie einstudiert, auf jeden Fall schneller als die anderen Antworten.«

»Ich finde, das schreit geradezu danach, dass es noch Anbauten gibt«, sagte Blom. »Andere Gebäudeteile, in denen die weniger offiziellen Dinge geschehen sind. In denen noch heute Maschinen oder eben Tanks mit eingefrorenen Menschen stehen könnten.«

»Möglich wäre es …«, antwortete Berger seufzend.

»Das war alles eine äußerst sonderbare Darbietung von Zweideutigkeiten«, fuhr Blom fort. »Was sind das bloß für Menschen?«

»Ich fühlte mich wie in so einem absurden Theaterstück«, gestand Berger. »Ich musste die ganze Zeit an Harold Pinter denken.«

»Wollen wir uns diese Familie noch ein bisschen genauer ansehen? Ich habe mich jetzt eine ganze Weile mit denen beschäftigt. Auf den ersten Blick haben wir eine Truppe von Oberklassebengeln und eine Mutter, die auf ihre Jugendlichkeit fixiert ist. Aber was steckt dahinter? Was sind das für Typen? Lass uns mit Matilda anfangen. Hier ist ein Screenshot von ihr. Einer ihrer Söhne redet gerade. Ihr Blick ist nicht leicht zu interpretieren. Bewunderung? Verachtung? Panik? Wer ist sie?«

»Eine Frau, der es vollkommen egal ist, dass ihr Mann verschwunden ist«, sagte Berger. »Sie teilt seine Vorliebe für Verjüngungstechniken, aber ihr geht es am Arsch vorbei, wenn er sich in Luft auflöst. Hauptsache, das Geld verschwindet nicht mit ihm.«

»Ist das nicht krass, dass die keine Vermisstenanzeige bei der Polizei aufgegeben haben?«

»Vielleicht sind aus ihnen waschechte Amerikaner geworden, die jeder Art von Behörde misstrauen«, sagte Berger. »Trump. *Second Amendment.* Das Recht selbst in die Hand nehmen. Niemals Anzeige erstatten. Minimaler Kontakt mit der Polizei. Vor allem mit der schwedischen. In Europa sind alle Kommunisten. Misstrauen, Misstrauen, Misstrauen. Nur deshalb haben sie mit uns gesprochen. Weil wir selbstständig sind, echte Privatdetektive. In bester amerikanischer Tradition.«

»Wir haben behauptet, im Auftrag einer amerikanischen Instanz zu arbeiten. Meinst du, die haben uns das abgekauft?«

»Entweder haben sie sich noch gestritten, nachdem wir gefahren sind«, sagte Berger. »Oder ...«

»Ich bin ganz deiner Meinung. Sag es ruhig laut.«

»Oder sie wollten nur wissen, was wir in der Hand haben.«

»Und weshalb?«

»Weil einer von ihnen hinter den Morden steckt. Oder mehrere.«

Es wurde still auf dem Bootssteg. Richtig still. Nicht einmal das Wasser war zu hören.

»Die Frage bleibt – warum?«, sagte Blom nach einer Weile. »Alle vier haben Walter doch eher zu *danken* für ihr privilegiertes Leben, oder?«

»Vielleicht mussten sie einiges über sich ergehen lassen? Und sie haben in der Firma gearbeitet. Wie wir schon vor einiger Zeit gesagt haben, ist der Mörder Täter und Opfer zugleich. Der Mörder bittet um Gnade für seine Tat – er kämmt den Bart des Opfers –, ist aber selbst Opfer einer anderen Tat geworden.«

»Aber welcher denn bloß?«, fragte Blom. »Stecken die alle unter einer Decke?«

»Glaube ich nicht. Obwohl es durchaus sein kann, dass sie den Mörder schützen. Vielleicht wissen sie, wer es war, aber wollen ihn nicht ausliefern.«

»Und wer von ihnen könnte der Mörder sein?«, fragte Blom. »Der große Bruder Johan ist höflich, kompromissbereit, kontrolliert, philosophisch, mit einem durchdringenden Blick. Man fühlt sich die ganze Zeit von ihm durchschaut. Ihn verbindet echte Zuneigung mit seiner Mutter, und er vermeidet, so gut es geht, den großen Bruder heraushängen zu lassen. Der Mittlere, Fredrik, ist wesentlich zugeknöpfter, weniger gut aussehend, immer auf der Hut, ein bisschen nervös, er knetet sich die Hände und lächelt weniger. Sein Verhältnis zur Mutter wirkt angespannt, kompliziert. Sein Kontrollbedürfnis ist stärker ausgeprägt als bei seinem großen Bruder. Der kleine Bruder Mikael hingegen setzt alles daran, als Bohemien rüberzukommen, aber ich bin mir nicht sicher, ob das auch wirklich authentisch ist. Sieht aus wie ein Snob, viel verlebter als seine älteren Brüder. Er scheint ein ausschweifendes Leben in New York zu führen. Aber er hat mehr zu sagen, als er zeigen will.«

»Du hast recht, er kannte den Namen des Gewerbegebietes in Västerås.« Berger nickte. »Sehr gute Zusammenfassung übrigens, dem kann ich nichts hinzufügen. Außer dieser einen Frage: Arbeitet von denen wirklich keiner?«

»Es sieht so aus, als würden sie alle von ihrem Vermögen leben«, sagte Blom. »Ich habe nichts gefunden, was auf eine Festanstellung hindeutet. Das gilt allerdings nur für Schweden, in den USA ist die Sache komplizierter. Sie haben ja alle behauptet, dass sie in der Firma angestellt waren.«

»Wer von denen kommt als Mörder am ehesten infrage?«

Sie betrachteten die Porträts, die Blom nebeneinander auf

dem Desktop angeordnet hatte: Matilda, Johan, Fredrik, Mikael.

»Keine Ahnung«, sagte Blom. »Ich finde die alle unheimlich, aber ich könnte jetzt nicht auf einen zeigen. Von denen ist auf jeden Fall keiner ein Psycho. Was meinst du?«

»Die Mutter kommt nicht infrage«, sagte Berger. »Ansonsten könnte es jeder sein – Jacke wie Hose.«

»Kannst du dir vorstellen, dass einer von denen mit Conny Landin und der NOA zusammenarbeitet? Oder warum hat Landin die Ermittlung versanden lassen? Warum wollte er verhindern, dass eine Verbindung zwischen den Fällen hergestellt wird?«

»Erpressung? Aber wer von denen hat etwas gegen ihn in der Hand? Das ist alles sehr vage.«

»Dann lassen wir das Thema vorerst ruhen«, sagte Blom. »Was gibt es Neues bei der Jagd nach dem Volvo?«

»Samir hat eine Liste geschickt von allen weißen Volvos V70 in der Stadt und außerhalb. Er hatte gehofft, die Suche eingrenzen zu können, aber das scheint doch nicht zu funktionieren. Vielleicht hat der Mörder den Wagen nicht so oft benutzt oder besitzt zumindest noch einen anderen ...«

»Müssen wir den Volvo als Anhaltspunkt fallen lassen?«

»Vielleicht«, gab Berger unwillig zu. »Er hat ihn einfach zu clever eingesetzt – sowohl für uns als auch für die Kameras. Trotzdem lässt mich das Gefühl nicht los, dass ich irgendetwas übersehen habe ...«

»Wir haben keine Zeit für *Gefühle*«, unterbrach ihn Blom. »Wir müssen diese Familie durchleuchten und mehr Spuren hier in Schweden finden.«

»Warte mal, mir ist noch eine Sache eingefallen«, sagte Berger. »Hyperion. Der alte griechische Sonnengott. Er ist quasi das genaue Gegenteil von Abaddon und dem Erzengel der Unterwelt, Apollyon, dem Engel der Dunkelheit, dem unendlichen Abgrund. Vielleicht wurde Apollyon LLC als Gegenpol zu Hyperion Biotechnia LLC gegründet. Wer die

Gesellschaftsgründung der Apollyon LLC in Delaware zu verantworten hat, tat das aus Protest gegen Hyperion. Dann hat er im Namen von Apollyon und seinem hebräischen Äquivalent Abaddon die Wohnungen in Stockholm angemietet, um hier seinen Plan der parallelen Mordserien umzusetzen. Kann dafür wirklich jemand anderes verantwortlich sein als einer der Dalbury-Brüder? Wer sonst hätte die Kompetenz und die Ressourcen, um eine LLC-Gesellschaft zu gründen und zu betreiben?«

»Und warum ist dir das gerade jetzt eingefallen?«

»Die Uhrzeit«, sagte Berger. »Er wollte mich anrufen, wenn er aufwacht. Merkwürdigerweise hat er mir eine genaue Uhrzeit genannt. Und zwar ein Uhr.«

»Um eins?«

»*L.A. time.* Also zehn Uhr unsere Zeit. Abends. In einer Minute.«

»Aber der Typ war doch sturzbetrunken«, sagte Blom. »Du glaubst doch wohl selbst nicht, dass ...«

Sie wurde von dem charakteristischen Klingelton von Bergers Handy unterbrochen.

»*Talk to me,* Keith«, meldete sich Berger.

Blom blendete Bergers Telefonat mit dem Börsenhai aus Beverly Hills aus und widmete sich wieder den Fotos von Walter Dahlberg. Sie stammten aus unterschiedlichen Lebensphasen und stellten unterschiedliche Personen dar. Die Verjüngung war auf den Fotos neueren Datums schon in vollem Gange. Der Mann, der vor vierzig Jahren Matilda geheiratet hatte, hatte nicht mehr viel mit dem Mann gemeinsam, der zwischen den beiden ehemaligen Präsidenten der USA stand. Der Unterschied war verblüffend. Der Mann mit dem blendend weißen Lachen war ein Kunstprodukt, ein künstlicher Mensch. Blom konnte nicht genau sagen, was es war, aber sie hatte das Gefühl, eher einen Roboter zu betrachten als einen Menschen. Einen Cyborg. Der übers ganze Gesicht strahlende, frisch vermählte Walter Dahlberg hingegen sah echt aus. Und man sah vor allem die Ähnlichkeit mit seinen Söhnen.

Es gab keinen Zweifel daran, dass Matildas Aussagen zutrafen: Walter Dahlberg hatte sich als Versuchsobjekt seiner eigenen Forschung benutzt.

Aber nur sich selbst?

»Verdammte Hacke!«, unterbrach Berger ihre Gedanken. »Keith ist nicht nur pünktlich aufgewacht, er hat auch seine Hausaufgaben gemacht. Hyperion Biotechnia LLC ist Neujahr zum Verkauf angeboten worden. Walt hat dafür etwas unterschrieben, das Keith *Verkaufsversprechen* genannt hat. Das wird nur dann erlassen, wenn der Käufer ein Kontrollverfahren durchlaufen muss. Walt hat seine Firma also nicht verkauft, sondern nur *versprochen.*«

»Was denn für ein Kontrollverfahren?«

»Der Käufer scheint auf der amerikanischen Seite ins Visier geraten zu sein. Sogar im Zwielicht dieser LLC-Unternehmen gibt es bestimmte Auflagen.«

»Aha«, sagte Blom. »Dann stimmt etwas nicht mit dem Käufer?«

»*Stimmte*«, sagte Berger. »Da *stimmte* etwas nicht mit dem Käufer. Das Verfahren wurde vor einer Woche für beendet erklärt, der Käufer wurde zugelassen. Jetzt warten alle nur noch darauf, dass Walt den Kaufvertrag unterschreibt.«

»Und wer ist dieser Käufer?«

»Das konnte Keith nicht herausfinden, da funktioniert das Geschäftsgeheimnis offenbar mal hervorragend. Aber er hat herausbekommen, wer Walts Erben sind: die Söhne Dalbury.«

»Nicht die Witwe?«

»Wenn ich Keith richtig verstanden habe, sind nur die Kinder als Erben eingetragen. Ich meine, er hätte von vier Söhnen gesprochen, aber ich muss mich verhört haben. Sobald die erste Leiche als Walt identifiziert wird, müssen alle Söhne den Kaufvertrag unterzeichnen.«

Sie schwiegen, um diese Informationen zu verarbeiten.

»Und gestern«, sagt Blom, »kamen dann Radoslav Blok und seine Gesellen aus ihren Höhlen gekrochen, um Deer von unserem Mörder fernzuhalten. Aber warum bloß?«

»Weil sie ihn lebend brauchen«, sagte Berger aufgeregt. »Kann das sein? Sie brauchen ihn lebend, damit er den Kaufvertrag unterzeichnen kann?«

»Das klingt ein bisschen weit hergeholt«, stöhnte Blom. »Aber wenn du recht haben solltest, dann steht fest, dass der Mörder einer der Söhne sein muss. Und die Firma, die sich dem Kontrollverfahren unterziehen musste, wird eine avancierte Version von Njord sein, Vitenkas altem Imperium, mit Radoslav Blok in der Hauptrolle. Widerliches Blutgeld in unbegrenzter Menge. Wahrscheinlich haben sie die zuständigen Beamten in Delaware bestochen oder bedroht.«

»Keith hat zudem ein Gerücht aufgeschnappt. Dass Hyperion an etwas *ganz Großem* arbeitet.«

»Ich habe ein ungutes Gefühl«, sagte Blom und schauderte.

»Es hat mit Nanorobotern zu tun«, fuhr Berger fort. »Das sind winzige Roboter, nicht größer als ein Molekül, die man *programmieren* kann – und mit deren Hilfe man in einer idealen Welt Krebs heilen könnte. Nanoroboter werden in die Blutbahn injiziert und sind in der Lage, Krebszellen zu identifizieren und zu zerstören. Das ist fantastisch – und natürlich *big business*.«

»Dann hat die russische Mafia also bald das Heilmittel gegen Krebs in den Händen.«

»Es heißt, dass die Nanoroboter von Hyperion noch weitaus mehr können als das. In einem Jahrzehnt werden wir mithilfe dieser Nanoroboter in der Lage sein, unser biologisches Nervensystem mit dem Netz zu verknüpfen.«

»Soll das heißen …«

»Ja«, sagte Berger. »Wir werden unser Gehirn mit dem Internet verbinden können.«

54

Freitag, 9. Juni

Berger wurde mit Gewalt aus dem Tiefschlaf gerissen. Schielend vor Müdigkeit sah er Blom an, während sich sein Schlafsack wie bei der Häutung einer Schlange von seinem Körper löste.

»Hast du gehört, was ich gesagt habe?«, schrie sie ihm ins Gesicht.

»Nein, nicht richtig«, gab er zu.

»Mike, Mikael, der jüngste Bruder, er ist vorbestraft.«

»Verdammt.«

Berger stellte fest, dass es gar nicht so früh war, wie er angenommen hatte. Neun Uhr. Was nicht weiter verwunderte, da er erst gegen fünf Uhr eingeschlafen war. Er musste sich auf dem Weg ins Auto angezogen haben – auf jeden Fall hatte er etwas an, als Blom mit dem Wagen auf die Zentralbrücke bog, die quer durch das Zentrum von Stockholm führte. Erst da hatte er alle Sinne wieder beisammen. Erleichtert fühlte er die Pistole in seinem Schulterholster.

»Vorbestraft?«

»Der Eintrag war gar nicht so leicht zu finden, weil er als amerikanischer Staatsbürger registriert ist. Mike Dalbury wurde vor ein paar Jahren wegen Drogenkriminalität und Körperverletzung angezeigt. Aber er kam um eine Gefängnisstrafe herum und musste nur eine hohe Geldstrafe zahlen.«

»Nichts Ungewöhnliches bei Körperverletzung.« Berger nickte. »Was genau hat er denn getan?«

»Die Anzeige wegen Körperverletzung gab es, weil er einen Drogendealer mit einer Axt bedroht hat«, sagte Blom und raste durch den Söderledstunnel.

»Verdammt«, stöhnte Berger. »Aber wir fahren jetzt nicht nach Uppsala, oder?«

»Uppsala war, keine Überraschung, bloß Fake. Aber ich konnte einen Funkzellenabgleich für die Handynummer durchführen, die wir von den Dahlbergs bekommen haben. Und wie sich herausgestellt hat, befindet sich sein Handy gerade auf Dalarö.«

»Haben wir jetzt unseren Mörder?«, fragte Berger.

»Auf jeden Fall ist das alles sehr vielversprechend. Es ist ein Seegrundstück. Geografisch gesehen, passt das zwar nicht in unsere Bålsta-Theorie, auf der anderen Seite wäre es nicht das erste Mal, dass er uns an der Nase herumgeführt hat. Er kann genauso gut von Dalarö im Süden nach Bålsta im Norden gefahren sein, dort die Kennzeichen ausgetauscht haben, an einem Blitzer vorbeigerauscht und dann in sein Elternhaus gefahren sein, um dort seinen Vater zu töten.«

»Damit löst sich auch unsere Theorie auf, dass er vor dem ersten Mord, dem Vatermord, einen Fehler begangen hat«, folgerte Berger.

»Das war immer nur eine Hypothese«, sagte Blom, während sie über den Nynäsvägen jagte. »Eine Hypothese, die jederzeit durch etwas Besseres ausgetauscht werden kann.«

Sie verstummte, aber nur kurz.

»Wir könnten uns gerade auf dem Weg zum Tatort befinden!«

»Und zum Mörder. Mike Dalbury.«

Die schwedische Sommerlandschaft zeigte sich von ihrer besten Seite. Das Meer glitzerte, die Inseln und kleinen Schären leuchteten in ihrem neuen Blätterkleid hellgrün, die

Sonne tauchte ihre Finger in die spiegelglatte Wasseroberfläche.

Und sie waren auf dem Weg zum Ort des Todes.

Sie durchquerten den Hauptort der Insel Dalarö und ließen dann die Zivilisation hinter sich. Das Navi lenkte sie auf einen kleinen Weg, der am Meer entlangführte. Sie kamen an eine Schranke, neben der ein Schild darauf hinwies, dass es sich um ein Privatgrundstück handelte. Da die Schranke geöffnet war, konnten sie noch ein Stück weiterfahren, bis der Weg endete.

Sie sahen sich um, stiegen leise aus. Ein Zaun auf den Felsen erregte ihre Aufmerksamkeit. Dort empfing sie ein weiteres Schild, auf dem zu lesen war, dass Unbefugten das Betreten verboten sei. Aber auch das Tor stand offen, und sie betraten das Grundstück.

Das Haus war etwa hundert Meter vom Tor entfernt. Es trug eine gewisse Patina, vor allem das große Panoramafenster, das Wind und Wetter schutzlos ausgeliefert war.

Während sie auf das Gebäude zuschlichen, drehte sich Berger um und stellte fest, dass der Blick aufs Wasser dem der Fundorte der Leichen bis ins kleinste Detail ähnelte. Sandstrand, aus dem Wasser ragende Felsen und der Waldrand auf der anderen Seite der Bucht. Er entsicherte seine Waffe.

Auch Blom hatte ihre Waffe gezogen. Sie lief ein Stück vor ihm, was ihm plötzlich zu weit weg vorkam, und er rannte los, um zu ihr aufzuschließen. Sie hatte die Treppe erreicht, die zur Eingangstür führte. Berger gab ihr Deckung.

Sie nahmen die klassische Position rechts und links von der Tür ein. Blom streckte den Arm aus und klopfte mit dem Griff ihrer Pistole an. Ein dumpfes Echo hallte durch das Haus. Sie klopfte ein zweites Mal.

Die Sonne brannte vom Himmel. Und wurde vom Wasser und den glatten Felsen blendend hell reflektiert. Berger wischte sich mit der linken Hand einen Schweißtropfen von der Stirn, der sich auf den Weg in sein Auge gemacht hatte.

Alles stand still. War still.

Das grelle Sonnenlicht verlieh den Felsen eine flimmernde Oberfläche, wie Wüstensand.

Sie hörten den Atem des anderen.

Sonst geschah nichts. Die Stille des Hauses türmte sich zu einem gewaltigen Crescendo auf. War es jetzt endlich so weit?

Blom klopfte ein drittes Mal. Wieder nur das Echo.

Sie warteten eine weitere Minute.

Ein Warten am Rande des Todes.

Dann änderten sie ihre Taktik. Schossen das Schloss auf. Stießen die Tür auf. Stürmten ins Haus.

Die Zeit verhielt sich sonderbar. Alles geriet in Schieflage. Das Sonnenlicht im Inneren hatte etwas Atemberaubendes, die Luft schien stillzustehen. Nur die Staubkörner drehten sich im Licht.

Es war ein sehr vornehmes Haus, gar nicht so heruntergekommen, wie das Äußere hatte vermuten lassen. Im Inneren wirkte die Patina authentisch, alles war hell, sauber, modern und trotzdem zeitgemäß.

Wachsam schlichen sie von Raum zu Raum, gaben sich Deckung. Blieben dicht beieinander.

Es gab viele Räume.

Schließlich hatten sie das Erdgeschoss gesichtet. Niemand war da. Aber man merkte, dass das Haus bewohnt war. Jemand hatte sich hier vor nicht allzu langer Zeit aufgehalten. Vor einem Fernseher im Wohnzimmer stand ein Becher Tee. Noch lauwarm.

Eine Treppe führte in den ersten Stock. Das war ein Risiko. Stufe für Stufe gingen sie hoch, gaben sich abwechselnd Deckung.

Berger schwitzte unsäglich.

Blom auch. Sie sah dunkle Flecken auf ihrem Pullover.

Sie kamen in einen hellen, offenen Raum mit einer ledernen Sitzecke, vor der ein weiterer Fernseher stand. Die Dachbalken waren schwarz gestrichen. Von dem Raum gingen vier Türen ab. Alle verschlossen.

Sie wählten eine aus, vermuteten dahinter den größten Raum. Sie brachten sich erneut in Position, dann traten sie die Tür auf.

Auf dem Schreibtisch, an dem der Mann saß, stand sein Tablet. Darauf war die Aufnahme einer Überwachungskamera zu sehen, die den Eingang filmte. Daneben lag eine E-Zigarette, seine linke Hand streckte sich gerade danach aus. Der Mann saß mit dem Rücken zu ihnen und reagierte nicht auf sie.

Berger fiel als Erstes der Stift in der anderen Hand auf, als wäre Mikael Dahlberg alias Mike Dalbury gerade im Begriff, etwas zu schreiben. Als er um den Schreibtisch herumging, fiel sein Blick auf das rot gefärbte Hemd.

Die eine, untere Hälfte war so weiß wie das Original, das sie im Elternhaus in Stäket hinter den Rauchschwaden gesehen hatten. Die andere, obere Hälfte nicht. Der Fleck war zum Teil schon geronnen.

Mikael Dahlberg saß leicht nach vorn gebeugt. Ihm war die Kehle durchgeschnitten worden. Dass er noch immer im Sitzen das Gleichgewicht hielt, war beeindruckend.

Blom kniete sich hin und betrachtete den Stift, der in seiner Hand lag. Sie zog sich Handschuhe an und berührte ihn vorsichtig. Er war wie festgeklebt.

Und tatsächlich: Er *war* festgeklebt.

»Seine Hand ist auch am Tisch fixiert«, bemerkte Blom heiser.

»Lass uns zuerst das Stockwerk sichern«, sagte Berger und verließ den Raum. Sie folgte ihm, und gemeinsam überprüften sie die anderen Zimmer. Alle leer. Dann blieben sie etwas unschlüssig vor der Tür des Arbeitszimmers stehen, in dem der tote Mikael saß.

»Die haben ihm den Stift in die Hand geklebt«, sagte Blom.

»Um zu betonen, dass er gerade eben einen Vertrag unterschrieben hat?«

»Ist er unser Mörder?«, fragte Blom. Sie ließ sich aufs Sofa in der Sitzecke fallen, um den Kriminaltechnikern die Arbeit zu erschweren.

»Da wir nicht im richtigen Haus sind, ist er vermutlich auch nicht unser Mörder«, sagte Berger. »Sie sind schneller gewesen, Radoslav Blok und seine Männer.«

Er setzte sich neben Blom, legte seine Waffe auf den Tisch und einen Arm um ihre Schulter. Sie ließ ihn gewähren.

»Wenn die clever genug waren«, setzte Blom an, »unseren Mörder im Kelleratelier aufzuspüren und eine Kamera im Flur zu montieren, dann waren sie auch clever genug, um eine Kamera bei der Dahlberg'schen Villa anzubringen, oder? Dann haben sie alles gesehen, inklusive uns?«

Berger seufzte.

»Mikael ist jedenfalls tot«, fuhr sie fort. »Er sitzt da mit aufgeschnittener Kehle. Die Frage ist, ob er den Vertrag unterschrieben hat oder nicht. Und warum haben sie Hand und Stift festgeklebt? Wollten sie den Brüdern damit zeigen, was auf dem Spiel steht?«

Da hörten sie ein schwaches, undefinierbares Geräusch im Erdgeschoss. Berger griff sofort nach seiner Waffe und schlich zur Treppe. Er wusste, dass Blom dicht hinter ihm war.

Langsam und mit erhobener Waffe gingen sie Stufe für Stufe nach unten. Das Geräusch war verstummt. Berger blieb am Fuß der Treppe stehen, von dort konnte er den Flur, die Küche und ein Stück des Wohnzimmers einsehen.

Dort saß jemand.

Mit den Waffen im Anschlag stürmten sie vor.

Sie saß auf dem Sofa, mit erhobenen Händen. Als sie sahen, wer es war, veränderte sich die Luft schlagartig.

»Die Polizei würde gern mit den Herrschaften sprechen«, sagte Deer. Die Hände nach wie vor in der Luft.

V

55

Es ist so weit.

Ihm wurde die Augenbinde abgenommen. Die Spuren im Sand sind sichtbar geworden. Auch das Schlauchboot am Strand. Jetzt sieht er, was seine Augen sehen, nicht, was sein Inneres sieht. Und er sieht den Strand, die aus dem Wasser ragenden Felsen und den Waldrand auf der anderen Seite der Bucht.

Das Loch in der Zeit ist weit geöffnet, er kann sich selbst sehen. Sein erwachsenes Ich. Der erwachsene Mann, der er geworden ist. Als ihre Blicke sich treffen, bebt die Zeit. Sie bebt.

Er ist auf der anderen Seite, ist ein anderer geworden. Auf der anderen Seite des Gesetzes.

Er sieht die Stühle. Die drei anderen Stühle. Er sieht die Männer in ihren Lederwesten, die drei Männer, die Gegenstände über den Strand schleppen, sie aufbauen und montieren. Er kann sich an ihre Namen erinnern. Stefan. Rutger. Rufus. Dann gibt es noch den vierten, der im Schlauchboot auf den Strand zufährt. Seinen Namen weiß er nicht mehr. Doch sie alle tragen dieselben Westen.

Sie haben auf den Sonnenaufgang gewartet. Um nicht ausschließlich auf das Licht der OP-Leuchten angewiesen zu sein. Die Umgebung wurde perfekt für den Eingriff präpariert – so wurde es ihm erklärt. Das Risiko ist es wert.

Er kann den Mann nicht sehen, der ihm die Augenbinde abgenommen hat, sieht die Binde nur am Rand seines Gesichtsfeldes baumeln. Noch kann er den Kopf drehen, aber nicht mehr lange, das weiß er. Seine Brüder sitzen auf den anderen Stühlen, die unterschiedlich groß sind und doch so gut wie identisch. Rechts haben sie das Gestell schon aufgebaut, links noch nicht. Die Gestelle, die ihre Köpfe so festhalten, dass sie sich nicht mehr bewegen können.

Er spürt den kalten Stahl am Hals, an den Wangen und im Nacken, hört, wie die Schrauben festgezogen werden, und dann die flüsternde Stimme, die ihn beruhigen will: »So, mein Sohn, du weißt, dass das hier alles nur zu deinem Besten ist. Es wird ein bisschen wehtun, aber danach wirst du viel besser denken können als vorher, wie ein neuer Mensch. Du wirst ein anderer sein.«

In ihm kämpfen Hass und Panik miteinander. Und Wut und Entsetzen. Er will das nicht. Er will es wirklich nicht. Er will weg.

Aber jetzt ist er festgeschnallt. Er versucht, nach rechts zu schauen, kann die beiden älteren Brüder nicht sehen, die auch festgeschnallt sein müssen. Nach links kann er noch sehen, sein dritter Bruder ist noch nicht festgeschnallt. Ihre Blicke begegnen sich.

Er hatte gedacht, dass sein eigener Blick voller Hass wäre. Aber das ist nichts gegen den seines Bruders.

Eines Tages werden sie auf der anderen Seite stehen.

Er hofft so sehr, dass das Leben danach weitergeht, dass er mit seinen Brüdern wieder um die Wette tauchen kann, nach den bunten Steinen, dass sie dafür über die rutschigen Steine klettern werden.

Das Schlauchboot manövriert zwischen den flachen Felsen hindurch, die aus dem Wasser ragen. Der große Mann, auch er mit einer Lederweste bekleidet, fährt auf den Strand. Er steigt aus, zieht das Boot ein Stück aus dem Wasser und hält eine Infusionsflasche in die Luft.

»Ausgezeichnet, Conny«, sagt sein Vater. »Darauf haben wir gewartet. Jetzt können wir endlich anfangen.«

Das Loch in der Zeit bebt, es zuckt. Der ganze Strand bebt. Aber nur er kann es spüren. Das Wesen aus der Zukunft kann begreifen, was geschah. Plötzlich, endlich kann er alles begreifen.

Er sieht den ausladenden Schnauzer des Mannes, der an Land gesprungen ist. Und dann sieht der Junge noch jemanden, unten am Ufer. Eine Frau. Er sieht sie nur für einen kurzen Augenblick. Aber sie ist es. Sie ist gekommen, obwohl sie sonst nie dabei ist.

Sie sind beide da. Vater und Mutter. Und Conny.

Dann kommt der Schmerz. Es ist die Hölle auf Erden.

56

Freitag, 9. Juni

Berger saß auf dem Rücksitz. Blom fuhr.

Auf dem Beifahrersitz saß Deer.

»Die Kollegen bleiben vor Ort und sichern den Tatort«, sagte sie. »Es sind Zivilbeamte, damit die Nachbarn nicht neugierig werden – jetzt, nachdem das Blaulicht ausgeschaltet ist.«

Berger hatte wieder einmal zu viele Fragen, um sie formulieren zu können.

»Das Haus gehört übrigens Amelia Graaphe«, fuhr Deer fort. »Sie ist verreist, an die Riviera, und stellt momentan kein unmittelbares Problem dar.«

»Verdammt noch mal, Deer«, stieß Berger hervor. »Was ist hier los? Wer steckt dahinter? Radoslav Blok?«

»Ich habe sechsunddreißig Stunden damit verbracht, mich in Selbstmitleid zu suhlen«, antwortete Deer. »Dann hatte ich genug davon. Ich habe Samir gebeten, Johnny und Lykke in Sicherheit zu bringen, bis dieser Scheiß hier vorbei ist. Dann bin ich ins Präsidium gefahren.«

»Du hast Samir gefragt?«, rief Blom und wäre fast in den Graben gefahren. »Samir bewacht deine Familie?«

»Er hat mir seine Hilfe angeboten, ja. Warum?«

»Und deiner Familie geht es gut?«

»Samir meldet sich jede Stunde«, sagte Deer und runzelte die Stirn. »Was ist los mit euch? Seid ihr jetzt vollkommen paranoid geworden, oder was? Samir ist mein ältester Kumpel im Präsidium, unsere Familien sind befreundet.«

»Du bist ins Präsidium gefahren?«, unterbrach sie Berger.

»Du kannst dir denken, in welche Abteilung«, sagte Deer, noch ein wenig mürrisch. »Die Interne. Nein, die heißt ja jetzt: Einheit für besondere Ermittlungen.«

»Okay …?«

»Ich hatte Conny Landin seit ein paar Jahren als Vorgesetzten. Für mich war er nichts als faul und dämlich. Nachdem ich mir aber alles noch mal angesehen habe, stellte sich heraus, dass er in den letzten Monaten alles andere als faul und dämlich agiert hat. Im Gegenteil. Das war eine zielgerichtete und sehr intelligente Täuschung. Ich habe alles auf eine Karte gesetzt und bin zur Internen gegangen. Dort bin ich meinem alten Mitstreiter Kommissar Leif Eskilsson begegnet. Und habe ihm alles erzählt – euch natürlich ausgenommen.«

»Und dafür sind wir *natürlich* sehr dankbar«, murmelte Berger. »Aber wie hast du uns hier gefunden? Wie bist du auf *fucking* Dalarö gekommen?«

»Ich war mir nicht sicher, ob Radoslav Blok auch euch im Visier hat, deshalb habe ich mich nicht getraut, euch zu kontaktieren. Aber dann habe ich mit Keith telefoniert, und er hat mir erzählt, dass ihr da an etwas dran seid – mit den Brüdern Dalbury. Also habe ich ein Team zusammengestellt und euch beobachtet, und wir sind euch gefolgt, als ihr heute früh das Bootshaus verlassen habt. Ich glaube, du warst noch nicht einmal richtig angezogen, als du ins Auto gestiegen bist, Sam.«

»Gut möglich«, kommentierte Blom hinterm Steuer. Etwas zu sehr um einen neutralen Tonfall bemüht.

»Als ich bei der Internen saß, stellte sich heraus«, sagte Deer, »dass ich mitten in eine Operation geplatzt bin. Es war bereits etwas in die Wege geleitet worden. Ein junger, talentierter Kollege aus der Internen hatte festgestellt, dass Conny

Landin bei der NOA vorsätzlich einige Fälle getrennt voneinander behandelt hat, obwohl sie eindeutig zusammengehörten. Und zwar genau unsere Strandmorde. Leif Eskilsson hat sich davon überzeugen lassen und den jungen Ermittler ins Team Landin geschickt. Sein Name ist Örjan Bruun. Conny dachte, er hätte Örjan in der Hand, und hat ihm die Axtmorde übergeben, um auch diese Ermittlungen kontrollieren zu können.«

»Warte mal«, sagte Berger. »Ist das der Örjan, über den du dich beschwert hast? Weil er sich dein Büro geschnappt hat? Der Dreißigjährige?«

»Ganz genau. Eskilsson hat Örjan in Landins Abteilung gesetzt, um ihn im Auge zu behalten. Und am Anfang ist das auch hervorragend gelungen. Es wirkte glaubhaft, dass er nach Landins Pfeife tanzt. Aber gleichzeitig hat er mir zu verstehen gegeben, dass er von Conny Landins Machenschaften weiß, und hat mich beauftragt, gegen die absichtlich unsinnigen und miesen Vorgaben zu ermitteln. Nach einer Weile bekam Eskilsson Zweifel und fragte sich, was Örjan für einen Plan verfolgte. An seinen Berichten stimmte etwas nicht. Hatte er eine eigene Agenda? Auch die Ermittlungen in den Axtmorden gingen nicht vorwärts, er kam Landin keinen Millimeter näher. Die Interne steckte fest – man kann nicht dem eigenen Spion hinterherspionieren. Wenn man nicht Außenstehende involviert. Externe, keine Internen.«

»Du bist doch nicht extern?«, widersprach Berger. »Du magst ja suspendiert sein, aber dadurch bist du noch lange keine von außen.«

»Nein«, sagte Deer sanft. »Aber ich kenne zwei, die das sind.«

»Was zum Henker …«

»Wenn du dich über meinen Plan beschwerst, sind wir keine Freunde mehr«, sagte Deer gut gelaunt. »Ich habe euch die Türen zu Conny Landin und Örjan Bruun geöffnet.«

»Was für Türen hast du geöffnet?«

»Sie sitzen in diesem Augenblick in je einem Verhörraum im Präsidium, schön weit weg vom Geschehen. Wollt ihr die beiden verhören oder nicht?«

»Ich fasse es nicht«, schnaubte Berger.

»Außerdem bin ich nicht mehr suspendiert«, sagte Deer und lehnte sich zufrieden im Sitz zurück.

*

Sam Berger und Molly Blom standen im Kontrollraum. Von dort konnten sie durch eine Glasscheibe in den Verhörraum sehen, die von der anderen Seite verspiegelt war. In dem Raum saß ein großer Mann um die sechzig mit einem mächtigen Schnauzer. Er regte sich nicht auf seinem Stuhl.

Vor einem Rechner im Kontrollraum wiederum saß ein Mann im gleichen Alter, aber deutlich besser in Form und sorgfältig rasiert. Er trug Uniform.

»Sind Sie ganz sicher, dass Sie alles verstanden haben?«, fragte Leif Eskilsson streng.

»Ja«, antworteten Berger und Blom in Stereo.

»Ihnen muss klar sein, dass das hier ein absoluter Ausnahmefall ist«, betonte Eskilsson. »Unsere Juristen haben ein Schlupfloch in der Rechtsprechung gefunden, das es uns erlaubt, externen Mitarbeitern die Verhöre eines Beamten der Internen und eines Verdächtigen zu übertragen. Jeder Missbrauch Ihrer zeitlich begrenzten Befugnis führt zu harten Strafen. Ist das verstanden?«

Sie nickten beide. Es gab nichts hinzuzufügen. Sie würden sorgsam mit diesem Geschenk umgehen, das ihnen die Person gemacht hatte, die an der Tür zum Verhörraum stand. Deer öffnete sie und sorgte dafür, dass Conny Landin sie sehen konnte, ohne dabei ihre Genugtuung zu sehr zur Schau zu stellen.

Berger und Blom betraten den Verhörraum. Landin reagierte nicht, sah nicht hoch. Seine Haltung veränderte sich kein bisschen. Er roch nach Hund.

Sie setzten sich.

Das Aufnahmegerät war bereits eingeschaltet. Die beiden bemerkten, wie Landin kurz aufsah und die Stirn runzelte. Dann heftete er seinen Blick erneut auf die Tischplatte.

»Ich glaube, wir müssen uns nicht weiter vorstellen«, sagte Blom.

»Ich wünschte, Sie müssten sich vorstellen«, brummte Conny Landin. »Dann hätte ich mir wenigstens vormachen können, dass Sie Polizisten sind.«

»Sie wissen, warum wir hier sind? Conny?«, fragte Berger.

»Fahren Sie zur Hölle.«

»Ich wünschte, wir hätten alle Zeit der Welt für dieses Geplänkel, so wie früher«, ignorierte ihn Berger. »Aber so ist es leider nicht. Die Wahrscheinlichkeit, dass Sie noch einmal einen Fuß in die NOA setzen, ist, wie Sie sich sicher vorstellen können, minimal. Um ihren Wuffi wird man sich kümmern, er wird im schlimmsten – und auch wahrscheinlichsten – Fall eingeschläfert.«

Landin zuckte zusammen und sah nun doch auf, als hätte er diesen Zug nicht erwartet. Obwohl, das hatte er bestimmt, aber die Gefühle schienen ihn zu überwältigen. Blom kam gleich zur Sache.

»Warum haben Sie absichtlich zwei Ermittlungen sabotiert?«

Als Landin den Kopf erneut hob, sahen sie den Kummer in seinen Augen, der sich mäßig erfolgreich hinter seiner Verachtung versteckte. Er hatte noch nicht so oft auf der Anklagebank gesessen. Langsam schüttelte er den Kopf.

»Wir besprechen eins nach dem anderen«, bot Berger an. »Haben Sie den Namen Ulla Millrud schon einmal gehört?«

»Was wollt ihr denn damit?«, fragte Landin mürrisch.

»Sie wohnt im Naturschutzgebiet Yttereneby, gegenüber von Mörkö und in der Nähe von Södertälje. Sie hat Ihnen Details zu einem Elektromotor und einem Schlauchboot zu Protokoll gegeben. Richtig? Warum haben Sie diese Aussage in der amateurhaften Voruntersuchung von Olle Sjöblom vergraben?«

»Das kann ja wohl nicht wahr sein!«, rief Conny Landin aufgebracht. »Ich dachte, Sie wollen über etwas Wesentliches sprechen.«

»Was meinen Sie damit?«, hakte Berger sofort nach.

Landin verstummte, senkte den Kopf und schüttelte ihn wieder.

»Wir sind mehr als bereit, über das Wesentliche zu sprechen«, übernahm Blom. »Zum Beispiel dieses hier: Warum haben Sie so viel Energie darauf verwandt, die Strandmorde, die immer am Fünften eines Monats verübt wurden, nicht als einen zusammenhängenden Fall zu betrachten? Warum haben Sie von Anfang an die Direktive ausgegeben, dass die Ermittlungen zu den Axtmorden sich auf das Drogenmilieu beschränken sollen?«

»Ich will einen Anwalt sprechen«, brummte Landin.

»Dann wird daraus sofort eine Strafsache. Wir hatten gehofft, das vermeiden zu können«, sagte Blom.

»Was zum Teufel wollt ihr eigentlich von mir? Was werft ihr mir vor?«, fragte Conny Landin und sah sie wütend an. »Dass ich *schlecht ermittelt* habe? Sitze ich deswegen in einem Kellerloch bei der Internen und werde von zwei verdammten Privatschnüfflern verhört? *Ich?* Wisst ihr eigentlich, wie lange ich schon im Geschäft bin? Wisst ihr das? Glaubt ihr ernsthaft, ihr könntet mich wegen so etwas drankriegen? Worum geht es hier eigentlich? Sitzt du da draußen, Leif, und versteckst dich? Was fällt dir ein? Komm gefälligst rein und sprich mit mir. Persönlich, und schick mir nicht zwei unehrenhaft entlassene Bullen, die keine Ahnung von dem haben, worüber sie sprechen.«

»Leif ist da draußen«, bestätigte Berger. »Aber er wird nicht reinkommen, weil er nicht mit Ihnen in Verbindung gebracht werden will. Und erst recht nicht mit der russischen Mafia und Radoslav Blok. Auch nicht mit der Familie

Dahlberg alias Dalbury und der Biotechfirma Hyperion Biotechnia LLC. Haben Sie noch etwas hinzuzufügen, Conny?«

»Ich habe …«

»Ja, was haben Sie, Conny? Was glauben Sie, was Sie haben? Sie klagen kompetente Leute der Inkompetenz an, obwohl Sie selbst auf ein jahrzehntelanges Arbeitsleben voller Inkompetenz zurückblicken können. Und dann, ganz plötzlich, werden Sie superaktiv und extrem kompetent – aber leider in die falsche Richtung. Was haben die gegen Sie in der Hand, Conny? Womit können Sie *kompromittiert* werden? Gibt es keine Möglichkeit für Sie, sich da herauszuwinden?«

»Wir wollen Ihnen eine solche Möglichkeit eröffnen, Conny«, sagte Blom mit ruhiger Stimme. »Wir bieten Ihnen die einmalige Chance, sich herauszuwinden. Wollen Sie die ergreifen?«

»Ihr habt so überhaupt keine Ahnung, wovon ihr eigentlich redet.«

»Ich habe viele Jahre undercover gearbeitet«, fuhr Blom ungerührt fort. »Ich erkenne Todesangst, wenn ich sie sehe. Und ich sehe sie in Ihrem Gesicht. Aber es gibt einen Ausweg, Conny, und den können wir gemeinsam finden. Oder Sie können gehen und sterben, Conny. Gehen Sie ruhig. Sie sind frei. Wir sind damit einverstanden.«

Die aggressiven Antworten blieben nun aus. Landin war verstummt, sein Blick sank zurück auf die Tischplatte. Er machte jedoch keine Anstalten aufzustehen.

»Wir gönnen uns eine halbe Stunde Pause«, sagte Blom. »Sie haben Zeit, sich das alles in Ruhe durch den Kopf gehen zu lassen. Wir kennen einen Weg, wie wir Sie und Ihren Pitbull vor dem Bösen retten können. Entweder Ihre Sturheit – oder Ihr Hündchen Noa. Das entscheiden Sie.«

»Es gibt einen Ausweg, Conny«, betonte auch Berger und stand auf.

57

Freitag, 9. Juni

Es ist eine große Kunst, eine starke Gefühlsregung zu verbergen.

Berger und Blom waren Örjan Bruun nie zuvor begegnet. Und sein Anblick versetzte sie in einen Schockzustand. Eigentlich hätten sie den Raum sofort verlassen, sich erholen, sich austauschen, eine Hardcore-Recherche machen und eine neue Strategie entwerfen müssen. Aber dann hätten sie ihr Tempo eingebüßt. Sie mussten *jetzt* handeln.

Trotz der Tatsache, dass Örjan ein Abbild von Matilda Dahlberg war.

Trotz der Tatsache, dass seine Eltern niemand anderes als Walter und Matilda sein konnten.

Niemand anderes als Walt und Tillie.

Es gab *vier Brüder*. Und sie saßen dem vierten gegenüber.

Die drei anderen Brüder sahen aus wie ihr Vater, Örjan aber ähnelte seiner Mutter. Berger und Blom tauschten vielsagende Blicke aus und stellten beruhigt fest, dass keiner von ihnen die Fassung verlor.

Doch Örjan war noch schneller als sie.

»Nur Kollegen aus der Internen dürfen Interne verhören. Wer sind Sie?«

»Das spielt jetzt keine Rolle«, sagte Berger mit beherrschter Stimme. »Wir wollen uns bloß mit Ihnen unterhalten. Über die Familie Dahlberg.«

Der vierte Bruder war bei der Polizei. Er war demnach fest verwurzelt mit seiner schwedischen Identität. Im Unterschied zum Rest der Familie.

Das hatte niemand geahnt. Diese Verbindung hatte niemand hergestellt, weil niemand bisher mit der Familie Dahlberg zu tun gehabt hatte.

»Was für eine Familie?«, fragte er. Und sein Tonfall klang wie der von jemandem, der auf genau diese Frage vorbereitet gewesen war. Denn das war er eindeutig.

»Dalbury«, half ihm Blom und beobachtete seine Reaktion.

Aber es gab keine. Örjans Ruhe hätte man leicht mit Resignation verwechseln können, doch seine Antwort deutete auf etwas anderes hin.

»Wovon reden Sie? Ich habe keine Ahnung, worum es hier geht. Ich glaube, ich will einen Anwalt hinzuziehen.«

»Dann wird daraus aber sofort eine Strafsache«, sagte Berger. »Wir hatten gehofft, das vermeiden zu können.«

»Ich bestehe dennoch auf einem Anwalt.«

Blom lehnte sich vor.

»Wir haben Ihre amerikanische Identität schneller ermittelt, als Sie Ihren Anwalt überhaupt anrufen können. Bestehen Sie immer noch darauf?«

»Sie hatten drei Brüder«, sagte Berger. Mehr nicht.

Berger und Blom beobachteten Örjan, ob er auf die Vergangenheitsform reagierte. Was er tat.

»Wovon reden Sie?«, fragte er beunruhigt.

»Von Ihren drei Brüdern Johan, Fredrik und Mikael beziehungsweise Joe, Fred und Mike. Sie hatten drei Brüder. Jetzt nicht mehr.«

Örjan blieb stumm, den Blick auf den Tisch geheftet. Sie versuchten, die Gefühle abzulesen, die in ihm arbeiteten.

Es war so elementar. So einfach. Was ihn verriet, war eine Träne. Die lautlos auf der Tischplatte landete.

»Retten Sie die anderen«, drängte ihn Berger. »Einer ist

verloren, vielleicht schon zwei. Retten Sie wenigstens den Mörder, wenn er noch lebt. Er hat Ihren Vater getötet.«

Es folgten keine weiteren Tränen. Aber auch keine Worte. Örjan nahm das Schweigen sehr ernst.

Berger und Blom sahen sich an. Was wäre, wenn Örjan ihr Mann war? Wenn sie mit dem Mörder in einem Raum saßen?

»Ich meine, was ich sage«, ermahnte ihn Berger. »Retten Sie Ihre Brüder. Einer ist schon tot. Ich habe sein Blut an meiner Hand.«

Berger streckte ihm die Hand hin.

»Zur Hölle mit Ihnen!«, brüllte Örjan und stieß sie weg.

»Wahrscheinlich wurden Sie schon informiert. Ich an Ihrer Stelle würde sonst nämlich wissen wollen, welcher von meinen Brüdern tot ist.«

Berger zuckte mit den Schultern und machte eine Geste, die signalisierte, dass ihm ohnehin alles egal war.

»Wer?«, fragte Örjan beherrscht.

Berger sah ihm in die Augen und gab sein Bestes, um seinem Blick standzuhalten.

»Mikael. Ich vermute, er ist Ihr kleiner Bruder. Mike.«

Örjan entfuhr ein Wimmern. Nur ein leises Wimmern, mehr nicht.

»Micke«, sagte er leise.

Berger wartete, warf Blom einen Blick zu. Dann streckte er seine Hand ein zweites Mal aus und legte sie Örjan auf den Arm.

»Mein Beileid. Wir beide sind nach Dalarö gefahren, um ihn zu retten. Aber er war schon tot. Noch gibt es drei Brüder. Lassen Sie mich Ihnen helfen.«

»Sie kapieren nicht, in was Sie da hineingeraten sind.«

Berger nickte und überließ Blom das Feld.

»Erzählen Sie uns von den Problemen«, begann sie.

»Davon wusste ich nichts«, sagte Örjan. »Ich hatte keine Ahnung. Ich wusste, dass mein Vater sein Unternehmen in den USA verkaufen und nach Schweden ziehen wollte. Mehr war mir nicht bekannt.«

Er verstummte. Aber er hatte einen Anfang gemacht, und es war wichtig, dass sie ihn gewähren ließen. Und in der Tat, nach etwa zehn Sekunden fuhr er fort.

»Ich war schon ein paar Jahre lang Polizist, als ich eines Tages Conny Landin im Flur des Präsidiums begegnete. Ich habe ihn sofort erkannt. Er gehört in meine Vergangenheit und nicht zur Polizei. Er gehört auf die andere Seite. Ich entschied mich, über seine Vergangenheit zu schweigen und stattdessen auf den richtigen Augenblick zu warten, um ihn zur Strecke zu bringen. Wenn es mir bei meiner Jagd nach Gerechtigkeit nützlich sein würde. Und bei meiner Karriere. Als ich später in die Interne kam, entdeckte ich einige Ungereimtheiten in Conny Landins Arbeit, die ich dann meinem Vorgesetzten gemeldet habe. Wie erwartet, bekam ich den Auftrag, ihn im Auge zu behalten. Er hat mich bis heute nicht wiedererkannt, ich war damals ja ein Kind. Aber es dauerte nicht lange, bis ich begriff, dass er unter Druck gesetzt wurde. Wahrscheinlich erpresst.«

»Sie sind Conny Landin in Ihrer Kindheit begegnet?«

»Gelegentlich. Zu Hause in Stäket, aber auch auf dem Firmengelände in Västerås. Er gehörte zu den Männern, die das Grobe, Praktische erledigten. Mein Vater hat es manchmal erwähnt. Die Lederwesten, die alles tun, was getan werden muss. Auch ...«

»Auch was?«

Örjans Blick wurde verschlossener. Er kämpfte mit sich, um in die andere Zeit zu reisen.

»Auch in jener Nacht am Strand«, sagte er.

»Welche Nacht?«

»Nichts. Gar nichts. Vergessen Sie das wieder.«

»Lassen Sie uns einen kleinen Umweg machen«, sagte Blom. »Wo stehen Sie zwischen Ihren Brüdern? Sind Sie Nummer drei?«

»An zweiter Stelle. Johan, Örjan, Fredrik, Mikael. Sind Sie ganz sicher, dass mein kleiner Bruder tot ist?«

»Leider ja«, sagte Blom. »Waren Sie alle vier in dieser Nacht zusammen?«

»Verdammt. Ich kann das nicht. Wir waren tauchen, immer auf der Suche nach bunten Steinen auf dem Meeresgrund. Es ging darum, den orangenen zu finden, denn der war am weitesten weg.«

»Okay, wir drehen noch eine weitere Schleife. Sie sind in die USA gezogen. Sind damals schon alle alten Angaben verschwunden?«

»Die Daten habe ich später gelöscht, als ich Polizist geworden bin. Damals war das viel leichter als heute. Ich wollte meine Vergangenheit für immer auslöschen.«

»Wie hießen Sie in den USA, Örjan?«

»George.« Örjan grinste. »Joe, George, Fred, Mike. Wie eine kleine Version der Beatles.«

»Und woher kommt Ihr Nachname Bruun?«

»Das ist der Mädchennamen meiner Mutter. Ihr Vater war Polizist, Kriminalkommissar Erik Bruun. Ich nahm ihren Namen an, als ich nach Schweden zurückkehrte.«

»Kamen Sie allein?«

Örjan blinzelte, als würde er durch ein Loch in der Zeit reisen und jetzt erst in der Vergangenheit landen. Vermutlich an diesem Strand, über den sie unbedingt sprechen mussten.

»Ich wurde nach Hause geschickt«, sagte er leise.

»Geschickt?«

»Ich bin drüben auf die schiefe Bahn geraten. Seit meinem zehnten Lebensjahr wusste ich, dass ich das tun würde. Nachdem ich ein anderer geworden war. Ich war so voller Hass. Meine Familie ... Ich habe früh angefangen, Drogen zu nehmen, war in Wilmington in einer Gang, Raubüberfälle, Körperverletzung, das ganze Programm, es wäre nur eine Frage der Zeit gewesen, bis ich jemanden umgebracht hätte. Als ich sechzehn wurde, holte mich mein Großvater ab. Seine Lösung war, aus mir einen Polizisten zu machen. Und so bin ich auf der anderen Seite gelandet.«

»Weil der Rest der Familie kriminell war?«, fragte Blom.

»Das ist zu viel gesagt. Außerdem hatte ich keinen Kontakt zu meiner Familie, wusste nicht, was aus ihnen später geworden ist. Das lag vor allem daran, dass ich so oft die Seiten gewechselt habe und immer ein anderer geworden bin. Bis zu jener Nacht am Strand war ich Papas Junge, danach war ich clever und wütend, dann Mitglied einer Gang, dann Polizist. Erst da habe ich mein Zuhause gefunden.«

»Was ist in dieser Nacht passiert, Örjan?«, hakte Blom nach.

Örjan wandte den Blick ab, er starrte an die Wand. Seine Stimme klang matt und tonlos.

»Die Schmerzen waren die Hölle auf Erden.«

»Bitte weihen Sie uns ein, Örjan. Was ist in dieser Nacht passiert? Was war das für ein Strand? Mit flachen Felsen, die aus dem Wasser ragten? Und einem Waldrand auf der anderen Seite der Bucht?«

Örjan schnaubte.

»Eine ziemlich treffende Beschreibung«, sagte er. »Es fehlen noch vier Plastikstühle und ebenso viele Augenbinden.«

»Und gab es Vorkehrungen? Eine Art ... Instrument?«

Örjan sah hoch. Sein Blick war jetzt ganz klar, doch der Wahnsinn verbarg sich hinter seinen Augen. Berger sah Blom an. Er hatte das Bedürfnis, eine weitere Schleife zu drehen, um Örjan das Sprechen zu erleichtern, ihn nicht zu verlieren.

Aber Örjan sprach aus eigenem Antrieb weiter.

»Ich kann nicht sagen, ob mich der Eingriff oder der Verrat verwandelt hat.«

»Der Verrat durch Ihren Vater?«

»Beide haben uns verraten. Und zwar auf die schlimmste Art, die man sich vorstellen kann.«

»Und der Eingriff?«

Örjans Augen glichen zwei Kristallkugeln, in denen sich die Geister der Vergangenheit wanden. Als würde er durch das Loch in der Zeit treten, zurück an den Strand, und alles – endlich – begreifen.

Örjan kniff die Augen zu. Sonst hätte es ihn zerrissen.

»Ich kann nicht. Jetzt nicht«, keuchte er. »Das verfolgt mich. Ich sehe den Moment jeden Tag vor mir. Der Strand ... der Blick meines Bruders, dieser Hass ... Bitte geben Sie mir einen Moment. Können wir über etwas anderes sprechen?«

Blom verzog das Gesicht, was Örjan zum Glück nicht sah. Berger nickte, wenn auch zögerlich.

»Lassen Sie uns über die Mörder Ihres Bruders sprechen, die hinter Ihrer Familie her sind. Eine Tötungsmaschine ist in Gang gesetzt worden – Sie sind doch Polizist, Örjan, Sie wissen selbst am besten, wie schnell es gehen kann, wenn solche Kräfte erst einmal geweckt worden sind. Wissen Sie, wer dahintersteckt?«

»Sie wollten das Unternehmen meines Vaters aufkaufen«, erklärte Örjan erschöpft. »Aber ich hatte keine Ahnung, was das für Konsequenzen haben würde.«

»Aber Sie wussten schon früh, dass Ihr Vater ermordet wurde, stimmt's?«, fragte Blom. »Sie wussten, dass der Tote am Strand in Färingsö Ihr Vater ist?«

»Die NOA war für diese Ermittlungen zuständig. Conny Landin ließ mich da nicht ran. Aber irgendwann habe ich mir selbst einen Reim auf die Sache machen können. Viel weiß ich allerdings nicht.«

»Haben Sie Kontakt zu Ihren Eltern? Hat Ihre Mutter Ihnen nicht mitgeteilt, dass Ihr Vater verschwunden ist?«

»Ich glaube, dass wir alle unseren Kontakt auf das absolute Minimum beschränkt haben. Wir sind nicht gerade das, was man eine liebevolle Familie nennt.«

»Ich hatte den Eindruck, dass es da ein ganz enges Band gibt ...?«

Örjan schnaubte verächtlich.

»Der Schein trügt«, sagte er nur.

»Sie wurden also zum Gangmitglied. Und was ist mit Ihren Brüdern passiert?«, wechselte Berger das Thema.

»Die drei waren mal hier, mal da im Unternehmen tätig. Aber unregelmäßig, alle hatten ihre Phasen. Joe hat sich einer spirituellen Gemeinschaft in Arizona angeschlossen, soweit ich weiß. Fred zog es nach Alaska zum Eisfischen. Und Mike wurde IT-Spezialist in New York und drogenabhängig. Eine richtig glückliche Familie.«

»Wollen Sie uns wirklich vormachen, dass Sie nichts von der Mordserie wussten?«, fragte Berger. »Sie wussten nichts von den ermordeten und dann eingefrorenen jungen Menschen und kennen auch die mit der Axt hingerichteten Herren nicht, deren Tod Sie untersuchen sollten? Und deren Fälle Sie auf Conny Landins Wunsch hin in der Drogenszene verortet haben?«

»Mein Auftrag lautete, Conny Landin zu bewachen. Punkt, aus, basta.«

»Aber Sie wussten, dass einer Ihrer Brüder ein Mörder ist? Welcher?«

»Ich hatte wirklich keine Ahnung. Und ich bin noch immer nicht überzeugt, dass es einer von ihnen ist. Aber ich habe zwei der Opfer wiedererkannt. Stefan Lundberg, den nicht. Bei Rutger Brännlid klingelte es nur ganz leise. Aber Rufus Lagergrund, den im Kelleratelier, den habe ich sofort erkannt. Sie gehörten zu dem alten Team der Hells Angels, die meinem Vater assistiert haben. Es fehlte nur noch einer, Conny Landin.«

»Conny Landin war mal bei den Hells Angels?«

»Ja. Conny und ich standen nebeneinander im Keller und wussten beide sofort, wer das Opfer war. Aber vor allem, wer als Nächstes dran sein würde.«

*

»Haben wir zu schnell lockergelassen?«, fragte Blom im Flur, auf dem Weg zu dem anderen Verhörraum.

»Wir haben ein paar Türen aufgestoßen«, sagte Berger. »Er wird uns bald die ganze Geschichte erzählen.«

Er folgte dem Duft von frisch gebrühtem Kaffee und stand kurz darauf in dem großen Pausenraum, in dem ein paar Beamte saßen. Berger hatte nur Augen für eine Kanne mit schwarzer Flüssigkeit, mit der er zwei Becher füllte.

»Dein Ernst? Wir machen jetzt eine Kaffeepause?«, fragte Blom entgeistert.

»Nennen wir es doch einen kurzen Moment der Besinnung«, entgegnete Berger und setzte sich an den Tisch in der hintersten Ecke.

Blom folgte ihm, nahm den Becher in beide Hände und trank überraschend gierig daraus.

»Ich wollte in Ruhe mit dir reden, ohne den heißen Atem der Internen im Nacken«, sagte Berger mit gesenkter Stimme. »Denn ich bekomme nicht alle Puzzlestücke zusammen. Korrigier mich, wenn ich mich irre, aber kann es sein, dass Conny Landin einen geradezu paradoxen Auftrag hat? Er ist gezwungen, den Mörder zu schützen, der sein Werk damit krönen will, ihm eine Axt in den Kopf zu rammen? Er muss *seinen eigenen Mörder schützen*, während der es auf ihn abgesehen hat?«

»Weil sonst die sogenannten Käufer – Radoslav Blok und die Schergen von der Ex-Njord – der schwedischen Polizei seine Vergangenheit bei den Hells Angels stecken?« Auch Blom hatte ihre Stimme gesenkt und flüsterte fast. »Interpretieren wir das richtig?«

»Dann hat Blok aber von Anfang an begriffen, dass der erste Tote der Mann ist, dessen Unternehmen sie kaufen wollen, sobald das Kontrollverfahren abgeschlossen ist«, sagte Berger. »Aber warum wollen sie den Mord unbedingt geheim halten? Diese Mafiosi sind doch nicht die Mörder?«

»Ich vermute«, flüsterte Blom, »dass es hier um juristische

Fragen geht. Eine klassische Zwickmühle. Niemand kann abschätzen, was passieren wird, wenn man – als mieser Geldwäscher, der unter polizeilicher Beobachtung steht – feststellt, dass der alleinige Besitzer der Firma, die man kaufen will, getötet wird. Hat dessen Unterschrift auf dem Verkaufsversprechen dann noch Gültigkeit? Wenn sein Tod publik wird, können alle vorherigen Interessenten dann erneut tätig werden? Und wenn der ursprüngliche Käufer einem Kontrollverfahren unterzogen wird – können dann seine Konkurrenten das Verkaufsversprechen übernehmen? Blok beschließt also, den Deckel auf den Ermittlungen zu halten und auf die Freigabe zu warten. Seine Leute finden heraus, dass es einen Polizisten gibt, der ein Geheimnis zu bewahren hat, weil er früher einmal als Handlanger für Walter Dahlberg tätig war. Vielleicht sind sie auf Conny Landins Namen gestoßen, als sich ihre Juristen vor dem Kaufangebot die Firmenunterlagen angesehen haben. Sie fangen vorsichtig an zu recherchieren, wer die Erben sind und was da noch möglich wäre, falls das Kontrollverfahren zu ihren Gunsten entschieden wird. Nachdem sie, ein paar Monate später, endlich grünes Licht bekommen haben, legen sie los. Sie machen die vier Brüder ausfindig, behalten sie im Auge und kommen so auf die Spur des einen, im Kelleratelier in Rågsved. Dort installieren sie eine Kamera. Und die Strategie steht fest: Sie sorgen dafür, dass ein Bruder nach dem anderen den Vertrag unterschreibt – um sie danach zu töten. Ich kapiere zwar nicht, *warum* das eine gute Strategie ist, aber …«

»Ich habe das dumme Gefühl, dass auch Mama Matilda nicht außer Gefahr ist in ihrer schicken Villa«, sagte Berger leise.

»Recht hast du«, erwiderte Blom. »Dort sollte sofort eine Streife vorbeifahren. Wahrscheinlich ist Matilda tatsächlich nicht mehr sicher.«

Es entstand ein kleinerer Tumult an der Tür zum Pausenraum. Eine Frau stieß mit einem Mann zusammen, während gleichzeitig zwei Beamte den Raum verlassen wollten. Es sah aus wie misslungener Gruppensex. Die weibliche Beamtin konnte sich aus dem Knäuel befreien und kam auf sie zu. Es war Deer.

»Wir haben im Kontrollraum den besseren Kaffee«, sagte sie.

58

Freitag, 9. Juni

Was da auf dem Tisch im Verhörraum stand, war eindeutig der bessere Kaffee. Dafür roch es inzwischen so stark nach Hund, als wäre Conny Landin im Begriff, sich in einen zu verwandeln. Berger spülte den scharfen Geruch mit einem Schluck aus der Tasse hinunter.

»Wir hatten gerade ein ausführliches Gespräch mit Örjan Bruun«, sagte er.

Conny Landin sah sie aus toten Augen an. Als hätte er aufgegeben. Der lange Kampf in den Fängen der Mafia war endlich vorbei. Ihm blieb nur noch der Tod.

»Sie haben eigentlich nichts mehr zu verlieren«, sagte Blom. »Die Polizei ist von Ihrer Zeit bei den Hells Angels in Kenntnis gesetzt worden, obwohl Sie alles geopfert haben, um ein Geheimnis daraus zu machen. Was ich gut verstehen kann. Denn Sie haben Verbrechen begangen, die niemals verjähren.«

Sonderbarerweise schien in diesem Augenblick eine tonnenschwere Last von Landins Schultern zu fallen. Er sah sie eine Weile aus wässrigen Augen an, dann zeigte er auf den Tisch.

»Habe ich Halluzinationen, oder ist davon einer für mich?«

Er hatte keine Halluzinationen. Auf dem Tisch standen drei Pappbecher. Blom schob einen davon auf seine Seite.

»Erinnern Sie sich noch an Oleg Trefilov?«

Landin nahm einen großen Schluck. Er genoss es sichtlich, einen Kaffee zu trinken. So wie man das Leben genießt, wenn es sich dem Ende zuneigt. Er schloss die Augen, lächelte und schüttelte den Kopf.

»Ich glaube schon, dass Sie sich erinnern«, beharrte Blom. »Stefan, Rutger, Rufus und Sie haben 1995 einen kleinen Roadtrip nach Sibirien gemacht. Um in Surgut den Apnoetaucher Oleg Trefilov zu kidnappen und ihn nach Schweden zu bringen. Gute Arbeit. Ich vermute, Sie sind auf dem Rückweg mit dem Auto durch Finnland gefahren und dann bei Haparanda rüber nach Schweden. Richtig?«

Conny Landin hatte seine Augen wieder geöffnet. Er hatte zu seiner alten Kraft zurückgefunden.

»Ich habe das Gefühl, jetzt ist die Zeit gekommen, einen Anwalt anzurufen. Ich habe nichts davon, mit Ihnen zu reden.«

»Wissen Sie, welcher der vier Brüder hinter Ihnen her ist?«

»Wer von denen bist du?«, warf Berger ein. »Diese Frage hat Stefan Lundberg seinem Mörder gestellt, Sekunden, bevor er die Axt im Schädel hatte.«

»Ich schreibe Ihnen eine Nummer auf. Dort erreichen Sie den Anwalt der Polizeigewerkschaft«, sagte Landin und ließ den nächsten Schluck Kaffee genüsslich über seine Geschmacksknospen fließen.

»Sie können die Nummer auswendig?«, fragte Berger überrascht. »Ich nehme an, dass Sie sich dann auch mit dem Tod Ihres Hundes angefreundet haben?«

»Ich bin zu der Erkenntnis gekommen, dass Sie mich, rein rechtlich, nicht dem Raubtier zum Fraß vorwerfen dürfen – und Sie zudem, rein moralisch, einem unschuldigen Tier nicht das Leben nehmen werden.«

Beide Argumente waren nicht nur sprachlich außerordentlich elegant formuliert, sondern auch inhaltlich außerordentlich wahr.

»Und Sie haben nicht im Ansatz eine Vorstellung davon, womit Sie es hier zu tun haben. Sie werden überrascht sein, das kann ich Ihnen versichern.«

Die Tür wurde aufgerissen, und Deer stand mit roten Flecken im Gesicht im Raum und wedelte mit ihren Krücken.

»Ihr müsst sofort kommen, es ist was passiert!«

Im Hintergrund sahen sie bewaffnete Beamten und Leif Eskilsson durch den Flur laufen, Letzterer brüllte Befehle.

»Personenschutz für diesen Raum, sofort! Akute Lebensgefahr!«

Deer verschwand, Berger und Blom stürzten hinterher, durch den Kontrollraum und weiter in den Flur des Polizeipräsidiums. Zeitgleich schoben sich mehrere bewaffnete Beamte zu dem kreidebleichen Conny Landin in den Verhörraum. Dann hörten sie ihn mit heiserer Stimme brüllen: »Ich will hier niemanden drin haben! Sie müssen sofort Kontakt aufnehmen mit ...«

Der Rest wurde von einem Wirrwarr aus Stimmen verschluckt. Deer kam beeindruckend schnell voran auf ihren Krücken. Vor der Tür des Verhörraums, in dem Örjan Bruun saß, hatte sich eine ganze Traube von Menschen gebildet, die gebannt zur Tür hereinstarrten. Die Hälfte von ihnen mit gezogener Waffe.

»Verdammt noch mal«, fauchte Deer und drängte sich durch die Menschentraube, die sich teilte wie das Rote Meer für Moses.

Berger sah über Deers und Bloms Kopf hinweg auf das Bild, das sich ihm bot. Und hörte sich selbst aufstöhnen.

Örjan Bruun alias George Dalbury saß vornübergebeugt am Tisch. Die obere Hälfte seines hellgrünen Pullovers hatte eine neue Farbe angenommen, sie war jetzt hellrot. Er hielt einen Stift in der Hand, und die Hand war am Tisch festgeklebt.

Sie hörten Leif Eskilsson, der mit barscher Stimme den nächsten Befehl brüllte: »Totaler Lockdown. Alle Türen verschließen. Feind im Gebäude.«

59

Freitag, 9. Juni

Berger und Blom saßen wieder im Pausenraum, bewaffnet mit Laptop und Kaffeebecher. Sie befanden sich nach wie vor im Lockdown. Das Präsidium war hermetisch abgeriegelt worden. Was genau vor sich ging, erfuhren sie nicht. Ihre Position in der Hierarchie war schließlich inexistent. Vielleicht wurden sie sogar als Verdächtige gehandelt? Immerhin waren sie suspekte Privatdetektive.

Offen adressierte sie allerdings niemand so.

»Die Kontaktdaten, die uns die Brüder in der Dahlberg'schen Villa gegeben haben, sind durchweg falsch«, sagte Berger.

»Von beiden?«

»Sowohl Johans als auch Fredriks, ja. Sie müssen beide ihre Handys direkt danach entsorgt haben. Wenn wir unserem Grundgefühl nach dem so dramatisch beendeten Verhör folgen, dann sehen wir Örjan als unschuldig an, oder?«

»Auch wenn es sich nur um ein Gefühl handelt, bin ich ganz deiner Meinung«, sagte Blom. »Wir müssen uns auf die Lebenden konzentrieren. Heißt das aber, dass Johan und Fredrik schuldig sind? Haben wir es doch mit zwei Tätern zu tun?«

»Ich bin nach wie vor der Überzeugung, dass es die Taten eines Einzelnen sind.«

Die Tür ging auf, und Deer kam herein. Sie sah erschöpft aus.

»Noch nichts Neues«, sagte sie und stützte sich schwer auf ihren Krücken ab. »Es ist vollkommen unklar, wie das passieren konnte. Vieles deutet darauf hin, dass der Mörder vorher hier war.«

»Was meinst du damit?«, fragte Blom.

»Dass er sich vorher in diesem Pausenraum aufgehalten hat«, nickte Deer. »Ich bin doch hier mit ein paar Beamten zusammengeprallt, als ich vorhin reinkam, erinnert ihr euch? Es könnte einer von denen gewesen sein, aber ich kann mich an kein Gesicht erinnern. Ihr vielleicht?«

Berger und Blom schüttelten den Kopf. Sie konnten sich kaum an den Zwischenfall erinnern.

»Wir wissen nicht einmal, ob es ein Insiderjob war oder ein Täter von außen«, fuhr Deer fort. »Ob er entkommen konnte oder noch im Gebäude ist. Es sind so viele Leute, die überprüft werden müssen.«

»Weißt du, ob Matilda Dahlberg schon angekommen ist?«, fragte Blom.

»Es hieß, sie sei auf dem Weg.«

»Der Täter kann noch unter uns sein«, mahnte Berger. »Sie braucht maximalen Personenschutz.«

»Ist schon arrangiert«, sagte Deer. »Und Conny Landin ist auch in Sicherheit. Aber er schweigt wie ein Grab.«

»Wir hatten vor, Örjan zu einer ganz bestimmten Nacht aus seiner Kindheit zu befragen. Da muss etwas passiert sein, worüber er kaum sprechen konnte. Das hat ihn sein Leben lang nicht losgelassen.«

»Er hätte niemals hier getötet werden dürfen«, rief Berger. »Das widerspricht allen Werten, für die unsere Polizei steht. Dieses Gebäude hier sollte eine Zufluchtsstätte sein, so sicher wie eine Kirche!«

»Du bist kein Polizist mehr, Sam«, lächelte Deer und legte eine Hand auf seinen Arm. »Aber ich gebe dir recht. Es ist eine Schande. Wir werden sehen, auf welchem Weg die Sache aus diesem Haus und in die Medien kommt.«

»Conny war in der besagten Nacht dabei«, sagte Blom. »Er hat die Informationen, die wir benötigen. Wie kriegen wir ihn zum Reden?«

Sie schwiegen für einen kurzen Moment.

»Hast du einen Rechner, Deer?«, fragte Berger dann.

»Meinen Laptop? Ja, der ist bei Eskilsson drin.«

»Wir sitzen doch sowieso fest. Wollen wir uns nicht zu dritt zusammentun, um den Mörder zu finden?«

»Was er wohl gerade tut?«, sagte Deer. »Er hat zwei Ziele, die er noch erreichen will. Das eine ist räumlich nicht umsetzbar: Conny Landin eine Axt in den Schädel zu rammen. Das andere ist zeitlich nicht umsetzbar: Bis zum fünften Juli sind es noch drei Wochen. Sein Plan beinhaltet diese beiden Taten – zwei Höhepunkte –, aber er hat keine Möglichkeit, sie auszuführen. Was macht das mit ihm?«

»Ich glaube, das ist ein guter Ansatz«, sagte Berger.

»Ich hole mal meinen Laptop«, erwiderte Deer und verschwand aus dem Zimmer.

»Außerdem wird er gejagt«, fügte Blom hinzu. »Und zwar von professionellen Mördern. Was macht *das* mit ihm?«

Berger stöhnte und schüttelte den Kopf.

»Ich gebe Samirs Volvo-Suche eine letzte Chance«, sagte er und vertiefte sich in die Listen jahrzehntealter weißer Volvos V70. Lange saß er so da. Sehr lange. Er bekam kaum mit, wie Deer zurückkam, und auch nicht, dass Blom ihn mehrmals ansprach.

»Västjädra«, rief er unvermittelt.

Zwei Paar Augen sahen ihn überrascht an. Ihre Blicke hätte man mit Fug und Recht als skeptisch bezeichnen können.

»Ist das eine neuartige Beschwörungsformel?«, fragte ihn Deer. »Jädra. Östjädra. Västjädra. Für Leute, die nicht laut fluchen wollen?«

»Nein, das ist eine Brücke«, sagte Berger und spielte das Video ab. Die Lautstärke war aufgedreht, allerdings gab es nichts zu hören, nur ein lautes Rauschen. Aber es genügte, um Deer und Blom zu ihm zu locken. Die Kamera bewegte sich ein paar Treppenstufen hinunter. Das Bild wurde dunkel. Dann schaltete jemand eine Taschenlampe an, man sah einen Kellerraum. Berger hielt den Film an und zog den Cursor ein Stück zurück. Man sah eine Wand voller Seiten aus einem Notizbuch. Erneut hielt er den Film an, ging noch ein Stück zurück. Spielte den Film in Zeitlupe ab. Man sah ein großes Panoramafenster, dann wieder die Wand voller Zettel. Ein Schwenk zurück zum Fenster, noch langsamer. An der Wand hing ein Monitor, darunter lehnte ein Gewehr. Berger hielt an dieser Stelle den Film an.

Es war ein Scharfschützengewehr. Sehr verpixelt zwar, aber man erkannte das Zielfernrohr.

Berger griff nach seinem Handy. Er wählte eine Nummer und schaltete den Lautsprecher an. Wenige Augenblicke später dröhnte ein tiefer Bariton durch den unterirdischen Pausenraum.

»Verdammt, Berger. Was hatten wir vereinbart?«

»Robin. Du musst entschuldigen, ich hätte nicht anrufen sollen. Aber ich habe die Mädels bei mir, Deer und Molly. Sagt Hallo, Mädels.«

Die beiden sagten kein Wort. Dafür senkte sich der Luftdruck im Raum bedenklich.

»Na gut, mach schnell«, schnaubte Robin.

»Es geht um einen Autounfall auf der E18 vor Västerås«, sagte Berger. »Vor zwei Wochen. Kennzeichen ZUG und so weiter. An einem Brückenpfeiler bei der Abfahrt Västjädra. Kannst du dich erinnern?«

»Allerdings kann ich das«, sagte Robin. »Das war ein Frontalzusammenstoß mit dem Brückenfundament. Fahrer und Beifahrerin waren verkohlte Skelette. Ein alter grüner Saab, Kennzeichen: ZUG 326. Wir haben Projektile eines Scharfschützengewehrs im Wagen gefunden. Um genauer zu sein: Scharfschützenmunition mit Blei- und Stahlkernen,

Kaliber 7,62. Es gab einen Notruf am dreißigsten Mai um 7 Uhr 13.«

»Habt ihr auch ein Handy gefunden?«

»Ja, haben wir.« Alle drei hörten die Neugierde in Robins Stimme.

»Und es war nicht vollkommen zerstört?«

»Nein, das hat sich überraschend gut gehalten. Es lag auf dem Boden, wenn ich mich richtig erinnere. Auf der Beifahrerseite, bei dem Mädchen. Worauf willst du hinaus, Berger?«

»Mich interessiert das GPS. Im Handy.«

»Stimmt es, dass ihr im Lockdown sitzt?«, fragte Robin. Sie hörten seine Schritte, er setzte sich in Bewegung. Trug er etwa Holzschuhe?

»Darf ich deine Schritte so deuten, dass du dich gerade in den Räumen des Nationalen Zentrums für Forensik in Linköping befindest? Und womöglich das besagte Handy in Reichweite ist?«

»Glaubst du, dass ich hier ohne Grund herumspaziere?«

Berger wartete. Er sah hoch, seine beiden Mitstreiterinnen waren mindestens genauso gespannt wie er. Er beschloss, ein bisschen Small Talk einzuschieben, was überhaupt nicht seine Stärke war.

»Ja, wir sind im Lockdown«, sagte er. »Und sind wahrscheinlich nicht ganz unbeteiligt daran.«

Robins Lachen, das man selten genug zu hören bekam, war wie ein Orkan. Es riss Flora und Fauna aus ganzen Landstrichen mit sich, bis es im Polizeipräsidium auf Kungsholmen ankam.

Und das war auch schon das Ende des Small Talks.

Sie hörten, wie Robin eine Schublade nach der anderen aufzog. Sie meinten sogar, den Zippverschluss einer Tüte zu hören, dann wurde der Stecker eines Ladekabels in eine Steckdose gesteckt und ein iPhone ging an – Letzteres war vielleicht auch Wunschdenken.

»Wir müssen warten«, meldete sich Robin endlich zu Wort. »Es ist ein sehr altes iPhone. Verkohlt, aber funktionstüchtig – bloß das Starten dauert lange. Ich habe die Ermittlungsakte vorliegen. Was willst du sonst noch wissen?«

»Wer waren die Opfer?«

»Lukas Granberg und Delal Nouri aus Hallstahammar, außerhalb von Västerås. Achtzehn und sechzehn Jahre alt, sie hatten das Leben noch vor sich. Das Handy gehörte ihr. Sie waren auf dem Weg nach Västerås. Er war zwar arbeitslos, fuhr sie aber jeden Morgen zur Schule.«

Es folgte eine kurze Stille in der Leitung, bis Robin sich erneut meldete.

»Beeindruckende Schlussfolgerung«, brummte er.

Einfach so. Auf den ersten Blick war es unmöglich, den Kontext seiner Äußerung zu erkennen.

»Das GPS hat eine letzte Position gespeichert, das war Sonntag vor dem Unfall, der achtundzwanzigste. Es handelt sich um die Strecke von Hallstahammar bis zu einem Küstenstreifen vom Mälaren auf der anderen Seite von Västerås, nicht weit vom Schloss Ängsö. Ich greife deiner Frage voraus und habe dir die Koordinaten schon zugeschickt.«

Im selben Moment piepte Bergers Handy und meldete den Eingang.

»Meine Dankbarkeit kennt keine Grenzen«, sagte er.

»Unsere auch«, sagten Deer und Blom im Chor.

Robin schwieg einen Augenblick.

»Ich hätte geschworen, dass du lügst, Sam, und die beiden nicht in deiner Nähe sind. Guten Abend, meine Damen.«

»Ich lüge nie«, log Berger.

Das Telefonat war jedoch schon beendet.

»Guten Abend?«, wiederholte Deer.

»Er lebt in seiner eigenen Welt«, erklärte Berger. »Mit seiner eigenen Jahreszeit, seiner eigenen Tageszeit und seinem eigenen Wetter.«

»Du musst uns das jetzt mal bitte erklären, Sam«, sagte

Blom genervt. »Worum geht es hier? Autounfall? Scharfschützengewehr?«

»Ich habe das zufällig bei Samir auf dem Rechner gesehen. Ein Fall, der ihm dann allerdings kurz darauf von einem alten Bekannten wieder entzogen wurde. Conny Landin! Und vorhin habe ich eines von Samirs Volvo-Fotos gesehen, das auf der Autobahn 96 nach Norden, Höhe Kvicksund, gemacht wurde. Nicht weit von Västjädra, und zwar am dreißigsten Mai um 6 Uhr 48.«

»Will heißen, dass ein weißer Volvo V70 mit passender Delle zur richtigen Zeit am richtigen Ort geblitzt wurde, als zwei Teenager in einem alten grünen Saab mit dem Kennzeichen ZUG 326 mit einem Scharfschützengewehr hingerichtet wurden?«

Berger nickte.

»Die beiden müssen dem Mörder zu nahe gekommen sein, und zwar an dem Ort, wo er seine eingefrorenen Leichen aufbewahrt hat. Vielleicht haben sie etwas gesehen, was sie nicht hätten sehen dürfen. Er musste auf Nummer sicher gehen.«

Nachdenklich blieb Berger auf seinem Stuhl sitzen. Dann, vollkommen unerwartet, sprang er auf.

»Und? Wer von euch will mit?«

»Wohin denn?«, fragte Deer.

»An die Küste vom Mälaren, in die Nähe vom Schloss Ängsö.«

»Wir sind im Lockdown«, protestierte Deer. »Wir kommen hier nicht raus.«

»Du gehörst doch zu diesem Verein, Deer«, sagte Berger. »Es ist dein Job, uns hier rauszubekommen.«

60

Freitag, 9. Juni

Als sie durch Enköping fuhren, wurde Sam Berger von den Pfeilen der Wehmut getroffen. Er ertappte sich dabei, dass er nach einem Fußballfeld Ausschau hielt. Wie oft war er schon durch diesen Wald geschlichen, um seinen Zwillingssöhnen heimlich beim Fußballtraining bei den Junioren des Enköping SC zuzusehen? Jetzt waren sie dreizehn, und er wusste nicht einmal, ob sie noch Fußball spielten.

Molly Blom fuhr wie immer sehr schnell. Sie hatten Enköping bereits hinter sich gelassen. Aber die Pfeile steckten noch in Bergers Herz, bis zur Abfahrt von der E18 auf die Landstraße nach Süden, wo er seine Erinnerungen gegen die Gegenwart eintauschen und seine Pistole kontrollieren musste, die er an der Rezeption im Polizeipräsidium ausgehändigt bekommen hatte.

Sie folgten den wilden Wegen durch Västmanland. Die Zeit machte einen Sprung, als sie an der quadratischen Fassade des in Gelb und Rot leuchtenden Schlosses Ängsö vorbeifuhren.

»Wir sind gleich da«, sagte Blom. »Es liegt doch auf der Hand, dass die ATCG Biotech AG hier unten noch zusätzliche Gebäude hatte. Wenn wir in der Gegend keinen Sandstrand finden, würde mich das sehr überraschen.«

»Und vor allem diese verdammten Felsen, die aus dem Wasser ragen.«

»Nicht zu vergessen der Waldrand auf der anderen Seite der Bucht«, ergänzte Deer. »Der Firma gehört wahrscheinlich das ganze Areal.«

»Entweder ist er hier …«, sagte Berger.

»… oder er ist tot«, beendete Blom den Gedanken.

»Wer er auch immer sein mag«, sagte Deer.

Sie fuhren weiter nach Süden, fanden immer schmalere Wege, fuhren schließlich auf einem Kiesweg am Wasser entlang. Hier sah es aus wie bei der Dahlberg'schen Villa, als hätte das Unterbewusstsein des Mörders ihn an die Orte seiner Kindheit zurückgeführt. Das hatte zumindest für Örjan gegolten. Er hatte sich nie von den Ereignissen in jener schicksalhaften Nacht befreien können. Das hier war die Landschaft ihrer Kindheit, und zwar im wörtlichen Sinne. Hier war es passiert.

Sie kamen an einen Schlagbaum. Ein Schild verkündete mit Nachdruck, dass es sich um Privatgelände handelte und der Zutritt absolut verboten sei. Da der Schlagbaum gesichert war, zückte Berger seinen legendären Dietrichschlüsselbund. Es dauert nur wenige Sekunden, bis das etwas abgenutzte Schloss aufsprang. Sie fuhren weiter. Bis der Weg abrupt endete.

Sie sahen zwar, dass man über die Felsen am Strand noch weiterfahren konnte. Aber sie wählten den sicheren Weg zu Fuß und stiegen aus.

»Willst du hier warten?«, fragte Berger und sah Deer an.

Sie lachte und packte ihre Krücken.

»Auf keinen Fall!«

Also stiegen sie über die Felsen. Das gesamte Gelände war von einem hohen Zaun aus Hühnerdraht umgeben. Dem folgten sie hinunter ans Wasser. Auf dem Weg zogen sie sich Handschuhe an. Überall hingen Warnschilder, dass es sich um einen elektrischen Zaun handelte. Sie konnten das Hauptgebäude zu ihrer Rechten sehen. Dann entdeckte Berger die Überwachungskamera auf einem der Zaunpfosten. Es war nicht zu erkennen, ob sie aktiv war oder nicht.

Er nahm eine von Deers Krücken, hielt sie mit den Einweghandschuhen fest und drückte sie gegen den Zaun. Nichts passierte. Keine Funken, kein Knistern. Dann probierte Berger es mit der flachen Hand. Auch hier geschah nichts.

Mit einem Nicken gab er die Krücke zurück und zeigte auf das Tor. Dieses Mal holte Deer ihren Bund Dietriche heraus. Sie brauchte zwei Minuten, um das Schloss zu knacken und das Tor aufzustoßen.

Die drei traten ein und konnten den Sandstrand sehen, die aus dem Wasser ragenden Felsen und den Waldrand auf der anderen Seite der Bucht.

Das hier war das Original.

Das hier war die Landschaft der Kindheit.

Das hier war der Anfang von allem.

In diesem Idyll hatte Walter Dahlberg groteske Experimente und Transplantationen durchgeführt. Aber er hatte auch seine Kinder hier spielen lassen, am Strand. Und er hatte seine eingefrorenen Opfer hier gelagert.

Während sie auf das Haus zugingen, fügten sich in Berger die Teile zusammen. Er konnte – rein psychologisch – verstehen, warum Walter seine Opfer eingefroren hatte. Er hatte sie nicht getötet, sie lebten, als sie eingefroren wurden. Sein Gewissen war scheinbar rein. Niemand war durch seine Experimente zu Tode gekommen. Aber seine Taten hatten vor allem praktische Gründe. Die Opfer dienten als Ersatzteillager. Ihre Wunden waren verheilt, sie waren gewissermaßen überlebensfähig. Das bedeutete, dass sie Organe für ihn und möglicherweise auch für Matilda bereithalten sollten, für die sie nach ihrer Rückkehr nach Schweden Verwendung haben würden. Vielleicht war das der eigentliche Grund ihrer Rückkehr gewesen. Um Zugang zu den perfekten Organen zu haben und so ihr Leben zu verlängern.

Walter Dahlberg war ein geisteskranker Mensch gewesen.

Wenn sich der Mörder auf dem Gelände befand, war die Wahrscheinlichkeit groß, dass er sie schon längst bemerkt hatte. Aber das durfte sie nicht zurückhalten.

Das Anwesen bestand aus mehreren Gebäuden in unterschiedlich gutem Zustand. Hier hatte sich in den Neunzigern offensichtlich eine kleine Forschungsanstalt befunden.

Alle drei hatten ihre Waffen gezogen. Sie näherten sich von verschiedenen Seiten, ohne den Sichtkontakt zu verlieren. Blom schlich zu dem Haus mit dem großen Panoramafenster. Deer hatte sich die kleineren Gebäude vorgenommen, wovon mindestens eines nur noch als Ruine zu erkennen war. Berger folgte dem Verlauf des hohen Elektrozauns und kam zu einer Art Garage, in der Platz für zwei Autos war. Aber es stand nur eins drin.

Ein weißer Volvo V70 mit einer Delle am linken Scheinwerfer.

Berger strich über die Delle. Sie hatten sich also nicht geirrt. Dann bemerkte er, dass alle vier Reifen platt waren, zerstochen.

Wie auf ein unsichtbares Signal versammelten sich die drei am Hauptgebäude. Berger wollte sich vorbereiten auf das, was sie im Inneren erwarten würde. Hatte es noch einen zweiten Wagen gegeben? Warum waren die Reifen zerstochen? Und sah er das richtig – war die Haustür nur angelehnt?

Die anderen beiden hatten es auch bemerkt. Sie brachten sich in Position, hoben ihre Waffen. Auf alles gefasst.

Blom trat die Tür auf. Sie stürmten ins Haus. Die gleißende Nachmittagssonne schickte ihr Licht durch das Panoramafenster und begrüßte sie mit einem bereits vertrauten, aber desolaten Anblick. Denn der Raum in dem Film, den sie auf einem der USB-Sticks gefunden hatten, war in einem wesentlich besseren Zustand gewesen. Um einen länglichen

Tisch mit einer blau-grünen Tischdecke standen ein paar Hocker. An der Wand links neben dem Fenster hingen zwei Monitore älteren Datums. Beide Bildschirme waren zerschossen worden, die Einschusslöcher waren deutlich zu sehen. Das Scharfschützengewehr stand nicht mehr an seinem Platz, aber die Blätter aus dem Notizbuch hingen an der Wand. Zum Teil zumindest, denn die eine Hälfte war heruntergerissen worden und lag zerknüllt auf dem Boden verstreut. Berger nahm eines der Blätter und las vor: »Die Hand in die Eingeweide gleiten zu lassen, entlang der präzisen Schnitte durch die Haut-, Muskel- und Bindegewebsschichten, hat etwas unvergleichlich Erbauliches.« Angeekelt ließ er das Blatt fallen.

Erst da roch er es. Erbrochenes.

Blom stand vor dem Tisch und berührte den großen Blutfleck auf der Tischdecke, der längst vom Gewebe aufgesogen worden war. Vorsichtig hob sie die Decke an und entdeckte eine Glasscheibe, die in tausend Stücke zersprungen war – wie ein fertig gelegtes Puzzle. In der Mitte der Glasplatte sah man Spuren von einem harten Schlag, einer Waffe vielleicht. An der Seite des Tisches bemerkte sie eine kompliziert aussehende Armatur mit mehreren Displays. Ihnen blieb keine Zeit, sich ihre Funktion genauer anzusehen.

Sie lauschten. Es war nicht das geringste Geräusch zu hören. Eine fast ohrenbetäubende Stille.

Dann gingen sie in den nächsten Raum, eine große Halle, die vollkommen leer war. Auf dem Holzboden sahen sie dunkle Stellen, die vielleicht auf Maschinen hinwiesen, die einmal dort gestanden hatten. Sie kamen an eine schwere Tür, die zum Glück nicht verschlossen war. Berger war sich nicht sicher, ob er sie mit seinen Dietrichen bezwungen hätte.

Er drehte sich zu Deer um, die ihm sofort zunickte. Sie legte eine Krücke weg und machte sich bereit für den Abstieg. Berger schaltete eine riesige Taschenlampe ein und nahm die erste Stufe der außergewöhnlich langen Treppe. Der Weg nach unten fühlte sich an wie der Gang in die Unendlichkeit. Das Einzige, was sich veränderte, war die Luft – es fiel ihnen immer schwerer zu atmen, als wäre die Luft auf rätselhafte Weise ihres Sauerstoffs beraubt worden. Im zuckenden Licht ihrer Taschenlampen erreichten sie den dreckigen Kellerfußboden. Berger blieb stehen und leuchtete mit erhobener Waffe den Raum ab, wartete auf die beiden anderen. Deer hatte den Weg mit einer Krücke gemeistert, er konnte den Schmerz in ihrem Gesicht sehen. Sie keuchten alle, als wäre die Luft hier unten tatsächlich eine andere.

Für ein Kellergewölbe war der Raum ungewöhnlich hoch. Blom hielt ihre Lampe in eine Ecke, wo Kurbeln, Zahnräder und Ketten auf einem Haufen lagen. Das kannten sie schon. Damals wie heute erinnerte sie das alles an ein großes Uhrwerk.

Das Atmen fiel immer schwerer, je tiefer sie in den Keller vordrangen. Sie kamen an den hohen, mit Spinnweben verzierten Säulen vorbei und entdeckten dann die ersten Spuren menschlichen Lebens: Schlafsack, Campingkocher, Flaschen, Teller, Essensreste.

Hier hatte jemand gewohnt. Ziemlich lange.

Berger hörte Deer neben sich stöhnen. Sie hatte ihre Taschenlampe um neunzig Grad gedreht. Er selbst leuchtete erst in ihr versteinertes Gesicht, dann in die Ecke, auf die sie starrte. Er sah eine Flüssigkeit, die ihren Aggregatzustand änderte und gasförmig wurde, und ein Durcheinander aus zerbrochenem Glas und Chemikalien.

Und mittendrin lag ein merkwürdig verdrehter Körper. Der Körper einer jungen, nackten, halb aufgetauten Frau. Auf ihrer Brust war das blutlose Dreieck dreier Einschusslöcher zu sehen.

Bloms Taschenlampe wanderte an die Wand hinter der Toten. Dort befanden sich vier Tanks, deren Glasscheiben allesamt zersplittert waren. Aus einem der Tanks war die junge Frau gefallen und in einer grotesken Geburt über den Boden geschliddert.

Die Tote war umringt von Kleidungsstücken, die offenbar aus einem der Behälter über den Tanks herausgerissen worden waren. Die Kleidung war leicht in die Neunziger zu datieren. Die junge Frau musste sehr jung gewesen sein, als sie im Eis konserviert worden war.

Sie alle konnten kaum glauben, was sie da sahen.

Berger begriff jetzt, warum ihnen das Atmen so schwerfiel. Aus den Tanks war flüssiger Stickstoff gelaufen. Dadurch hatte sich der Stickstoffgehalt in der Luft vervielfacht, und der Sauerstoffgehalt nahm dramatisch ab.

»Oh Gott«, sagte Deer.

»Hier hat jemand Panik bekommen«, stellte Blom nüchtern fest. »Und mit dem Maschinengewehr etwa dreißig, vierzig Schuss abgefeuert.«

»Irgendwie beruhigend, dass auch Bloks Männer vor Angst durchdrehen können«, murmelte Berger.

Deer zeigte auf das Muttermal, das auf der Wange der bleichen, rothaarigen Frau zu sehen war. Es hatte die Form eines kleinen Herzens.

Der Anblick versetzte Berger einen Stich in sein Herz. Diese junge Frau, wer auch immer sie sein mochte, war eine Tochter, vielleicht sogar die Geliebte von jemandem gewesen. Und jetzt hatte sie Jahrzehnte bei minus 196 Grad in einem Keller in Västmanland verbracht.

Oleg Trefilov hatte in einem dieser Tanks gelegen, die hübsche Frau in Jeans in einem anderen und der elegante bärtige Mann im dritten.

Der Mörder hatte hier gehaust, zusammen mit den Eingefrorenen. Ein Akt der Sühne, der Versöhnung. Er hatte irgendwie, vermutlich mithilfe der Gegenstände, die an ein großes Uhrwerk erinnerten, die Körper nach oben transportiert, um sie dort langsam aufzutauen, immer vorm Fünften eines Monats, wofür er die Körper vermutlich in die Maschine im ersten Stock gelegt hatte, die aussah wie ein Glastisch, um ihnen während des Auftauens ihr eigenes Blut zuzuführen. Zumindest stellte sich Berger das so vor.

In jedem Fall erforderte dieses Vorgehen ein hohes Maß an Wissen und Fähigkeiten. Einer der Söhne hatte dieses Wissen im Familienunternehmen Hyperion Biotechnia LLC erworben.

Noch etwas anderes erregte Bergers Aufmerksamkeit. An der Wand neben den Tanks befand sich eine Art Werkzeughalterung für Äxte. Aber es war nur noch eine da.

»Eine Fiskars«, keuchte Deer. »Das ist eine Fiskars, Modell X17. Dann hat er also den Gedanken begraben, Conny Landin eine Axt in den Schädel zu rammen? Oder ist das die Reserveaxt, die noch übrig geblieben ist? Wird er zurückkommen, um sie sich zu holen?«

Molly Blom sprach endlich aus, was die anderen nur gedacht hatten.

»Ich kriege keine Luft, ich muss hier raus.«

Gemeinsam machten sie sich auf den Weg nach oben. Und keuchten dabei, wie nach einem Marathon.

Berger ließ Blom vor, sie ächzte und würgte, ihre Schritte wurden immer energischer.

Deer war hinter ihm.

»Was ist das denn?«, fragte sie, und Berger drehte sich zu ihr um.

Sie hatte noch ihre Taschenlampe eingeschaltet und leuchtete auf eine Stufe, im unteren Drittel der Treppe. Berger kam zu ihr, und gemeinsam betrachteten sie die etwas merkwürdige Installation am linken Rand der Stufe. Es waren Spielfiguren, wie bei *Mensch ärgere dich nicht* oder einem ähnlichen Brettspiel.

Drei kleine blaue Spielfiguren, in exakt demselben Abstand voneinander. Als Deer die Taschenlampe hob, entdeckten sie dasselbe auf der Stufe darüber. Allerdings waren es hier fünf Spielfiguren, auch sie in Reih und Glied aufgestellt.

»*Fuck*«, sagte Berger und spürte einen starken Würgereiz. »Kannst du davon Fotos machen?«

Er schleppte sich die Treppe hoch und konnte die Übelkeit nur mit Mühe unterdrücken. Das war Blom nicht mehr gelungen. Sie hatte es nicht bis zur Eingangstür geschafft, stand vornübergebeugt, die Hände auf den Knien, und erbrach sich ein letztes Mal. Als sie sich aufrichtete, sagte sie mit matter Stimme: »Sehr professionell!«

»Du bist nicht die Einzige gewesen«, sagte Berger und zeigte auf eine Stelle vor der Haustür, wo sich jemand vor ihr übergeben hatte.

Deer kam als Letzte aus dem Keller, stützte sich auf ihre Krücke und nahm ein paar tiefe Atemzüge, während Blom beschämt zur Seite wich und sich vor das Panoramafenster stellte.

»Was war das da unten?«, schnaubte Berger. »Radoslav Blok und seine Männer sind also hier gewesen. Aber der Mörder war schon weg? Draußen haben zwei Auto gestanden, richtig? Er ist mit dem einen weggefahren, und danach trafen unsere Gangster ein. Sie bekamen Panik, schossen wild um sich, zerstörten alles und haben gekotzt. Zum Schluss haben sie die Reifen des Volvos zerstochen.«

»Ein Verhalten, das nicht wirklich von großer Subtilität zeugt«, sagte Deer und betrachtete die Fotos auf ihrem Handy. »Der Mörder wusste, dass er von wenig subtilen Figuren verfolgt wird. Deshalb konnte er einen subtilen Hinweis hinterlassen. Aber für wen?«

Sie hielt Berger ihr neues Handy hin. Ihn beeindruckte allerdings am meisten, dass sie in der Lage gewesen war, in dem sauerstoffarmen Höllenkeller so scharfe Fotos zu machen. Die Spielfiguren auf den Treppenstufen waren sorgfältig arrangiert worden. Das waren wohl kaum Radoslav Blok und seine Schergen gewesen.

»Für wen ist diese Nachricht gedacht?«, wiederholte Berger und ging mit Deer die Fotos durch.

»Ich hätte da vielleicht eine Antwort für euch«, sagte Blom.

Sie hatte Papiere in der Hand, die sie sich im grellen Sonnenlicht aufmerksam ansah. Zwei Blätter hielt sie hoch, sodass die beiden anderen sie sehen konnten. Den Großteil der Seite nahmen Fotos ein. Es waren Fotos von hohläugigen Personen, wie in Munchs *Der Schrei*. Darunter stand etwas, handschriftlich.

Unter das linke Foto waren ein paar Fragezeichen gemalt, daneben eine Notiz: »Bootshaus Security AG.« Unter dem rechten Foto stand »Samuel Berger Bootshaus??«.

»*Shit,* woher sind die?«, fragte Berger.

»Das sind Aufnahmen, die mit einer Infrarotkamera gemacht wurden«, sagte Blom. »Wir waren im Auto unterwegs. Das muss der fünfte Juni gewesen sein, als er uns mit seinen Hinweisen an der Nase herumgeführt und uns an zwei verschiedene Strände gelockt hat. Er weiß, wer du bist, aber nicht, wer ich bin. Und soweit ich das beurteilen kann, weiß er auch nicht, wer *diese Person* hier ist.«

Blom hielt ein drittes Foto hoch, von viel besserer Qualität. Die Frau auf dem Bild hatte einen braunen Pagenkopf und lehnte mit dem Rücken an einer Wand. Ihre Augen waren geschlossen, und auf dem Boden neben ihr lag ein Handy. Unter dem Bild stand kein Text, nur ein großes Fragezeichen.

»Und er hat nach wie vor mein Handy«, sagte Deer mit zitternder Stimme.

61

Freitag, 9. Juni

Sie hielten auf dem Weg zurück nach Stockholm beim erstbesten Burger-Restaurant. Der McDonald's in Barkarby hatte nicht den kleinsten Hauch von Finesse, aber das war ihnen gerade recht. Sie hatten Dinge zu besprechen, bei denen sie durch nichts und niemanden abgelenkt werden wollten.

»Man kann es drehen und wenden, wie man will«, sagte Deer und biss in ihren Cheeseburger. »Er hat mir das Leben gerettet.«

»Und jetzt lädt er uns sogar zu sich ein«, sagte Berger. »Und ich meine das genau so. Er sitzt *jetzt* gerade irgendwo und wartet auf *uns.*«

»Aber nicht ohne Rückversicherung«, sagte Blom und stocherte mit ihrer Gabel in einem seltsamen Salat herum. »Es kann durchaus sein, dass er irgendwo sitzt. Aber er hält jemandem eine Pistole an den Kopf.«

»Vielleicht sind es *unsere* Köpfe?«, sagte Berger.

»Er ist für uns nicht gefährlich«, beharrte Blom. »Er will uns nur zeigen, was er kann. Vielleicht wird er noch eine Rede halten. Über seine schreckliche Kindheit.«

»Und über diese eine Nacht«, betonte Deer. »Eine Nacht 1995. Darauf seid ihr doch im Verhör von Örjan gestoßen. Ich habe im Kontrollraum gesessen und zugehört. Es geht um den fünften Juli '95, und es war an einem Sandstrand.«

»Ja, was zum Henker ist damals passiert?«, fragte Berger.

»Ich glaube, Walter hat ein Experiment durchgeführt, und zwar an seinen Söhnen. An allen vieren gleichzeitig«, sagte Deer. »Und Conny Landin – mein beschissener *Chef,* seit vielen unerträglichen Jahren – war daran beteiligt.«

»Ich sage doch, vor dem Mörder müssen wir uns nicht fürchten, sondern vor Radoslav Blok und seinen Männern. Sie wollen eines der weltweit führenden Biotechunternehmen kaufen, das in der Nanorobotik ganz vorn mitspielt und die Zukunft der Menschheit verändern wird. Und sie wollen dabei *auf keinen Fall* gestört werden.«

»Auf der anderen Seite gehören sie zur russischen Mafia«, gab Berger zu bedenken. »Die nehmen die Sachen selbst in die Hand und kreuzen auch nicht mit Armeebrigaden hier auf. Und sie zetteln definitiv keinen juristischen Streit an. Die halten ihre Angelegenheiten *inhouse.* Sie arbeiten mit ein paar ausgewählten Superprofis, vermutlich ehemalige Spezialeinheiten, Ex-Militär. Beweglich bleiben, effektiv, rücksichtslos.«

»Was genau wollen die?«, fragte Deer. »Jetzt gerade? Sie haben mit großer Wahrscheinlichkeit auch den dritten Bruder getötet. Nur der Mörder lebt noch, vermutlich weil er der Klügste von ihnen ist und auf Kampf und Flucht programmiert. Das hier ist sein Spiel. Er ist noch übrig. Er lebt. Er ruft nach uns. Aber weshalb?«

»Was bedeuten die Stifte, die an die Hand geklebt sind?«, fragte Blom.

»Ich glaube, die sollen uns nur verwirren«, sagte Deer. »Alle haben unterschrieben. Alle sind tot. Was jetzt?«

»Nein«, ruft Berger. »Verdammt. Die Unterschrift ist eine falsche Fährte. Ich glaube nicht, dass die irgendetwas unterschreiben. Das ist eine Warnung an *eine ganz bestimmte* Person. Den Ball flach zu halten, egal, was passiert. Ich könnte mir vorstellen, dass einer der Brüder sich mit Blok angelegt hat, als der sein Kaufinteresse signalisierte. Da hat Blok zurückgeschlagen, um seine Kontakte auf eine einzige Person zu reduzieren. Eine einzige *fügsame* Person. Keinen Haufen von flatterhaften, unverlässlichen Söhnen. Eine Person, die mehr Freude an einem Batzen Geld hat als an der Nähe von Mann und Kindern. Vor allem, weil sie sich durch die Eingriffe noch an die fünfzig Jahre zusätzlich verschafft hat. Wenn alle Erben tot sind, verkauft Tillie Dalbury ihre Firma, zieht nach Hawaii und lebt ein wunderbares, schickes Leben.«

Erst als sie aufhörten zu reden, spürten sie die Fettwolke, in der sie saßen. Der Nebel lastete schwer auf ihnen.

Deer sprang auf. Ihr Cheeseburger flog durch den trostlosen Raum, aber das störte sie nicht im Geringsten.

»Sollte dieses arme Mädchen wirklich sein großes Strandfinale werden?«, rief sie.

»Wenn du uns bitte genauer erklären könntest, was du meinst«, befahl Blom ungehalten.

»Das Finale der Axtmorde, das sollte Conny Landin werden«, sagte Deer. »Aber das Finale der Strandmorde kann doch kaum dieses namenlose Mädchen mit dem herzförmigen Muttermal auf der Wange sein. Das Finale gehört *seiner Mutter*. Weil sie Mittäterin ist. Vielleicht war sie am fünften Juli '95 fünfundneunzig sogar dabei, am Strand.«

»Dann bleibt trotzdem dieses arme Mädchen im Keller übrig«, wandte Berger ein. »Hat er sie aufgehoben, weil sie bis in alle Ewigkeit dort bleiben sollte? Ist das nicht auch eine interessante Zahlensymbolik – vier Tanks mit Opfern und vier Söhne? Er mag doch so was.«

»Tillie ist wichtiger, als wir bisher angenommen haben«, sagte Deer, die inzwischen ihr Telefon gezückt hatte. »Das müssen wir gleich überprüfen.«

Es dauerte lange. Niemand ging ans Telefon. Sie versuchte mehrere Anschlüsse. Endlich bekam sie jemanden in die Leitung, wurde mehrmals durchgestellt.

»Ist Tillie Dalbury schon im Präsidium eingetroffen?«

Ihr Gesichtsausdruck verriet keine Regung. Blom stocherte

weiter in ihrem kuriosen Salat, und Berger biss zum ersten Mal in seinen Big Mac. Er hatte seit Jahrzehnten keinen Burger mehr gegessen. Es schmeckte nach nichts.

Deer verzog das Gesicht. Tillie war nicht im Polizeipräsidium angekommen, sondern auf dem Weg dorthin entführt worden. Die ganze Sache wurde langsam richtig unappetitlich.

Matilda war für Blok erst interessant, wenn alle Söhne eliminiert waren. Entweder hatte Blok sie entführt, um sie an einen sicheren Ort zu bringen, oder der Mörder hatte sie erwischt. Ihr eigener Sohn.

»Der Streifenwagen wurde kurz vor dem Präsidium gestoppt«, erzählte Deer. »Die Beamten wurden gefesselt, Tillie mitgenommen.«

»War das Blok oder der Sohn?«, fragte Berger. »Wer hat sie entführt, und wo sind sie jetzt?«

»Blok hätte die beiden Beamten erschossen. Entführt hat sie der, der uns das Rätsel mit den Figuren aufgegeben hat. Wenn wir das lösen, wissen wir auch, wo er ist.«

Sie schob Berger und Blom ihr Handy hin. Drei blaue Spielfiguren auf der einen Stufe, fünf Figuren auf der Stufe darüber. Was hatte das zu bedeuten?

»Er liebt es zu spielen«, sagte Berger. »Ich erinnere euch nur an den Doppelpfeil.«

»Die blaue Farbe«, begann Blom. »Es ist nicht das erste Mal, dass er uns einen blauen Hinweis gibt. Die Röhrchen mit den USB-Sticks hatten blaue Deckel.«

»Drei«, übernahm Berger. »Drei Brüder? Drei tote Brüder?«

»Wer wären dann die fünf?«, fragte Deer.

»Es geht hier um viel zu viel, als dass wir uns mit diesem Quatsch beschäftigen könnten«, schimpfte Berger.

»Fünf von etwas, das über den drei Brüdern steht?«, schlug Deer vor. »Wie soll uns das weiterbringen?«

»Ich will eine rauchen«, stöhnte Berger.

»Du rauchst doch gar nicht«, erinnerte ihn Blom.

»Deshalb ja. Und dazu will ich eine ganze Flasche Laphroaig trinken.«

»Konzentrier dich«, sagte Deer. »Wir sind persönlich gemeint. Du, du und ich. Konzentrier dich jetzt, verdammt.«

»Okay«, sprang Blom ein. »Fünf über der drei. Dreiundfünfzig? Die Zehner eine Stufe höher als die Einer?«

»Und was soll uns dreiundfünfzig sagen?«

Deer schüttelte den Kopf. Es war unmöglich. So kamen sie nicht weiter.

»Sam? Los, reiß dich zusammen. Der Irre hat uns ein Rätsel gestellt. Er *weiß* und *will*, dass wir es lösen.«

»Ist es dann nicht ganz einfach?«, fragte Berger. »Drei unter fünf? Fünf über drei? Ohne tieferen Sinn. Nur Mathematik?«

»Ja und, was kommt da raus? Was können wir damit anfangen?«

»Fünf nach drei«, sagte Blom. »Eine Uhrzeit?«

»Jetzt würde ich am liebsten einen riesigen Joint rauchen.«

Berger wurde – zu Recht – ignoriert. Deer sah auf die Uhr.

»Es ist nach vier«, stellte sie fest. »Wenn fünf nach drei eine Art Deadline war, dann ist sie jetzt auf jeden Fall abgelaufen.«

»Hoch«, sagte Berger.

»Was?« Blom sah ihn fragend an.

»So sieht es doch aus«, sagte Berger und zuckte mit den Schultern. »*Drei hoch fünf.* Die Rechnung sieht ja auch aus wie eine kleine Treppe. Drei unten und die fünf oben: drei hoch fünf.«

Blom schnappte sich ihr Handy und tippte in den Taschenrechner: drei mal drei mal drei mal drei mal drei.

»Zweihundertdreiundvierzig«, sagte sie. »Kennen wir die Zahl irgendwoher?«

Berger schüttelte langsam den Kopf.

»*Ich* schon«, sagte Deer. »Wartet, ich habe die Zahl irgendwo gesehen. Mein Hirn ist so matschig.«

»Ich habe die Zahlen 2, 4, 3 auch gesehen«, sagte Blom nachdenklich. »Ich habe sie eingetippt.«

»Wo eingetippt?«, fragte Berger.

»In die Karten-App«, rief Deer. »Im Taxi des Fahrdiensts.«

»Und ich ins Navi im Auto«, nickte Blom. Bjursätragatan 243.«

Da war auch bei Berger der Groschen gefallen.

»Das Kelleratelier!«

62

Freitag, 9. Juni

Es war ein sonderbarer Ort. Als würde er lediglich in einer anderen Wirklichkeit existieren. Einer dunkleren.

Sie fuhren in den Innenhof, wohin kaum ein Lichtstrahl fiel, obwohl die Nachmittagssonne kräftig war.

Sie waren nur zu zweit, Berger und Blom.

Sie schlichen bis zu der dornigen Hecke, die an der Außenwand des Hauses mit der Nummer 243 wuchs. Durch das Gebüsch konnten sie das kleine Kellerfenster sehen, aber dieses Mal war es von innen mit einer schwarzen Plastikfolie zugeklebt. Und das hatte ganz bestimmt nicht die Polizei zu verantworten.

Er war da. Ihr Mörder befand sich im Kelleratelier. Und er war nicht allein. Er hatte seine Mutter dabei und hatte vor, sie zu töten.

Beim letzten Mal hatten sie den Fehler gemacht, durch den Müllraum zu gehen. Dieses Mal würden sie sich aufteilen – Berger verlor und musste denselben Weg nehmen wie beim ersten Mal. Blom würde durch die andere Tür in den Keller kommen.

Sie trennten sich. Mit Deer im Team wäre es besser gewesen, aber sie hatte etwas anderes zu erledigen. Wichtig war, alle Ausgänge im Blick zu behalten und den Täter nicht entwischen zu lassen.

Sie nickten sich zu, und Berger öffnete die Tür zum Müllraum mit dem Dietrich, die blaue Metalltür, deren Farbe abblätterte. Er schlich durch die gesättigte, schwere Luft und öffnete die zweite Tür, die in den Flur vor dem Kelleratelier führte. Dort begrüßte ihn ein neuer Schwarm Flugameisen, der offenbar gerade geschlüpft war. Molly Blom war auch schon da. Ihr Gesicht leuchtete in der Dunkelheit.

Sie brachten sich vor der Tür in Position. Atmeten tief ein und aus. Sprachen sich wortlos ab. Schlossen für einen Moment die Augen.

Blom stieß die Tür auf. Berger stürmte hinein. Mit erhobener Waffe. Die er auf eine reglose Matilda Dahlberg richtete.

Sie lag seitlich auf dem Sofa, bewusstlos. Mit ihrem Oberkörper bedeckte sie einen Mann, von dem Berger und Blom nur die Augen sehen konnten. Sie saß praktisch auf seinem Schoß.

Er hatte eine Pistole in der einen Hand, die er gegen Matildas Schläfe hielt, und in der anderen eine Spritze, die er in diesem Moment in ihren Hals rammte.

»Warum hat das so lange gedauert?«, sagte er.

»Machen Sie keine Dummheiten, Johan«, sagte Berger.

Johan Dahlberg, der »Philosophieprofessor« und älteste Bruder.

»Weil Sie so lange gebraucht haben, ist sie widerspenstig geworden, und ich musste ihr ein Schlafmittel geben. Das hier wird sie wecken.«

Er drückte den Inhalt der Spritze in ihren Hals und warf sie dann auf den Boden. Sie sahen, dass seine linke Hand dabei zitterte.

»Waffen runter«, befahl Johan.

»Sie wissen genau, dass wir das nicht tun können«, sagte Blom.

»Dann erschieße ich sie. Puff«, antwortete Johan ruhig.

»Dann sind auch Sie tot.«

»Ich rechne nicht damit, lebend hier rauszukommen«, sagte Johan. »Die Frage ist nur, wen ich noch mitnehme.

Tun Sie, was ich sage, und Ihnen wird nichts passieren. Und ihr auch nicht.«

Berger legte seine Waffe auf den Tisch. Blom zögerte.

»Jetzt kommen Sie schon. Weg damit. Sie können sie ja in Ihrer Nähe behalten. Ich habe Ihnen zwei Sessel hingestellt, bitte schön. Setzen Sie sich.«

Sehr zögerlich legte Blom ihre Waffe auf den Tisch und nahm Platz.

»Das hat Spaß gemacht«, sagte Johan. »Dass ich Gegenspieler hatte und mich tatsächlich jemand verstanden hat.«

»Wir haben nicht alles verstanden«, sagte Blom. »Aber das meiste.«

»Wir sind überzeugt davon, dass alles mit der Nacht zum fünften Juli 1995 zu tun hat«, erklärte Berger. »Sie und Ihre Brüder befinden sich am Strand des Mälaren. Ihr Vater hat dort etwas aufgebaut, um an seinen eigenen Kindern ein Experiment durchzuführen. Eine Art chirurgischen Eingriff, der das Zittern Ihrer linken Hand zu verantworten hat.«

Johan Dahlberg schüttelte enttäuscht den Kopf.

»Ich weiß«, sagte er. »Das Zittern ist wiedergekommen. Es war fast weg, nachdem ich das Schwein getötet hatte. Achtzehn Messerstiche, acht davon ins Gesicht. Das hat unglaublich gutgetan. Die Hand hat auch gezittert, als ich diesen Widerling Rutger beseitigt habe, aber sonst kaum noch. Bis jetzt, Samuel Berger.«

»Bitte sagen Sie Sam. Sie haben also Ihren Vater in der Nacht zum fünften März in Ihrem Elternhaus ermordet?«

»Nicht im Haus. Draußen auf dem Parkplatz. Es war noch früh, vielleicht so ein Uhr. Er war noch wach. Ich saß im Auto, meinem Volvo, und war bereit, mit allem anzufangen. Noch hätte ich es mir anders überlegen können. Zehn Minuten habe ich gewartet, zehn Minuten, die über meine Zukunft und die meiner Familie entschieden haben. Aber eigentlich gab es nie einen Zweifel. Ich habe ihn angerufen. Er klang überrascht und kam in einem sehr eleganten, seidenen Schlafanzug vor die Tür. Und hat sofort angefangen, mich zu beleidigen. Wer weiß, was passiert wäre, wenn er das nicht getan hätte. Er habe seine ganze Hoffnung in mich gesetzt, aber ich als Erstgeborener hätte ihn am allermeisten enttäuscht. Aus mir sei trotz seiner Bemühungen nichts geworden. Das hat es mir sehr erleichtert. Ich hatte das Messer hinter meinem Rücken versteckt. Es war fast so, als *wollte* er, dass ich es tue. Ich habe achtzehn Mal zugestochen. Das war der Anfang vom Ende dieser Familie.«

Matilda zuckte. Sie öffnete die Augen und erholte sich schnell von der ersten Orientierungslosigkeit. Begriff sofort, in was für einer Situation sie sich befand. Sie blieb liegen, wimmerte leise.

»Aber ich bin neugierig«, sagte Johan und hielt seine Mutter fest am Arm. »Sie beide sind Privatdetektive, wer ist Ihr Auftraggeber? Und kommen Sie mir jetzt nicht mit einer angeblichen Behörde in Amerika, deren Namen Sie nicht preisgeben dürfen.«

»Sie hatten ein Foto von ihr bei sich im Haus am Strand. Sie ist Polizistin und heißt Deer. Sie hat das Leben eines uns sehr nahestehenden Kindes gerettet und dafür ihre Beine geopfert.«

»Verstehe«, Johan nickte. »Ich vermute, dass Conny Landin ihr bei den Ermittlungen Steine in den Weg gelegt hat?«

»Ja«, sagte Berger. »Sie haben sie vor dem Monster Rufus Lagergrund gerettet. Dafür sind wir Ihnen trotz allem sehr dankbar. Aber Sie haben ihr Handy mitgenommen.«

»Sie hat ein Kind, oder? Das ihren Spitznamen auf den Zettel geschrieben hat.« Johan lächelte. »Sie muss sich keine Sorgen machen, ich habe das Handy in den Mälaren geworfen.«

»Wir sind ebenfalls neugierig«, sagte Berger. »Erzählen Sie uns von dem fünften Juli '95. Von dem Strand, wo Sie Deers Handy versenkt haben.«

»Sie zuerst. Erzählen Sie mir, wie es draußen in der Fabrik

gelaufen ist. Ich bin so froh, dass Sie in der Lage waren, mein kleines Rätsel zu lösen. Mir war klar, dass die Monster das niemals schaffen würden. Das sind keine Menschen, die einen Blick für Feinheiten haben.«

»Sie nennen den Ort *Fabrik*?«

»Früher war dort eine Fabrik. Eine Fabrik und ein Spielplatz. Wir haben nach Steinen getaucht, bei den Felsen draußen. Dort habe ich als Kind gespielt.«

»Die bunten Steine«, sagte Berger. »Und der orangene lag immer viel zu weit weg.«

Zum ersten Mal schien Johan überrascht.

»Was seid ihr für großartige Privatdetektive? Auch die Stumme. Ich bin davon überzeugt, dass sie das Rätsel mit dem Doppelpfeil gelöst hat.«

Berger warf »der Stummen« einen Blick zu. Blom saß mit versteinerter Miene da und beobachtete alles.

»Ihr Bruder Örjan hat uns von den Steinen erzählt«, sagte Berger.

»George.« Johan nickte mit einem traurigen Lächeln. »Der arme Kerl. In Wilmington war er unser Problemkind, wurde drogenabhängig, dann kriminell. Dass ausgerechnet aus ihm ein Bulle werden würde, war zu dem Zeitpunkt nicht vorherzusehen. Aber er ist jetzt ebenfalls tot, oder?«

»Er wurde *im Polizeipräsidium* ermordet«, sagte Berger aufgebracht. »Das darf einfach nicht passieren. Glauben Sie, dass wir *hier* sicher sind? Kommen Sie mit uns mit, dann können wir uns an einem sicheren Ort unterhalten.«

»Sollten wir nicht komplett auf diesen Bullentalk verzichten? Bitte?«, sagte Johan etwas enttäuscht. »Ich werde hier nicht lebend herauskommen. Das will ich auch gar nicht. Ich habe hier monatelang gelebt, habe hier alles geplant. Ich war gerade aus den USA nach Schweden zurückgekehrt und hatte den tiefen Wunsch, die Vergangenheit zu bereinigen. Ich konnte dieses Atelier ab Februar letzten Jahres mieten und hatte Zeit, mir alles in Ruhe zu überlegen. Was geschehen war und was ich dagegen unternehmen wollte. Anfang März habe ich ein Versteck in der Fabrik gefunden, wo mein Vater sein Notizbuch aufbewahrte. Die Seiten aus diesem Buch haben Sie dort an der Wand gesehen. Es war der fünfte März. Ich blätterte wild durch die debilen Hirngespinste meines Vaters, und als ich eine Zeichnung fand, auf der ein zerstückeltes Neugeborenes abgebildet war, mit detaillierter Beschreibung und allem, begriff ich, wie umfangreich mein Projekt zur Bereinigung und Klärung der Vergangenheit sein musste. Ich habe mir genau ein Jahr Zeit gegeben, um alles vorzubereiten. Stichtag war der fünfte März. Dass es der fünfte war, habe ich damals als ein Zeichen gesehen. Ich fing sofort an mit der Planung. Genau hier ist alles entstanden. Hier fühle ich mich zu Hause. Deshalb ist es in Ordnung, auch hier zu sterben.«

»Aber nicht für uns«, sagte Molly Blom.

Das war, genau genommen, ihr erster Wortbeitrag.

Johan sah sie aufmerksam an.

»Das verstehe ich sehr gut, Molly Blom«, sagte er. »Es ist Ihnen übrigens hervorragend gelungen, keine Spuren im Netz zu hinterlassen. Man kann Sie online nicht finden. Darum war ich so dankbar, dass Sie bei dem Besuch in unserem Elternhaus dabei waren und sich vorgestellt haben.«

»Es ist nicht in Ordnung, hier zu sterben, Johan«, sagte Blom statt einer Antwort. »Sie sollen nicht sterben, und wir sollen nicht sterben. Und Ihre Mutter auch nicht.«

Das glatte Gesicht von Matilda Dahlberg hatte rote Flecken bekommen. Ab und zu riss sie die Augen auf.

»Wie passt die junge Frau mit dem herzförmigen Muttermal in Ihre Planung?«, fragte Berger. »Sie wollten Ihre Serie am fünften Juli krönen, mit einer Axt für Conny Landin und dem Tod Ihrer Mutter an einem Strand in der Nähe. Zum Jahrestag. Aber was hatte das arme Ding in dem Kryotank damit zu tun? Was hatten Sie mit ihr vor?«

»Ich habe sie geliebt«, sagte Johan leise.

»Geliebt?«, wiederholte Berger ungläubig.

»Sie hieß Caoimhe und war das letzte Opfer meines Vaters in Schweden. Ich war dreizehn Jahre alt und sah sie nur von Weitem in der Fabrik. Es war nicht vorgesehen, dass ich sie zu Gesicht bekam. Und sie war überirdisch schön.«

»Und was hatten Sie vor? Wollten Sie zusammen sterben?«

»Ich vermute, dass Sie schon längst begriffen haben, wie das alles zusammenhängt. Nach den Operationen hat mein Vater die widerstandsfähigsten Exemplare behalten und sie in den Tanks konserviert. Sie waren genetisch passende Depots für weitere Transplantationen. Für meinen Vater beziehungsweise für meine liebe Mutter hier. Die Körper blieben in Schweden und wurden von einem treuen Angestellten bewacht und gepflegt, der vor ein paar Jahren starb. Danach mussten wir Söhne reihum nach Schweden reisen, um uns um die Tanks zu kümmern. So machte ich mich vertraut mit den Prozessen der Kryokonservierung, mit dem Auftauen und Einfrieren sowie dem Ersetzen der Frostschutzlösung durch das ebenfalls tiefgefrorene Blut.«

»Und was hat das jetzt mit Caoimhe zu tun?«

»Ich wollte den Jahrestag tatsächlich feierlich begehen. Für Conny Landin hatte ich eine besondere Bartaxt vorgesehen, für meine Mutter eine ganz gewöhnliche Fiskars – die habe ich in der Fabrik gelassen. Dann wollte ich Caoimhe auftauen und mit ihr zu einem Strand mitten in Stockholm fahren – beim Långholmsbadet übrigens – und mich neben sie in den Sand legen. Ich hätte ihre Hand genommen, sie für die unfassbare Bösartigkeit und Gier meiner Familie um Verzeihung gebeten und wäre mit ihr zusammen gestorben, durch einen gemeinsamen Schuss aus dem Scharfschützengewehr. Das war der Plan.«

»Aber daraus wurde nichts. Was ist passiert?«

»Ich musste Hals über Kopf fliehen und sie in der Fabrik zurücklassen. Das war schrecklich. Was haben die mit Caoimhe gemacht?«

»Sie haben sie erschossen«, sagte Berger. »Sie haben alle Tanks zerschossen. Sie hatte drei Einschusslöcher in der Brust. Sie ist aus dem Tank geschliddert und lag verdreht und nackt auf dem Boden. Ich hoffe, Sie sind zufrieden mit dem, was Sie da angerichtet haben, Johan.«

Johan Dahlberg schloss die Augen. Sie hätten diese Gelegenheit ergreifen können, um ihn zu erschießen. Vielleicht rechnete er sogar damit. Aber die Mündung seiner Pistole lag auf der Schläfe seiner Mutter, und so war die Wahrscheinlichkeit gering, dass sie die Situation ohne schwerwiegende Folgen lösen konnten.

Berger schlug einen anderen Weg ein.

»In gewisser Hinsicht sind Ihre Taten alle verzeihlich, Johan. Die eine Hälfte waren Morde aus Barmherzigkeit, bei der anderen Hälfte haben die Opfer den Tod verdient. Aber es gibt eine Ausnahme. Der grüne Saab mit dem Kennzeichen ZUG 326, der auf der Autobahn verunglückt ist und in dem der achtzehnjährige Lukas Granberg und die sechszehnjährige Delal Nouri saßen. Die beiden hatten ihr ganzes Leben noch vor sich. Und Sie haben sie einfach erschossen. *Das* ist unverzeihlich.«

»Ich weiß«, Johan nickte bedrückt. »Das fiel mir auch nicht leicht. Aber sie haben mich bei der Durchführung meines Planes gestört.«

Berger schüttelte den Kopf.

»Hören Sie eigentlich, was Sie da sagen?«

Johan schloss erneut die Augen. Und nickte.

»Ich vermute, dass Caoimhe aus Irland kam?«, murmelte Berger.

»Ich hatte gehört, dass sie Irin ist, den Namen habe ich mir selbst ausgedacht. Ich habe keine Ahnung, was von ihr mein Vater für sich oder für dieses Monster von Mutter vorgesehen hatte, die ich mir nur deshalb so fest an den Körper drücke, damit ich trotz ihrer Schönheitsoperationen überhaupt eine *fucking* Reaktion spüre.«

»Dann war Caoimhe also das letzte Opfer?«, warf Berger ein.

»Ja, danach sind wir in die USA gezogen. Dort lief alles weiter, aber auf professioneller und legaler Basis. Die verbotenen Sachen waren für die Fabrik in Schweden reserviert – wo sie sich ›nach der Pensionierung‹ zur Ruhe setzen wollten. Aber eins ist mir wichtig: Die Menschen, die ich an die Strände gelegt habe, wurden nicht von mir getötet. Ich habe *niemanden* ermordet, das war mein Vater. *Er* hat sie auf dem Gewissen. Der Mörder war schon tot, als seine Opfer getötet wurden.«

Sein letzter Satz hatte etwas Sprichwörtliches, als hätte er damit den Kern des Ganzen getroffen.

Der Tote mordete weiter.

»Stimmt unsere Theorie, dass einer Ihrer Brüder sich mit den Interessenten für den Kauf der Hyperion Biotechnia LLC angelegt hat?«, fragte Berger. »Haben Sie versucht, das Kaufversprechen rückgängig zu machen? Oder noch mehr herauszuschlagen?«

»Ja, ich glaube, so war es. Mike und Fred wollten mehr haben. Ich vermute, dass die dann beschlossen haben, alle zu beseitigen und die Entscheidungsgewalt in die glatten, feinen Hände meiner bald seligen Mutter zu legen.«

»Wie konnten Sie es dann wagen, sich gestern mit der ganzen Familie im Elternhaus zu treffen? Meinen Sie nicht, dass diese Monster Sie beobachtet haben?«

Johan lachte amüsiert.

»Auf jeden Fall. Aber Mike war nicht nur ein Partylöwe, sondern auch ein verdammt guter ITler. Er hatte die zwei Kameras gefunden, die Loop-Funktion installiert und sie während unseres Gesprächs die ganze Zeit auf seinem iPad kontrolliert.«

»Ich würde trotzdem gern noch einmal zurück zu jener Nacht im Juli«, sagte Berger. »Wie alt waren Sie damals, Johan? Zehn?«

Er schüttelte den Kopf.

»Ich war dreizehn, Örjan war zehn, Freddie neun, Micke sieben. Er war erst *sieben* Jahre alt, und diese Irren haben uns Skalpelle in den Kopf gejagt. Ihren eigenen Kindern.«

»Skalpelle?«

»Das war nur zu unserem Besten«, sagte Johan und grinste, als würde er jemanden zitieren. »Ich war so voller Hass. Ich konnte Örjan neben mir sehen, ich habe nie wieder in meinem Leben in so verängstigte Augen geschaut. Er hatte aufgegeben, sich gefügt. Er war der Sensibelste von uns vieren, und dieses Experiment hat ihn gebrochen. Deshalb ist er später kriminell geworden. Ich glaube, dass ich damals am Strand beschlossen habe, eines Tages unseren Vater zu ermorden.«

»Aber was hatte das Experiment am Strand für Konsequenzen?«

»Oberflächlich betrachtet, hat das Schwein sogar recht behalten. Nachdem die Wunden verheilt waren, fiel es uns immer leichter, bis zum orangenen Stein zu tauchen. Wir konnten länger die Luft anhalten und weiter tauchen, wir konnten schneller denken, besser arbeiten. Aber wir hatten auch Zuckungen, Schwierigkeiten, uns zu konzentrieren, gesunde Beziehungen zu anderen Menschen zu pflegen, zu lieben. Ganz zu schweigen von den schrecklichen Angstzuständen. Und Wahnvorstellungen. Örjan traf das alles am härtesten. Es hat ihn verfolgt und zerstört. Mein Großvater hat ihn gerettet, indem er ihn nach Schweden holte. Es gelang Örjan, dem Schicksal eine andere Wendung zu geben und Polizist zu werden. Aber ich weiß nicht, ob er jemals ein richtiges Leben führen konnte. Wir hatten nur sporadisch Kontakt.«

»Aber was war das für ein Experiment …?«

»Der neue heiße Scheiß«, unterbrach ihn Johan. »Die allerneuesten wissenschaftlichen Erkenntnisse der Neunzigerjahre. Man hatte festgestellt, dass man die Leistungsfähigkeit des Gehirns durch einen Eingriff steigern konnte, der sehr an Lobotomie erinnert. Zusammen mit diversen Medikamenten, die intravenös verabreicht wurden. Unter bestimmten Licht- und Druckverhältnissen sollten die Probanden dann ihre Leistung steigern können. Unser Vater war begeistert davon. Einen Monat lang hat er uns indoktriniert. Mein Sohn, es wird alles gut werden, du wirst ein anderer sein, ein besserer Mensch, du wirst ein besseres Leben führen. Bla, bla, bla.«

»Und was geschah genau in dieser Nacht …?«

»Uns wurden Augenbinden angelegt, und wir saßen auf Plastikstühlen im Sand. Sie bauten Gestelle auf. Mit Einbruch der Morgendämmerung herrschten die optimalen Licht- und Luftdruckverhältnisse. Wir sollten vom Dunkeln ins Licht gehen, darum wurden uns die Augenbinden abgenommen. Es sollte alles perfekt sein. Ich war so wütend, ich war so unendlich wütend. Ich sah Örjan neben mir, und er war leichenblass vor Angst. Als er später kriminell wurde, warf er unserem Vater vor, er habe *den größten Verrat begangen, den man sich vorstellen kann.*«

»Zurück zu dieser Nacht«, sagte Berger.

»Die warteten auf etwas, und ich wusste erst nicht, was es war. Aber dann wurden Infusionsständer geliefert, für den Eingriff, in letzter Minute. Und zwar von Conny Landin, mit einem Schlauchboot.«

»Tatsache, mit einem Schlauchboot«, sagte Berger.

»Ich wusste schon damals, dass in meiner Rache auch ein Schlauchboot vorkommen würde. Es war gar nicht so leicht, damit umzugehen. Aber zuerst musste er selbst – das Böse selbst, Abbadon, Apollyon, diese unerträgliche, leiernde Stimme musste für immer zum Schweigen gebracht werden. Dann sollten seine Opfer in einer Leichenparade an den Sandstränden platziert werden, jeweils am Fünften eines Monats. Bis zum Juli. Der Monat des eigentlichen Finales, wenn dieses Monster von einer Mutter von der Erde verschwinden sollte.«

Er stieß seiner Mutter in die Seite.

»Du erinnerst dich doch noch an diese Nacht, oder, Mutter? Du hast unten am Wasser gestanden und zugesehen. Du hast zugesehen, wie deine vier Söhne lobotomiert wurden.«

Matilda hustete, räusperte sich.

»Walt hatte doch recht, ihr wurdet danach in allem besser. Die Leistungsfähigkeit eurer Gehirne wurde um ein Vielfaches erweitert. Ihr wart Genies.«

»Und warum ist dann aus keinem von uns etwas Großes geworden? Wenn wir solche Genies waren? Warum haben wir Gelegenheitsarbeiten in der Firma übernommen, statt eine ordentliche Ausbildung zu bekommen? Warum ist Örjan kriminell geworden, warum ist Fred zum Eisfischen nach Alaska geflohen und Mike nach New York, um sich mit Drogen vollzupumpen?«

»Weil ihr zu klug für diese kleine Welt in Wilmington wart«, schnaubte Matilda. »Dieser Ort war nichts, ein Furz im Weltraum. Ihr wart Genies, verdammt noch mal.«

»Reiche weiße Väter in den USA sorgen dafür, dass ihre Idiotensöhne eine strahlende Zukunft haben. Das macht das Wesen dieser Nation aus. Mit minimaler Auswahl an Talent. Walt wäre nie im Leben auf den Gedanken gekommen, seinen Söhnen, in deren Gehirnen er herumgestochert hat, das Leben leicht zu machen. *Fuck.*«

»Beruhigen Sie sich, Johan«, sagte Berger. »Wie sind Sie damit umgegangen? Was haben Sie für ein Leben geführt?«

Johan schloss erneut die Augen, als hätte er all seine Energie aufgebraucht.

»Ich bin Mitglied einer Sekte geworden. In der Wüste von Arizona. Wir waren sehr waffenaffin und aktiv in der Lebensrechtsbewegung *Pro life*. Ich habe viel gepredigt und Holz gehackt, deshalb kann ich gut mit einer Axt umgehen. Mehr gibt es dazu nicht zu sagen. Vor ein paar Jahren habe ich beschlossen, mich mit meinem Scheißleben auseinanderzusetzen. Herauszufinden, was mich so zerstört hat. Es ist das

Streben meiner Eltern nach dem ewigen Leben gewesen. Quantität vor Qualität.«

Matilda wand sich in seinen Armen.

»Es ist nicht mein oder Walts Fehler, dass es euch nicht gelungen ist, etwas aus eurem privilegierten Leben zu machen«, schrie sie. »Ihr hattet keine Geldsorgen, leistungsstärkere Gehirne und alle Möglichkeiten. Aber ihr habt es nicht geschafft, das zu eurem Vorteil zu nutzen. *Go to hell,* du Jammerlappen. Du hast deine Familie ausgelöscht. Ich hoffe, dir geht es jetzt besser, du jämmerlicher, unterentwickelter Feigling, du.«

»Ich werde dich jetzt töten, Mama«, zischte Johan Dahlberg. »Grüß Papa in der Hölle.«

Berger war aufgesprungen und brüllte.

»Nicht schießen, *nicht* schießen!«

Aber sie hörten einen Schuss. Nicht mehrere, keinen Racheengel, der sein ganzes Magazin leerte. Es war nur ein einziger Schuss mit mehreren, sichtbaren Konsequenzen. Die erste war, dass die Scheibe des Kellerfensters zersplitterte. Die zweite war, dass durch den Schuss die schwarze Plastikfolie zerfetzt wurde. Die dritte war, dass der Schuss Johan Dahlberg traf und er rücklings aufs Sofa fiel. Aus einem Loch in seinem Kopf floss Blut. Und die vierte war, dass Deer durch das Loch in der Folie zu ihnen hereinsah.

»Seid ihr alle okay?«, rief sie.

Berger zog die erstarrte, aber unverletzte Matilda Dahlberg vom Sofa.

»Alle, auf die es ankommt, ja«, antwortete er heiser.

Dann schaltete er sein Aufnahmegerät aus.

63

Freitag, 9. Juni

Hier hätte alles zu Ende sein sollen. Sie hätten ihre Sachen und ihr Leben einpacken und umgehend nach Hause fahren sollen. Aber dazu kam es nicht. Die Stunden verstrichen.

Berger, Blom und Deer saßen in einem großen Van in dem dunklen Innenhof in Rågsved. Obwohl schon viele Stunden vergangen waren, hatten sie sich kaum bewegt.

Deer starrte unentwegt auf ihre Hände, als hätte sie ein unschuldiges Lamm geschlachtet. Als müsste sie das Blut abwaschen, so oft, bis ihr das Fleisch von den Fingern fiel. Berger und Blom wiederum hielten sich an den Händen, was sich ganz ungewohnt anfühlte.

Die Tür öffnete sich, und der müde und erschöpft wirkende Kommissar Leif Eskilsson stieg in den Wagen. Er ließ sich auf einen freien Sitz fallen, stellte sein iPad auf den Tisch und legte seine schnurlosen Kopfhörer daneben.

»Ich nehme deine Waffe jetzt mit, Desiré.«

Deer nickte und händigte ihm ihre Dienstwaffe aus. Sie wusste, dass das zur Routine gehörte, wenn es zu einem Schusswaffengebrauch mit tödlichem Ausgang gekommen war. Eskilsson verschloss die Plastiktüte, in die er die Waffe gelegt hatte.

»Wir haben einen silbernen Audi A6 auf dem Parkplatz im Innenhof gefunden«, fuhr er fort. »Darin lagen ein Rechner, ein Scharfschützengewehr und eine Bartaxt der Marke Gränfors.«

»Die für Conny Landin gedacht war«, sagte Berger.

»Vor der Dahlberg'schen Villa in Stäket stand auch ein Audi A6«, fügte Blom hinzu.

Leif Eskilsson nickte, steckte sich die Kopfhörer in die Ohren und zeigte an die Decke des Vans, wo Monitore angebracht waren.

»Das hier ist vor exakt zwölf Minuten passiert.«

Auf dem Bildschirm war ein Polizeieinsatz zu sehen. Ein Van stand im Mittelpunkt. Viele Waffen waren involviert, ein heftiger Schusswechsel. Trotzdem gelang der Einsatz ohne größeres Blutvergießen. Sechs Personen wurden aus dem Wagen gezogen, entwaffnet. Die Kamera machte Aufnahmen vom Inneren des Vans, das Waffenarsenal war beeindruckend. Als die Kamera wieder nach draußen schwenkte, saßen die festgenommenen Männer nebeneinander auf dem Boden. Sie wurden gefilmt, einer nach dem anderen, und beim letzten zuckten alle drei zusammen. Deers Reaktion war am stärksten.

Ihr war alle Farbe aus dem Gesicht gewichen. Endlich konnte sie dieses Kapitel in ihrem Leben abschließen.

»Ihr hattet recht«, sagte Eskilsson und hielt den Film an. »Das ist Radoslav Blok, ein Mafiaboss, der gern selbst in vorderster Front und bei den blutigsten Jobs mitmischt. Er wird seit Längerem international gesucht, wegen organisiertem Verbrechen. Es deutet vieles darauf hin, dass er Anführer einer russischen Liga ist, die in den USA eine LLC-Gesellschaft namens Bogatyr LLC gegründet hat. Diese Gesellschaft hat inzwischen einen längeren sogenannten *vetting process* im Zusammenhang mit dem Kauf der Hyperion Biotechnia LLC überstanden.«

»Außerdem hat er mir ein Bein abgesägt«, fügte Deer heiser hinzu.

»Ein nicht unwesentliches Detail«, gab Eskilsson zu.

»Das war nie im Leben die schwedische Polizei«, sagte Berger und zeigte auf den Monitor.

»Wie bitte?«, rief Eskilsson empört.

»Ich könnte sagen, dass man es an der Kleidung sieht«, betonte Berger. »Aber es war eher die Vorgehensweise, das war ja ein richtig professioneller Zugriff.«

»Das ist mir jetzt zu blöd, um darauf zu reagieren«, sagte Eskilsson beherrscht. »Sie drei haben hier sehr gute Arbeit geleistet. Allen voran Kommissarin Rosenkvist, die vor uns eingetroffen ist und in der Lage war, den Täter auszuschalten. Das Entführungsopfer wurde an einen sicheren Ort gebracht und wird dort bleiben, bis die Gefahr gebannt ist. Danach steht es ihr frei zu gehen, wohin sie will.«

Die anderen schwiegen. Sie waren alle von Matilda Dahlbergs Schuld überzeugt, die allerdings eher moralischer als juristischer Natur war. Eskilsson bekam eine Nachricht über Kopfhörer mitgeteilt und hielt inne. Dann hob er den Blick vom iPad und wendete sich an die drei.

»Genau. Die Vereinbarung zwischen Bogatyr LLC und Hyperion Biotechnia LLC wurde inzwischen annulliert, was bedeutet, dass die Hyperion zu einhundert Prozent Tillie Dalbury gehört, bis die sehr komplizierten juristischen Fragen abschließend geklärt sind.«

»Heißt das etwa, dass auch der vierte Sohn getötet wurde?«, fragte Blom.

»Ich befürchte ja«, nickte Eskilsson. »Fred Dalbury wurde heute Morgen in einer Besenkammer am International Airport von Seattle-Tacoma gefunden. Er hatte ein Ticket nach Anchorage, Alaska, gebucht und in seiner Hand, die an einen Tisch geklebt war, steckte ein Kugelschreiber.«

»Und was passiert jetzt als Nächstes?«, fragte Blom nach einer Weile. »Was passiert mit Conny Landin? Hat er endlich geredet? Wissen wir jetzt mehr über seine Verwicklungen in den Fall? Hatte er mit Radoslav Blok direkten Kontakt?«

»Es besteht kein Zweifel daran, dass Conny Landin in die Fänge der Mafia geraten ist, oder?«, fragte Eskilsson. »Und dass er sämtliche Informationen an Blok weitergegeben hat?«

»Richtig«, sagte Berger. »Aber vielleicht war sein Leben doch viel komplizierter, als wir denken? Vielleicht gab es noch eine Instanz. Was mich auf den Gedanken bringt …«

»Lassen Sie es gut sein«, sagte Eskilsson und sah auf sein iPad. »Wir sind hier in Schweden, dem Paradies der Offenheit. Alles kommt früher oder später ans Licht, Sie müssen sich um nichts mehr kümmern. Außerdem habe ich hier jemanden, der mit Ihnen sprechen und Ihnen einen ganz besonderen Gruß überbringen will.«

»Einen ganz besonderen Gruß? Von wem denn?«, fragte Berger mürrisch.

»Das kann ich Ihnen leider nicht sagen.«

Berger lehnte sich auf der Bank des Polizei-Vans zurück und versuchte, sich zu beherrschen.

»Okay, dann schießen Sie mal los.«

Eskilsson drehte das iPad so, dass alle es sehen konnten. Sie sahen eine Gestalt, die einen schwarzen Hoodie trug und sich die Kapuze tief ins Gesicht gezogen hatte. Unmöglich, sie zu identifizieren.

»Ich möchte einen offiziellen Dank an die Kommissarin Desiré Rosenkvist und die befristet beschäftigten Externen überbringen«, sagte die Gestalt, die aussah wie der Tod.

Blom zuckte zusammen und drückte Bergers Hand. Aber sie sagte kein Wort. Ihr ganzer Körper war wie versteinert.

»Wer sind Sie?«, fragte Berger.

Er meinte, die Andeutung eines Lächelns zu erkennen.

»Ihre Partnerin hatte früher einmal mit mir zu tun. Wir haben vor gar nicht allzu langer Zeit zusammengearbeitet, aber sie weiß nicht, wie ich heiße. So soll es auch bleiben. Da ich gerade in den Räumen des Nationalen Polizeichefs sitze, haben Sie vielleicht eine Ahnung, welche Ebene involviert ist.«

»Und was haben Sie mit diesem Fall zu tun?«

»Molly Blom soll die Lücken schließen«, sagte der Mann. »Unsere geheimen Treffpunkte früher waren Kirchen. Sie darf Ihnen gern alles erzählen. Ich will Ihnen aber noch mitteilen, dass das Führungsteam beschlossen hat, die Leitung der Abteilung, die bisher von Conny Landin geführt wurde, an Desiré Rosenkvist zu übertragen. Ich schlage vor, dass Sie sich eine Woche Urlaub gönnen, um am Montag, den neunzehnten Juni, die Abteilung zu übernehmen. Sind Sie damit einverstanden?«

Deer starrte sprachlos auf die Gestalt auf dem Display. Berger sah, wie sich Glück und Erleichterung den Weg auf ihr Gesicht bahnten.

»Nennen Sie mich doch bitte Deer.«

Der Mann lachte.

»Es wurde lange diskutiert, Ihnen allen den Verdienstorden für außergewöhnliche Leistungen zu verleihen. Aber es gibt zu viele berechtigte Zweifel daran, dass Sie sich immer an die Grundsätze der Rechtsprechung gehalten haben. Ich werde trotzdem darauf zurückkommen.«

Er bewegte sich auf seinem Stuhl, und für den Bruchteil einer Sekunde sah Berger das Gesicht eines grauhaarigen Mannes mittleren Alters, mit einem dunklen Fleck auf der Wange.

»Ich werde auch in anderen Fragen noch mal auf Sie zurückkommen«, fuhr der Mann fort. »Sie haben es verdient, vollkommene Klarheit über diesen Fall zu erlangen. Wir sehen uns wieder, wenn alles aufgeklärt ist. Versprochen. Sehr gute Arbeit. Von allen.«

Er lehnte sich vor und drückte mit dem Finger auf den Bildschirm. Das Bild wurde schwarz, und er verschwand.

64

Freitag, 9. Juni

Sie standen in dem dunklen Innenhof, während die Dämmerung langsam ihren Vorhang vor den Himmel zog. Als der weiße Polizei-Van die Bjursätragatan hinunterfuhr, färbte er sich gerade orange. Dann bog der Van um die Ecke und verschwand.

Sie blieben allein zurück, abgesehen von den Kriminaltechnikern, die in magischen Lichtkegeln an der Tür von Hausnummer 243 beschäftigt waren.

Es schien, als würde es ihnen schwerfallen, sich voneinander zu trennen. Oder von diesem Fall.

Bloms Handy gab einen Ton von sich.

»Ich habe den Menschen getötet, der mir das Leben gerettet hat«, sagte Deer.

Berger nickte.

»Ich weiß. Aber er wollte sterben. Johan wollte sterben, glaube ich.«

»Ich weiß nicht, ob mich das wirklich tröstet«, sagte Deer.

»Das war meine Mutter«, sagte Blom. »Myrina quengelt, das ist ungewöhnlich. Ich glaube, ich will zu ihr.«

»Wir fahren Deer noch nach Hause. Einmal Skogås hin und zurück.«

»Mir wurde mitgeteilt, dass für mich ein Streifenwagen bereitsteht. Fahrt ihr mal nach Hause, ich komme klar.«

Blom breitete ihre Arme aus und umarmte die überraschte Deer. Danach war Berger dran. Das fiel ihr leichter.

»Wir warten noch, bis dein Chauffeur hier ist.«

Das ging ziemlich schnell. Der Wagen rollte langsam in den Innenhof. Deer winkte Berger und Blom und stieg hinter dem Fahrer ein, der sofort losfuhr.

»Komm«, seufzte Berger und legte seinen Arm um Blom. »Wir gehen nach Hause.«

»Ja. Lass uns nach Hause fahren.«

»Es ist Sommer«, sagte Berger, während sie einstiegen. »Myrina muss unbedingt im Edsviken baden.«

»Es gibt so viel, was sie soll und muss und darf. Komm, fahr los.«

»Wo schlafen wir eigentlich heute Nacht?«, fragte er, als er auf die Bjursätragatan bog und das Gaspedal durchdrückte.

*

Der Streifenwagen fuhr auf dem Huddingevägen nach Süden. Deer streckte ihre Beine unter dem Fahrersitz aus und lehnte ihre Wange auf die Krücken, wie bei einem treuen Freund. Sie wollte nur noch schlafen.

Die beiden Polizeibeamten waren schweigsam. Deer kannte das: Wenn man Streife fuhr, besprach man meist nur das Wesentliche. Sie selbst hätte die Strecke nicht genommen, der Huddingevägen war okay, aber nur für ein kurzes Stück. Die beiden Kollegen wussten bestimmt, dass sie bald links nach Stuvsta abbiegen mussten. Ihnen kamen Polizeiautos mit Blaulicht entgegen. Sie hätte gern gewusst, was passiert war, aber ihre Müdigkeit war stärker.

Sie schlief ein.

Höhe Tullinge wachte sie auf. Wahrscheinlich hatte sie den Abdruck des Krückenknaufs auf der Wange. Verschlafen sah sie sich um, sie hatten die Abfahrt nach Skogås verpasst. Es kam ihnen noch mehr Blaulicht entgegen. Viel zu spät bemerkte sie, dass der Polizeifunk im Wagen ausgeschaltet war. Sie lehnte sich vor.

»Wo zum Teufel fahrt ihr denn hin?«

Erst da sah sie es. Zwischen den Vordersitzen.

Wäre sie weniger erschöpft gewesen, hätte sie es früher bemerkt. Dort lag eine Hand, mit einer Pistole, die auf den Fahrer zielte.

Eine blutverschmierte Hand.

Der Mann auf dem Beifahrersitz drehte sich nicht zu ihr um. Das musste er auch nicht. Deer hatte zwar oft den Ton ausgeschaltet und sich Bergers Verhör lediglich angesehen, aber diese Stimme hatte sich in ihr Gehör geätzt.

»Kommissarin Rosenkvist, wie schön, Sie wiederzusehen.«

Seine Stimme klang etwas dünner, kratziger als in der Aufnahme, aber es war Radoslav Blok dort auf dem Beifahrersitz. Sie hatte ihn noch nie persönlich gesehen. Deer erstarrte.

»Wenn Sie sich über die Verschwiegenheit meines Kollegen hier wundern«, sagte Blok und zeigte auf den Fahrer, »dann hat das damit zu tun, dass ich ihm versprochen habe, ihn am Leben zu lassen, wenn er kein Wort sagt. Ein einziges Wort, und er ist tot. So tot wie sein Partner. Fahr hier rein.«

Der Fahrer bog in eine schmale Straße, die hinunter zum Tullingesjö führte. In einem verlassenen Gewerbegebiet befand sich ein kleiner Hafen. Auch der war leer und verlassen. Der Mond war von dicken Wolken verdeckt. Keine Spiegelung auf dem Wasser. Deer ärgerte sich, dass ihre Dienstwaffe beschlagnahmt worden war.

»Anhalten.«

Der Fahrer hielt nur wenige Meter vom Wasser entfernt. In seinem Blick lag eine Mischung aus Hass, Trauer und Angst.

»Mach dir keine Sorgen«, sagte Blok. »Wir tauschen nur den Fahrer. Steig vorsichtig aus. Die Hände hinterm Kopf.«

Als Blok aus dem Wagen kletterte, sah Deer das Blut auf dem Beifahrersitz. Blok war offenbar an der linken Schulter getroffen worden.

Der Kollege war ebenfalls ausgestiegen und hatte die Hände hinterm Kopf verschränkt. Er war noch so jung, wahrscheinlich hatte er gerade die Polizeischule beendet. Er tat ihr so leid, und das Mitleid wurde noch größer, als sie den Schuss hörte und sah, wie das Blut über seine Stirn lief. Der Knall hallte noch über den Tullingesjö, da war der junge Polizist schon längst tot.

Radoslav Blok schleppte sich zurück ins Auto, dann drehte er sich zu ihr nach hinten um, und sie sah in das Gesicht, das sie Monat für Monat verfolgt hatte. Aus der R-förmigen Narbe loderten Flammen. Noch nie hatte sie so *schieren Hass* empfunden wie in diesem Moment.

»Ich nehme an, dass die Frau Kommissarin ein Auto fahren kann, trotz ihrer Behinderung? Das ist ein Automatikwagen, Sie müssen also nicht einmal das linke Bein benutzen.«

Deer stieg mit erhobenen Händen aus dem Wagen. Inzwischen schob sich der Mond durch die Wolken und warf sein Licht auf das ergebene Gesicht des toten Polizisten. Sie stützte sich am Dach des Wagens ab und stieg ein. Blok hatte den Polizeifunk eingeschaltet, aber sie hatte nicht gesehen, ob er seine linke Hand benutzen konnte.

Die Antwort darauf bekam sie umgehend. Als Blok sie nach Waffen abtastete, legte er die Waffe kurz zur Seite und nahm ausschließlich die rechte Hand. Er fand ihr neues Handy und warf es im hohen Bogen ins Wasser. Deer hörte das Platschen.

»Wir werden bald den Wagen wechseln«, sagte er und zeigte ihr an, dass sie zurück auf den Huddingevägen fahren sollte. Die Pistole drückte er in ihre Seite. Es war sinnlos, sich zu wehren.

Sie hatte eine winzige Gelegenheit gehabt. Als er sie abgetastet hatte, doch sie war zu feige gewesen. Oder eben besonders klug. Sie wäre niemals schnell genug gewesen. Sie musste an Johnny und Lykke denken. Ihre Gesichter hatten mehr Strahlkraft als Radoslav Blok. Auch wenn sie jetzt sterben würde, wären die beiden an ihrer Seite. Das war ein großer Trost.

Sie fuhren nach Süden. Im Polizeifunk herrschte Hochbetrieb. Ununterbrochen wurde von den flüchtigen Verbrechern berichtet. Aber kein Wort von einem gekaperten Streifenwagen.

Sie fuhren an Södertälje vorbei. Es wurde immer ländlicher. Ihre einzige Hoffnung war, dass Bloks Blutverlust ihn schwächte.

Deer hatte noch kein Wort gesprochen. Sie weigerte sich ganz einfach, auch nur ein Wort an diesen verdammten Radoslav Blok zu verschwenden.

»Man braucht immer einen Fluchtplan und eine Geisel«, sagte Blok. »Sie sind die perfekte Geisel, Frau Kommissarin.«

Deer würdigte ihn keines Blickes. Sie fuhr stur weiter. Mit einer Pistole an den Rippen. Bloks Stimme wurde immer dünner.

»Machen Sie sich keine falschen Hoffnungen. Wir fahren jetzt zu einem Arzt, einem Kriegsarzt aus dem ehemaligen Jugoslawien. Er ist nicht nur ein Meister mit der Knochensäge, er verfügt auch über eine gut bestückte Blutbank.«

Sie fuhren weiter, und nach wie vor gab es keine Hinweise darauf, dass nach dem verschwundenen Streifenwagen gefahndet wurde.

»Wir biegen hier ab«, sagte Blok.

Der Weg war sehr schmal, der Wagen wurde vom Wald verschluckt. Deer schaltete das Fernlicht an. Sie fuhr ziemlich schnell.

Und plötzlich stand es da. Ein Elchkalb. Ganz weiß im Licht der Scheinwerfer und mit einem Zauberglanz in den Augen.

Instinktiv riss Deer das Steuer herum und konnte dem Tier ausweichen. Ein kurzer Blick zu Radoslav Blok zeigte ihr, dass er mit schmerzverzerrtem Gesicht im Reflex die rechte Hand hochgerissen hatte.

Diese Chance ergriff sie. Keine Pistole in der Seite, keine unmittelbare Gefahr. Es war nur eine kleine, schnelle Bewegung. Sie löste Bloks Sicherheitsgurt, drückte das Gaspedal durch und fuhr frontal gegen eine der Kiefern, die den Weg säumten.

Zuerst war alles nur Stille.

Der Schmerz riss sie aus ihrer Lethargie, der Schmerz war überall. Sie musste ohnmächtig geworden sein. Aber wenigstens konnte sie sich bewegen. Und den Kopf drehen.

Blok war schwer verletzt, sein Gesicht hing ihm in Fetzen herunter. Trotzdem versuchte er, nach der Pistole zu greifen, die in den Fußraum gerutscht war. Seine Beine waren eingequetscht, die ganze rechte Seite des Wagens war eingedrückt.

Deer lehnte sich vor und nahm die Waffe an sich. Sie sah ihm in die Augen, die in der Fleischmasse verschwanden. Wollte er etwas sagen?

Es gelang ihr, auf der Fahrerseite auszusteigen. Deer stolperte ein paar Schritte in den Wald. Holte tief Luft, entschlossene Atemzüge. Dann stieg sie wieder ein, allerdings an der hinteren Tür, und rutschte hinter den Beifahrersitz. Ihre Krücken lagen im Fußraum. Sie nahm eine von ihnen, hob sie über die Nackenstütze, schob sie über Bloks Kopf und hielt sie auf Höhe seines Kehlkopfs. Er röchelte und hustete.

Aber er protestierte nicht.

Dann drückte sie ihre Knie gegen die Rückenlehne des Sitzes und zog mit aller Kraft die Krücke an sich. Sie zog und ließ auch nicht nach, als Blok aufhörte zu atmen. Ihre ganze Wut, die sich in den vergangenen Monaten aufgestaut hatte, entlud sich in ihren Händen, die an der Krücke zogen.

Erst als sie ein Knacken hörte, ließ sie los. Dann stolperte sie nach draußen. Sank zu Boden. So blieb sie eine Weile sitzen. Hörte ihr eigenes Schluchzen.

Aus dem Wald sahen sie ein paar dunkle Augen an. Das Elchkalb. Deer legte die Handflächen aneinander und hob ihre Hände in einer Geste der Dankbarkeit. Voller Liebe dachte sie an Lykke. Die Art, wie das Elchkalb sie angesehen hatte, erinnerte sie an ihre Tochter.

Das Kalb drehte sich um und verschwand im dunklen Wald. Deer musste an Lykke denken. Das Kalb hatte sie an ihre Tochter erinnert.

65

Mittwoch, 5. Juli

Es ist Nacht. Die Nächte sind überraschend dunkel auf diesen Inseln, die wie das Licht selbst sind.

Sie gießt sich ein Glas Champagner ein und beugt sich über den Glastisch im Wohnzimmer. Als sie sich wieder aufrichtet und ihr Spiegelbild sieht, wischt sie die Pulverreste von der Nase und prostet sich zu. Ihre Haut ist bemerkenswert glatt.

Das hier ist ihr neues Leben. Eine Wiedergeburt. Von ihrem alten Leben sind ihr nicht einmal mehr Erinnerungen geblieben.

Endlich ist sie Tillie Dalbury. Von Matilda Dahlberg ist kein einziges Atom übrig. Bald wird sie auch diesen Namen vergessen haben. So wie sie Stäket vergessen wird. Was für ein schrecklicher Ort, um dort den Rest seines Lebens zu verbringen. *Fuck you, Walt.* Das wird das letzte Mal sein, dass sie an ihn denkt. Wenigstens hat sie sein ganzes Geld bekommen.

Sie schenkt sich noch ein Glas ein und tanzt durch ihr Penthouse. Auf dem Weg zum Balkon kommt sie am Schlafzimmer vorbei. Die beiden jungen Männer in ihrem Bett schlafen. Hoffentlich schlafen sie sich wieder fit, denkt sie und grinst.

Die Malama Bay erstreckt sich vor ihren Augen. Die Lichter Honolulus leuchten mild. Sie kann einen Großteil der Insel Oahu sehen und fühlt sich wie im Himmel.

Sie lehnt sich über das Geländer, nimmt einen Schluck Champagner und wartet darauf, dass der sanfte Rausch einsetzt.

So will sie ihr restliches Leben verbringen. Die zweite, erwachsenere Hälfte ihres Lebens. In der sie alles selbst bestimmt und auf keinen Parasiten Rücksicht nehmen muss. Keine Forderungen, von niemandem. Kein Ehemann, keine Kinder, nichts in der Art. Mit dem allen ist jetzt Schluss. Vorbei und vergessen. Sie hat ein neues Leben begonnen.

Den Kokainkonsum wird sie auch noch in den Griff bekommen. Ein paar Gene bearbeiten, und schon ist das Problem gelöst. Und bis dahin will sie ihr Leben in vollen Zügen genießen. Will es verschlingen.

Wenn sie die Augen zusammenkneift, kann sie das Gebäude der hawaiianischen Dependance der Hyperion Biotechnia LLC sehen. Dort kann sie ein- und ausgehen, wie sie will, und alle erdenklichen Eingriffe vornehmen lassen. Das Leben liegt – was man einer Sechzigjährigen selten sagt – noch vor ihr.

Sie wartet auf den Champagnerrausch. Sie kann ihn schon fühlen, es ist ein tolles Gefühl. Aber etwas ist anders. Ihr Körper reagiert nicht wie sonst. Er krampft und zuckt, als würde er von innen zerfressen. Die Schmerzen sind unerträglich.

Es ist die Hölle auf Erden.

Das Balkongeländer ist bereits voller Blut, als ihr Gesicht dort aufschlägt.

66

Donnerstag, 6. Juli

»Nanoroboter.«

Das Wort hallte durch den Fagerlidspark, der unter Umständen der größte Park im Bezirk Hökarängen ist.

Sie saßen an einem der Picknicktische auf dem Hügel und hatten von dort einen guten Blick über den Park. Am Fuße des Hügels stand eine Parkbank, auf der ein Mann in Jeans saß. Er hatte einen Stock in der Hand, den er gerade aufgehoben hatte, und als er den Arm hob, wirkte sein Kopf breiter als hoch, sein Schnauzer ausladender denn je. Ein großer Pitbull Terrier jagte hinter dem Stock her.

»Noa auf dem Sprung«, sagte Deer.

Sie schwiegen.

»Nanoroboter?«, wiederholte Blom fragend.

Der Mann, der den Begriff ins Spiel gebracht hatte, saß neben Deer, gegenüber von Berger und Blom. Er hatte graues Haar und einen dunklen Fleck auf der Wange. Und er nickte.

»Das muss unten im Kelleratelier passiert sein, als Johan seiner Mutter etwas in den Hals injiziert hat.«

»Der Tote mordet weiter«, sagte Berger. »Und wann war das? In Honolulu, in der Nacht vom fünften Juli?«

»Ja«, bestätigte der Mann. »Wir haben uns Ihre Aufnahme aus dem Kelleratelier angehört. Das und der Film, den Sie in der Dahlberg'schen Villa aufgenommen haben, waren sehr hilfreich. Unserer Ansicht nach wurden ihr dort Nanoroboter in den Körper injiziert, entwickelt von der Forschungsabteilung der Hyperion Biotechnia LLC. Die neuesten Analysen gehen davon aus, dass die Roboter so programmiert waren, dass sie in der Nacht zum fünften Juli mit der Zellzerstörung begannen. Bedenkt man, dass Hawaii elf Stunden hinter der schwedischen Zeit zurückliegt, können wir annehmen, dass Johan Dahlberg wusste, wo sich seine Mutter an diesem Tag aufhalten würde. Das eine Finale konnte er umsetzen – wenn auch *post mortem* –, aber das andere ist ihm nicht gelungen.«

Sie beobachteten Conny Landin am Fuße des Hügels, der den Stock erneut für seinen Hund durch die Luft schleuderte.

»Er ist jetzt pensioniert«, sagte der Mann.

»Er war als junger Mann für so viele Tote mitverantwortlich«, sagte Berger.

»Das stimmt. Aber bestimmte Formen der Infiltration führen zur Amnestie. Wenn man das eine zur Strecke bringen will, muss man etwas anderes opfern. Wir haben Landins rechtmäßige Gefängnisstrafe geopfert, um ein großes Verbrechersyndikat zerschlagen zu können, hinter dem wir seit Langem her sind. Und das uns sehr gefährlich hätte werden können.«

Die vier am Picknicktisch schwiegen eine Weile.

»Radoslav Bloks Todesursache ist übrigens offiziell ein Autounfall«, sagte der Mann.

Deer nickte bedächtig.

»Ein Wildunfall«, ergänzte sie.

Zu dem Zwischenfall im Streifenwagen vor einem Monat hatte sich Deer bisher nicht weiter geäußert. Aber Berger hatte den Eindruck, dass sie jetzt viel aufgeräumter wirkte, irgendwie *gereinigt*.

»Wenn ich das richtig verstanden habe, dann arbeiten Sie also für eine internationale Organisation?«, fragte sie.

»Sie werden sicher verstehen, dass ich dazu weiter nichts

sagen kann. Aber Sie alle haben großartige Arbeit geleistet, als Sie im vergangenen Jahr die Njord Investment AG und deren Boss Vitenka zu Fall gebracht haben.«

»Damals konnte Radoslav Blok entwischen«, sagte Blom leise.

»Ja, er wurde von einem Kollegen von uns aus der Untersuchungshaft der Säpo befreit. Wer dieser Kollege war, ließ sich damals nicht ermitteln. Aber jetzt wissen wir, dass es derselbe war, der auch Örjan Bruun ermordet hat. Er saß während der Befragungen von Örjan und Landin mit Ihnen zusammen im Pausenraum. Wir haben Aufnahmen davon. Er hat sich eine Sturmhaube übergezogen, ist in Bruuns Verhörraum eingedrungen und hat ihn getötet. Er hat den Lockdown im Präsidium abgewartet und konnte dann einfach aus dem Gebäude spazieren. Wir haben ihn erst am Flughafen von Moskau aufgreifen können und verhaftet.«

»Und Sie, von welcher Einheit Sie auch sein mögen, waren Blok auch vor einem Jahr schon auf der Spur?«, fragte Blom.

»Ja, wir sind dem Geld und den Dokumenten quer durch Europa gefolgt. Es war abzusehen, dass die Organisation sich neu aufstellen würde. Wir hätten sie fast gehabt, als sie im Begriff waren, ihr Unternehmen nach Zypern umzusiedeln. Aber dann haben sie den Kontinent gewechselt, und alles wurde erheblich komplizierter.«

»Sie meinen, dass sie in die USA gegangen sind?«, fragte Berger.

»Ja, sie gründeten dort zunächst die Bogatyr LLC. Wir hatten Hinweise darauf, dass sie auf der Suche nach einem Biotechunternehmen mit großem Zukunftspotenzial sein könnten. Uns gelang es dann, sie für ein Unternehmen zu interessieren, das in schwedischer Hand war, die Hyperion. Zeitgleich meldete Conny Landin, dass er von einer Organisation kontaktiert worden sei, die er der Mafia zuschrieb. Sie erpressten ihn, ganz bestimmte Ermittlungen zu behindern – das, was dann später die Axtmorde und die Strandmorde wurden. Jetzt hatten wir endlich wieder was in der Hand. Bogatyr LLC war wie Phönix aus der Asche aus der zerschlagenen Njord Investment AG entstanden. Das Ziel der Gruppe war es, Geldwäsche mit Spitzentechnologien aus der Biotechnik und Genetik zu verbinden. Aber sie bekamen erhebliche juristische Schwierigkeiten, was uns die Möglichkeit gab, uns ihnen zu nähern. Wir haben sie erst in Rågsved stellen können, als sie auf dem Weg waren, um den vierten und letzten der Söhne und Eigentümer der Hyperion zu ermorden – den Mörder. Unser Glück war, dass Blok immer mit seiner Horde von Männern operierte und kaum von unserem Radar verschwand – leider muss es ihm trotzdem gelungen sein, sich nicht nur der Verhaftung zu entziehen, sondern auch den Streifenwagen zu kapern und die Kommissarin zu entführen.«

»Und wie sieht es jetzt aus? Gibt es die Bogatyr LLC noch?«

»Sie wurde aufgelöst. Das gesamte Unternehmen und alle Mittel wurden konfisziert. Die Verantwortlichen wurden verhaftet, sowohl in Russland also auch in den USA. Alle bis auf Radoslav Blok natürlich. Die anderen sind in Hochsicherheitsgefängnissen in Europa untergebracht – alles höchste Geheimhaltungsstufe. Durch die Verhöre haben wir jetzt auch Klarheit, wie es zu dem Übergriff im Krankenhaus kommen konnte, bei dem Sie so schwer verletzt wurden, Kommissarin Rosenkvist.«

Die drei starrten ihn an.

»Die Täter haben einen Oberarzt und einen Wachmann bestochen, um dann die Station zu räumen. Die beiden Verantwortlichen wurden verhaftet. Der Chirurg stammte aus dem ehemaligen Jugoslawien, den wir dank Ihrer Hinweise, Kommissarin Rosenkvist, ganz in der Nähe des Autounfalls ergreifen konnten. Er hat offensichtlich dort auf Blok gewartet. Den chirurgischen Eingriff selbst kennen Sie ja bereits von dem Video.«

»Und was für ein schönes Video das ist«, murmelte Deer.

»Die Verhöre haben zu äußerst wertvollen Erkenntnissen über die organisierte Geldwäsche geführt. Sie hätten wirklich die Verdienstmedaille verdient …«

»Aber daraus wurde dann leider doch nichts«, warf Berger grinsend ein.

»Es gab zu viele Stimmen in der Führungsebene, die Sie als zu leichtfüßig bezeichnet haben, wenn ich mich so ausdrücken darf.«

Sie lachten. Die Zeit hatte ein paar der Wunden geheilt, und in Deers Leben war wieder Schwung gekommen, seit sie ihren neuen Posten angetreten hatte. Der Rollstuhl war aus ihrem Alltag verbannt worden. Auch Molly war in Topform, sah glücklich und lebensfroh aus, und wer konnte schon sagen, ob es am Horizont nicht doch so etwas gab wie ein Wir. Und Berger? Nun ja, er war nun einmal Sam Berger. *No more, no less*. Aber ihm ging es auch sehr gut, er war zufrieden. Und das war ein ganz neues Gefühl.

Er lehnte sich über den Tisch und sah Deer tief in die Augen.

»Vielen Dank, dass wir mit dir ein bisschen Polizei spielen durften«, sagte er.

»Es hat auch Spaß gemacht, Privatdetektivin zu spielen«, erwiderte Deer lächelnd.

»Und trotzdem ist das alles schwer zu begreifen«, sagte Blom. »Wie viele Menschen sterben mussten, weil ein einziger sein Leben verlängern wollte. Seine gesamte Familie wurde dadurch ausgelöscht. Es gibt keine weiteren Erben, oder?«

»Nein, keine. Die Hyperion ist in den Besitz des amerikanischen Staates übergegangen. Wohl oder übel. Tillie hat aus diesem Geschäft Profit geschlagen und eine Menge Geld kassiert. Was damit geschieht, ist ungewiss. Aber ich gebe Ihnen unumwunden recht, die Unsterblichkeit ist ein sehr zweischneidiges Schwert.«

»Man sollte besser vorsichtig sein, wenn man sein Leben künstlich verlängern will. Allerdings könnte man durchaus ein bisschen gesünder leben als du, Sam Berger«, sagte Blom.

»Hallo? Was soll das denn?«, rief Berger empört. »Ich gehe jeden Morgen schwimmen.«

»Mit Myrina im Schwimmring neben dir. Da werden bestimmt Massen von Kalorien verbrannt.«

Sie genossen die Sonnenstrahlen. Es war der sechste Juli, das Spiel war vorbei. Johan Dahlbergs Mordserie hätte mit einem Suizid enden sollen, was ihm beinahe geglückt wäre.

Plötzlich kam ein Hund mit einem Stock im Maul auf sie zugestürmt. Genauer gesagt war es ein Kampfhund mit einem Ast, den er anschleppte. Deer bückte sich, nahm das riesige Holzstück, stand auf und schleuderte es mit erstaunlicher Kraft durch die Luft.

Ohne Krücken.

Noa stürmte davon.

»Ich weiß jetzt, wer Sie sind«, sagte Deer, wischte die Hand am Tisch ab und setzte sich wieder. Der Mann lächelte sie an und schwieg.

»Vor etwa einem Jahr habe ich ein Foto von Ihnen im Büro von Leif Eskilsson gesehen. Ich war in die Interne gerufen worden, die mich in einem knallharten Verhör auseinandergenommen haben. Sie waren früher einmal der Chef der Internen, stimmt's?«

Der Mann hob die Augenbrauen und stand auf.

»Es wird Zeit aufzubrechen«, sagte er.

Die anderen hatten sich ebenfalls erhoben.

»Und Sie haben wirklich nicht vor, uns Ihren Namen zu verraten?«, fragte Berger.

Der Mann sah die drei lächelnd an.

»Mein Name ist Paul Hjelm. Und ich bin wieder an Bord.«

Weiter unten, am Fuße des kleinen Hügels, hatte Conny Landin seinen geliebten Pitbull Terrier in den Arm genommen.

All diese verschwundenen Mädchen ...

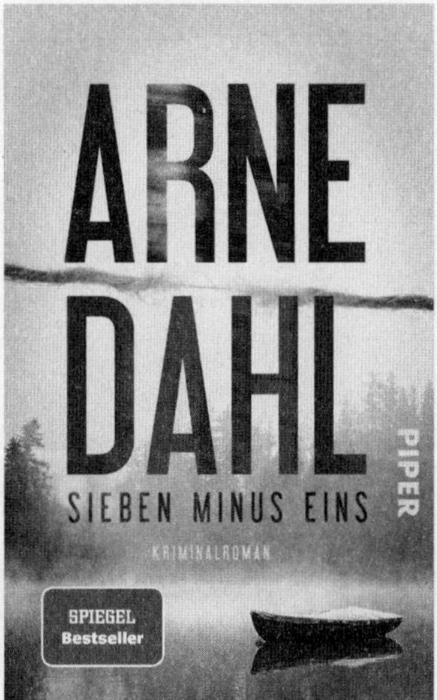

Coveränderungen vorbehalten

Arne Dahl

Sieben minus eins

Kriminalroman

Aus dem Schwedischen
von Kerstin Schöps
Piper Taschenbuch, 416 Seiten
ISBN 978-3-492-31181-6

Als er das blutverschmierte Kellerloch sieht, ist sich Kriminalinspektor Sam Berger sicher: Das Verschwinden der jungen Frau ist kein Einzelfall. Da draußen quält ein perfider Täter junge Frauen. Schafft er es, sie lebend zu retten? Doch dafür ist er auf fremde Hilfe angewiesen: Die von Molly Blom, einer geheimnisvollen Frau, die nicht ist, wer sie vorgibt zu sein. Doch Berger hat keine andere Chance, als tief in die dunkle Vergangenheit dieser Frau einzutauchen.

Leseproben, E-Books und mehr unter www.piper.de